国家示范院校重点建设专业工学结合系列教材

室内供配电系统安装

主　编　沈永跃
参　编　侯文宝　李德路　瞿汉达
主　审　闫家建

中国矿业大学出版社

内 容 提 要

本书系统地介绍了电工电子技术基础知识,新能源技术在建筑设备节能方面的应用,常用电工仪表的使用,建筑设备的动力配电系统及防雷措施,建筑施工工地的配电及安全措施,较为详细地介绍了给排水系统、空调系统、采暖锅炉房的电气控制系统。

本书既有工程实例又有技术措施,可作为建筑设备类专业教材,也可以作为相关工程技术人员的参考书。

图书在版编目(C I P)数据

室内供配电系统安装/沈永跃主编. —徐州:中
国矿业大学出版社,2011.1
ISBN 978 - 7 - 5646 - 0815 - 6

Ⅰ.①室… Ⅱ.①沈… Ⅲ.①供电—高等学校:技术
学校—教材②配电系统—高等学校:技术学校—教材
Ⅳ.①TM72

中国版本图书馆 CIP 数据核字(2010)第 197623 号

书　　名	室内供配电系统安装
主　　编	沈永跃
责任编辑	章　毅　耿东锋
责任校对	杜锦芝
出版发行	中国矿业大学出版社有限责任公司
	(江苏省徐州市解放南路　邮编 221008)
营销热线	(0516)83885307　83884995
出版服务	(0516)83885767　83884920
网　　址	http://www.cumtp.com　**E-mail**:cumtpvip@cumtp.com
印　　刷	徐州中矿大印发科技有限公司
开　　本	787×1092　1/16　**印张** 19.25　**字数** 476 千字
版次印次	2011 年 1 月第 1 版　2011 年 1 月第 1 次印刷
定　　价	29.00 元

(图书出现印装质量问题,本社负责调换)

编委会名单

主　任：袁洪志

副主任：季　翔

编　委：沈士德　　王作兴　　韩成标

　　　　陈年和　　孙亚峰　　陈益武

　　　　张　魁　　郭起剑　　刘海波

序

20 世纪 90 年代以来,我国高等职业教育进入快速发展时期,高等职业教育占据了高等教育的半壁江山,职业教育迎来了前所未有的发展机遇,特别是国家启动了示范性高职院校建设项目计划,促使高职院校更加注重办学特色与办学质量,力求深化内涵、彰显特色。我校自 2008 年成为国家示范性高职院校建设单位以来,在课程体系与教学内容、教学实验实训条件、师资队伍、专业及专业群、社会服务能力等方面进行了深化改革,探索建设了具有示范特色的教育教学体制。

根据国家示范性高职院校建设项目计划,学校开展了教材编写工作。本系列教材是在工学结合思想指导下,结合"工作过程系统化"课程建设理念,突出"实用、适用、够用"特点,遵循高职教育的规律编写而成的。教材的编者都具有丰富的工程实践经验和较为深厚的教学理论水平。

本系列教材的主要特点有:

(1) 突出工学结合特色。邀请施工企业技术人员参与教材的编写,教材内容大多采用情境教学设计和项目教学方法,所采用案例多来源于工程实践,工学结合特色显著,着力培养学生的实践能力。

(2) 突出"实用、适用、够用"的特点。传统教材多采用学科体系,将知识切割为点。本系列教材以工作过程或工程项目为主线,将知识点串联,把实用的理论知识和实践技能在仿真情境中融会贯通,使学生既能掌握扎实的理论知识,又能学以致用。

(3) 融入职业岗位标准、工作流程,体现职业特色。在本系列教材编写中,根据行业或者岗位要求,把国家标准、行业标准、职业标准及工作流程引入教材中,指导学生了解、掌握相关标准及流程。学生掌握最新的知识、熟知最新的工作流程,具备了实践能力,毕业后就能够迅速上岗。

本系列教材的编写得到了中国矿业大学出版社的大力支持,在此,谨向支持和参与教材编写工作的有关单位、部门及个人表示衷心感谢。

本系列教材的付梓出版也是学校示范性建设项目的成果之一。欢迎读者提出宝贵意见,以便在今后的修订中进一步完善。

徐州建筑职业技术学院

2010 年 9 月

前　言

　　现代建筑的最大特点是高科技、多学科、多技术综合集成。建筑电气是现代建筑中一个不可缺少的专业学科,与建筑其他各专业学科联系密切。本书在编写时,为体现教学改革和课程改革精神,在内容的组合和选取方面作了较大的调整,主要表现在:

　　(1)课程内容的综合性强。本书将过去的电工与电子技术基础、建筑电气与照明技术、电机原理与拖动控制等几门课程的内容进行了有机的组合,形成了一个较完整的体系,为教学组织和学生的学习提供了方便。

　　(2)本书的内容体现了职业教育的特点,强调理论的应用性,理论知识以必需、够用为度,尽量避免过广过深,注重技能训练,紧密联系实际,充分体现以能力为本位的职业教育观念。

　　(3)注重反映电气技术领域的新知识、新技术、新产品,注意贯彻最新的国家标准和设计规范。

　　参加本书编写的有:徐州建筑职业技术学院沈永跃(学习情境三、四、五、七),徐州建筑职业技术学院侯文宝(学习情境一),徐州建筑职业技术学院李德路(学习情境二),江苏长安建设集团瞿汉达(学习情境六)。徐州财苑房地产开发公司高级工程师闫家建主审。

　　本书编写过程中,得到了建筑设备工程技术专业顾问委员会各位专家的热情帮助和大力支持,提出了许多宝贵意见,在此表示衷心的感谢。

　　由于编者水平有限,本书难免有疏漏和不妥之处,恳请读者批评指出以便再版修正。

编　者

2010 年 6 月

目　录

学习情境一　电工技术应用

一、职业能力和知识

　　(1) 熟悉电流、电压、电阻、电功率、电能等基本物理量；

　　(2) 熟悉电路基本概念、基本定律；

　　(3) 熟悉电路类型与电器工作状态；

　　(4) 熟悉单相与三相交流电供电系统；

　　(5) 了解电气技术在空调系统中的应用。

二、相关实践知识

　　(1) 电路元件认识及基本电路连接；

　　(2) 三相交流电路的连接。

三、相关理论知识

　　(1) 电路基本知识；

　　(2) 电机基本知识；

　　(3) 电力系统基本知识。

项目一　电路及基本物理量

一、电路的组成及功能

(一) 电路的组成

电路是为了某种需要而将某些电工设备或元件按一定方式组合起来的电流通路。由电源、负载和中间环节 3 部分组成。

(二) 电路的主要功能

(1) 进行能量的转换、传输和分配。如电力系统中(图 1-1)，发电机将机械能转换成

图 1-1　电力系统示意图

电能,再通过升压和降压变压器,输配电线路将电能输送到用户负载,负载又将电能转换成机械能、光能、热能等其他形式的能。

(2)实现信号的传递、存储和处理。如电话、电视、广播(图1-2)等系统。这类电路的作用是将输入信号(如声音、图像信号)进行处理,放大后送到负载,负载将信号还原成声音、图像信号。

二、电流

电荷的定向移动形成电流。电流大小指单位时间内通过导体截面的电量。

$$i = \frac{\mathrm{d}q}{\mathrm{d}t} \tag{1-1}$$

电流用符号 I 表示,单位是安培(A)。在工程中常用千安(kA)、毫安(mA)和微安(μA)作单位。1 kA $= 10^3$ A,1 mA $= 10^{-3}$ A,1 μA $= 10^{-3}$ mA $= 10^{-6}$ A。

正电荷运动方向规定为电流的实际方向。电流的方向用箭头或双下标变量表示。任意假设的电流方向称为电流的参考方向。如果求出的电流值为正,说明参考方向与实际方向一致,否则说明参考方向与实际方向相反,如图1-3所示。

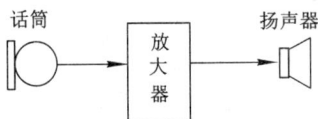

图 1-2 广播系统示意图

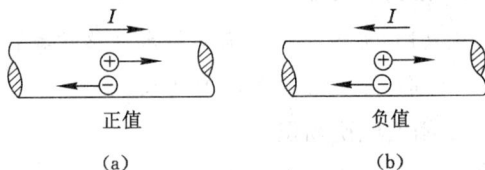

图 1-3 电流的参考方向

三、电压、电位和电动势

(一)电压

单位正电荷由 a 点移至 b 点电场力所做的功称为 a、b 点两点间的电压。电压的实际方向规定由电位高处指向电位低处。与电流方向的处理方法类似,可任选一方向为电压的参考方向,如图1-4所示。

例:当 $u_a = 3$ V,$u_b = 2$ V 时,有 $u_1 = 1$ V,$u_2 = -1$ V。

最后求得的 u 为正值,说明电压的实际方向与参考方向一致,否则说明两者相反。

对一个元件,电流参考方向和电压参考方向可以相互独立地任意确定,但为了方便起见,常常将其取为一致,称关联方向;如不一致,称非关联方向。如图1-5所示。

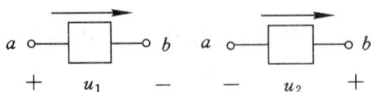

图 1-4 电压的参考方向

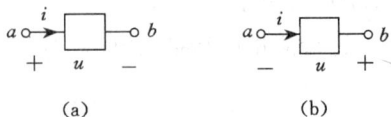

图 1-5 电压与电流的方向
(a) 关联方向;(b) 非关联方向

如果采用关联方向,在标示时标出一种即可。如果采用非关联方向,则必须全部标示。

（二）电位

电路中某点与参考点之间的电压称为该点的电位，选定参考点电位为零。电位的单位也是伏特（V）。

电压与电位的关系：电路中任意两点之间的电压等于这两点之间的电位差，即 $U_{ab}=U_a-U_b$，故电压又称电位差。

（三）电动势

外力克服电场力把单位正电荷从电源的负极搬运到正极所做的功，称为电源的电动势。电动势是衡量外力即非静电力做功能力的物理量。电动势的实际方向与电压实际方向相反，规定为由负极指向正极。

四、电功与电功率

（一）电功

电流所做的功，即电能，用字母 W 表示。单位是焦耳（J），或者千瓦时（kW·h）即通常所说的度。注意：$1\ kW·h=3.6×10^6\ J$。

电功的计算公式：

$$W = UIt \tag{1-2}$$

（二）电功率

电流在单位时间内所做的功，用字母 P 表示，单位是瓦特（W）。计算公式为：

$$P = \frac{W}{t} = UI = I^2R = \frac{U^2}{R} \tag{1-3}$$

$P>0$ 时吸收功率，$P<0$ 时放出功率。

功率与电流、电压的关系：关联方向时 $P=UI$；非关联方向时 $P=-UI$。

例 1-1　求图 1-6 所示各元件的功率。

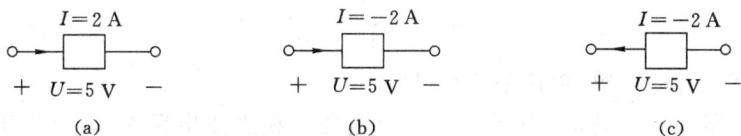

图 1-6　例 1-1 图

解　图（a）所示为关联方向：$P=UI=5×2=10\ W$，$P>0$，吸收 10 W 功率。

图（b）所示为关联方向，$P=UI=5×(-2)=-10\ W$，$P<0$，产生 10 W 功率。

图（c）所示为非关联方向，$P=-UI=-5×(-2)=10\ W$，$P>0$，吸收 10 W 功率。

（三）电流的热效应

电流通过导体时使导体发热的现象称为电流的热效应。电流热效应就是电能转换成热能的效应。

焦耳定律：$Q=I^2Rt$。 $\tag{1-4}$

项目二　电路模型

一、电路模型的概念

为了便于对电路进行分析计算,常常将实际电路元件理想化,也称模型化,即在一定条件下突出其主要的电磁性质,忽略次要的因素,用一个足以表征其主要特性的理想元件近似表示。由理想电路元件所组成的电路,称为电路模型。常见的电路元件有电阻元件、电容元件、电感元件、电压源、电流源。

电路元件在电路中的作用或者说它的性质是用其端钮的电压、电流关系即伏安关系来决定的。

(一)电阻元件

电阻元件是一种消耗电能的元件,其电路模型如图 1-7 所示。

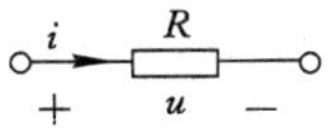

图 1-7　电阻的电路模型

关联方向时

$$u = Ri \tag{1-5}$$

非关联方向时

$$u = -Ri \tag{1-6}$$

(二)电感元件

电感元件是一种能够贮存磁场能量的元件,是实际电感器的理想化模型,如图 1-8 所示。

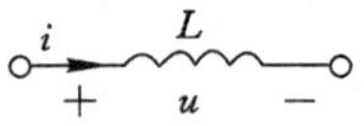

关联方向时

$$u = L\frac{\mathrm{d}i}{\mathrm{d}t} \tag{1-7}$$

图 1-8　电感的电路模型

非关联方向时

$$u = -L\frac{\mathrm{d}i}{\mathrm{d}t} \tag{1-8}$$

L 称为电感元件的电感,单位是亨利(H)。

只有电感上的电流变化时,电感两端才有电压。在直流电路中,电感上即使有电流通过,但 $u=0$,相当于短路。

存储能量:

$$W_L = \frac{1}{2}Li^2 \tag{1-9}$$

(三)电容元件

电容元件是一种能够贮存电场能量的元件,是实际电容器的理想化模型,如图 1-9 所示。

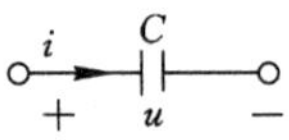

关联方向时

$$i = C\frac{\mathrm{d}u}{\mathrm{d}t} \tag{1-10}$$

图 1-9　电容的电路模型

非关联方向时

$$i = -C\frac{\mathrm{d}u}{\mathrm{d}t} \tag{1-11}$$

C 称为电容元件的电容,单位是法拉(F)。

只有电容上的电压变化时,电容两端才有电流。在直流电路中,电容上即使有电压,但 $i=0$,相当于开路,即电容具有隔直作用。

存储能量:

$$W_C = \frac{1}{2}Cu^2 \tag{1-12}$$

(四)理想电源

(1)伏安关系:$U=U_s$。端电压为 U_s,与流过电压源的电流无关,由电源本身确定;电流任意,由外电路确定。

(2)特性曲线与符号如图 1-10 所示。

(五)理想电流源

(1)伏安关系:$i=i_s$。流过电流为 i_s,与电源两端电压无关,由电源本身确定;电压任意,由外电路确定。

(2)特性曲线与符号如图 1-11 所示。

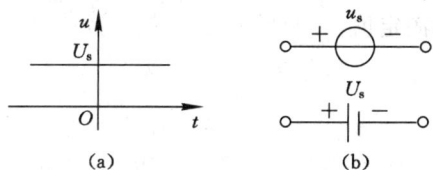

图 1-10　理想电压源的特性曲线和符号
(a)特性曲线;(b)电路符号

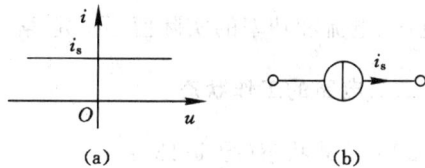

图 1-11　理想电流源的特性曲线和符号
(a)特性曲线;(b)电路符号

二、实际电源的两种模型

实际电源的伏安特性及其两种模型的原理电路如图 1-12 所示。

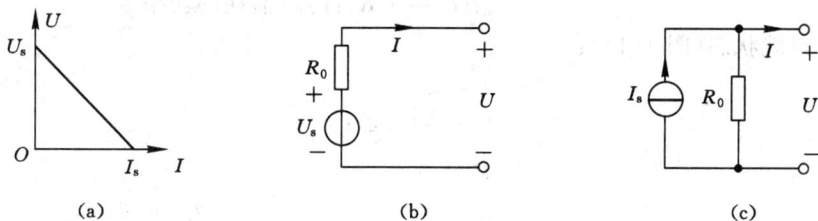

图 1-12　实际电源的两种模型
(a)实际电源的伏安特性;(b)电压源串联内阻的模型;(c)电流源并联内阻的模型

实际电源的伏安特性:$U=U_s-IR_0$ 或 $I=I_s-\dfrac{U}{R_0}$。

可见一个实际电源可用两种电路模型表示:一种为电压源 U_s 和内阻 R_0 串联,另一种为电流源 I_s 和内阻 R_0 并联。

实际使用电源时,应注意以下 3 点:

(1) 实际电工技术中,实际电压源,简称电压源,常是指相对负载而言具有较小内阻的电压源;实际电流源,简称电流源,常是指相对于负载而言具有较大内阻的电流源。

(2) 实际电压源不允许短路,因为一般电压源的 R_0 很小,短路电流将很大,会烧毁电源。平时,实际电压源不使用时应开路放置,因电流为零,不消耗电源的电能。

(3) 实际电流源不允许开路处于空载状态。空载时,电源内阻把电流源的能量消耗掉,而电源对外没送出电能。平时,实际电流源不使用时,应短路放置,因实际电流源的内阻 R_0 一般都很大,电流源被短路后,通过内阻的电流很小,损耗很小;而外电路上短路后电压为零,不消耗电能。

项目三　电气设备的额定值及电路的工作状态

一、电气设备的额定值

额定值是制造厂为了使产品能在给定的工作条件下正常运行而规定的正常容许值。额定值有额定电压 U_N 与额定电流 I_N 或额定功率 P_N。必须注意的是,电气设备或元件的电压、电流和功率的实际值不一定等于它们的额定值。

二、电路的工作状态

(1) 负载状态(图 1-13):

$$I = \frac{U_s}{R_0 + R}$$

$$U = IR$$

$$U = U_s - IR_0$$

$$P = P_s - \Delta P \begin{cases} P = UI : 电源输出的功率 \\ P_s = U_s I : 电源产生的功率 \\ \Delta P = I^2 R_0 : 内阻消耗的功率 \end{cases}$$

(2) 空载状态(图 1-14):

$$\left. \begin{array}{l} I = 0 \\ U = U_{oc} = U_s \\ P = 0 \end{array} \right\}$$

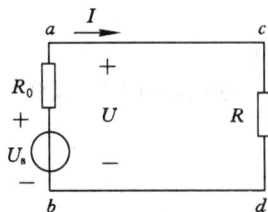

图 1-13　负载电路图

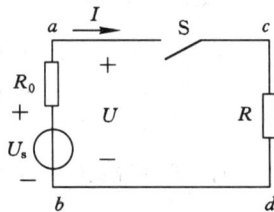

图 1-14　空载电路图

(3) 短路状态(图 1-15):

$$\left.\begin{array}{l} U = 0 \\ I = I_{sc} = \dfrac{U_s}{R_0} \\ P = 0 \\ P_E = \Delta P = I^2 R_0 \end{array}\right\}$$

例 1-2 设图 1-16 所示电路中的电源额定功率 $P_N = 22$ kW,额定电压 $U_N = 220$ V,内阻 $R_0 = 0.2$ Ω,R 为可调节的负载电阻。求:

(1) 电源的额定电流 I_N;

(2) 电源开路电压 U_{oc};

(3) 电源在额定工作状态下的负载电阻 R_N;

(4) 负载发生短路时的短路电流 I_{sc}。

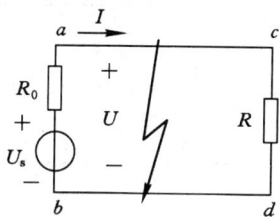

图 1-15 短路电路图

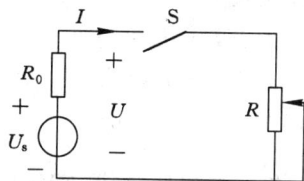

图 1-16 例 1-2 图

解 (1)电源的额定电流为:

$$I_N = \frac{P_N}{U_N} = \frac{22 \times 10^3}{220} = 100 \text{ A}$$

(2)电源开路电压为:

$$U_{oc} = U_s = U_N + I_N R_0 = 220 + 0.2 \times 100 = 240 \text{ V}$$

(3)电源在额定状态时的负载电阻为:

$$R_N = \frac{U_N}{I_N} = \frac{220}{100} = 2.2 \text{ Ω}$$

(4)短路电流为:

$$I_{sc} = \frac{U_s}{R_0} = \frac{240}{0.2} = 1\,200 \text{ A}$$

项目四 基尔霍夫定律

一、支路、节点、回路和网孔

(1) 支路:电路中两点之间通过同一电流的不分叉的一段电路称为支路。

(2) 节点:电路中 3 条或 3 条以上支路的连接点称为节点。

(3) 回路:电路中任一闭合的路径称为回路。

(4) 网孔:回路内部不含支路的称网孔。

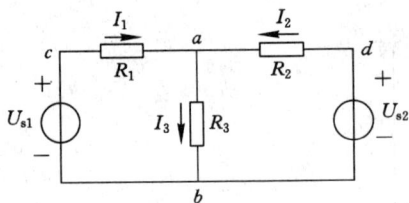

图 1-17 一般电路图

图 1-17 所示电路有 3 条支路、两个节点、3个回路、两个网孔。

二、基尔霍夫电流定律(KCL)

表述一:在任一瞬时,流入任一节点的电流之和必定等于从该节点流出的电流之和,即 $\sum I_{入} = \sum I_{出}$(所有电流均为正)。

表述二:在任一瞬时,通过任一节点电流的代数和恒等于零,即 $\sum I = 0$(可假定流入节点的电流为正,流出节点的电流为负;也可以作相反的假定)。

例 1-3 列出图 1-18 中各节点的 KCL 方程。

解 取流入为正。

节点 $a:I_1 - I_4 - I_6 = 0$;

节点 $b:I_2 + I_4 - I_5 = 0$;

节点 $c:I_3 + I_5 + I_6 = 0$。

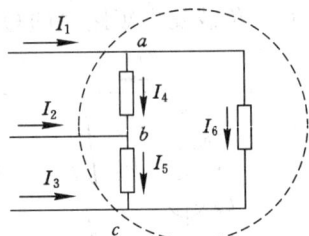

图 1-18 例 1-3 图

三、基尔霍夫电压定律(KVL)

表述一:在任一瞬时,在任一回路上的电位升之和等于电位降之和,即 $\sum U_{升} = \sum U_{降}$(所有电压均为正)。

表述二:在任一瞬时,沿任一回路电压的代数和恒等于零,即 $\sum U = 0$(电压参考方向与回路绕行方向一致时取正号,相反时取负号)。

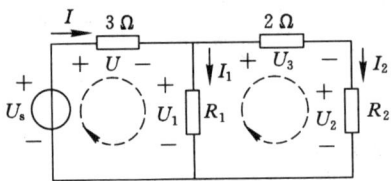

图 1-19 例 1-4 图

例 1-4 图 1-19 示电路,已知 $U_1 = 5$ V,$U_3 = 3$ V,$I = 2$ A,求 U_2、I_2、R_1、R_2 和 U_s。

解 $I_2 = U_3 \div 2 = 3 \div 2 = 1.5$ A;

$U_2 = U_1 - U_3 = 5 - 3 = 2$ V;

$R_2 = U_2 \div I_2 = 2 \div 1.5 = 1.33\ \Omega$;

$I_1 = I - I_2 = 2 - 1.5 = 0.5$ A;

$R_1 = U_1 \div I_1 = 5 \div 0.5 = 10\ \Omega$;

$U_s = U + U_1 = 2 \times 3 + 5 = 11$ V。

例 1-5 图 1-20 所示电路,已知 $U_{s1} = 12$ V,$U_{s2} = 3$ V,$R_1 = 3\ \Omega$,$R_2 = 9\ \Omega$,$R_3 = 10$ Ω,求 U_{ab}。

解 由 KCL $I_3 = 0$,$I_1 = I_2$

由 KVL $I_1 R_1 + I_2 R_2 = U_{s1}$

解得:

$$I_2 = I_1 = \frac{U_{s1}}{R_1 + R_2} = \frac{12}{3 + 9} = 1 \text{ A}$$

由 KVL $U_{ab} - I_2 R_2 + I_3 R_3 - U_{s2} = 0$

$U_{ab} = I_2 R_2 - I_3 R_3 + U_{s2} = 1 \times 9 - 0 \times 10 + 3 = 12$ V

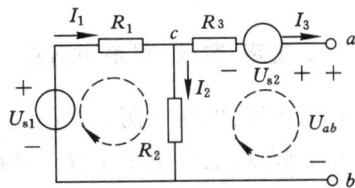

图 1-20 例 1-5 图

<h1 align="center">项目五　简单电路分析</h1>

简单电路就是可以利用电阻串、并联方法进行分析的电路。应用这种方法对电路进行分析时,先利用电阻串、并联公式求出该电路的总电阻,然后根据欧姆定律求出总电流,最后利用分压公式或分流公式计算出各个电阻的电压或电流。

一、电阻的串联

电阻串联及其等效电路如图 1-21 所示。

n 个电阻串联可等效为一个电阻。$R = R_1 + R_2 + \cdots + R_n$。

分压公式:

$$U_k = R_k I = \frac{R_k}{R} U \qquad (1\text{-}13)$$

图 1-21　电阻串联及等效电路

(a) 电阻的串联;(b) 等效电路

两个电阻串联(图 1-22)时:

$$U_1 = \frac{R_1}{R_1 + R_2} U, U_2 = \frac{R_2}{R_1 + R_2} U \qquad (1\text{-}14)$$

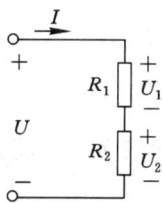

图 1-22　两个电阻串联电路

二、电阻的并联

电阻并联及其等效电路如图 1-23 所示。

$$\frac{1}{R} = \frac{1}{R_1} + \frac{1}{R_2} + \cdots + \frac{1}{R_n} \qquad (1\text{-}15)$$

n 个电阻并联可等效为一个电阻。

分流公式:

$$I_k = \frac{U}{R_k} = \frac{R}{R_k} I \qquad (1\text{-}16)$$

两个电阻并联(图 1-24)时:

$$I_1 = \frac{R_2}{R_1 + R_2} I, I_2 = \frac{R_1}{R_1 + R_2} I \qquad (1\text{-}17)$$

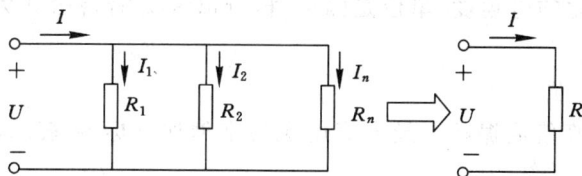

图 1-23　电阻并联及等效电路

(a) 电阻的并联;(b) 等效电路

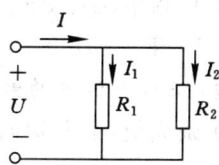

图 1-24　两个电阻并联电路

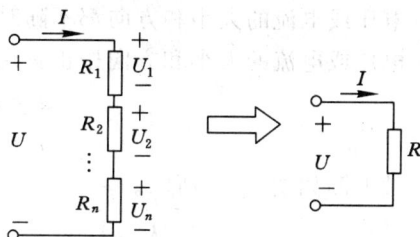

项目六　交　流　电

一、交流电的基本概念

(一)交流电的概念

电压或电流的大小和方向都不随时间变化的称为稳恒直流电。

电压或电流的大小和方向按正弦规律变化的称为正弦交流电。表达式为:

$$u = U_m \sin(\omega t + \theta)$$
$$i = I_m \sin(\omega t + \theta)$$

(1-18)

波形图如图 1-25 所示。

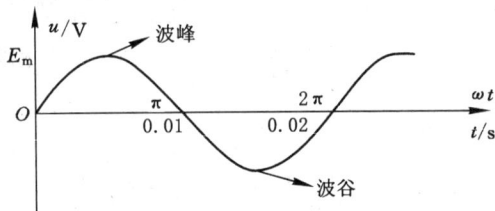

图 1-25　正弦交流电波形图

(二)交流电的产生

交流电可由交流发电机或振荡器产生。振荡器是一种能量转换装置——将直流电能转换为具有一定频率的交流电能,其构成的电路叫振荡电路。

交流发电机产生的正弦交流电动势表达式为:

$$e = E_m \sin \omega t$$

(1-19)

(三)正弦交流电的周期、频率和角频率

(1)周期(T):交流电每重复变化一次所需的时间,单位是秒(s)。

(2)频率(f):交流电在 1 s 内重复变化的次数称为频率,单位是赫兹(Hz)。周期和频率互为倒数,即 $T = 1/f$ 或 $f = 1/T$。我国工频是 50 Hz。

(3)角频率(ω):交流电每秒变化的电角度,单位是弧度/秒(rad/s)。计算公式为 $\omega = 2\pi f = 2\pi/T$。

(四)正弦交流电的最大值、有效值

(1)最大值:最大瞬时值,又称峰值或振幅。最大值用大写字母加下标 m 表示,如 E_m、U_m、I_m。

(2)有效值:使交流电和直流电加在同样阻值的电阻上,如果在相同的时间内产生的热量相等,就把这一直流电的大小叫做相应交流电的有效值。有效值用大写字母表示,如 E、U、I。

(3)有效值和最大值的关系:有效值=最大值/$\sqrt{2}$。

例 1-6　如图 1-26 所示的波形图中,试求 T、f、ω 和 I 分别是多少。

解　由图可知:

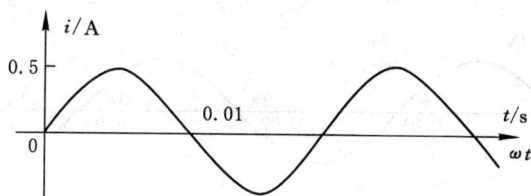

图 1-26　例 1-6

$$I_m = 0.5 \text{ A}, \frac{T}{2} = 0.01 \text{ s}$$

则　　$T = 0.02 \text{ s}, f = \dfrac{1}{T} = 50 \text{ Hz}$

$\omega = 2\pi f = 314 \text{ rad/s}$

$I = \dfrac{I_m}{\sqrt{2}} = 1.21 \text{ A}$

（五）正弦交流电的相位与相位差

（1）相位：正弦量在任意时刻的电角度，也称相角，用 $\omega t + \theta$ 表示。初相是 $t = 0$ 时的相位。如交流电 $u = 311\sin(314t + 60°)$ 的相位是 $(314t + 60°)$，初相是 $60°$。

（2）相位差：两个同频率正弦量的相位之差，其值等于它们的初相之差。

如图 1-27 所示，若 $u = U_m\sin(\omega t + \theta_u)$，$i = I_m\sin(\omega t + \theta_i)$，则相位差为

$$\theta = (\omega t + \theta_u) - (\omega t + \theta_i) = \theta_u - \theta_i$$

两正弦量有相位差的前提：两者的角频率必须相等。

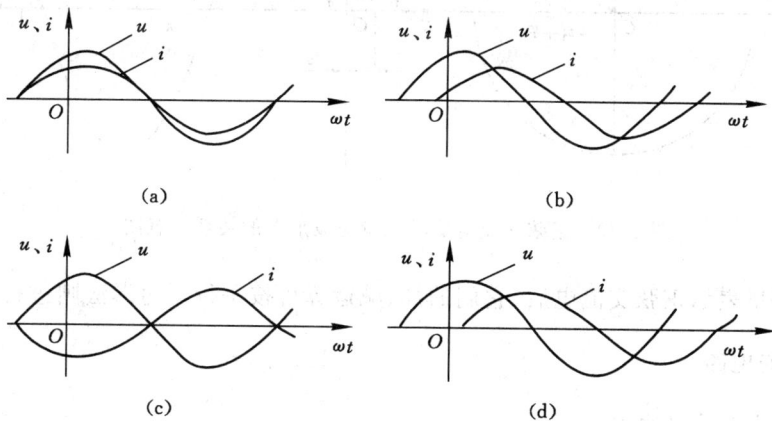

图 1-27　u 与 i 的相位关系示意图

(a) u 与 i 同相；(b) u 超前 i；(c) u 与 i 反相；(d) u 与 i 正交

二、正弦交流电的相量图表示法

（一）表示正弦交流电的方法

（1）解析式。例如 $u = U_m\sin(\omega t + \theta_u)$。

（2）波形图。如图 1-28 所示。

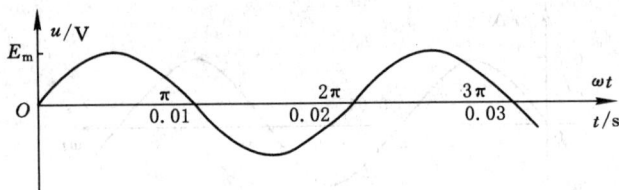

图 1-28 正弦交流电的波形图

（3）相量图如图 1-29 所示。

（二）相量图（矢量图）

（1）旋转矢量与波形图的关系，如图 1-30 所示。

（2）应用相量图时注意以下几点：

① 同一相量图中，各正弦交流电的频率应相同。

② 同一相量图中，相同单位的相量应按相同比例画出。

③ 一般取直角坐标轴的水平正方向为参考方向，逆时针转动的角度为正，反之为负。

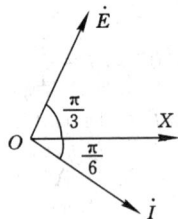

图 1-29 正弦交流电的相量图

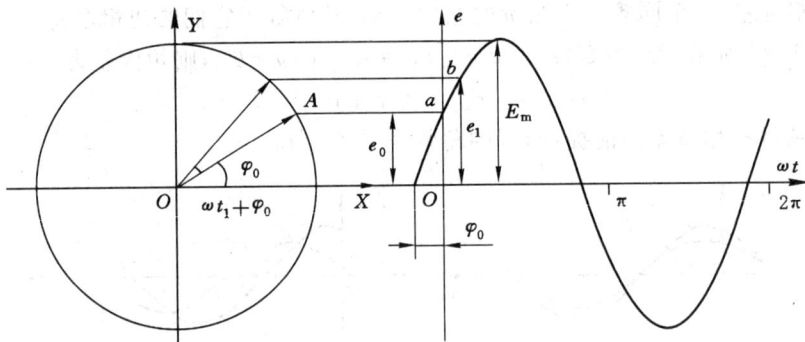

图 1-30 正弦交流电旋转矢量与波形图的关系示意图

④ 用相量表示正弦交流电后，它们的加、减运算可按平行四边形法则进行。

三、交流电路

（一）纯电阻交流电路

（1）电流与电压的相位关系如图 1-31 所示。

$$u = U_m \sin \omega t \qquad (1-20)$$

$$i = \frac{u}{R} = \frac{U_m \sin \omega t}{R} \qquad (1-21)$$

（2）电流与电压的数量关系：

$$I_m = \frac{U_m}{R} \qquad (1-22)$$

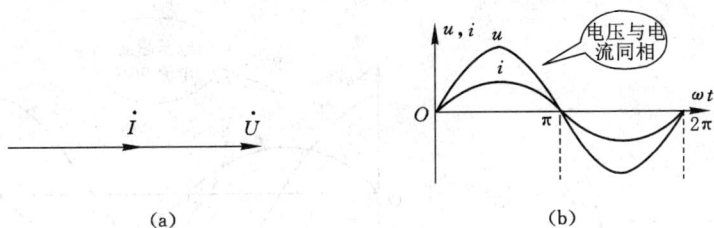

图 1-31　纯电阻交流电路的相量图与波形图

(a) 相量图；(b) 波形图

$$I = \frac{U}{R} \tag{1-23}$$

在纯电阻电路中,电流与电压的瞬时值、最大值、有效值都符合欧姆定律。

(3) 功率。

① 瞬时功率:任一瞬间,电阻中电流瞬时值与同一瞬间的电阻两端电压的瞬时值的乘积,用 P_R 表示。

$$P_R = ui = \frac{U_m^2}{R} \sin^2 \omega t \tag{1-24}$$

② 平均功率:电阻在交流电一个周期内消耗的功率的平均值,又称有功功率,用 P 表示,单位仍是瓦(W)。电压、电流用有效值表示时,平均功率 P 的计算与直流电路相同,即

$$P = UI = \frac{U^2}{R} = I^2 R \tag{1-25}$$

（二）纯电感交流电路

(1) 电感对交流电的阻碍作用:如图 1-32 中,先接通 6 V 直流电源,可以看到 HL_1 和 HL_2 亮度相同。再改接 6 V 交流电源,发现灯泡 HL_2 明显变暗,这表明电感线圈对直流电和交流电的阻碍作用是不同的。感抗——电感对交流电的阻碍作用,用 X_L 表示,单位为欧姆(Ω)。

$$X_L = 2\pi f L = \omega L \tag{1-26}$$

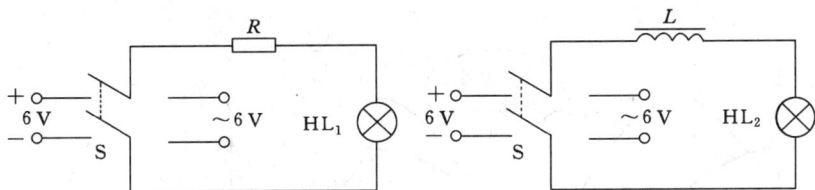

图 1-32　电感对交流电的阻碍作用

(2) 电流与电压的关系。纯电感电路欧姆定律的表达式见式(1-26)。相量图与波形图如图 1-33 所示。

$$U_L = IX_L \text{ 或 } I = \frac{U_L}{X_L} \tag{1-27}$$

(3) 功率:纯电感电路不消耗能量,它是一种储能元件。

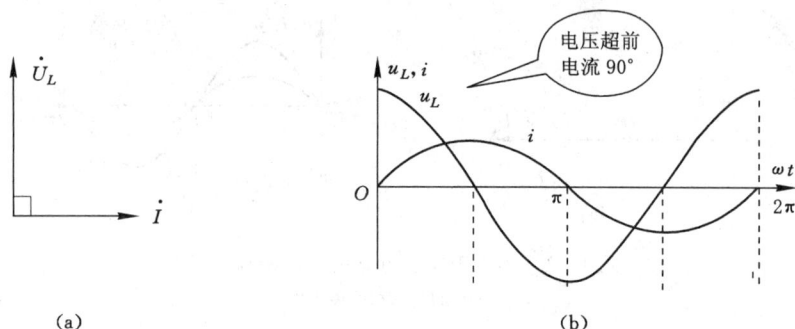

图 1-33   纯电感交流电路的相量图与波形图
(a) 相量图;(b) 波形图

通常用瞬时功率的最大值来反映电感与电源之间转换能量的规模,称为无功功率,用 Q_L 表示,单位乏(Var)。

$$Q_L = U_L I = I^2 X_L = \frac{U_L^2}{X_L} \qquad (1\text{-}28)$$

(三) 纯电容交流电路

(1) 电容对交流电的阻碍作用:如图 1-34 所示,先接通 6 V 直流电源,灯泡 HL_2 瞬间微亮,随即熄灭,再改接 6 V 交流电源,灯泡 HL_2 亮。说明直流电不能通过电容器,交流电能通过电容器。

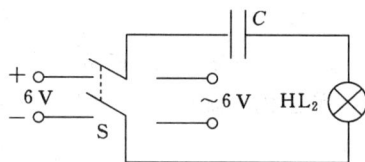

图 1-34   电容对交流电的阻碍作用

容抗——电容对交流电的阻碍作用,用 X_C 表示,单位为欧姆(Ω)。

$$X_C = \frac{1}{\omega C} = \frac{1}{2\pi f C} \qquad (1\text{-}29)$$

(2) 电流与电压的关系:纯电容电路欧姆定律的表达式见式(1-30)。相量图与波形图如图 1-35 所示。

$$I = \frac{U}{X_C} \qquad (1\text{-}30)$$

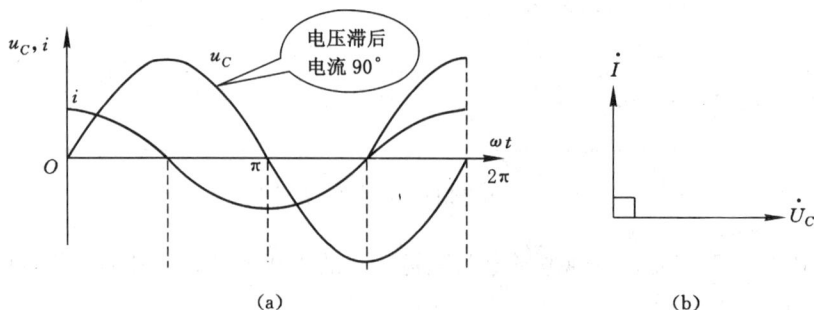

图 1-35   纯电容交流电路的相量图与波形图
(a) 波形图;(b) 相量图

（3）功率：电容也是储能元件，不消耗功率。纯电容电路的无功功率为：

$$Q_C = UI = I^2 X_C = \frac{U^2}{X_C} \tag{1-31}$$

（四）RLC 串联电路

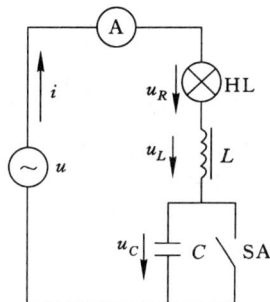

图 1-36　RLC 串联电路

（1）电容对交流电的阻碍作用：如图 1-36 所示，开关 SA 闭合后接交流电压，灯泡微亮。再断开 SA，灯泡突然变亮。测量 R、L、C 两端电压 U_R、U_L、U_C，发现：$U_R + U_L + U_C \neq U$。

（2）电压与电流的关系：RLC 串联电路的总电压瞬时值等于多个元件上电压瞬时值之和，即：$u = u_R + u_L + u_C$。

RLC 串联电路中总电压与分电压之间的关系：

$$U = \sqrt{U_R^2 + (U_L - U_C)^2} \tag{1-32}$$

将 $U_R = IR$、$U_L = IX_L$、$U_C = IX_C$ 代入上式可得

$$U = I\sqrt{R^2 + (X_L - X_C)^2} = I\sqrt{R^2 + X^2} = IZ \tag{1-33}$$

式中，$X = X_L - X_C$ 称电抗，$Z = \sqrt{R^2 + X^2}$ 称为阻抗，单位是 Ω。

阻抗角为：

$$\phi = \arctan\frac{U_L - U_C}{U_R} = \arctan\frac{X_L - X_C}{R} \tag{1-34}$$

（3）电路的电感性、电容性和电阻性：

① 电感性电路：当 $X_L > X_C$ 时，电路呈感性。

② 电容性电路：当 $X_L < X_C$ 时，电路呈容性。

③ 电阻性电路：当 $X_L = X_C$ 时，电路呈阻性。

（4）功率：

视在功率：电压与电流有效值的乘积，用 S 表示，单位为伏·安（V·A）。

视在功率并不代表电路中消耗的功率，它常用于表示电源设备的容量。视在功率 S 与有功功率 P 和无功功率 Q 的关系：

$$S = \sqrt{P^2 + Q^2} \tag{1-35}$$

$$P = S\cos\varphi \tag{1-36}$$

$$Q = S\sin\varphi \tag{1-37}$$

$$\cos\varphi = \frac{P}{S} \tag{1-38}$$

$\cos\varphi$ 称为功率因数。

（5）电压三角形、阻抗三角形和功率三角形：电压、阻抗、功率三角形及其关系如图 1-37 所示。

四、提高功率因数的意义和方法

计算电感性负载的有功功率，除考虑电压、电流的大小外，还要考虑电压、电流之间的相位差，即：$P = UI\cos\varphi$。

对于纯电阻负载，$\cos\varphi = 1$；

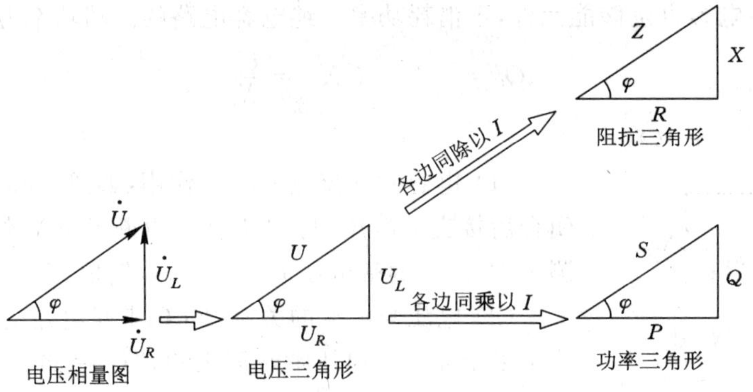

图 1-37　电压、阻抗、功率三角形及其关系

对于电感性负载，$\cos\varphi < 1$。

在电感性电路中，有功功率只占电源容量的一部分，还有一部分能量并没有消耗在负载上，而是与电源之间反复进行交换，这就是无功功率，它占用了电源的部分容量。

（1）提高功率因数的意义：

① 充分利用电源设备的容量。

② 减小供电线路的功率损耗。

（2）提高功率因数的方法：

① 提高自然功率因数。

② 并接电容器补偿。

项目七　三相交流电路

一、三相交流电

（一）三相交流电的三个优点

（1）三相发电机比体积相同的单相发电机输出的功率要大。

（2）三相发电机的结构不比单相发电机复杂多少，而使用、维护都比较方便，运转时比单相发电机的振动要小。

（3）在同样条件下输送同样大的功率时，特别是在远距离输电时，三相输电比单相输电节约材料。

（二）三相交流电动势的产生

由三相交流发电机产生，其波形图和相量图如图 1-38 所示。

产生的三个对称正弦交流电动势分别为：

$$e_U = E_m \sin(\omega t)\,\text{V}$$
$$e_V = E_m \sin(\omega t - 120°)\,\text{V}$$
$$e_W = E_m \sin(\omega t + 120°)\,\text{V} \tag{1-39}$$

从波形图和相量图可知，它们的瞬时值或相量之和等于零。即

$$e_U + e_V + e_W = 0$$

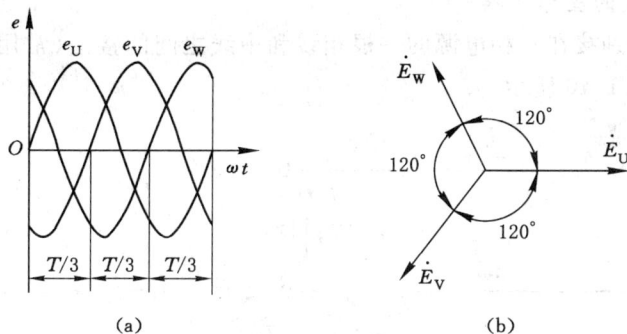

图 1-38　三相交流电动势的波形图和相量图

(a) 波形图；(b) 相量图

三个交流电动势到达最大值(或零)的先后次序,称为相序。

规定每相电动势的正方向是从线圈的末端指向始端,即电流从始端流出时为正,反之为负。

（三）三相四线制

三相四线制线路图及相量图如图 1-39 所示。

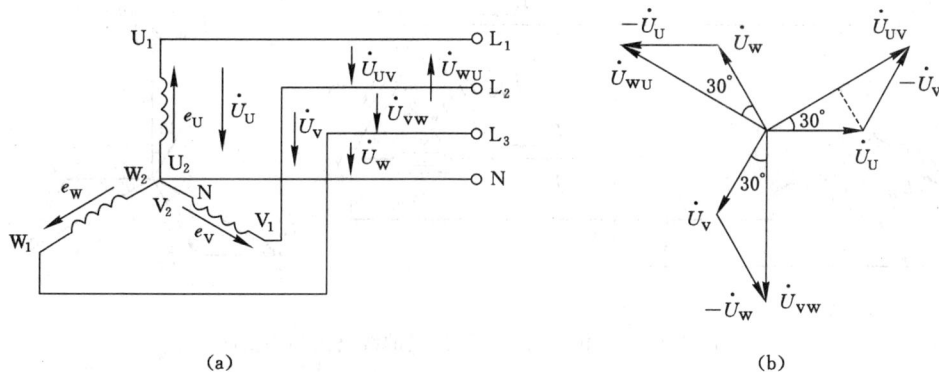

图 1-39　三相四线制线路图和相量图

(a) 线路图；(b) 相量图

线电压:相线与相线之间的电压。

相电压:相线与中线之间的电压。

$$U_{线} = \sqrt{3} U_{相} \tag{1-40}$$

线电压总是超前于对应的相电压 $30°$。

二、三相负载的连接方式

（一）几个概念

(1) 三相负载:接在三相电源上的负载。

(2) 对称三相负载:各相负载相同的三相负载,如三相电动机、大功率三相电路等。

(3) 不对称三相负载:各相负载不同,如三相照明电路中的负载。

（二）三相负载的星形连接

把三相负载分别接在三相电源的一根相线和中线之间的接法（常用"Y"标记），其线路图和相量图如图 1-40 所示。

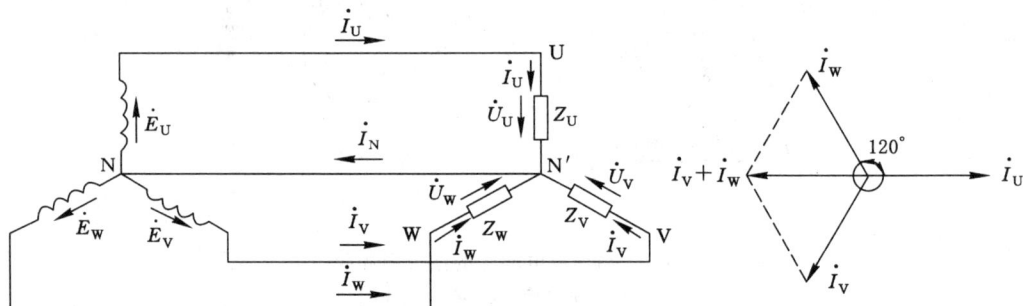

图 1-40　三相负载星形连接的线路图和相量图

（三）三相负载的三角形连接

把三相负载分别接在三相电源每两根相线之间的接法（常用"△"标记），其线路图和相量图如图 1-41 所示。

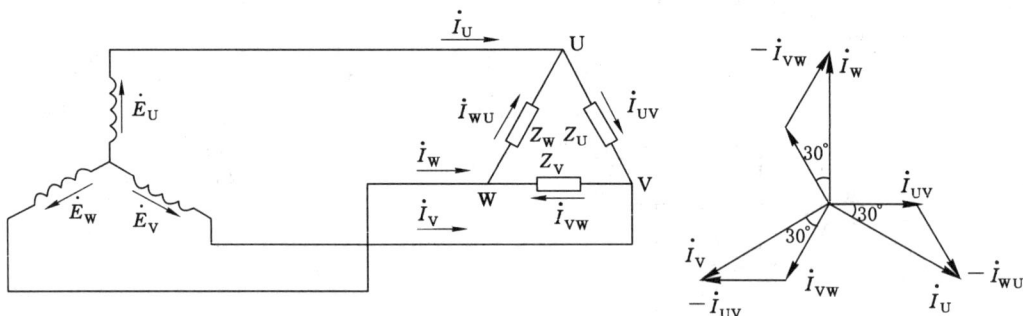

图 1-41　三相负载三角形连接的线路图和相量图

（四）三相负载的功率

在三相交流电源中，三相负载消耗的总功率为各相负载消耗的功率之和。在对称三相电路中，有：

$$P = 3U_{相} I_{相} \cos \varphi = 3P_{相} \tag{1-41}$$

对称三相负载的无功功率和视在功率的计算式分别为：

$$Q = \sqrt{3}U_{线} I_{线} \sin \varphi = 3U_{相} I_{相} \sin \varphi \tag{1-42}$$

$$S = \sqrt{3}U_{线} I_{线} = 3U_{相} I_{相} \tag{1-43}$$

三、发电、输电和配电常识

（一）发电厂的种类

水力发电厂、火力发电厂、核能发电厂、风力发电厂、太阳能发电厂、地热发电厂等。

（二）电力网和电力系统

(1) 电力网：将发电厂生产的电能传输和分配到用户的输配电系统，简称电网。

（2）电力系统：将发电厂、电力网和用户联系起来的发电、输电、变电、配电和用电的整体。如图 1-42 所示。

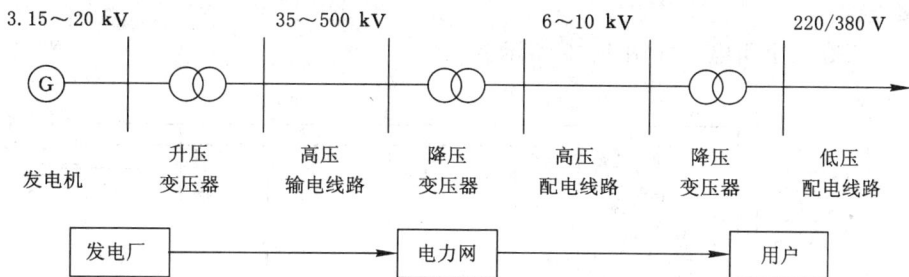

图 1-42　电力系统

（3）输电原则：容量越大，距离越远，则输电电压越高。

（三）变配电及配电方式

电能进入工厂后，还要进行变电（变换电压）和配电（分配电能）。

变电所的任务是受电、变压和配电；而配电所只受电和配电。

配电方式基本有放射、树干式两种类型。放射式的优点：供电可靠、互不影响、操作控制方便；缺点：耗材多、占地多、投资高。树干式的优点：耗材少、投资省；缺点：影响大、可靠性差、操作控制不灵活。

四、安全用电常识

（一）触电方式及安全常识

（1）触电方式有三种：

单相触电（220 V）、两相触电（380 V）、跨步电压触电。

（2）电流对人体的伤害：分电击和电伤两种。

电击是电流通过人体内部，对人体内脏及神经系统造成破坏。

电伤是电流通过人体外部造成局部伤害，如电弧烧伤、熔化的金属渗入皮肤等。

（3）安全电流：交流 30 mA 及其以下；直流 40 mA 及其以下。

（4）人体电阻：一般干燥皮肤时约 2 kΩ，皮肤潮湿或有损伤约 800 Ω。

（5）安全电压：交流 36 V 及其以下，直流 48 V 及其以下。

（二）防止触电的技术措施

（1）保护接地：将电气设备的金属外壳与大地可靠地连接。它适用于中性点不接地的三相供电系统。

（2）保护接零：将电气设备在正常情况下不带电的外露导电部分与供电系统中的零线相接。

采用保护接零须注意事项：

① 保护接零只能用于中性点接地的三相四线制供电系统。

② 接零导线必须牢固可靠，防止断线、脱线。

③ 零线上禁止安装熔断器和单独的断流开关。

④ 零线每隔一定距离要重复接地一次。一般中性点接地要求接地电阻小于 10 Ω。

⑤ 接零保护系统中的所有电气设备的金属外壳都要接零,绝不可以一部分接零,一部分接地。

(3) 家庭安全用电。如图 1-43 所示。

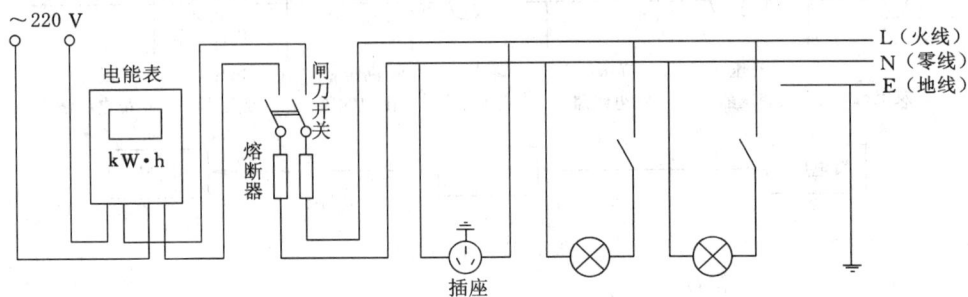

图 1-43 家庭安全用电示意图

(4) 漏电保护器原理图如图 1-44 所示。

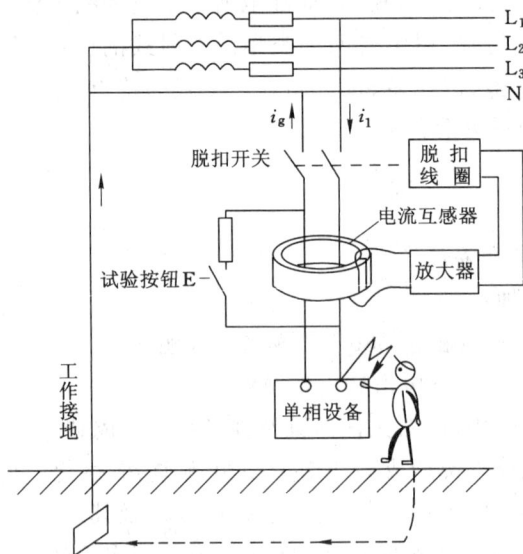

图 1-44 漏电保护器原理图

(三) 安全用电注意事项

(1) 判断电线或用电设备是否带电,必须用试电器(或测电笔),绝不允许用手触摸。

(2) 在检修电气设备或更换熔体时,应切断电源,并在开关处设置"禁止合闸"的标志。

(3) 根据需要选择熔断器的熔丝粗细,严禁用铜丝代替熔丝。

(4) 安装照明线路时,开关和插座离地一般不低于 1.3 m。不要用湿手去摸开关、插座、灯头等,也不要用湿布去擦灯泡。

(5) 在电力线路附近,不要安装电视机的天线,不放风筝、打鸟,更不能向电线、瓷瓶和变压器上扔物品。在带电设备周围严禁使用钢板尺、钢卷尺进行测量工作。

（6）发现电线或电气设备起火，应迅速切断电源。在带电状态下，绝不能用水或泡沫灭火器灭火。

（7）发生触电事故时，首先要使触电者迅速脱离电源。

五、变压器

（一）变压器的作用

（1）主要功能是改变交流电压的大小。

（2）改变电流、变换阻抗等。

（二）变压器的结构

变压器的原理图及其电路符号如图 1-45 所示。

（1）主要组成部分：铁芯和绕组。

铁芯：变压器的磁路通道，同时也是变压器的骨架。为了减小涡流和磁滞损耗，铁芯通常由磁导率较高又相互绝缘的薄硅钢片叠合而成。

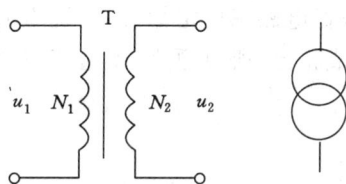

图 1-45　变压器的原理图和电路符号

绕组：变压器的电路部分。由绝缘良好的漆包线或纱包线绕制而成。工作时与电源相连的绕组称为一次绕组，与负载相连的线圈称为二次绕组。

（2）变压器的分类：按绕组和铁芯的安装位置不同，分为心式和壳式两种。

（三）变压器的工作原理

变压器的工作原理示意图如图 1-46 所示。

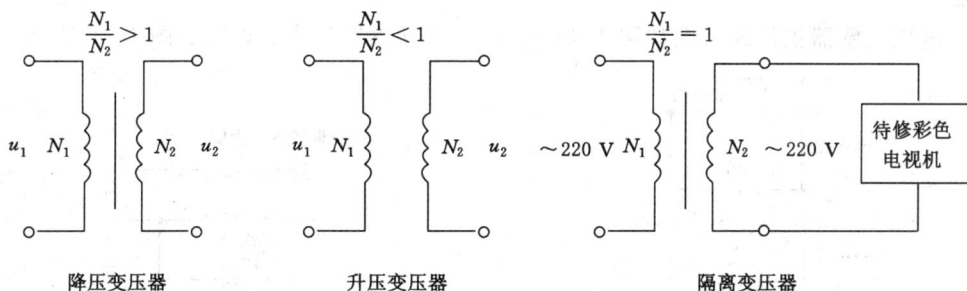

图 1-46　变压器的工作原理示意图

（1）变压原理：

$$\frac{U_1}{U_2} = \frac{E_1}{E_2} = \frac{N_1}{N_2} \tag{1-44}$$

理想变压器一次、二次绕组端电压之比等于绕组的匝数比。

（2）变流原理：

$$\frac{I_1}{I_2} = \frac{U_2}{U_1} = \frac{N_2}{N_1} \tag{1-45}$$

变压器工作时，一次、二次绕组中的电流跟匝数成反比。

（四）特殊用途变压器

1. 自耦变压器

自耦变压器也有单相和多相之分,但与普通双绕组变压器的区别在于:只有一个绕组,副边绕组是原边绕组的一部分,因此,原边、副边绕组之间不但有磁的耦合,还有电的联系。下面就以单相自耦变压器为例来对其进行分析。

图 1-47 所示为一台单相降压自耦变压器的工作原理图。

副边绕组 N_2 为原边绕组 N_1 的一部分,并且与铁芯中的磁通 $\varPhi_m$ 同时交链。与普通变压器一样,根据电磁感应定律可知,绕组的感应电动势与匝数成正比,所以原边、副边绕组的感应电动势分别为

图 1-47 单相自耦变压器工作原理图

$$E_1 = 4.44N_1\varPhi_m$$
$$E_2 = 4.44N_2\varPhi_m$$

电压变比关系为

$$\frac{U_1}{U_2} = \frac{E_1}{E_2} = \frac{N_1}{N_2}$$

2. 互感器和钳形电流表

仪用互感器是配电系统中供测量和保护用的设备,分为电流互感器和电压互感器两类。它们的工作原理和变压器相似,是把高电压设备和母线的运行电压、大电流即设备和母线的负荷或短路电流按规定比例变成测量仪表、继电保护及控制设备的低电压和小电流。

电压互感器工作原理图如图 1-48 所示,电流互感器工作原理图如图 1-49 所示。

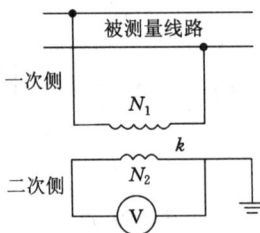

图 1-48 电压互感器工作原理图

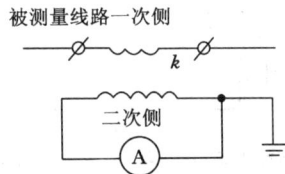

图 1-49 电流互感器工作原理图

3. 电焊变压器

电焊机在生产中的应用非常广泛,它是利用变压器的特殊外特性（二次侧可以短时短路,如图 1-50 所示)的性能而工作的,实际上是一台降压变压器。要保证电焊的质量及电弧燃烧的稳定性,电焊机对变压器有以下几点要求:

(1) 空载时,空载电压一般应在 60～75 V,以保证容易起弧。考虑到操作者的安全,最高电压不超过 85 V。

(2) 负载(即焊接)时,变压器应具有迅速下降的外特性,如图 1-50 所示。在额定负

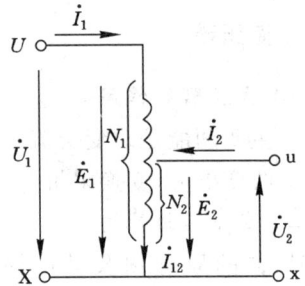

载时的输出电压(焊钳与工件间的电弧)约为 30 V 左右。

（3）为了适应不同焊接工件和焊条,要求焊接电流大小在一定范围内要均匀可调。

（4）当短路(焊钳与工件间接触)时,短路电流不应过大,也不应太小。短路电流太大,会使焊条过热、金属颗粒飞溅,工件易烧穿;短路电流太小,引弧条件差,电源处于短路时间过长。一般短路电流不超过额定电流的两倍。

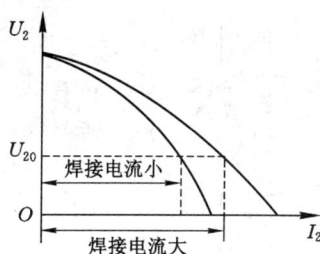

图 1-50　电焊变压器的外特性

六、三相异步电动机

（一）三相笼型异步电动机的结构

（1）定子:电动机静止部分,包括机座、定子铁芯和定子绕组。产生旋转磁场。

（2）转子:电动机的旋转部分,包括转轴、转子铁芯和转子绕组。产生电磁转矩。

三相异步电动机的种类很多,但各类三相异步电动机的基本结构是相同的,它们都由定子和转子这两大基本部分组成,在定子和转子之间具有一定的气隙。此外,还有端盖、轴承、接线盒、吊环等其他附件,如图 1-51 所示。

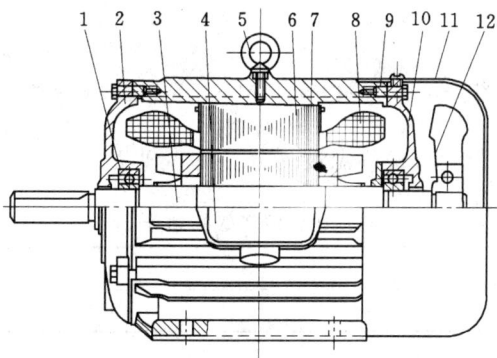

图 1-51　封闭式三相笼型异步电动机结构图

1——轴承;2——前端盖;3——转轴;4——接线盒;5——吊环;6——定子铁芯;
7——转子;8——定子绕组;9——机座;10——后端盖;11——风罩;12——风扇

（二）三相笼型异步电动机的工作原理

1. 工作原理

工作原理即为电磁感应原理(导体切割磁力线运动产生感应电动势,通电导体在磁场中受到电磁力的作用而偏转),如图 1-52 所示。

2. 三相异步电动机的极数和转速

异步电动机的转速 n 必定小于旋转磁场转速 n_0(又称同步转速),旋转磁场转速与电动机的转速之差称为转差。

$$n_0 = \frac{60f}{p} \tag{1-46}$$

转差——旋转磁场转速与电动机转速之差。

转差率——转差与旋转磁场转速之比。

$$s = \frac{\Delta n}{n_0} = \frac{n_0 - n}{n_0} \times 100\% \tag{1-47}$$

$$n = (1-s)n_0 \tag{1-48}$$

（三）三相异步电动机铭牌识读与维护

1. 铭牌识读（图1-53）

型号：Y—112M—4 是指国产 Y 系列异步电动机，机座中心高度 112 mm，中机座（M 为中机座，L 为长机座，S 为短机座），磁极数为 4 极。

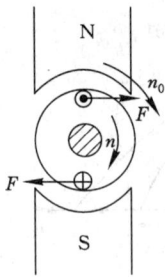

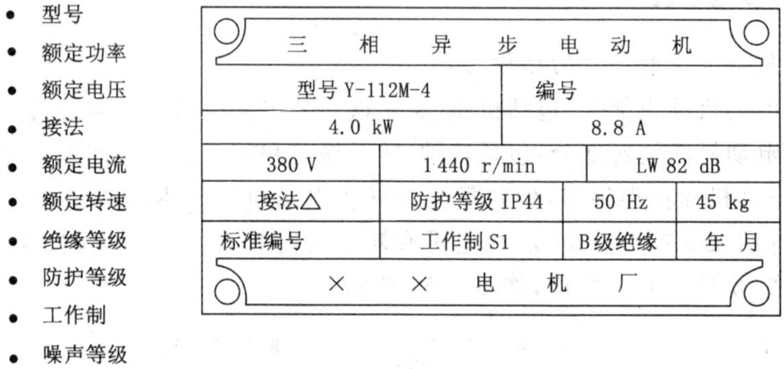

图 1-52　笼型转子转动原理

- 型号
- 额定功率
- 额定电压
- 接法
- 额定电流
- 额定转速
- 绝缘等级
- 防护等级
- 工作制
- 噪声等级

三　相　异　步　电　动　机			
型号 Y-112M-4		编号	
4.0 kW		8.8 A	
380 V	1 440 r/min		LW 82 dB
接法△	防护等级 IP44	50 Hz	45 kg
标准编号	工作制 S1	B级绝缘	年　月
×　　　×　　　电　机　厂			

图 1-53　Y—112M—4 型三相异步电动机铭牌

绝缘等级：按绝缘材料允许最高温度划分。见表 1-1。

表 1-1　　　　　　　　电动机绝缘等级的划分

绝缘等级	E	B	F	H	C
最高工作温度/℃	120	130	155	180	大于 180

防护等级：IP 后两位数字，第一为表示防固体异物的等级，第二位表示防水等级。

工作制：S1 表示连续工作制（S2 表示短时运行工作制，S3 表示断续运行工作制）。

噪声等级：LW82 dB 表示噪声等级为 82 dB。

2. 三相异步电动机的选用原则

根据负载大小选择电动机的功率；根据负载转速选择电动机的转速。

3. 电动机启动前的检查

（1）检查电动机铭牌所标电压、频率是否与使用的电源电压、频率相等，接法与铭牌所标是否相符。

（2）新电动机或长期不用的电动机，使用前应用兆欧表检查各相绕组间及各相绕组对地的绝缘电阻（正常值都应为无穷大）。

4. 电动机运行中的巡查监视

（1）电压监视。电源电压与额定电压的偏差不应超过 $\pm 5\%$，三相电压不平衡度不应超过 1.5%。

（2）电流监视。用钳形表测量电动机的电流，对较大的电动机还要经常观察运行中电流是否三相平衡或超过允许值。

（3）机组转动监视。检查皮带连接处是否良好，皮带松紧是否合适，机组转动是否灵活，有无卡位、窜动及不正常的现象。

（4）温度监视。用手触及外壳，看电动机是否过热烫手，如发现过热，可在电动机外壳上滴几滴水，如果水急剧气化，说明电动机显著过热。

（5）响声、气味监视。检查响声是否正常，电动机是否有焦臭气味。

项目八　绿色新能源技术与应用

一、太阳能技术

（一）太阳能技术发展现状

太阳能是取之不尽用之不竭的资源，如果人类能够合理加以利用，不仅能满足自身的能源需求，还会给子孙后代留下一笔宝贵的财富。虽然，目前全世界范围内在太阳能使用技术及实际应用上还面临种种困难，但是毋庸置疑的是太阳能作为人类未来可再生能源，其前景是非常光明的。

美国在太阳能技术使用和实际应用方面是走在世界前列的国家。美国内华达太阳能一号发电厂位于内华达州莫哈韦沙漠。该发电厂占地 250 英亩，拥有 18.2 万块凹面镜。凹面镜组成的太阳能槽式设备将太阳的能量聚焦在位于镜子焦点线上的不锈钢接收器管上，而钢管内装有可流动的油等传热液体，在高温作用下油的温度升高至 750 华氏度，巨型的散热器吸收其中的热量给水加热产生蒸汽，蒸汽带动高压驱动涡轮机和发电机运转，从而产生电能。这座发电厂每年可产生 6 400 万 W，足够供 1.4 万户家庭或者几家拉斯维加斯赌场使用的电能。

南加州爱迪生电力公司的工人们正在面积达 14 英亩的仓库屋顶上铺设 3.3 万块轻型太阳能光电池板，将为 1 300 户家庭供电，如图 1-54 所示。此前，加州政府颁布条款要求到 2010 年由可再生能源提供的电力要达到全州总电量的 20%。

图 1-54　美国南加州太阳能发电站

（二）光伏发电技术

将太阳能直接转换为电能的技术称为光伏发电技术。在国际上，光伏发电技术的研究已有 100 多年的历史。目前这一能源高端产品已经成熟。我国于 1958 年开始研究太阳能电池，1971 年首次成功地应用于我国发射的东方红二号卫星上。1973 年开始将太阳能电池用于地面。2002 年，国家有关部门启动"送电到乡工程"，在西部七省区的近 800 个无电乡政府所在地安装光伏电站，该项目拉动了我国光伏工业快速发展。截止到 2004 年底，我国太阳能电池的累计装机已经达到 6.5 万 kW。

光伏发电是利用半导体界面的光生伏特效应而将光能直接转变为电能的一种技术。这种技术的关键元件是太阳能电池。太阳能电池经过串联后进行封装保护可形成大面积的太阳能电池组件，再配合上功率控制器等部件就形成了光伏发电装置。光伏发电的优点是较少受地域限制，因为阳光普照大地；光伏系统还具有安全可靠、无噪声、低污染、无需消耗燃料和架设输电线路即可就地发电供电及建设周期短的优点。

光伏发电是根据光生伏特效应原理，利用太阳能电池将太阳光能直接转化为电能。不论是独立使用还是并网发电，光伏发电系统都主要由太阳能电池板（组件）、控制器和逆变器三大部分组成，它们主要由电子元器件构成，不涉及机械部件，所以，光伏发电设备极为精炼，可靠稳定寿命长，安装维护简便。理论上讲，光伏发电技术可以用于任何需要电源的场合，上至航天器，下至家用电源，大到兆瓦级电站，小到玩具，光伏电源无处不适用。太阳能光伏发电的最基本元件是太阳能电池（片），有单晶硅、多晶硅、非晶硅和铜铟镓硒薄膜电池等多种。

（三）光热发电技术

光伏与传统能源相比的可再生优势、与风能相比的资源更为广阔优势、与核能相比的环保优势，让它赢得了众多媒体的支持。而与此同时，同样利用太阳取之不尽，用之不竭优势的太阳能热力发电正悄然进入了我们的视线。它拥有更加环保的产业链，业界预计其成本也将优于光伏发电，同时具有储热夜间发电的优势。在可再生能源领域，光伏是多了个兄弟还是对手？

太阳能热利用的最高境界是发电。有了中高温集热管，太阳能热利用将从传统的热水器进入一个新的阶段。而且太阳能热发电初期的能耗和污染与光伏发电相比都具有优势，目前国内还没有关于成本的准确评估，但它的成本应该优于光伏。

20 家德国企业和银行策划在北非建造一座人类历史上规模最大的太阳能热力电站，项目预计总投资高达 4 千亿欧元，预计 10 年内建成发电，可以满足欧盟区域 30% 的用电量。绿色和平组织的一份报告认为，到 2050 年，类似的"太阳热力电站"将能满足全球四分之一的能源需求。

据专家介绍，北非这座太阳能电站使用的并非直接将阳光转化成电能的传统太阳能电池板，而是通过镜面将阳光反射到油路系统对一种特殊的油材料进行加热，由此产生的热量将水转化成水蒸气，进而推动涡轮机运转发电。其工作原理类似于现在的水电站和火电站。此外，白天产生的热量还能被储存起来，这样太阳能电站在夜间没有阳光的时候也能继续发电。类似的太阳能电站已经在美国加利福尼亚和西班牙建成使用。太阳能热电目前已逐渐成为了全球关注的另一焦点。

中国光伏产业的崛起，让国人对可再生能源与环保意识有了更深刻的理解。太阳能热电也正在加入可再生能源的大家庭中。国务院参事、中国可再生能源学会理事长石定寰说,在所有可再生能源中,太阳能的资源量是最大的,潜力也是最大的。目前中国在发展可再生能源方面最欠缺的是基础工作,目前美国的太阳能观测点有几千个,而中国只有几百个。没有这些基础工作,未来太阳能的发展必将受到限制。

不可否认,太阳能热发电对光伏发电来说似乎又多了个潜在的对手,但是也好像又多了一个帮手。因为电能的储存至今还是一个全球性的难题,太阳热能发电带有一定的储能功能。

太阳热能发电或许对于光伏产业是一个促进,使其在成本与效率等领域能够更快地优化,并加速进入建筑一体化等领域,充分发挥自己的所长。

二、冰蓄冷节能空调技术

(一)冰蓄冷空调的原理

冰蓄冷实际上是对能源的一种储备——在用电低谷、电价较低(或中央空调不需要工作)时开始制冰,蓄存冷量;而在用电高峰、电价较高(中央空调需要工作)时停止制冰,同时依靠冰的融化来制冷,从而完成能源利用在时间上的转移,节省运行费用,降低运行成本。

冰蓄冷中央空调技术是转移高峰电力、开发低谷用电、优化资源配置、保护生态环境的一项重要技术措施,符合中国的长期国策。

冰蓄冷空调技术的原理即是在电力负荷很低的离峰时段或称用电低谷期启动压缩机运转,采用制冷机冷却冰水制冰,利用制冷介质的显热或潜热特性,用一定方式将冷量存储起来。在电力负荷较高的白天,也就是用电高峰期,需要使用空调,而又不适宜运转冷气机组的时间,即可让夜间所储存的冰溶化,吸收空调冰水的热量,把储存的冷量释放出来,达到冰水冷却的效果,如此即可将白天尖峰时段的冷气用电需量转移至夜间离峰时段,以满足建筑物空调或工艺技术的需要。

(二)冰蓄冷空调的系统构成图(图 1-55)

冰蓄冷空调系统一般由制冷机组、蓄冷设备(或蓄水池)、辅助设备以及调节控制装置等组成。冰蓄冷空调系统设计种类多种多样,无论采用哪种形式,其最终的目的是为建筑物提供一个舒适的环境。另外,系统还应达到能源最佳使用效率,节省运转电费,为用户提供一个安全可靠的冰蓄冷空调系统。

(三)冰蓄冷中央空调与传统中央空调的区别

传统中央空调作为传统耗能大户,由于长期以来人们对其节能不够重视,能源浪费的现象仍然相当严重且普遍。随着人们对工作环境、生活环境舒适度的要求越来越高,国内建筑物中央空调的普及率也在逐步上升。与此同时,中央空调普遍存在的高能耗问题却让人触目惊心。如今高能耗已经成为制约中央空调健康发展的一大瓶颈,解决中央空调的高能耗问题已迫在眉睫。

而冰蓄冷中央空调具有全部或部分转移制冷机组的用电时间,起到"移峰填谷"作用,也是解决用电高峰期和低谷期负荷相差很大所引起的能量浪费的有效手段。

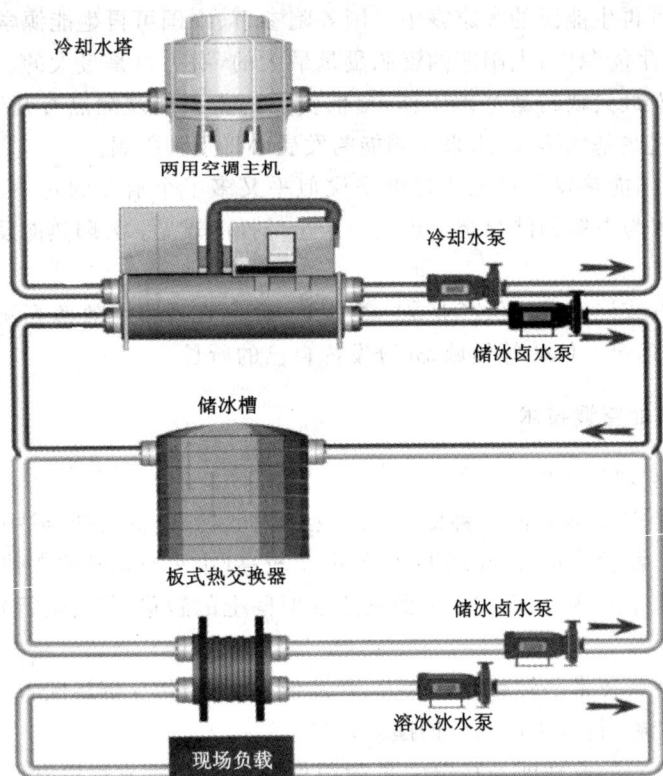

图 1-55 冰蓄冷系统构成图

三、太阳能空调技术

当前,世界各国都在加紧进行太阳能空调技术的研究。据调查,已经或正在建立太阳能空调系统的国家和地区有意大利、西班牙、德国、美国、日本、韩国、新加坡、中国香港等。这是由于发达国家和地区的空调能耗在全年民用能耗中占有相当大的比重,利用太阳能驱动空调系统对节约常规能源、保护自然环境都具有十分重要的意义。

为了进一步拓宽太阳能的应用范围,使其在节能和环保中发挥更大的作用,我国在"九五"期间开展了太阳能空调技术研究,旨在通过技术攻关和系统示范,解决太阳能空调中的技术难题,从而为尽早实现太阳能空调的商业化打下技术基础。

太阳能吸收式空调系统主要由太阳集热器和吸收式制冷机两部分构成。

(一)吸收式制冷工作原理

吸收式制冷是利用两种物质所组成的二元溶液作为工质来进行的。这两种物质在同一压强下有不同的沸点,其中高沸点的组分称为吸收剂,低沸点的组分称为制冷剂。常用的吸收剂—制冷剂组合有两种:一种是溴化锂—水,通常适用于大型中央空调;另一种是水—氨,通常适用于小型空调。

吸收式制冷机主要由发生器、冷凝器、蒸发器和吸收器组成。

以溴化锂吸收式制冷机为例,在制冷机运行过程中,当溴化锂水溶液在发生器内受到热媒水加热后,溶液中的水不断汽化;水蒸气进入冷凝器,被冷却水降温后凝结;随着水的不断汽化，发生器内的溶液浓度不断升高，进入吸收器；当冷凝器内的水通过节流阀进入蒸发器时，急速膨胀而汽化，并在汽化过程中大量吸收蒸发器内冷媒水的热量，从而达到降温制冷的目的。在此过程中，低温水蒸气进入吸收器，被吸收器内的浓溴化锂溶液吸收，溶液浓度逐步降低，由溶液泵送回发生器，完成整个循环。

（二）太阳能吸收式空调工作原理

所谓太阳能吸收式制冷，就是利用太阳集热器为吸收式制冷机提供其发生器所需要的热媒水。热媒水的温度越高，则制冷机的性能系数（亦称 COP）越高，这样空调系统的制冷效率也越高。例如，若热媒水温度在 60 ℃左右，则制冷机的 COP 约为 0.040；若热媒水温度在 90 ℃左右，则制冷机的 COP 约为 0.070；若热媒水温度在 120 ℃左右，则制冷机的 COP 可达 1.10 以上。

常规的吸收式空调系统主要包括吸收式制冷机、空调箱（或风机盘管）、锅炉等几部分，而太阳能吸收式空调系统是在此基础上再增加太阳集热器、储水箱和自动控制系统。太阳能吸收式空调系统可以实现夏季制冷、冬季采暖、全年提供生活热水等多项功能。

在夏季，被集热器加热的热水首先送入储水箱，当热水温度达到一定值时，由储水箱向制冷机提供热媒水；从制冷机流出并已降温的热水流回储水箱，再由集热器加热成高温热水；制冷机产生的冷媒水通向空调箱，以达到制冷空调的目的。当太阳能不足以提供高温热媒水时，可由辅助锅炉补充热量。

在冬季，同样先将集热器加热的热水送入储水箱，当热水温度达到一定值时，由储水箱直接向空调箱提供热水，以达到供热采暖的目的。当太阳能不能够满足要求时，也可由辅助锅炉补充热量。

在非空调采暖季节，只要将集热器加热的热水直接通向生活用储水箱中的热交换器，就可将储水箱中的冷水逐渐加热以供使用。

空调及供热综合示范系统如图 1-56 所示。

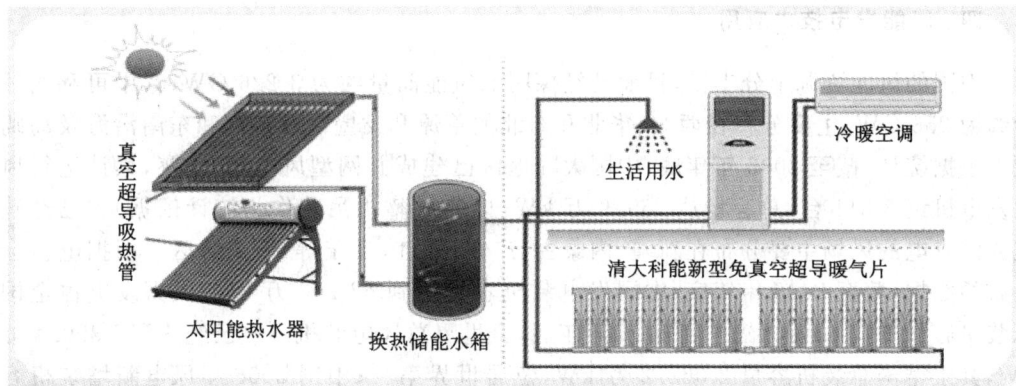

图 1-56　太阳能空调系统原理图

实践证明，采用热管式真空管集热器与溴化锂吸收式制冷机相结合的太阳能空调技术方案是成功的，它为太阳能热利用技术开辟了一个新的应用领域。

太阳能吸收式空调与常规空调相比，具有以下三大明显的优点：

（1）太阳能空调的季节适应性好，也就是说，系统制冷能力随着太阳辐射能的增加而

增大,而这正好与夏季人们对空调的迫切要求一致;

（2）传统的压缩式制冷机以氟利昂为介质,它对大气层有极大的破坏作用,而吸收式制冷机以无毒、无害的溴化锂为介质,它对保护环境十分有利;

（3）同一套太阳能吸收式空调系统可以将夏季制冷、冬季采暖和其他季节提供热水结合起来,显著地提高了太阳能系统的利用率和经济性。

诚然,凡事都要一分为二。在强调太阳能空调优点的同时,也应看到它目前存在的局限性,因而在推广应用过程中应注意解决这些问题:

（1）虽然太阳能空调开始进入实用化阶段,希望使用太阳能空调的用户不断增加,但目前已经实现商品化的产品大都是大型的溴化锂制冷机,只适用于单位的中央空调。对此,空调制冷界正在积极研究开发各种小型的溴化锂或氨—水吸收式制冷机,以便与太阳集热器配套逐步进入家庭。

（2）虽然太阳能空调可以无偿利用太阳能资源,但由于自然条件下的太阳辐照度不高,使得集热器采光面积与空调建筑面积的配比受到限制,目前只适用于层数不多的建筑。对此,人们正在加紧研制可产生水蒸气的真空管集热器,以便与蒸气型吸收式制冷机结合,进一步提高集热器与空调建筑面积的配比。

（3）虽然太阳能空调可以大大减少常规能源的消耗,大幅度降低运行费用,但目前系统的初投资仍然偏高,只适用于有限的富裕用户。为此,人们正在坚持不懈地降低现有真空管集热器的成本,以使越来越多的单位和家庭具有使用太阳能空调的经济承受能力。

近年来,地球表面温度逐年上升,人们对夏季空调的要求越来越强烈,安装空调已成为我国大部分地区的一股消费浪潮。相信,太阳能吸收式空调系统可以发挥夏季制冷、冬季采暖、全年提供热水的综合优势,必将取得显著的经济、社会和环境效益,具有广阔的推广应用前景。

四、风能发电技术应用

中国的风能资源十分丰富,目前已经探明的风能储量约为 3 226 GW,其中可利用风能约为 253 GW,主要分布在西北、华北和东北的草原和戈壁以及东部和东南沿海及岛屿上。根据统计,截至 2006 年年底,中国大陆地区已建成并网型风电场 91 座,累计运行风力发电机组 3 311 台,总容量达 259.9 万 kW（以完成整机吊装作为统计依据）。已经建成并网发电的风场主要分布在新疆、内蒙古、广东、浙江、辽宁等 16 个省区。根据电监会公布的数据,截至 2006 年年底,中国发电装机容量达到 62 200 万 kW,风力发电占全国总装机容量的 0.42%。截止到 2006 年年底,全世界总风电装机容量已经达到 7 390.4 万 kW,其中德国总装机容量 2 062.2 万 kW,位居世界第一;中国 2006 年风电新增装机容量仅次于美国、德国、印度和西班牙,列第五位;总装机容量列世界第六位。因此,风力发电将成为我国最具大规模开发前景的新能源之一。风力发电场如图 1-57 所示。

风力发电有三种运行方式:一是独立运行方式,通常是一台小型风力发电机向一户或几户提供电力,它用蓄电池蓄能,以保证无风时的用电;二是风力发电与其他发电方式（如柴油机发电）相结合,向一个单位、一个村庄或一个海岛供电;三是风力发电并入常规电网运行,向大电网提供电力,常常是一处风电场安装几十台甚至几百台风力发电机,这

図 1-57　风力发电场

图 1-57　风力发电场

是风力发电的主要发展方向。

风力发电系统主要有恒速恒频风力发电机系统和变速恒频风力发电机系统两大类。恒速恒频风力发电机系统一般使用同步电机或者鼠笼式异步电机作为发电机,通过定桨距失速控制的风轮机使发电机的转速保持在恒定的数值继而保证发电机端输出电压的频率和幅值的恒定,其运行范围比较窄,只能在一定风速下捕获风能,发电效率较低。变速恒频风力发电系统一般采用永磁同步电机或者双馈电机作为发电机,通过变桨距控制风轮使整个系统在很大的速度范围内按照最佳的效率运行,是目前风力发电技术的发展方向。对于风机来说,其调速范围一般在同步速的 50%～150% 之间,如果采用普通鼠笼异步电机系统或者永磁同步电机系统,变频器的容量要求与所拖动的发电机容量相当,这是非常不经济的。双馈异步风力发电机系统定子和电网直接相连接,转子和功率变换器相连接,通过变换器的功率仅仅是转差功率,这是各种传动系统中效率比较高的,该结构适合于调速范围不宽的风力发电系统,尤其是大、中容量的风力发电系统。

思考题与习题

1. 说明图 1-58(a)、(b)中:

(1) u、i 的参考方向是否关联。

(2) u、i 乘积表示什么功率。

(3) 如果在图 1-58(a)中 $u>0,i<0$;图 1-58(b)中 $u>0,i<0$,元件实际发出还是吸收功率。

2. 两个电阻串联接到 220 V 的电源上时,电流为 5 A;并联接在同样的电源上时,电流为 20 A。试求这两个电阻。

3. 有一只标有 220 V、60 W 的白炽灯,欲接到 400 V 的直流电源上工作,须串阻值多大的电阻? 其规格如何?

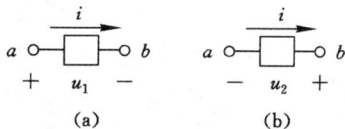

图 1-58

4. 一输电线路的电阻为 $2\ \Omega$，输送的功率为 $1\ 000\ kW$，用 $400\ V$ 的电压送电，求输电线路因发热产生的功率损耗。若采用 $6\ kV$ 电压送电，则输电线路的热损耗为多少？

5. 计算图 1-59(a) 和 (b) 电路中的等效电阻 R_{AB}。

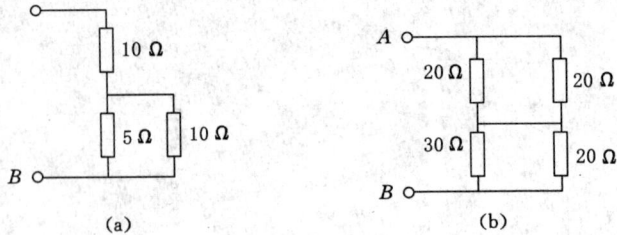

(a)　　　　　　　(b)

图 1-59

6. 已知一正弦电动势的最大值为 $380\ V$，频率是 $50\ Hz$，初相位为 $60°$。试写出该正弦电动势瞬时值的表达式，画出波形图，并求 $t=0.1\ s$ 时的瞬时值。

7. 让 $4\ A$ 的直流和最大值为 $5\ A$ 的正弦电流分别通过阻值相等的电阻，则在相同时间内，哪个电阻发热多？为什么？

8. 图 1-60 所示电路中：$R_1=5\ \Omega$，$R_2=X_L$，端口电压 $U=200\ V$，C 上的电流 $I_C=10\ A$，R_2 上的电流 $I_{RL}=10\ \sqrt{2}\ A$，试求 X_C、R_2、和 X_L，并作相量图。

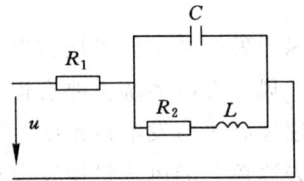

图 1-60

9. 某三相三线制供电线路上接入三组电灯负载，如图 1-61(a) 所示。设线电压为 $380\ V$，每一组电灯负载的电阻是 $500\ \Omega$。

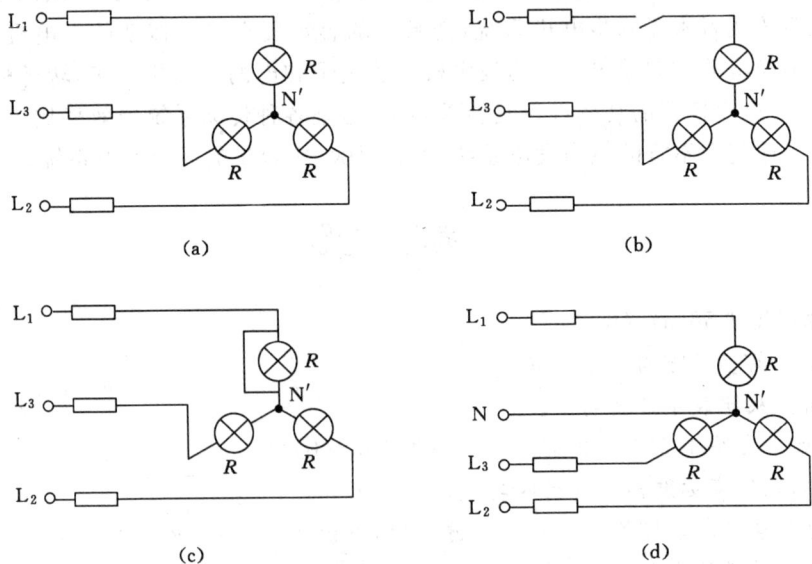

(a)　　　　　　　(b)

(c)　　　　　　　(d)

图 1-61

(1) 在正常工作时，电灯负载的电压和电流为多少？

(2) 如果 L_1 相断开时,其他两相负载的电压和电流为多少?

(3) 如果 L_1 相发生短路(熔断器并未熔断),那么其他两相负载的电压和电流又为多少?

(4) 如果采用三相四线制供电,试重新计算一相断开或一相短路时,其他各相负载的电压和电流为多少。

10. 三相异步电动机的频率、极数和同步转速之间有什么关系? 试求额定转速为 1 460 r/min 的异步电动机的极数和转差率。

技能训练一　电路元件的伏安特性

一、实训目的

(1) 研究电阻元件和直流电源的伏安特性及其测定方法。

(2) 学习直流仪表设备的使用方法。

二、原理及说明

(1) 独立电源和电阻元件的伏安特性可以用电压表、电流表测定,称为伏安测量法(伏安表法)。伏安表法原理简单,测量方便,同时适用于非线性元件伏安特性测量。

(2) 理想电压源的内部电阻值 R_s 为零,其端电压 $U_s(t)$ 是确定的时间函数,而与流过电源的电流大小无关。如果 $U_s(t)$ 不随时间变化(即为常数),则该电压源称为直流理想电压源 U_s,其伏安特性曲线如图 1-62 中曲线 a 所示,实际电源的伏安特性曲线如图 1-62 中曲线 b 所示,它可以用一个理想电压源 U_s 和电阻 R_s 相串联的电路模型来表示(图 1-63)。显然 R_s 越大,图 1-62 中的角 θ 也越大,其正切的绝对值代表实际电源的内阻 R_s。

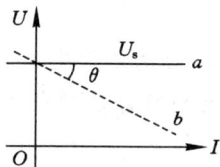

图 1-62

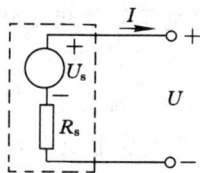

图 1-63

(3) 理想电流源向负载提供的电流 $I_s(t)$ 是确定的函数,与电源的端电压大小无关。如果 $I_s(t)$ 不随时间变化(即为常数),则该电流源为直流理想电流源 I_s,其伏安特性曲线如图 1-64 中曲线 a 所示。实际电源的伏安特性曲线如图 1-64 中曲线 b 所示,它可以用一个理想电流源 I_s 和电导 G_s 相并联的电路模型来表示(图 1-65)。显然,G_s 越大,图 1-64 中的 θ 角也越大,其正切的绝对值代表实际电源的电导值 G_s。

(4) 电阻元件的特性可以用该元件两端的电压 U 与流过元件的电流 I 的关系来表征。即满足于欧姆定律:

$$R = \frac{U}{I}$$

在 U—I 坐标平面上,线性电阻的特性曲线是一条通过原点的直线。

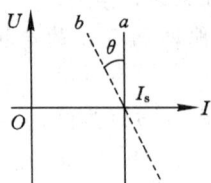

图 1-64

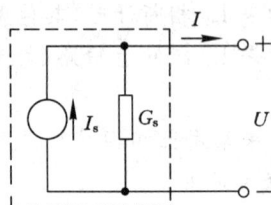

图 1-65

三、仪器设备

(1) 直流稳压、稳流源;

(2) 实验外挂电路箱;

(3) 直流电压、电流表;

(4) 万用表。

四、实验内容

(一) 白炽灯(6.3 V)的伏安特性

按图 1-66 接线,电流表接线时使用电流插孔,图中 10 Ω 为限流电阻。将电源电压调至 0 V,然后按表 1-2 调整电压,将读取的电压、电流数据填入表 1-2 中。

表 1-2　　　　　　　　　　白炽灯(6.3 V)的伏安特性

U_i/V	0.2	0.4	0.6	0.8	2	5	6.3
I/mA							
U/V							

(二) 理想电压源的伏安特性

按图 1-67 接线,电流表接线时使用电流插孔,图中 100 Ω 为限流电阻。接线前调稳压电源 U_s=10 V。按表 1-3 改变 R 数值(将可调电阻与电路断开后调整 R 值),记录相应的电压值与电流值于表 1-3 中。

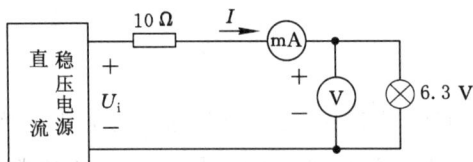

图 1-66

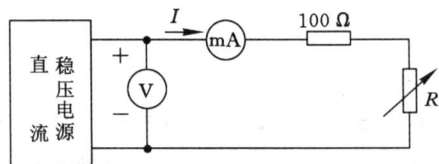

图 1-67

表 1-3　　　　　　　　　　理想电压源的伏安特性

R/kΩ						
	理论值	1.0	0.5	0.3	0.2	0.1
	实际值					
U/V						
I/mA						

（三）实际电压源的伏安特性

按图 1-68 接线。接线前调稳压电源 $U_s=10\ \text{V}$。按表 1-4 改变 R 数值（将可调电阻与电路断开后调整），记录相应的电压值与电流值于表 1-4 中。

表 1-4　　　　　　　　　　　　　　**实际电压源的伏安特性**

$R/\text{k}\Omega$	理论值	1.0	0.5	0.3	0.2	0.1
	实际值					
U/V						
I/mA						

（四）线性电阻的伏安特性

按图 1-69 接线。按表 1-5 改变直流稳压电源的电压 U_s，测定相应的电流值和电压值记录于表 1-5 中。

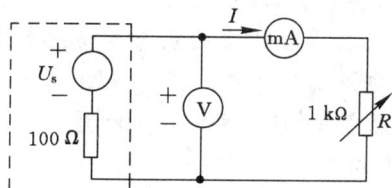

图 1-68

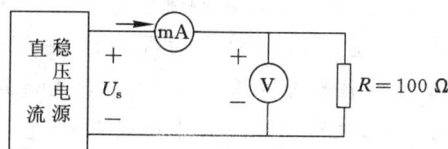

图 1-69

表 1-5　　　　　　　　　　　　　　**线性电阻的伏安特性**

U_s/V	0	2	4	6	8	10
U/V						
I/mA						

考核时间：60 min。

考核分组：每 6 人为一工作小组。

技能训练二　三相电路的连接实验

一、实验目的

（1）研究三相负载作星形连接时（或作三角形连接时），在对称和不对称情况下线电压与相电压（或线电流和相电流）的关系。

（2）比较三相供电方式中三线制和四线制的特点。

（3）进一步提高分析、判断和查找故障的能力。

二、原理及说明

（1）图 1-70 是星形连接三线制供电图。当线路阻抗不计时，负载的线电压等于电源的线电压，若负载对称，则负载中性点 O′ 和电源中性点 O 之间的电压为零。

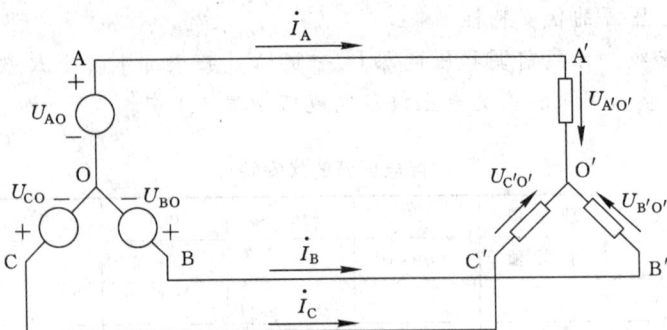

图 1-70

其电压相量图如图 1-71 所示,此时负载的相电压对称,线电压 $U_{线}$ 和相电压 $U_{相}$ 满足 $U_{线}=\sqrt{3}U_{相}$ 的关系。若负载不对称,负载中性点 O′ 和电源中性点 O 之间的电压不再为零,负载端的各项电压也就不再对称,其数值可由计算得出,或者通过实验测出。

(2) 位形图是电压相量图的一种特殊形式,其特点是图形上的点与电路图上的点一一对应。图 1-71 是对应于图 1-70 星形连接三相电路的位形图。图中,U_{AB} 代表电路中从 A 点到 B 点的电压相量,$U_{A'O'}$ 代表电路中从 A′ 点到 O′ 点之间的电压相量。在三相负载对称时,位形图中负载中性点 O′ 与电源中性点 O 重合。

负载不对称时,虽然线电压仍对称,但负载的相电压不再对称,负载中性点 O′ 发生位移,如图 1-72 所示。

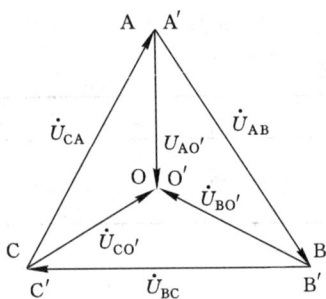

图 1-71

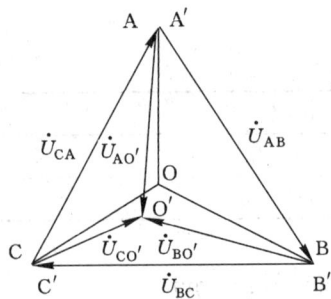

图 1-72

(3) 在图 1-70 中,若把电源中性点和负载中性点间用中线连接起来,就成为三相四线制。在负载对称时,中线电流等于零,其工作情况与三线制相同;负载不对称时,忽略线路阻抗,则负载端相电压仍然相对称,但这时中线电流不再为零,它可由计算方法或实验方法确定。

(4) 图 1-73 是负载作三角形连接时的供电图。当线路阻抗忽略不计时,负载的线电压等于电源的线电压,且负载端线电压 $U_{线}$ 和相电压 $U_{相}$ 相等,即 $U_{线}=U_{相}$。若负载对称,线电流 $I_{线}$ 与相电流 $I_{相}$ 满足 $I_{线}=\sqrt{3}I_{相}$ 的关系。

三、仪器设备

(1) 直流稳压、稳流源;

(2) 实验外挂电路箱;

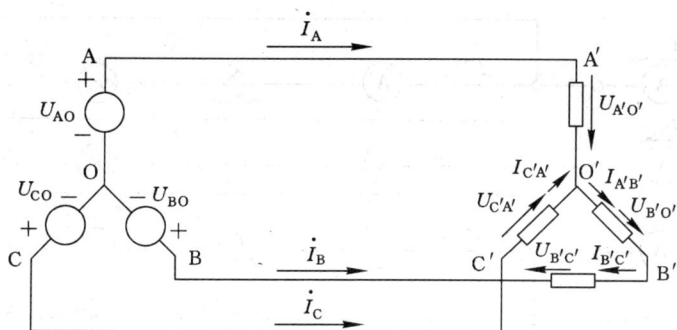

图 1-73

（3）直流电压、电流表。

四、实验内容

（1）按图 1-74 接线。三相电源接线电压 380 V，在作不对称负载实验时，在 W 相并一组灯，如图中虚线所示。按表 1-6 要求测量出各电压和电流值。

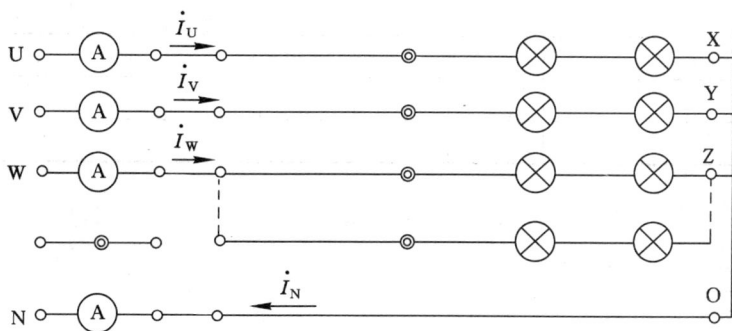

图 1-74

表 1-6

实验内容	待测数据	U_{UV} /V	U_{VW} /V	U_{WU} /V	U_{UX} /V	U_{VY} /V	U_{WZ} /V	U_{ON} /V	I_U /A	I_V /A	I_W /A	I_{ON} /A
负载对称	有中线											
	无中线											
负载不对称	有中线											
	无中线											

（2）按图 1-75 接线。三相电源接线电压 220 V，按表 1-7 要求测量各电压、电流值。在作不对称负载实验时，在 W—Z 相并一组灯，如图中虚线所示。

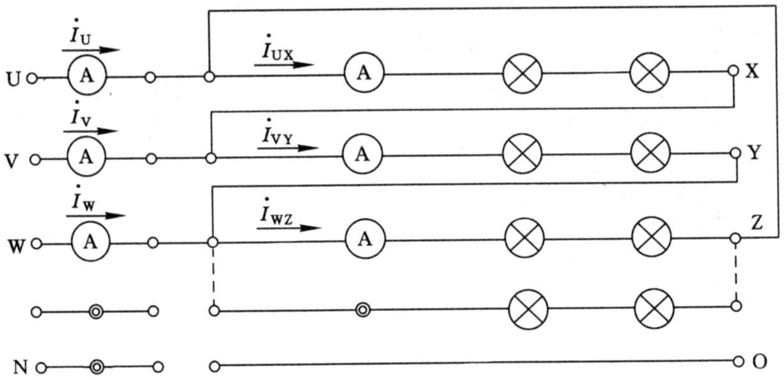

图 1-75

表 1-7

负载情况	U_{UX}	U_{VY}	U_{WZ}	I_U	I_V	I_W	I_{UX}	I_{VY}	I_{WZ}
对称									
不对称									
U 线断线									
UX 相断线									

学习情境二 电子技术应用

一、职业能力和知识

　　(1) 熟悉分立电子器件的基本特性；

　　(2) 熟悉各种分立电子器件的电气特性及工作状态；

　　(3) 熟悉整流滤波电路的基本构成；

　　(4) 掌握简单的整流滤波电路；

　　(5) 掌握简单的分立电子器件的应用。

二、相关实践知识

　　(1) 分立电子器件的应用；

　　(2) 简单电子器件应用电路的实现。

三、相关理论知识

　　(1) 分立电子器件基本知识；

　　(2) 整流滤波原理。

项目一 分立电子器件的认识

一、半导体的基本特性

　　在自然界中存在着许多不同的物质，根据其导电性能的不同大体可分为导体、绝缘体和半导体三大类。通常将很容易导电、电阻率小于 10^{-4} Ω·cm 的物质，称为导体，例如铜、铝、银等金属材料；将很难导电、电阻率大于 10^{10} Ω·cm 的物质，称为绝缘体，例如塑料、橡胶、陶瓷等材料；将导电能力介于导体和绝缘体之间、电阻率在 $10^{-3} \sim 10^{9}$ Ω·cm 范围内的物质，称为半导体。常用的半导体材料是硅(Si)和锗(Ge)。

　　(一) 热敏性

　　所谓热敏性就是半导体的导电能力随着温度的升高而迅速增加。半导体的电阻率对温度的变化十分敏感。例如纯净的锗从 20 ℃升高到 30 ℃时，它的电阻率几乎减小为原来的1/2。

　　(二) 光敏性

　　半导体的导电能力随光照的变化有显著改变的特性叫做光敏性。一种硫化镉薄膜，在暗处其电阻为几十兆欧姆，受光照后，电阻可以下降到几十千欧姆，只有原来的1‰。

自动控制中用的光电二极管和光敏电阻，就是利用光敏特性制成的。而金属导体在阳光下或在暗处，其电阻率一般没有什么变化。

（三）杂敏性

所谓杂敏性就是半导体的导电能力因掺入适量杂质而发生很大的变化。在半导体硅中，只要掺入亿分之一的硼，电阻率就会下降到原来的几万分之一。所以，利用这一特性，可以制造出不同性能、不同用途的半导体器件，而金属导体即使掺入千分之一的杂质，对其电阻率也几乎没有什么影响。

半导体之所以具有上述特性，根本原因在于其特殊的原子结构和导电机理。

二、本征半导体

在近代电子学中，最常用的半导体材料就是硅和锗，下面以它们为例，介绍半导体的一些基本知识。

一切物质都是由原子构成的，而每个原子都由带正电的原子核和带负电的电子构成。由于内层电子受原子核的束缚较大，很难活动，因此物质的特性主要由受原子核的束缚力较小的最外层电子，也就是价电子来决定。硅原子和锗原子的电子数分别为 32 和 14，所以它们最外层的电子都是四个，是四价元素。其原子结构可以表示成如图 2-1 所示的简化模型。

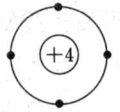

图 2-1　硅和锗的原子结构简化模型

在实际应用中，必须将半导体提炼成单晶体——使它的原子排列由杂乱无章的状态变成有一定规律、整齐地排列的晶体结构，如图 2-2 所示。硅和锗等半导体都是晶体，所以半导体管又称晶体管。通常把纯净的不含任何杂质的半导体称为本征半导体。

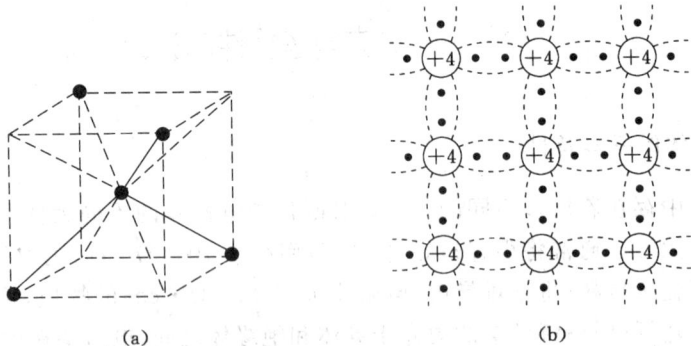

图 2-2　本征硅（或锗）的晶体结构
（a）结构图；（b）平面示意图与共价键

从图 2-2（b）的平面示意图可以看出，硅和锗原子组成单晶的组合方式是共价键结构。每个价电子都要受到相邻的两个原子核的束缚，每个原子的最外层就有了八个价电子而形成了较稳定的共价键结构。所以，半导体的价电子既不像导体的价电子那样容易挣脱成为自由电子，也不像在绝缘体中被束缚的那样紧。由于导电能力的强弱，在微观上看就是单位体积中能自由移动的带电粒子数目的多少，因此，半导体的导电能力介于导体和绝缘体之间。

（一）本征激发与复合

在绝对零度（−273 ℃）时，半导体中的价电子不能脱离共价键的束缚，所以在半导体中没有自由电子，半导体呈现不能导电的绝缘体特性。

当温度逐渐升高或在一定强度的光照下，本征硅或锗中的一些价电子从热运动中获得了足够的能量，挣脱共价键的束缚而成为带单位负电荷的自由电子。同时，在原来的共价键位置上留下一个相当于带有单位正电荷电量的空位，称之为空穴，也叫空位。这种现象，叫做本征激发。在本征激发中，带一个单位负荷的自由电子和带一个单位正电荷的空穴总是成对出现的，所以称之为自由电子—空穴对，如图 2-3 所示。

自由电子和空穴在热运动中又可能重新相遇结合而消失，叫做复合。本征激发和复合总是同时存在、同时进行的，这是半导体内部进行的一对矛盾运动。在温度一定的情况下，本征激发和复合达到动态平衡，单位时间本征激发出的自由电子—空穴对数目正好等于复合消失的数目，这样在整块半导体内，自由电子和空穴的数目保持一定。一般在室温时，纯硅中的自由电子浓度 n 和空穴浓度 p 为

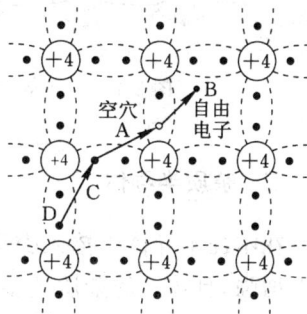

图 2-3　本征激发产生自由电子—空穴对

$$n_i = n = p \approx 1.5 \times 10^{10}（个/cm^3）\tag{2-1}$$

对于纯锗来说，这个数据约为 2.5×10^{13} 个/cm³，而金属导体中的自由电子浓度约为 10^{22} 个/cm³。从数字上可以看出，本征半导体的导电能力是很差的。温度越高，本征激发越激烈，产生的自由电子—空穴对越多，当半导体重新达到动态平衡时的自由电子或空穴的浓度就越高，导电能力就越强。这实际上就是半导体材料具有热敏性和光敏性的本质原因。

（二）自由电子运动与空穴运动

经过分析，我们知道在本征半导体中，每本征激发出一个自由电子，就会留下一个空穴，这时本来不带电的原子，就相当于带正电的正离子，或者说留下的这个空穴相当于带一个单位的正电荷。在热能或外加电场的作用下，邻近原子带负电的价电子很容易跳过来填补这个空位，这相当于此处的空穴消失了，但却转移到相邻的那个原子处去了，如图 2-4 所示，价电子由 B 到 A 的运动，就相当于空穴从 A 移动到 B。

因此，半导体中有两种载流子：一种是带负电荷的自由电子，一种是带正电荷的空穴。它们在外加电场的作用下都会出现定向移动。微观上载流子的定向运动，在宏观上就形成了电流。自由电子逆电场方向移动形成电子电流 I_N，空穴顺电场方向移动形成空穴电流 I_P，如图 2-5 所示。所以半导体在外加电场作用下，电路中总的电流 I 是空穴电流 I_P 和电子电流 I_N 的和，即

$$I = I_N + I_P\tag{2-2}$$

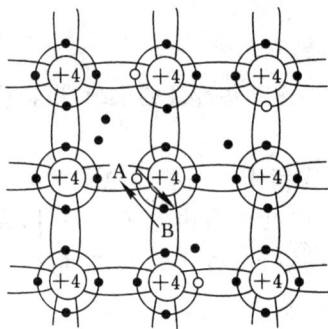

图 2-4　空穴运动

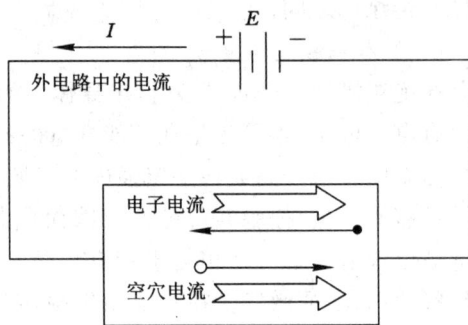

图 2-5　本征半导体中载流子的导电方式

三、杂质半导体

在本征半导体中掺入少量的特殊元素,就构成杂质半导体。杂质半导体的导电能力大大增强,且掺入的杂质越多,其导电能力越强,这就是半导体的掺杂特性。当然,掺入的杂质是有严格控制的,根据掺入杂质化合价的不同,杂质半导体分为 N 型半导体和 P 型半导体两大类。

（一）N 型半导体

在四价元素晶体中掺入微量的五价元素,如磷、砷、锑等,组成共价键时,多余的一个价电子处于共价键之外,束缚力较弱而成为自由电子,同时杂质原子变成带正电荷的离子。显然掺入的杂质越多,杂质半导体的导电性能越好,这种掺杂所产生的自由电子浓度远大于本征激发所产生的电子—空穴对的浓度,所以杂质半导体的导电性能远超过本征半导体。

由于这种杂质半导体中自由电子浓度远大于空穴浓度,所以称电子为多数载流子（又称多子）,空穴为少数载流子（又称少子）。因为这种半导体的导电能力主要依靠自由电子,所以称其为 N 型半导体或电子型半导体。

（二）P 型半导体

在四价晶体中掺入微量的三价元素,如铝、硼、铟等,三价原子在与四价原子组成共价键时,因缺少一个电子而产生一个空穴,很容易吸引邻近的价电子来填补,于是杂质原子变为带负电荷的离子,而在邻近的四价原子处出现一个空穴,由于这种杂质原子能吸收电子,因此称为"受主杂质"。在这种杂质半导体中,空穴浓度远大于自由电子浓度,空穴为多子,自由电子为少子。因为这种半导体的导电主要依靠空穴,而空穴带正电荷,所以称其为 P 型半导体或空穴型半导体。

N 型、P 型半导体总体上均是电中性的,其内部均有两种载流子存在,其中多子的浓度取决于所掺杂质的浓度,少子的浓度与温度或光照的影响密切相关。

为突出杂质半导体的主要特征,在画 P 型或 N 型半导体时,常常只画多子和离子成对出现,如图 2-6 所示。

当然,对半导体掺杂是提高半导体导电能力的最有效的办法,但是,仅仅提高导电能力不是最终目的,导体的导电能力不是更强吗？杂质半导体的微妙之处在于:将不同性

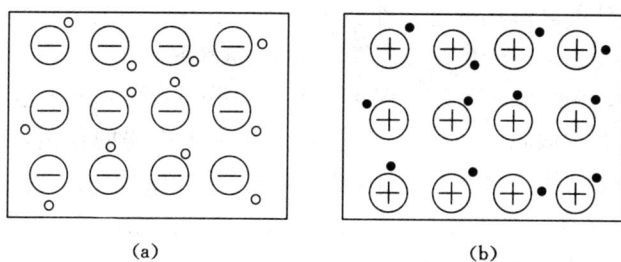

图 2-6　杂质半导体

(a) P 型半导体；(b) N 型半导体

质,不同浓度的杂质掺入,再将 P 型半导体和 N 型半导体以不同的形式结合起来,就可以构造出各种类型的半导体器件。

四、PN 结的形成与单向导电性

几乎所有的半导体器件都是由不同数量和结构的 PN 结构成的,因此,我们先来了解 PN 结的结构与特点。

（一）PN 结的形成

在一块本征半导体上通过某种掺杂工艺,使其形成 N 型区和 P 型区两部分后,在它们的交界处就形成了一个特殊薄层,这就是 PN 结。

1. 多子的扩散运动建立内电场

如图 2-7(a)所示,⊖和⊕分别代表 P 区和 N 区的受主和施主离子(为了简便起见,硅原子未画出),由于 P 区的多子是空穴,N 区的多子是自由电子,因此在 P 区和 N 区的交界处自由电子和空穴都要从高浓度处向低浓度处扩散。这种载流子在浓度差作用下的定向运动,叫做扩散运动。

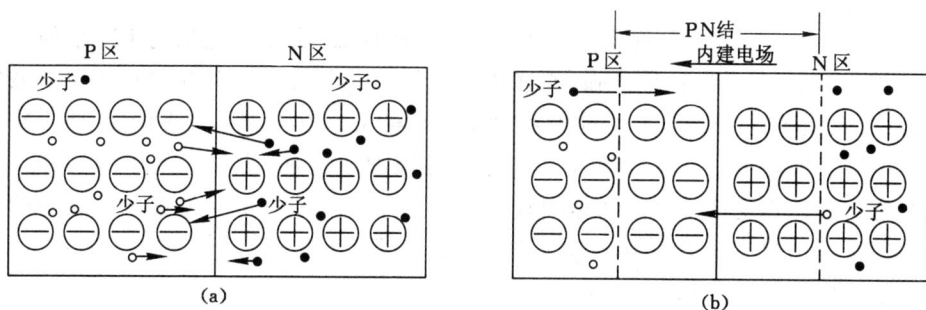

图 2-7　PN 结的形成

(a) 多子的扩散运动；(b) PN 结中的内电场与少子漂移

多子扩散到对方区域后,使对方区域的多子因复合而耗尽,所以 P 区和 N 区的交界处就仅剩下了不能移动的带电施主和受主离子,N 区形成正离子区,P 区形成负离子区,形成了一个电场方向从 N 区指向 P 区的空间电荷区,这个电场称为内建电场,简称内电场,如图 2-7(b)所示。在这个区域内,多子已扩散到对方因复合而消耗殆尽,所以又称耗尽层。在耗尽层以外的区域仍呈电中性。

2. 内电场阻碍多子扩散、帮助少子漂移运动,形成平衡

PN 结由于内电场的方向是从 N 区指向 P 区,因此这个内电场的方向对多子产生的电场力正好与其扩散方向相反,对多子的扩散起了一个阻碍的作用,使多子扩散运动逐渐减弱。内电场对 P 区和 N 区的少子同样产生了电场力的作用。由于 P 区的少子是自由电子,N 区的少子是空穴,因此内电场对少子的运动起到了加速的作用。这种少数载流子在电场力作用下的定向移动,称为漂移运动,如图 2-7(b)所示。

(二) PN 结的单向导电特性

未加外部电压时,PN 结内无宏观电流,只有外加电压时,PN 结才显示出单向导电性。

1. 外加正偏电压时 PN 结导通

将 PN 结的 P 区接较高电位(比如电源的正极),N 区接较低电位(比如电源的负极),称为给 PN 结加正向偏置电压,简称正偏,如图 2-8(a)所示。

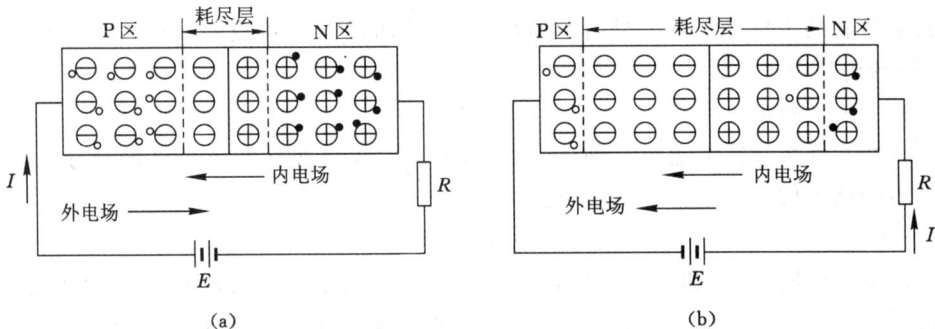

图 2-8

(a) 正向偏置;(b) 反向偏置

PN 结正偏时,外加电场使 PN 结的平衡状态被打破,由于外电场与 PN 结的内电场方向相反,内电场被削弱,扩散增强,漂移几乎减弱为 0,因此,PN 结中形成了以扩散电流为主的正向电流 I_F。因为多子数量较多,所以 I_F 较大。为了防止较大的 I_F 将 PN 结烧坏,应串接限流电阻 R。扩散电流随外加电压的增加而增加,当外加电压增加到一定值后,扩散电流随正偏电压的增大而呈指数上升。由于 PN 结对正向偏置呈现较小的电阻(理想状态下可以看成是短路情况),因此称之为正偏导通状态。

2. 外加反偏电压时 PN 结截止

将 PN 结的 P 区接较低电位(比如电源的负极),N 区接较高电位(比如电源的正极),称为给 PN 结加反向偏置电压,简称反偏,如图 2-8(b)所示。

PN 结反偏时,外加电场方向与内电场方向相同,内电场增强,使多子扩散减弱到几乎为零。而漂移运动在内电场的作用下有所增强,在 PN 结电路中形成了少子漂移电流。漂移电流和正向电流的方向相反,称为反向电流 I_R。

项目二 分立电子器件的作用与功能

一、半导体二极管

（一）二极管的结构和分类

1. 二极管的结构

用一个 PN 结做管芯，在其 P 区和 N 区各引出一电极，外加管壳封装，便构成一个二极管，如图 2-9(a)所示。和 P 区相连的电极称为二极管的阳极（或正极），用 a 或＋表示。和 N 区相连的电极称为二极管的阴极（或负极），用 k 或－表示。二极管的图形符号如图 2-9(b)所示。其中三角箭头的方向表示正向电流的方向。

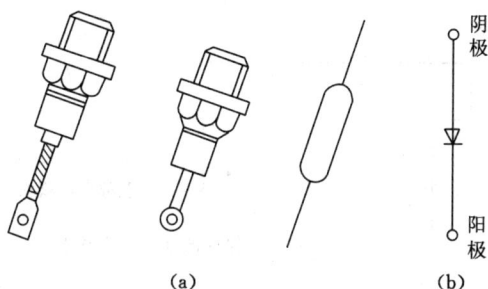

图 2-9 二极管的图形及代表符号

2. 二极管的分类

二极管按所使用的材料不同可分为锗管和硅管，按其内部结构的不同可分为点接触型、面接触型和平面型。如图 2-10 所示。

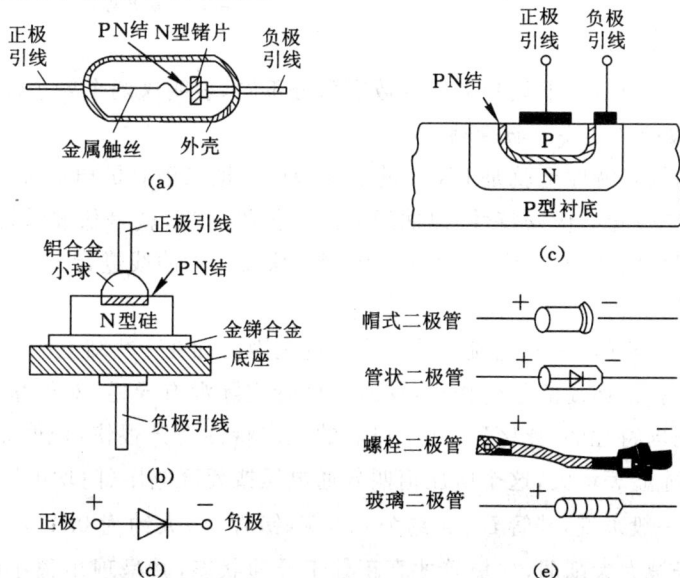

图 2-10 半导体二极管的结构、外形与电路符号

(a)点接触型；(b)面接触型；(c)平面型；(d)电路符号；(e)常见二极管的外形

点接触型二极管由于其 PN 结的结面积很小,结电容也相应较小,所以虽然允许通过的电流较小,但能工作在较高的频率。像国产的 2AP 型、2AK 型就是点接触型二极管。

面接触型二极管 PN 结面积大,能允许通过较大的电流,但由于其结电容也大,所以一般用于较低频率的整流电路中。像国产的 2CZ 型、2CP 型就是面接触型二极管。

平面型是指在半导体单晶片(主要是 N 型硅单晶片)上,扩散 P 型杂质,利用硅片表面氧化膜的屏蔽作用,在 N 型硅单晶片上仅选择性地扩散一部分而形成的 PN 结。因此,不需要为调整 PN 结面积的药品腐蚀作用。由于半导体表面被制作得平整,故而得名。并且,PN 结合的表面,因被氧化膜覆盖,所以公认为是稳定性好和寿命长的类型。最初,对于被使用的半导体材料是采用外延法形成的,故又把平面型称为外延平面型。对平面型二极管而言,似乎使用于大电流整流用的型号很少,而作小电流开关用的型号则很多。

3. 二极管的命名方法

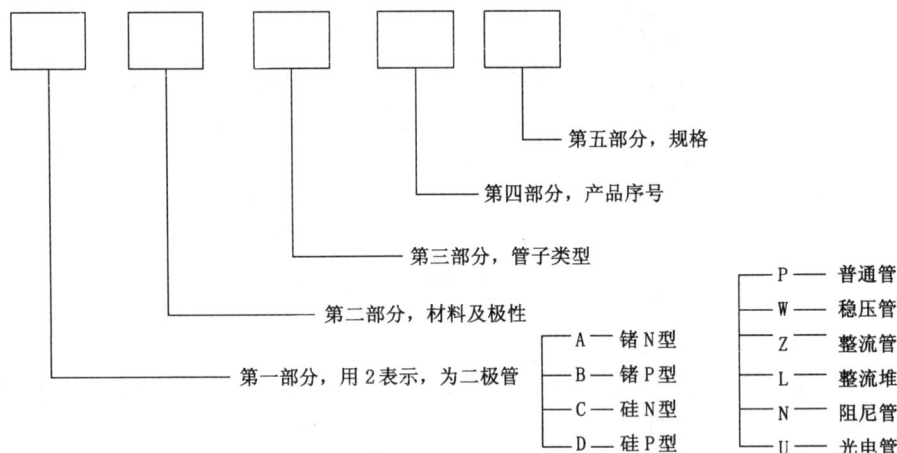

第五部分,规格

第四部分,产品序号

第三部分,管子类型

第二部分,材料及极性

第一部分,用 2 表示,为二极管

A —— 锗 N 型
B —— 锗 P 型
C —— 硅 N 型
D —— 硅 P 型

P —— 普通管
W —— 稳压管
Z —— 整流管
L —— 整流堆
N —— 阻尼管
U —— 光电管

如两个管子的型号中只是最后的数字部分不同,表明这两个管子性能上有些差别。

(二)二极管的伏安特性曲线

二极管的伏安特性也就是 PN 结的伏安特性。把二极管的电流随外加偏置电压的变化规律,称为二极管的伏安特性,以曲线的形式描绘出来,就是伏安特性曲线。二极管的伏安特性曲线如图 2-11 所示,下面对二极管的伏安特性曲线进行分析。

1. 正向特性

正向电压较小时,正向电流几乎为零。这是因为加在 PN 结上的外电压太小,不足以克服内电场对扩散运动的阻碍作用,这时二极管实际没有导通,对外呈现很大的电阻,这一部分称为正向特性的“死区”。死区以后的正向特性上升很快,说明正向电压超过某一数值后,电流才显著增大,这个电压值叫导通电压或死区电压(门坎电压 U_{on})。

室温下,一般来说,硅管 U_{on} 大约为 0.5 V,锗管 U_{on} 大约为 0.1 V。当所加电压大于 U_{on} 时,内电场被大大削弱,二极管才真正处于导通状态,并呈现出很小的电阻(流过二极管的电流有较大的变化,而其两端压降变化小)。一般来说,硅管导通压降保持在大约 0.6~0.8 V,锗管导通压降保持在大约 0.1~0.3 V。

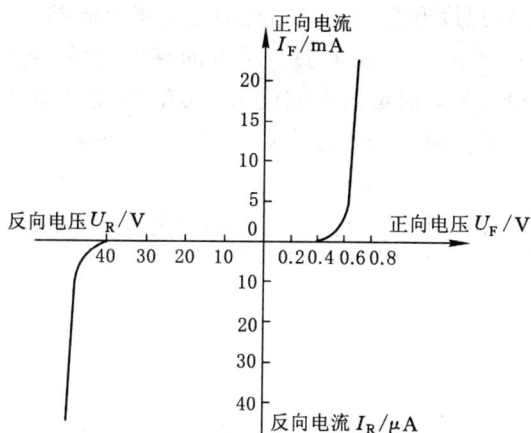

图 2-11　二极管的伏安特性

2. 反向特性

在反向偏置电压下,内外电场方向一致,少数载流子的漂移很容易通过 PN 结形成反向饱和电流,由于少数载流子的数目很小(由本征激发引起),所以反向电流很小,且几乎不随电压增大而变化,但受温度影响较大。小功率硅管的反向电流一般小于 $0.1~\mu A$,而锗管通常为几十微安。

当反向电压增加到一定的大小(U_{BR}:反向击穿电压)时,反向电流剧增,发生反向击穿现象,反向击穿电压一般在几十伏以上(高压管可为几千伏)。一般来说,只要在电路中采取适当的限压措施,就能保证二极管的电击穿不会演变成热击穿而避免损坏二极管。

(三)二极管的主要参数

用来表示二极管的性能好坏和适用范围的技术指标,称为二极管的参数。不同类型的二极管有不同的特性参数。对初学者而言,必须了解以下几个主要参数:

1. 最大整流电流 I_F

是指二极管长期连续工作时允许通过的最大正向电流值,其值与 PN 结面积及外部散热条件等有关。因为电流通过管子时会使管芯发热,温度上升,温度超过容许限度(硅管为 141 左右,锗管为 90 左右)时,就会使管芯过热而损坏。所以在规定散热条件下,二极管使用中不要超过二极管最大整流电流值。例如,常用的 IN4001—4007 型锗二极管的额定正向工作电流为 1 A。

2. 最高反向工作电压 U_{RM}

加在二极管两端的反向电压高到一定值时,会将管子击穿,失去单向导电能力。为了保证使用安全,规定了最高反向工作电压值。例如,IN4001 二极管反向耐压为 50 V,IN4007 反向耐压为 1 000 V。

3. 反向电流 I_R

反向电流是指二极管在规定的温度和最高反向电压作用下,流过二极管的反向电流。反向电流越小,管子的单方向导电性能越好。值得注意的是反向电流与温度有着密切的关系,大约温度每升高 10 ℃,反向电流增大一倍。例如 2AP1 型锗二极管,在 25 ℃

时反向电流若为 250 μA,温度升高到 35 ℃,反向电流将上升到 500 μA,依此类推,在 75 ℃时,它的反向电流已达 8 mA,不仅失去了单方向导电特性,还会使管子过热而损坏。又如,2CP10 型硅二极管,25 ℃时反向电流仅为 5 μA,温度升高到 75 ℃时,反向电流也不过 160 μA。故硅二极管比锗二极管在高温下具有较好的稳定性。

4. 动态电阻 R_d

指二极管特性曲线静态工作点 Q 附近电压的变化与相应电流的变化量之比。

二、特殊二极管

主要介绍稳压二极管。

(一)稳压二极管的伏安特性曲线

稳压二极管简称稳压管,是一种用特殊工艺制造的面结型硅半导体二极管,可以稳定地工作于击穿区而不损坏。稳压二极管的外形、内部结构均与普通二极管相似,其电路符号、伏安特性曲线如图 2-12 所示。

(二)稳压管的主要参数

(1)稳定电压 U_Z。U_Z 就是稳压管的反向击穿电压,它的大小取决于制造时的掺杂浓度。

(2)最小稳定电流 I_{Zmin}。稳压管正常工作时的最小电流值定义为最小稳定电流,记为 I_{Zmin},一般在几毫安以上。稳压管正常工作时的电流应大于 I_{Zmin},以保证稳压效果。

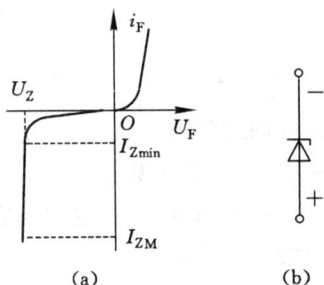

图 2-12　稳压二极管的伏安特性曲线与电路符号

(a)伏安特性曲线;(b)电路符号

(3)最大稳定电流 I_{ZM} 和最大耗散功率 P_{ZM}。稳压管允许流过的最大电流和最大功耗叫做最大稳定电流 I_{ZM} 和最大耗散功率 P_{ZM}。通过管子的电流太大,会使管子内部的功耗增大,结温上升而烧坏管子,所以稳压管正常工作时的电流和功耗不应超过这两个极限参数。一般有

$$P_{ZM} = U_Z \cdot I_{ZM} \qquad (2\text{-}3)$$

(4)动态电阻 r_Z。稳压管反向击穿时的动态电阻,定义为电流变化量 ΔI_Z 引起的稳定电压变化量 ΔU_Z。

动态电阻是反映稳压二极管稳压性能好坏的重要参数,r_Z 越小,反向击穿区曲线越陡,稳压效果就越好。

$$r_Z = \frac{\Delta U_Z}{\Delta I_Z} \qquad (2\text{-}4)$$

(5)稳定电压 U_Z 的温度系数 K。稳定电压 U_Z 的温度系数 K 定义为温度变化 1 ℃引起的稳定电压 U_Z 的相对变化量,即

$$K = \frac{\Delta U_Z / U_Z}{\Delta T}(\%/℃) \qquad (2\text{-}5)$$

三、半导体三极管

(一)三极管的结构与类型

半导体三极管又叫晶体三极管,由于它在工作时半导体中的电子和空穴两种载流子

都起作用,因此属于双极型器件,也叫做 BJT(Bipolar Junction Transistor,双极结型晶体管)。

半导体三极管的种类很多,按照半导体材料的不同可分为硅管、锗管;按功率分有小功率管、中功率管和大功率管;按照频率分有高频管和低频管;按照制造工艺分有合金管和平面管;等等。通常,按照结构的不同分为两种类型:NPN 型管和 PNP 型管,图 2-13 给出了 NPN 和 PNP 管的结构示意图和电路符号,符号中的箭头方向是三极管的实际电流方向。

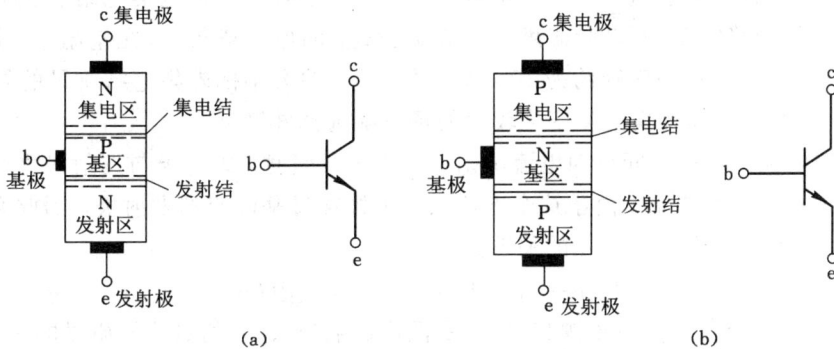

图 2-13　三极管的结构与电路符号
(a) NPN 型三极管;(b) PNP 型三极管

图 2-14 所示为几种常见三极管的外形图。

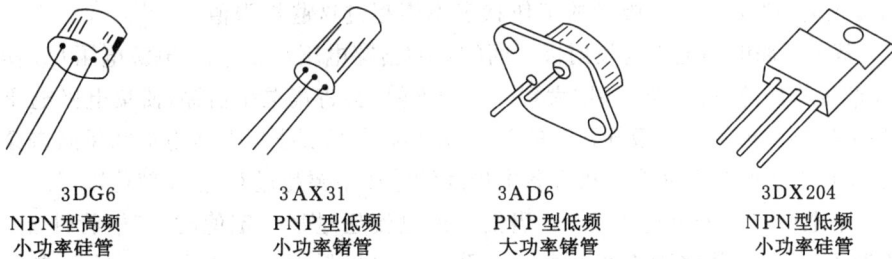

| 3DG6 | 3AX31 | 3AD6 | 3DX204 |
| NPN型高频小功率硅管 | PNP型低频小功率锗管 | PNP型低频大功率锗管 | NPN型低频小功率硅管 |

图 2-14　常见三极管的外形

（二）三极管的主要参数

三极管的参数是表征管子的性能和它的适用范围的,是电路设计和调整的依据。了解这些参数对于合理使用三极管十分必要。

1. 电流放大系数

根据工作状态的不同,在直流和交流两种情况下,分别有直流电流放大系数 $\bar{\beta}$ 和交流电流放大系数 β。

(1) 共发射极直流电流放大系数 $\bar{\beta}$。在共发射极电路没有交流输入信号的情况下,$(I_C - I_{CEO})$ 与 I_B 的比值称为直流电流放大系数 $\bar{\beta}$,即

$$\bar{\beta} = \frac{I_C - I_{CEO}}{I_B} \approx \frac{I_C}{I_B} \tag{2-6}$$

（2）共发射极交流电流放大系数 β。指在共发射极电路中，输出集电极电流的变化量与输入基极电流的变化量的比值，即

$$\beta = \frac{\Delta I_{\mathrm{C}}}{\Delta I_{\mathrm{B}}} \tag{2-7}$$

β 值是衡量三极管放大能力的重要指标。

2. 极间反向电流

（1）集电极—基极间反向饱和电流 I_{CBO}。指在发射极断开时（$I_{\mathrm{E}}=0$），基极和集电极之间的反向电流，下标中的"O"代表发射极开路。I_{CBO} 的实质就是集电结反偏时集电区和基区的少子漂移电流，所以受温度影响较大。I_{CBO} 的值一般很小，在室温下，小功率硅管的 $I_{\mathrm{CBO}} \leqslant 1\ \mu\mathrm{A}$；小功率锗管约为 $10\ \mu\mathrm{A}$ 左右。I_{CBO} 的大小标志集电结质量的好坏，I_{CBO} 越小越好，一般在工作环境温度变化较大的场所都选择硅管。

（2）集电极—发射极间反向电流 I_{CEO}。指基极开路时，集电极与发射极之间加一定反向电压时的集电极电流。由于这个电流从集电极穿过基区流到发射极，因此又叫穿透电流。I_{CEO} 与反向饱和电流 I_{CBO} 的关系为

$$I_{\mathrm{CEO}} = I_{\mathrm{CBO}} + \beta I_{\mathrm{CBO}} = (1 + \beta) I_{\mathrm{CBO}} \tag{2-8}$$

I_{CEO} 与 I_{CBO} 一样，属于少子漂移电流，受温度影响较大，是衡量管子质量的一个标准。

3. 极限参数

三极管正常工作时，管子上的电压和电流是有一定限度的，否则会使三极管工作不正常，使特性变坏，甚至损坏。因此要规定允许的最高工作电压、流经三极管的最大工作电流和允许的最大耗散功率等。这些电压、电流和功率值称为三极管的极限参数。选择和使用管子时，必须保证三极管的工作状态不能超过这些极限值。

（1）基极开路时集电极与发射极之间的反向击穿电压 $U_{\mathrm{(BR)CEO}}$。电源电压 U_{CC} 使集电结反偏，并产生管压降 u_{CE}。当 u_{CE} 增大到一定程度时，会将集电结击穿，使集电极电流 i_{C} 迅速增加，甚至损坏三极管。基极开路时的 $U_{\mathrm{(BR)CEO}}$ 是各种情况下以及各电极间反向击穿电压的最小值，所以使用时只要注意三极管各电极间的电压不要超过 $U_{\mathrm{(BR)CEO}}$ 就可以了。

（2）集电极最大允许电流 I_{CM}。当集电极电流超过某一定值时，三极管性能变差，甚至损坏管子，例如 β 值将随 I_{C} 的增加而下降。集电极最大允许电流 I_{CM}，就是表示 β 下降到额定值的 $1/3 \sim 2/3$ 时的 I_{C} 值，一般规定在正常工作时，流过三极管的集电极电流 $i_{\mathrm{C}} < I_{\mathrm{CM}}$。

（3）集电极最大允许耗散功率 P_{CM}。这个参数表示集电结上允许损耗功率的最大值。P_{CM} 与环境温度有关，温度越高，P_{CM} 越小。一般三极管使用手册中给出的 P_{CM} 值是在常温（25 ℃）并加规定尺寸散热器（大功率管）的情况下测得的。一般有

$$P_{\mathrm{CM}} = i_{\mathrm{C}} \cdot u_{\mathrm{CE}} \tag{2-9}$$

四、场效应晶体管

晶体三极管的自由电子和空穴两种载流子均参与导电，是双极型晶体管。场效应晶体管（FET，Field Effect Transistor）只有一种载流子——多子（要么是自由电子，要么是空穴）参与导电，所以是一种单极型器件。

三极管是利用基极电流来控制集电极电流的，是电流控制器件。在正常工作时，发

射结正偏,当有电压信号输入时,一定要产生输入电流,导致三极管的输入电阻较小,降低了管子获得输入信号的能力,而且在某些测量仪表中将导致较大的误差,这是我们所不希望的。而场效应管是一种电压控制器件,它只用信号源电压的电场效应,来控制管子的输出电流,输入电流几乎为零,因此具有高输入电阻的特点;同时场效应管受温度和辐射的影响也比较小,又便于集成化,因此场效应管已广泛地应用于各种电子电路中,也成为当今集成电路发展的重要方向。在这里我们介绍绝缘栅场效应管。

绝缘栅场效应管简称 IGFET(Insulated Gate Field Effect Transistor)。目前应用最广泛的是金属—氧化物—半导体(Metal—Oxide—Semiconductor)绝缘栅场效应管,简称 MOSFET 或 MOS 管。因为它的栅极处于绝缘的状态,所以叫做绝缘栅场效应管。它是利用半导体表面的电场效应工作的,也称表面场效应器件。MOS 管输入电阻更高,可达 $10^{15}\ \Omega$ 以上,并且便于集成,是目前发展很快的一种器件。

绝缘栅场效应管也有 N 沟道和 P 沟道两种,每一种又分为增强型和耗尽型两种。所谓耗尽型就是当 $u_{GS}=0$ 时,存在导电沟道,因此 $i_D\neq 0$;所谓增强型就是当 $u_{GS}=0$ 时,没有导电沟道,即 $i_D=0$。我们前面介绍的两种结型场效应管都属于耗尽型。

项目三　整流滤波与稳压电路

一般电子设备所需的直流稳压电源都由电网中的 50 Hz/220 V 交流电转化而来。图 2-15 为线性直流稳压电源的结构框图。可见 50 Hz/220 V 交流电经变压器变压后,被由二极管组成的电路整流成脉动的直流电,再经滤波网络平滑成有一定纹波的直流电压,对于性能要求不高的电子电路,滤波后的直流电压就可以应用了,但对于稳压性能要求较高的电子电路,滤波后再加一级集成稳压环节,这样加到负载上的直流电压纹波就非常低了。

图 2-15 中上图是半导体直流电源的原理方框图,它表示把交流电变换为直流电的过程。

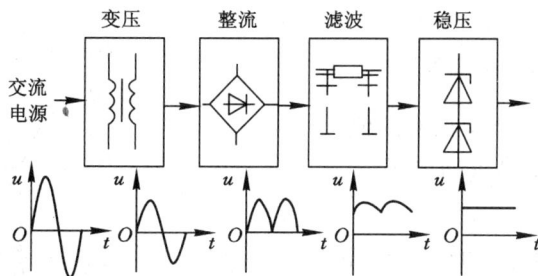

图 2-15　直流稳压电源框图

一、整流电路

整流电路中最常用的是单相桥式整流电路,它由四个二极管 D_1、D_2、D_3、D_4 接成电桥的形式构成,如图 2-16 所示。

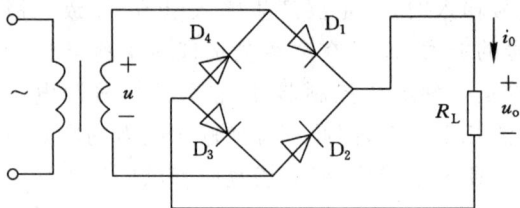

图 2-16　单相桥式整流电路

工作原理如下：

在 u 的正半周，D_1 和 D_3 导通，D_2 和 D_4 截止（相当于开路），电流的通路如图 2-17 箭头所示。

在 u 的负半周，D_2 和 D_4 导通，D_1 和 D_3 截止（相当于开路），电流的通路如图 2-18 所示。

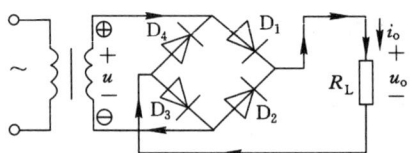

图 2-17

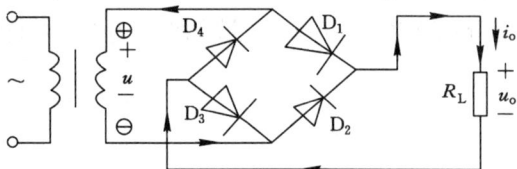

图 2-18

在一个周期内，通过电阻的电流方向相同，在负载上得到的是全波整流电压 u_o。

由于二极管的正向压降很小，因此可认为 u_o 的波形和 u 的正半波是相同的。输出电压的平均值为

$$U_o = \frac{1}{\pi}\int_0^\pi \sqrt{2}U\sin(\omega t)\mathrm{d}(\omega t)$$
$$= \frac{2\sqrt{2}}{\pi}U = 0.9U \qquad (2\text{-}10)$$

式中 U 是变压器二次电压 u 的有效值。

截止管所承受的最高反向电压为

$$U_{\mathrm{DRM}} = \sqrt{2}U \qquad (2\text{-}11)$$

单相桥式整流电路的整流波形如图 2-19 所示。

图 2-20 是单相桥式整流电路的简化画法。

二、滤波电路

（一）电容滤波

在整流电路中，把一个大电容 C 并接在负载电阻两端就构成了电容滤波电路，其电路如图 2-21 所示。

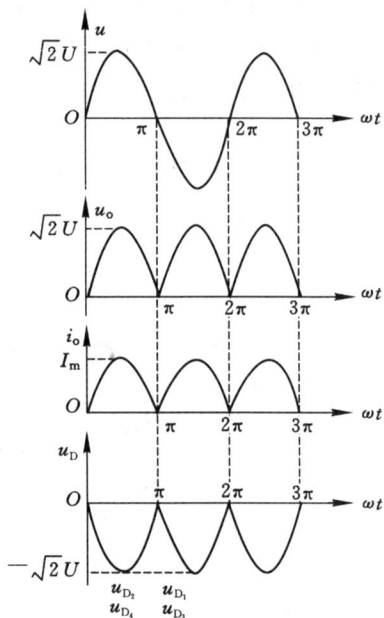

图 2-19　整流波形

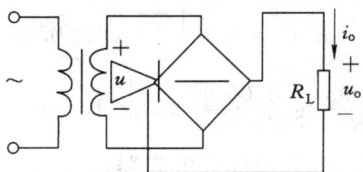

图 2-20　单相桥式整流电路简化画法

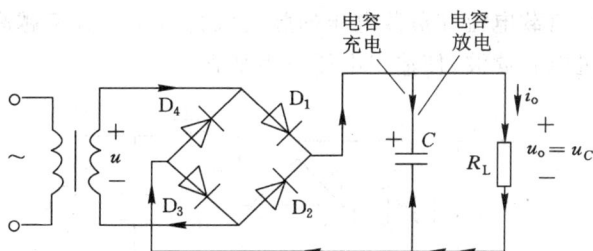

图 2-21　桥式整流电容滤波电路

二极管导通时给电容充电,二极管截止时电容向负载放电;滤波后输出电压 u_o 的波形变得平缓,平均值提高。

经 C 滤波后 u_o 的波形如图 2-22 所示。

可见放电时间常数 $\tau = R_L C$ 越大,脉动越小,输出电压平均值越高,一般要求

$$R_L C \geqslant (3 \sim 5) \times \frac{T}{2} \qquad (2\text{-}12)$$

式中 T 是 u_o 的周期。这时,U_o 约为 $1.2U$。

例 2-1　有一单相桥式电容滤波整流电路,已知交流电源频率 $f = 50$ Hz,负载电阻 $R_L = 200$ Ω,要求直流输出电压 $U_o = 30$ V,选择整流二极管及滤波电容器。

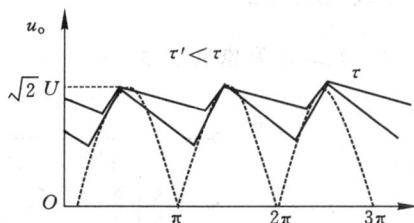

图 2-22　桥式整流电容滤波电路波形

解　(1)选择整流二极管。

流过二极管的电流

$$I_D = \frac{1}{2} I_o = \frac{1}{2} \times \frac{U_o}{R_L} = \frac{1}{2} \times \frac{30}{200} = 0.075 \text{ A} = 75 \text{ mA}$$

取 $U_o = 1.2U$,所以变压器二次侧电压的有效值为

$$U = \frac{U_o}{1.2} = \frac{30}{1.2} = 25 \text{ V}$$

二极管所承受的最高反向电压

$$U_{DRM} = \sqrt{2}U = \sqrt{2} \times 25 = 35 \text{ V}$$

因此可选用 2CZ52B 型二极管,其最大整流电流为 100 mA,反向工作峰值电压为 50 V。

(2)选择滤波电容器。取 $R_L C = 5 \times \dfrac{T}{2}$,所以

$$R_{L}C = 5 \times \frac{1/50}{2} = 0.05 \text{ s}$$

$$C = \frac{0.05}{R_{L}} = \frac{0.05}{200} = 250 \times 10^{-6} \text{ F} = 250 \text{ μF}$$

选用 $C = 250$ μF、耐压为 50 V 的极性电容器。

(二)电感电容滤波器(LC 滤波器)

如图 2-23 所示,当通过电感线圈的电流发生变化时,线圈中要产生自感电动势阻碍电流的变化,因而使负载电流和负载电压的脉动大为减小。频率越高,电感越大,滤波效果越好,而后又经过电容滤波,使输出电压更为平直。

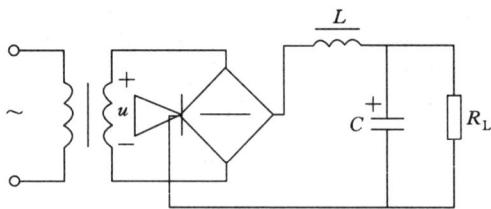

图 2-23 LC 滤波电路

三、稳压电路

(一)二极管稳压电路(图 2-24)

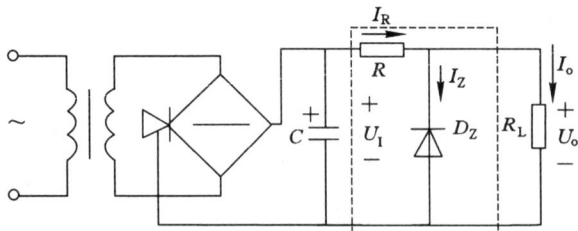

图 2-24 二极管稳压电路

引起电压不稳定的原因是交流电源电压的波动和负载电流的变化,下面分析在这两种情况下的稳压作用。

(1) 当交流电源电压增加而使整流输出电压 U_I 随着增加时,负载电压 U_o 也要增加。U_o 即为稳压管两端的反向电压。当负载电压 U_o 稍有增加时,稳压管的电流 I_Z 就显著增加,因此限流电阻 R 上的压降增加,以抵偿 U_I 的增加,从而使 U_o 保持近似不变。

(2) 当电源电压保持不变,而负载电流增大时,电阻 R 上的压降增大,负载电压 U_o 因而下降。只要 U_o 下降一点,稳压管电流 I_Z 就显著减小,使通过电阻 R 的电流和电阻上的压降保持近似不变,因此负载电压 U_o 也就近似稳定不变。

选择稳压管时一般取 $U_Z = U_o$,$U_I = (2 \sim 3)U_o$。

例 2-2 有一稳压管稳压电路,负载电阻 R_L 由开路变到 3 kΩ,交流电压经整流滤波后得出 $U_I = 30$ V。今要求输出直流电压 $U_o = 12$ V,试选择稳压管 D_Z。

解 根据输出电压 $U_o = 12$ V 的要求,负载电流最大值

$$I_{oM} = \frac{U_o}{R_L} = \frac{12}{3 \times 10^3} = 4 \times 10^{-3} \text{ A} = 4 \text{ mA}$$

可选择稳压管 2CW60,其稳定电压 $U_Z = (11.5 \sim 12.5)$ V,其稳定电流 $I_Z = 5$ mA,最大稳定电流 $I_{ZM} = 19$ mA。

项目四　基本放大电路

一、放大的意义

由晶体管构成的基本放大电路,主要作用是利用晶体管的电流或电压控制作用,将微弱的电压或电流不失真地放大到需要的数值。

在电子系统中,"放大"起着十分重要的作用。我们经常需要将微弱的电信号加以放大,去推动后续的电路。这个微弱的电信号可能来自于前级放大器的输出,也可能来自于可以将温度、湿度、光照等非电量转变成电量的各类传感器的输出,还可能来自于我们比较熟悉的由收音机的天线接收到的广播电台发射的无线电信号,等等。

这些微弱的电信号经过几级放大电路,被放大到需要的数值,最后送到功率放大电路中进行功率放大以推动喇叭、继电器、电动机、显示仪表等执行元件工作。简单地说,一个我们非常熟悉的收音机电路就是一个以"放大"为核心的小型电子系统。它将微弱的无线电信号逐级放大,最后经功率放大级输出推动喇叭,还原出声音信号。

二、基本放大电路

半导体三极管的基极电流对集电极电流有控制作用,场效应管的栅源电压对漏极电流也有控制作用,利用这两种器件的控制作用,可以由能量较小的输入信号来控制为电路提供能源的直流电源,使之在输出端输出较大的能量。通常将能够实现能量控制作用的器件称为有源器件,有源器件是构成放大电路的核心器件。

在图 2-25(a)所示的单管共射放大电路中,NPN 型三极管 V_T 是核心器件,它起着电流放大作用;U_{CC} 是集电极直流电源,它能保证集电结反向偏置,并为输出信号提供能量;R_C 是集电极负载电阻,它将变化的集电极电流转换为变化的集电极电压传递到放大电路的输出端;U_{BB} 是基极回路的直流电源,它保证发射结正向偏置,并通过 R_B 给基极一个合适的偏流。电容 C_1 和 C_2 在这里起"隔直流、通交流"的作用,通常称它们为隔直电容或耦合电容。

图 2-25(b)中晶体管是放大元件,利用它的电流放大作用,在集电极电路获得放大了的电流 i_C,该电流受输入信号的控制,集电极电源电压 U_{CC} 除为输出信号提供能量外,它还保证集电结处于反向偏置,以使晶体管具有放大作用。集电极负载电阻 R_C 简称集电极电阻,它主要是将电流的变化变换为电压的变化,以实现电压放大。偏置电阻 R_B 的作用是提供大小适当的基极电流,以使放大电路获得合适的工作点,并使发射结处于正向偏置。耦合电容 C_1 和 C_2 一方面起到隔直作用,C_1 用来隔断放大电路与信号源之间的直流通路,而 C_2 用来隔断放大电路与负载之间的直流通路,使三者之间无直流联系互不影响,另一方面又起到交流耦合的作用;其电容值应足够大,以保证在一定的频率范围内,

耦合电容上的交流压降小到可以忽略不计,即对交流信号可视为短路。

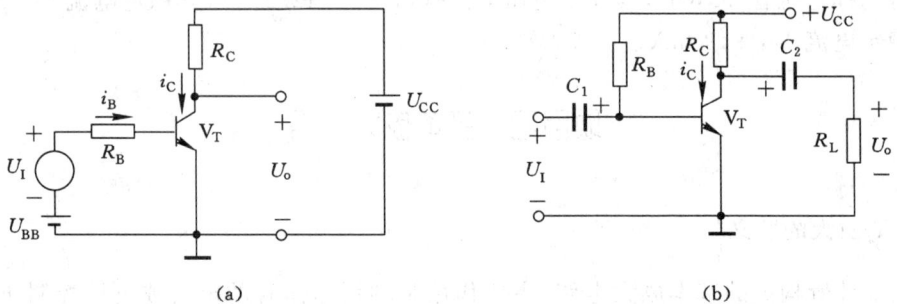

图 2-25　单管共射极放大电路

　　为了衡量一个放大器的性能,通常用若干个技术指标来定量描述。常用的技术指标有电压放大倍数、输入阻抗、输出阻抗、最大输出幅度、非线性失真系数、通频带、最大输出功率及效率等。

三、放大电路的静态分析

　　所谓静态,是指放大电路没有加入交流输入信号(即 $u_i = 0$)时放大电路的状态。这时,电路中只有直流电源,因此电路中各处的电流和电压都是不变的直流量,所以形象地称之为静态,也叫做直流工作状态,对直流工作状态的分析就是静态分析。

　　当放大电路没有输入信号($U_1 = 0$)时,在直流电源 U_{CC} 的作用下,电路中各处的电压、电流都是不变的直流,称为直流工作状态或静止状态,简称静态。在静态工作情况下,半导体三极管各极的直流电压和直流电流的数值,将在半导体三极管的特性曲线上确定一个点,这个点称为静态工作点,通常用 Q 来表示。

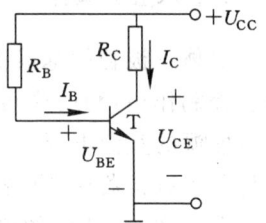

图 2-26　静态分析电路

　　可用如图 2-26 所示的直流通路来计算静态值

$$I_B = \frac{U_{CC} - U_{BE}}{R_B} \approx \frac{U_{CC}}{R_B} \tag{2-13}$$

　　硅管的 U_{BE} 约为 0.6 V,比 U_{CC} 小得多,可以忽略不计。

$$I_C \approx \bar{\beta} I_B \tag{2-14}$$

$$U_{CE} = U_{CC} - R_C I_C \tag{2-15}$$

项目五　集成电路模块

　　集成电路是 20 世纪 60 年代初发展起来的一种新型器件。它把整个电路中的各个元器件以及器件之间的连线,采用半导体集成工艺同时制作在一块半导体芯片上,再将芯片封装并引出相应管脚,做成具有特定功能的集成电子线路。与分立件电路相比,集成电路实现了器件、连线和系统的一体化,外接线少,具有可靠性高、性能优良、重量轻、造价低廉、使用方便等优点。

一、集成运算放大器电路设计上的特点

(一)电路结构与元件参数具有对称性

由于集成电路芯片上的所有元件是在同一块硅片上用相同工艺过程制造的,因此参数具有同向偏差,温度特性一致,特别适用于制造对称性较高的电路,比如制造两个特性一致的晶体管和两个阻值相同的电阻。

(二)采用有源电阻代替无源电阻

由于集成度的要求,由硅半导体电阻构成的电阻阻值范围受到限制,一般只能在几十到几十千欧姆之间,不易制造过高或过低阻值的电阻,且阻值误差较大。所以,集成电路中一般采用晶体管恒流源来代替所需的高阻值电阻,也就是采用有源电阻形式。

(三)采用直接耦合的级间连接方式

集成电路工艺不适于制造几十皮法以上的电容,制造电感器件就更加困难。因此,集成电路大都采用直接耦合方式,而不采用阻容耦合或变压器耦合。

(四)利用二极管进行温度补偿

集成电路中,一般把三极管的集电极和基极短接,利用三极管的发射结作为二极管使用。这样构成的二极管其正向压降的温度系数与同类型三极管发射结压降的温度系数一致,作温度补偿效果较好。

(五)采用复合管的结构

因为复合管的制造十分方便,性能又好,所以集成电路中经常使用复合管的电路形式。

模拟集成电路种类繁多,功能各异,但电路的内部结构大同小异,基本上都具有上述电路特点。

将彼此独立的三极管、二极管、电阻、电容等用导线连接成的电路称为分立元件电路。与分立元件电路相比,集成电路除了体积小、元件高度集中外,还有以下特点。

(1)所有各元件是在同一块硅片上用相同的工艺过程制造的,因而具有相同的同向偏差,温度特性等参数,特别适用于制造对称性较高的差分放大电路。

(2)由于电阻元件是由硅半导体的体电阻构成的,阻值范围有一定的局限性,一般在几十欧到几十千欧之间,过高或过低的电阻制造很困难。

(3)由于集成工艺不适于制作大容量的电容,更难于制造电感器件,所以电路结构大都采用直接耦合方式。

(4)为了提高集成度(单位硅片面积上所集成的元件数)和集成电路性能,一般集成电路的功耗要小,这样集成运放各级的偏置电路通常较小。

(5)在集成电路中,制造有源器件(晶体三极管、场效应管等)比制造大电阻占用的面积小,工艺上也不麻烦。所以在集成放大电路中,常用三极管代替电阻,尤其是大电阻。

集成电路常有3种外形,即双列直插式、圆壳式和扁平式,如图2-27所示。

集成电路按其功能分,有数字集成电路和模拟集成电路。集成运算放大器是发展最早、应用最广泛的一种模拟集成电路,简称集成运放。它实质是一个多级直接耦合高电压放大倍数的放大器,早期的应用主要是数值运算,故称运算放大器,目前的用途已经远

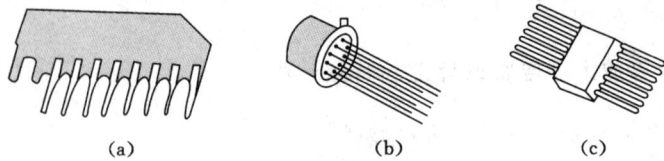

图 2-27　集成电路的外形

（a）双列直插式；（b）圆壳式；（c）扁平式

远超过了此范围，但仍沿用此名称。

集成运算放大器的符号如图 2-28 所示，它有两个输入端：同相输入端和反相输入端。标"＋"的为同相输入端，表明输出电压信号与该输入端电压信号相位相同；标"－"的为反相输入端，表明输出电压与该输入端的电压信号相位相反。

各种集成运算放大器的基本结构相似，主要都是由输入级、中间级和输出级以及偏置电路组成，如图 2-29 所示。输入级一般由可以抑制零点漂移的差动放大电路组成；中间级的作用是获得较大的电压放大倍数，可以由我们熟悉的共射极电路承担；输出级要求有较强的带负载能力，一般采用射极跟随器；偏置电路的作用是供给各级电路合理的偏置电流。

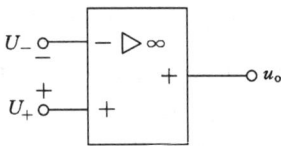

图 2-28　集成运算放大器的符号

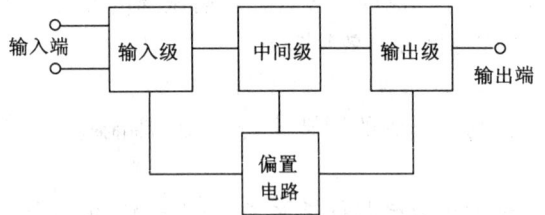

图 2-29　集成运算放大器的结构框图

二、输入级

输入级的好坏对能否提高集成运放的整体质量至关重要，如对于输入电阻、共模抑制比、输入电压范围以及电压放大倍数等许多性能指标的优劣，输入级都起决定性作用。

输入级大都采用差分放大电路的形式，最常见的有 3 种：基本形式、长尾式和恒流源式。

典型电路组成及抑制零漂的原理如下。

用两级相同的共射电路接成面对面的形式，将两个输入信号分别接于两个输入端与地之间，实现双端输入。输出信号取自两管的集电极，即将负载接于两管集电极之间，构成双端输出，如图 2-30 所示。

基本差分放大器的输入信号可分为共模信号和差模信号两种。在放大器两输入端分别输入大小相等、极性相同的信号，这种输入方式称为共模输入，信号称为共模信号，常用 u_{1c} 表示，即 $u_{1c}=u_{11}=u_{12}$。在共模输入情况下，因电路对称，两管的集电极电位变化相同，因而输出电压 U_{oc} 恒为零。其原理与输入信号为零（静态）的输出结果一样。

差分放大器的输入信号可以看成一个差模信号与一个共模信号的叠加。对于差模

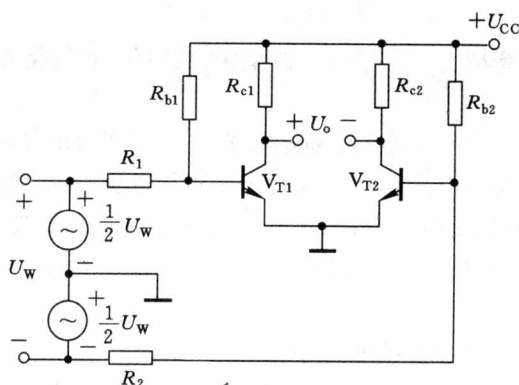

图 2-30　基本差分放大器

信号,要求放大倍数尽量地大;对于共模信号,希望放大倍数尽量地小。为了全面衡量一个差分放大器放大差模信号、抑制共模信号的能力,引入共模抑制比 K_{CMR} 这个量,来综合表征这一性质。

在实际应用电路中,共模输入信号常常比差模输入信号大,而且零漂也可看成共模信号。因此,要求放大器的共模抑制比高,这样,电路受共模信号及零漂的干扰就小,电路的质量就高。共模抑制比是差分放大器的一项十分重要的技术指标。理想情况下, $K_{CMR} \rightarrow \infty$ 。一般差放电路的 K_{CMR} 为 40~60 dB,高水平的可达 120 dB 以上。

三、中间级

中间级的主要任务是提供足够大的电压放大倍数,不仅要求电压放大倍数大,而且还要求输入电阻较高。

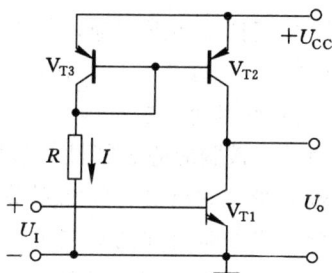

图 2-31　有源负载单管共射放大电路

图 2-31 是镜像电流源作集电极负载的有源负载放大器。

项目六　电子技术在暖通空调技术中的应用

一、传感器

传感器技术是实现测量与自动控制的重要环节。它已越来越广泛地应用于航天航空、自动控制、楼宇控制、生物工程、医学、交通运输、冶金、技术监督与测试等领域,由此,作为测量重要手段的传感器也越来越被人们所认识。

（一）概述

1. 传感器的发展

早在 20 世纪 80 年代,世界各国就把传感器的发展看成是科技发展的未来,因为它是最有发展前途的高技术产业。它以技术含量高、经济效益好、渗透力强、市场前景广等特点为世人所瞩目。

传感器主要是朝着高精度、高可靠性、微型化、数字化、智能化方向发展。

2. 传感器的定义

传感器是指在测量过程中能感受(或响应)规定的被测量的某些信息,然后按照一定的规律转换成可用信号的器件或装置。但由于在测量过程中,有些传感器的检测输出信号比较弱(并具有一定的非线性),所以,往往还要用到变送器。变送器的作用是将传感器输出的电信号经过校验和处理后变换成标准的(电流、电压)电信号。

3. 传感器的组成

传感器通常由敏感元件和转换元件组成。敏感元件是指直接探入到被测区域并能感知或响应被测量的检测元件;转换元件将敏感元件测得的信号进行转换,转换为便于传输、处理和测量的电信号。

4. 传感器的分类

(1) 根据传感器的工作原理可分为电阻、电容、电感、电压、霍耳、光电、光栅、热电偶等传感器。

(2) 根据传感器的检测参数可分为成分、位移、速度、加速度、温度、湿度、压力、流量与浓度等传感器。

(3) 根据传感器的输出信号特征可分为开关型传感器、模拟量传感器、数字量传感器,其中,模拟量传感器应用较多。

(二) 传感器的特性及技术参数

1. 传感器的一般特性

(1) 传感器的静态特性。传感器的静态特性是指对静态的输入信号,传感器的输出量和输入量之间所具有的相互关系,可用一个不含时间变量的代数方程表示,也可用平面坐标画出变量之间的对应关系和特性曲线。表征传感器静态特性的主要参数有线性度、灵敏度、分辨力和迟滞等。

(2) 传感器的动态特性。传感器的动态特性是指传感器在输入变化时,它的输出特征,通常用输出量对某些标准输入信号的响应表示(也称为过渡过程)。传感器的动态特性常用阶跃响应(阶跃信号)和频率响应(正弦信号)表示。

(3) 传感器的灵敏度。传感器的灵敏度是指稳态工作情况下输入—输出特性曲线的斜率($S = \Delta Y / \Delta X$)。对于线性的传感器来说,灵敏度 S 是一个常数。而对于非线性的传感器来说,灵敏度则是一个随输入量变化而变化的动态值。灵敏度与测量精度、测量范围、稳定性有着密切的关系。

(4) 传感器的线性度。实际测量过程中,有些传感器的特性呈非线性,即特性曲线并非直线。为了在仪表上获得均匀刻度的读数,就要对该特性曲线进行线性化矫正。矫正的方法有多种,如两点连线法、最小二乘法等。

(5) 传感器的分辨力。传感器的分辨力是指传感器对被测量最小变化的识别能力(通常所说的不灵敏区)。它表示只有当输入变化值超过某一数值时,传感器的输出才会有响应。

传感器在测量范围内不同区域中的分辨力是不相同的,通常用可分辨的最小变化量与测量最大值的百分比表示其不灵敏区的大小,称为分辨率。

2. 传感器的技术参数

（1）测量介质。传感器的测量虽然处于物理、化学、生物等环境中，但一般的测量介质是在固体、气体、液体中进行。

（2）供电电源。大部分传感器在测量过程中需要电源，供电范围直流为 $0\sim30$ V，交流为 $0\sim500$ V。

（3）测量距离。部分开关量传感器（电感式接近开关、电容式接近开关、光电开关等）在测量过程中对测量距离有一定要求。接近开关的距离为 $0\sim50$ mm；光电开关的测量距离为 $0\sim20$ m。

（4）测量环境。不同传感器对环境的要求不同，如化学和生物类的传感器有时要求恒温，机械测量类的传感器对受力强度有要求，液体和气体类传感器对压力有要求。总之，环境与传感器测量有着密切的联系。

（5）输出类型。传感器的输出类型可分为无源的开关触点、有源的无触点开关（晶体管、可控硅）、模拟电压、模拟电流。

（6）输出指标。继电器输出的触点容量为 2 A；三极管（NPN、PNP）输出的容量为 500 mA；可控硅输出的容量为 10 A；模拟量输出电压为 $0\sim5$ V、$1\sim5$ V、$0\sim10$ V、±10 V；模拟量输出电流为 $0\sim20$ mA、$4\sim20$ mA。

（三）传感器的安装与测控

1. 传感器的安装

安装传感器时应注意安装位置和环境。例如，室外温度测量传感器不要安装在太阳直晒的地方，应做好防风防雨措施；安装水管式温度传感器时要在管道开孔处做好密封，感温检测区域较大时，可安装于管道的顶部，感温检测区域较小时，可安装于管道的侧面或底部；安装压力传感器时，应使其靠近压力比较平稳且不易波动的位置；测量高温压力蒸汽时，为了防止高温蒸汽直接接触测量元件，应安装冷凝器，实施间接温度测量。

传感器的安装方式很多，如直接安装方式（螺丝、螺纹）、支架固定安装方式（方形孔、圆形孔、挂件）和法兰固定安装方式等。

2. 传感器的接线

（1）开关量传感器的接线。开关量传感器的直流输出接线有二线式（棕＋、蓝－）、三线式（棕＋、蓝－、黑或白）、四线式（棕＋、蓝－、黑、白）等。规格有 NPN 型、PNP 型，输出电流一般为 $100\sim500$ mA。

接线原理如图 2-32 和图 2-33 所示。输出线为棕＋、蓝－、黑时，表示输出方式为常开（NO）；输出线为棕＋、蓝－、白时，表示输出方式为常闭（NC）。NPN 型传感器的接线是输出与电源正极之间接负载，PNP 型传感器的接线是输出与电源负极之间接负载。

图 2-32　NPN 型传感器接线图　　　　　图 2-33　PNP 型传感器

开关量传感器的交流输出接线如图 2-34 所示，这是表示某温度调节器的接线图，用

于控制风机盘管中的三速风机和电磁水阀。

在图 2-34 中，火线 L 接入端子 1（Line）；风机的 3 个控制点（Hi、Med、Low）分别接于端子 2、端子 3、端子 4，通过改变温度调节器面板上的拨挡开关，可使风机运行于不同的转速；冷/热拨挡开关（CL/HT）接入端子 5，拨在不同位置时，调节器根据检测的房间温度，控制电磁水阀通电，从而实现房间温度的自动调节。

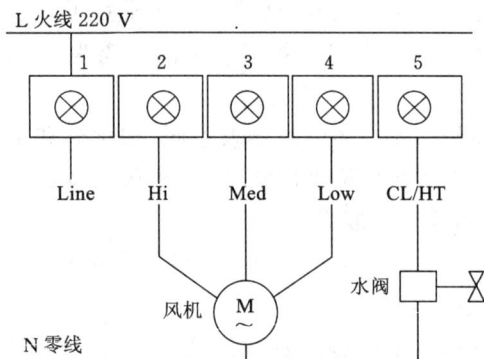

图 2-34　某温度调节器接线图

（2）模拟量传感器的接线。模拟量传感器的输出通常采用标准的工业仪表信号（电压 0～10 V，电流 4～20 mA）。接线如图 2-35 和图 2-36 所示。

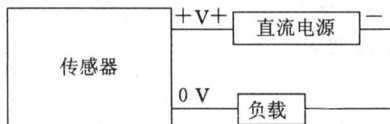

图 2-35　二线制传感器接线　　　　　图 2-36　三线制传感器接线

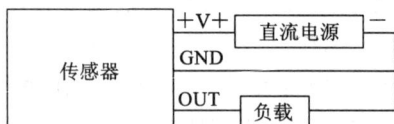

图 2-35 为二线制模拟量传感器的接线，输出类型为直流 4～20 mA。图 2-36 为三线制模拟量传感器的接线，输出类型为直流 0～10 V、4～20 mA。它们均可与仪表 DDC、PLC、智能单元的模拟量输入进行连接。

3. 传感器的测控

传感器的测量值和测量精度与很多因素有关，如自身结构、安装位置、接触介质、周围环境、非线性等。另外，某些特殊原因会导致传感器不能在线测量。所以，在实际工程中，对传感器的性能及参数的检查可通过测控手段进行。所谓测控就是人为模拟一个可以使传感器产生输出信号的辅助环境。通常对传感器的测控有如下方法。

（1）物理测控法。此方法有外观目测检查法、物理连接检查法、仪器仪表测控法和环境模拟测控法。

（2）程序测控法。此方法有多点数据采集法、程序检查分析法、程序运行测控法和程序测量对比法。

总之，就大多数传感器而言，测量精度和误差是调节的关键。当传感器和 DDC 连接后，可借助于 DDC 的运行观察传感器的测量数据。测量过程中，可以采用多点测量取平均值的方法。有时为了验证测量的正确性，还需要和执行元件一起联动，从整体中感受传感器的跟随性和线性度。

（四）传感器在楼宇工程中的应用

1. 室内温度控制器

室内温度控制器是用来检测、控制房间温度的开关量传感器。它通常和风机盘管、电磁水阀一起使用，主要用于中央空调中新风机加末端风机盘管控制系统（图 2-37）。

图 2-37　室内温度控制器

室内温度控制器具有如下功能：

（1）检测室内环境温度；

（2）设定温度参数及控制模式；

（3）三速开关（风机）控制输出；

（4）控制输出（冷/热水阀）。

室内温度控制器的原理是其内部有一个波纹管，管中充入了化学气体，利用热胀冷缩的原理使波纹管在温度发生变化时产生形变。波纹管的变形推动膜片发生弹性变化，由此推动微动开关产生电信号输出。在波纹管上一般有一个可调节的花篮盘，它的作用是产生背压。背压的大小直接反映波纹管的变形量。这个可调节的花篮盘即是温度调节旋钮。另外，在室内温度控制器的面板上，还设有冷（夏季）、热（冬季）转换开关和低、中、高三速开关，用于不同季节时的温度调节。

图 2-38　气体流量开关

2. 气体流量开关

气体流量开关一般放置在送风机的出风口处，主要检测风机运行时气体的流量及是否产生断流现象，如图 2-38 所示。当高速气流冲击弹性簧片时，簧片发生偏移并压迫微动开关（接点闭合）。气体流速下降（或产生断流）时，弹性簧片不能偏移，微动开关释放（接点断开）。利用气体流量开关可以实现对风机状态的监测。

3. 压差开关

压差开关是用来检测气体压差的开关量传感器，如图 2-39 所示。它主要用于新风机和空气处理机中过滤网是否堵塞的检测。压差开关有两个受压孔，连接后内部膜片的两端受到不同的压力而形成压差。膜片推动弹簧压接微动开关（接点闭合）。将压差开关连接在风路系统的过滤网上，可借助于 DDC 控制器实时监测过滤网是否堵塞，堵塞时发出报警信号并储存数据。

图 2-39　压差开关

4. 防霜冻低温保护开关

防霜冻低温保护开关可操作电动风阀、电动水阀、送风机等设备实现联动控制,如图 2-40 所示。该装置带有自动复位功能,具有华氏和摄氏温度刻度盘,测温范围在 $-7\sim+15$ ℃,检测元件为 6.096 m 的毛细管,可以将检测元件放置在最冷点。它主要在新风机或空气处理机中防止低温下盘管冻裂。当风道内的温度低于设定值时,DDC 接收来自防霜冻低温保护开关的报警信号并实施保护联动。

图 2-40　防霜冻低温保护开关

5. 水流开关

水流开关用来检测供水管网系统中水的流动情况,如图 2-41 所示。通常放在流动的水管路中。当有水流动时(达到设定的水流量),水流开关内的磁芯受水流推动产生位移并接触磁感应元件,产生接点信号。水流量小于设定流量时,水流开关内的磁芯不产生位移,因此,无磁感应现象发生,接点信号断开。在制冷站、供热站和给排水系统中,经常要用到水流开关,以此来检测水路系统的故障。水流开关实时地将其状态信号传送给 DDC 控制器。当出现断流和水流弱时,水流开关发出信号并由 DDC 控制器联动使相关设备停止运行,从而实现对供水设备的保护。

图 2-41　水流开关

6. 液位开关

液位开关是用来检测液位的开关量传感器,常用的有浮子开关和可调型导电式液位探头等。在浮子开关内部有两个常开触点,随着液位的变化,浮子会处于自由下垂状态和飘浮状态(每一状态都将有一个对应的触点被导电介质所短路)。两个极限位置的输出信号反映液位的不同位置。可调型导电式液位探头采用单根或数根导电极,通过调节各个导电极的不同位置测量液体的不同液面高度。它适合在导电液体中使用。

7. 电接点压力表

电接点压力表适用于水管路系统的管网压力显示和极限压力报警。电接点压力表由测量系统、指示装置、电接点(或磁助电接点)装置、外壳、调整装置和接线盒等组成。

电接点压力表的工作原理是:通过测量系统中弹簧管在被测介质压力作用下末端产生的弹性变形—位移,借助拉杆经齿轮传动机构的传动并予放大,由此联动固定于齿轮轴上的指示指针(连同触头)将被测值在度盘上指示出来。同时,动指针与设定指针上的触头(上限或下限)相接触(动断或动合)的瞬时,输出控制接点信号,用于实现自动控制和发信号的目的。

图 2-42　温度传感器

8. 温度传感器

温度传感器用于测量空气(风管式)和水(水管式)的温度。检测元件通常为热电偶或铂电阻,输出信号是电压或电阻值。TE6300 系列温度传感器经济实用,适用于多种温度测量环境,包括测量室内、室外、风管、水管以及风管的平均温度,如图 2-42 所示。内置 NFT 导线接口增加了传感的连接强度,无需其他特殊的导线接口。传感器的电阻与其温度相对应,测量电阻即可计算对应温度。镍薄膜传感器在 21 ℃时的参考电阻为 1 kΩ,电阻变化率约为 1 kΩ/℃。铂温度传感器及铂平均温度传感器在 0 ℃时的参考电阻为 100 Ω。热敏电阻传感器具有负温度系数,在 25 ℃时的参考电阻为 2.2 Ω,它的电阻值随着温度的降低而增加。

9. 湿度传感器

湿度传感器用于测量湿度。测量元件有阻性疏松聚合物,输出电流为 4~20 mA。湿度变化时电容式湿度传感器电容变化,输出电压为直流 0~10 V。江森公司新一代湿度传感器采用最新的固体化湿度感应元件,如图 2-43 所示。它的湿度感应能力为 0~100%,并可以在一个宽阔的温度范围内工作。它的响应速度快,可靠性高,使用寿命长。最新的湿度传感器采用高分子电容感应元件,电容会随湿度线性变化。这种先进的感应元件和其他信号处理元件置于同一块芯片上。感应元件带有保护层,可以消除表面积尘的影响。

图 2-43 湿度传感器

10. 压力、压差传感器

压力、压差传感器可以测量空气、液体的压力及压差等,如图 2-44 所示。被测压力或压差经过变送器的隔离膜片和隔离液作用于硅传感器(压差传感器设有超压力保护功能),硅片内电阻桥臂的电阻随之改变,从而使桥路的输出电压与被测压力或压差成比例变化。输出电压通过 U/f 转换器被放大后转换成频率信号,频率信号经过微处理器处理并进行线性化和温度补偿后,被 D/A 转换器转换成标准 4~20 mA 输出。测量元件

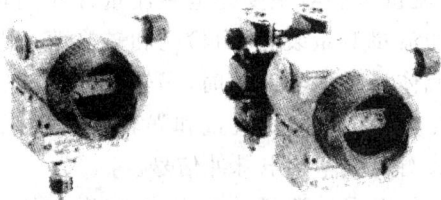

图 2-44 压力、压差传感器

的技术参数均存储在变送器内的 EEPROM 中,也可以通过外部调整按键进行调整。

11. 静压传感器

静压传感器中被测量的液体的静压与该液体的高度成正比。投入式静压液位传感器采用扩散硅或陶瓷传感器的压阻效应,当液位处于不同高度时,传感器的感应面会受到不同的压强,由于压电效应产生电信号,经过温度补偿和线性校正,转换成直流 4~20 mA 标准电流信号输出。

投入式静压液位传感器的传感元件经过滤网与液体直接接触,如图 2-45 所示。变送器部分可用法兰或固定安装支架固定。投入式静压液位传感器是一种高品质灵敏度的传感器,响应速度快,能准确反映流动或静态液面的细微变化,测量准确度高,可广泛用于大楼的给排水系统和各种水池的液位检测。

12. 电阻式远程压力表

电阻式远程压力表用于测量液体、蒸汽

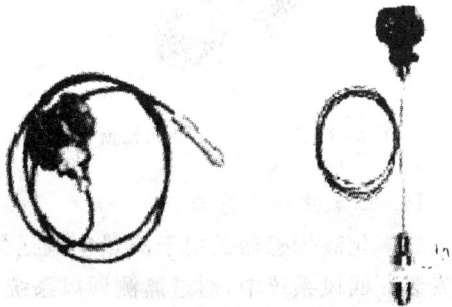

图 2-45 投入式静压传感器

和气体等介质的压力,如图 2-46 所示。其内部设置一滑线电阻式发送器,既可以作显示仪表,又可以输出变化的(随着压力的变化)电阻值,通常用于集中检测和远距离控制。电阻式远程压力表内部由压力表和滑线电阻式发送器等组成。弹簧管受到压力的影响,产生机械的旋转力(带动仪表指针和齿轮传动机构)。由于电阻发送器系统设置在齿轮传动机构上,因此,当齿轮传动机构中的齿轮轴产生偏转时,电阻发送器的转臂(电刷)也相应偏转并带动电刷在电阻器上滑行,使得被测压力值的变化变换为电阻值的变化。电阻式远程压力表在智能楼宇中常被用来检测水管管路的压力值。

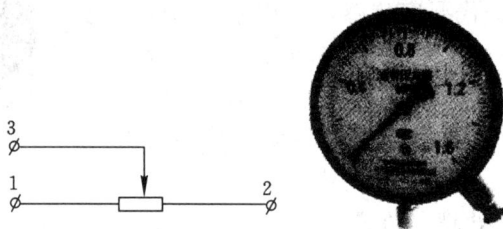

图 2-46　电阻式远程压力表

13. 流量传感器

　　流量传感器种类很多,在智能楼宇中常用的流量传感器主要是电磁流量计和涡轮式流量计。电磁流量计是基于电磁感应定律工作的流量测量装置,由检测和转换两个单元组成。涡轮式流量计是一种速度式流量计。当流体流过涡轮叶片时,涡轮叶片受前后差压推力的作用而转动。在一定流量范围内,管道中流体的容积流量和涡轮转速成正比,涡轮的转速通过检测线圈和磁电转换装置转换成对应频率的电脉冲信号。

　　LUGB—A 型系列智能涡轮流量计(图 2-47)是以涡轮流量计为主体,以微功耗单片微处理器为核心的现场显示型仪表。该仪表采用微机技术与微功耗技术,功能强,结构紧凑,操作简单,可用来测量液体、气体和蒸汽的流量。

　　LWGY 型涡轮流量传感器(图 2-48)与显示仪表配套组成涡轮流量计,可测量液体的瞬时流量和累计体积总量,也可以对液体进行定量控制。传感器具有精度高、寿命长、操作维护简单等优点。

图 2-47　LUGB—A 型涡轮流量计

图 2-48　LWGY 型涡轮流量传感器

14. 二氧化碳传感器

　　二氧化碳传感器是用于测量空调送风系统中空气质量的检测元件。通常将该传感器安装在回风系统中,通过监测回风系统中 CO_2 的焓值,再经过 DDC 的 PID 调节、控制各个风门的开度,由此改善向房间送风的空气质量,达到调节空气的目的。

15. 电量变送器

PDM—800AV 型智能综合电量变送器是丹东华通测控有限公司生产的高科技产品,可用于智能大厦中的供配电监测。它集数据显示、报警输出、电量输出、网络通信于一体,接线如图 2-49 所示。

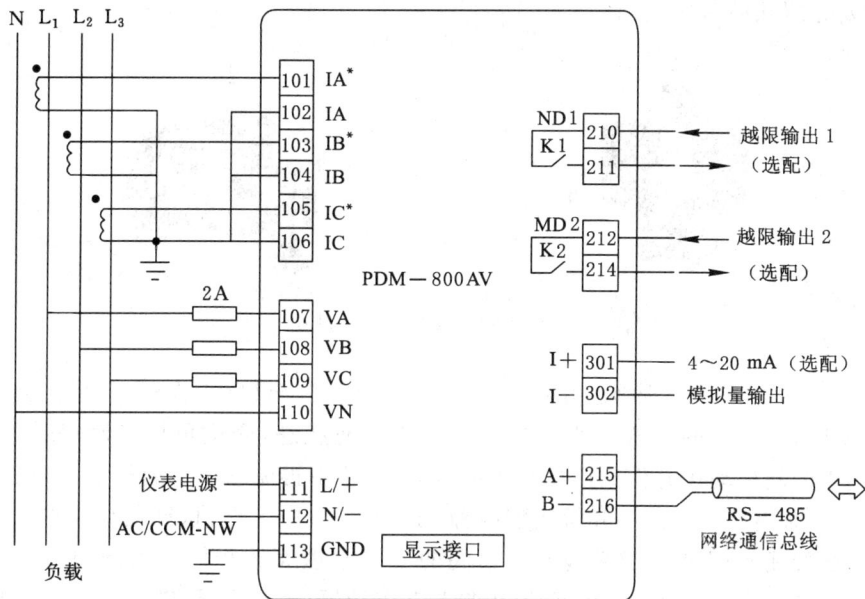

图 2-49 PDM—800AV 型智能综合电量变送器接线

PDM—800AV 型智能综合电量变送器可同时实现三相电压、三相电流、三相功率因数、有功和无功功率等参数的显示和在线测量。它的基本参数配置如下。

(1) 输入电源适应于 AC/DC:75~255 V。

(2) 6 路开关量遥控输入。

(3) RS—485 通信接口(光隔),ModBus RTU 通信格式。

(4) 配置标准的 CT、PT 实现高压或大电流的测量。

(5) 1 路 4~20 mA 模拟量输出。

(6) 1 路可编程电能脉冲输出。

(7) 1 路或 2 路可编程过负荷、多/欠压、功率因数过低等电量报警输出。

(8) 3 路继电器遥控输出。

(9) 采用标准 DIN 导轨安装或螺丝固定安装方式。

PDM—800AV 型智能综合电量变送器通过编程设置,可实时将电压、电流、功率因数等数据存储到指定地址的数据寄存器中,借助于模拟量输出端口或 RS—485 通信接口与上位监控计算机实现远程数据交换,从而实现电量的在线监测。

二、阀门及电动执行器

在气体和液体的流动控制中,经常使用阀门和风门。阀门和风门需要由执行器进行控制,以实现自动化。下面主要介绍智能楼宇工程中常用的阀门和电动执行器。

（一）阀门

1．阀门的分类

阀门是控制流动载体（气体或液体）的一种机械装置，如图 2-50 所示。它可以控制介质的流量，通常用电气控制信号实现阀门开度的变化。阀门按分类方式不同有很多种，下面简要介绍几种常用阀门。

图 2-50　阀门的外形结构

（1）二通阀（又称直通阀）由输入口、阀板、阀座、输出口（工作口）构成。当阀门接通控制信号时，阀门中的阀板动作并使阀门处于全通状态，介质可以流动；断开控制信号时，阀门中的阀板动作并使阀门处于关闭状态，介质不再流动。二通阀中无卸荷口。

（2）三通阀分为常开型和常闭型两种，由流体入口、工作口、卸荷口构成。在智能楼宇中，一般使用常闭型。三通阀与二通阀的工作原理大致相同。当阀门接通控制信号时，输入口与工作口相通，流体经入口进入工作管网，此时卸荷口关闭。断开控制信号时，输入口与卸荷口相通，流体经卸荷口返回而不能进入到工作管网，此时工作口关闭。

（3）蝶阀主要应用于大流量水路系统管网中，如制冷站中冷水机组的进水控制。蝶阀有多种结构，如对夹式、法兰式、支耳式等。由于蝶阀的体积比较大，所以一般采用电动机控制。控制电动机的正向旋转和反向旋转，实现阀门的开启和关闭。蝶阀的辅助信号通常包括阀开到位、阀关到位、阀开扭矩报警、阀关扭矩报警、阀过载报警等。

（4）暖气温控阀是一种节能产品，原理是利用温控阀阀头中的感温部件控制阀门开度的大小。当室温升高时，感温元件因热膨胀，压缩阀杆使阀门关小；当室温下降时，感温元件因冷却而收缩，阀杆弹回使阀体开大。因此，当房间有其他辅助热源（如白天的太阳光、其他发热体等），室温高于设定的温度时，阀门自动关小，散热器的进水量减少，减少供热。

2．阀门的技术参数

（1）阀体类型。阀体类型是指阀体的结构，通常有直板阀和球形阀等。直板阀关闭不如球形阀严密，因此在楼宇工程中常使用球形阀。

（2）阀体材质。阀体材质决定着阀门所允许流通的介质和使用寿命。在水和空气介质中，阀体通常用黄铜、铸铁、铸钢等材料。

（3）阀芯材质。阀芯是阀体的重要部件，应具有一定的强度、钢性、抗腐蚀性等。在水和空气介质中，阀芯通常用黄铜、不锈钢等材料。

（4）阀门类型。阀门类型是指阀门的工作方式，如二通阀或三通阀。

（5）阀门口径。阀门口径是阀门与管道进行连接的主要尺寸，在选配阀门时应选择适合于管道安装口径的阀门。

（6）连接方式。阀门的连接方式是指阀门与管道进行连接的形式,主要的连接方式有螺纹连接和法兰连接两种。

（7）流体介质。流体介质是指阀门允许通过的流体。不同性质的流体应选择不同类型的阀门。在智能楼宇系统中,流体的主要介质是空气、水、蒸汽等。

（8）流体温度。流体温度是指阀门允许通过的介质的温度。不同的阀门对流体温度有着不同的要求,智能楼宇系统中冷热水的温度和空气的温度等都必须符合阀门的要求。

（9）流体压力。流体压力是指阀门能承受所通过的介质的压力,如空气的压力、冷水和热水的压力等。

（10）流体流量。流体流量是指阀门能通过的介质的流量,它与管网系统有着密切的关系,是阀门选择口径时的主要依据。

3. 阀门的安装

在安装阀门时应注意流体的流向(一般在阀体上标有流体流动方向),要注意安装的角度是水平安装还是垂直安装。口径比较小的阀门通常采用螺纹安装,安装时应注意螺纹的结构,在螺纹上缠绕一些麻线或在螺纹锁母上加装橡胶垫。口径比较大的阀门通常采用法兰式安装结构,安装时要在法兰接口处加装密封垫,安装螺丝对称加力(分几次加力,直到拧紧为止)。阀门安装好后,要进行打压试验,检查是否有泄漏现象,以免影响系统的整体运行。

在管路系统中加装阀门的目的主要是控制流体的通断或流量,有时为了便于检修系统及拆检泵或风机,也需要安装阀门。一般在管路系统的入口处、出口处等位置加装阀门。阀门可以手动控制(用于通断或检修)也可以电动控制(用于自动控制或远程遥控)。

（二）电动执行器

电动执行器是独立调节单元,可与阀门、风门联合使用。驱动装置可用开关量控制、模拟量控制、电机控制(普通电机或伺服电机)三种控制方式。

1. 电磁执行器

电磁执行器属于开关量控制,通常由电磁铁和线圈组成,如图 2-51 所示。驱动电源可以是直流也可以是交流。当电磁线圈通电时,产生电磁力并带动阀芯工作,使阀处于开通状态;电磁线圈断电时,电磁力消失并借助于弹簧将阀芯复位,阀处于关闭状态。电磁执行器还可以用来驱动风门以实现"全打开"或"全关闭"。

2. 比例执行器

比例执行器属于模拟量控制,通常由电子控制比例板组成,如图 2-52 所示。电子比例板接受模拟量信号($4\sim20$ mA 或 $0\sim10$ V),产生驱动力矩。由于比例控制的电信号与输出力矩有着很好的线性关系(信号较小时存在一定的不灵敏区),所以可以对阀门(或风门)实现连续的无级调节。

3. 电机执行器

电机执行器的驱动部件是微型电动机,有普通电机和伺服电机两种控制方式,可用于扭矩较大的电动阀(蝶阀)和对阀的位置能进行精确控制的伺服阀。在智能楼宇系统中,常采用普通电机控制电动蝶阀的通或断。普通电机控制除了利用正、反转实现阀的开启和关闭控制外,还在阀的内部提供了限位开关、超扭矩报警、电动机过载报警等联锁信号。

图 2-51　V50/RL/24 型水阀执行器

图 2-52　V60/P/24 型水阀执行器

三、变频器、软启动器

（一）变频器的原理及应用

变频器是现代电力电子技术迅猛发展和现代调速控制理论不断进步的产物,它主要适用于交流电动机的调速(同时具有软启动和软制动功能)。在智能楼宇控制系统中,变频器得到了广泛的应用,特别是风机和水泵的调速控制。

1. 变频器的工作原理

变频器自 20 世纪 80 年代初问世以来,现已形成了五代产品(模拟式变频器、数字式变频器、智能型变频器、多功能型变频器、集中型变频器)。由于变频器采用大功率电力电子元件(双极晶体管 GTR——绝缘栅双极晶体管;IGBT——集成门极换流晶闸管 IGCT),随着电子器件的发展,变频器也在不断地更新。

变频器的功能是将来自于电网的工频电源通过对频率的调整,输出频率、电压都连续可调的三相交流电。将该电源加在交流电动机的定子线圈上,使电动机的转速呈现连续可调。变频器主要分为间接变频和直接变频两大类,而间接变频又根据中间直流环节主要储能元件的不同分为电压型和电流型。由于在智能楼宇控制系统中,要使用电压型变频器,所以下面主要介绍电压型变频器的工作原理和控制特性。

电压型变频器主回路结构如图 2-53 所示,由三相整流器、中间直流环节、逆变器环节组成。三相整流器将工频交流电源整流为直流电压,滤波后由电容 C_d 输出直流电压 U_d,再经过逆变器变换成(f_1 可调)交流电源供给交流电动机进行变频调速。

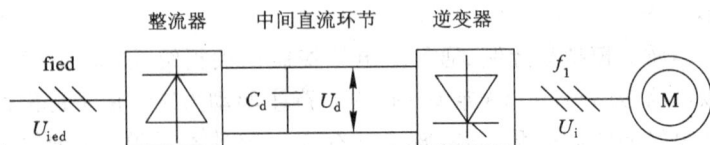

图 2-53　电压型变频器控制结构

由于中间直流环节电容的存在,它的低阻抗的输出相当于恒压源,故称电压型。为了实现压频比的比例控制,必须同时对整流电压和逆变频率进行协调控制,以改善电网的功率因数,减少对电网的污染。整流部分可采用不控整流,而逆变部分采用脉宽调制逆变器,在逆变器中同时完成频率和电压的协调变换。

2. 变频器与机械负载的关系

三相交流异步电动机的转速表达式为：

$$n = (1-s)60f_1/p$$

式中，n 为转速，s 为转差率，f_1 为频率，p 为磁极对数。

由上式可知，改变频率 f_1 的值，转速就会跟着改变（p 认为是常数）。频率增加时，转速增加；频率减小时，转速减小。

交流电动机在其定子线圈中通入三相交流电后，每相定子线圈中就会产生感应电动势，其有效值为：

$$E_1 = 4.44k_1f_1W_1\Phi_m$$

式中，E_1 为电机定子线圈中的感应电势，k_1 为常数，f_1 为频率，W_1 为电机定子线圈匝数，Φ_m 为电机定子产生的磁通。

如果忽略损耗，那么定子线圈中产生的感应电动势 E_1 与定子线圈所加的电压 U_1 近似相等，即 $U_1 \approx E_1$。

对于恒转矩负载因其磁通 Φ_m 不变，所以，电压与频率的比值是常数。电压与频率之间成正比关系，即得到下列表达式，我们称该表达式为压频比。

$$U/f = 4.44k_1f_1W_1\Phi_m = 常数$$

由上式可得，恒转矩负载在额定负载转矩的情况下，只能在基频以下调速。也就是说，最高工作频率为 50 Hz。

对于恒功率负载，要求电压保持不变，所以，频率与磁通之间的关系成反比，即得到下列表达式：

$$U = 4.44k_1f_1W_1\Phi_m = 常数$$

由此可得，恒功率负载在额定负载转矩的情况下，只能在基频以上调速。也就是说，最低工作频率为 50 Hz。

3. 变频器在智能楼宇中的应用

（1）在变风量空调设备（VAV）中的应用

在大楼的中央空调系统中，空气处理机分为定风量控制和变风量控制两种。所谓变风量控制就是通过调整送风机的转速（变频调速），来改变对房间的总送风量。当调整房间的终端控制器时，房间送风通道中的风门开度发生变化，改变送风流量。由于总送风量的变化，使得送风风道的静压随着改变，DDC 实时接收来自送风风道上的静压传感器信号，并将该值与内部设定值比较，进行 PID 运算后输出模拟信号至送风机的变频器，改变送风机的转速。

风道静压值大于设定值时，变频器控制风机减速运行；风道静压值小于设定值时，变频器控制风机加速运行；风道静压值等于设定值时，变频器控制风机恒速运行。这种静压控制的优点是节能，可根据房间的需求，输送合适的风量，而且能实现单个房间的温度控制、室内空气均匀等。

（2）在恒压供水系统中的应用

恒压供水系统通过调整变频器的输出频率，实现对供水管网压力的恒定控制。对供水系统进行控制，是为了满足用户对流量的需求。供水流量的改变，必然使管网压力发生变化。通过调整供水泵的转速，可弥补由于流量的变化而导致的管网压力变化。变频器的调整原理是通过对供水管网压力的实时检测,与设定值进行比较,根据其正/负偏差进行 PID 运算来调整变频器的输出频率。当用水流量减小时,供水管的压力上升,变频器通过对管网压力的检测,减小输出频率,电动机转速下降(供水能力下降),直至压力值回复到设定值,供水能力与用水流量重新达到新的平衡时为止。用水流量增加时,供水管网的压力下降,变频器通过对管网压力的检测,增加输出频率,电动机转速上升(供水能力加强),直至压力值回复到设定值,供水能力与用水流量再达到新的平衡值时为止。

对供水泵采用变频控制的优点是可以实现节能。实践证明,使用变频设备可使水泵运行平均转速比工频转速降低 20%,从而大大降低能耗,节能率可达 20%～40%。在智能楼宇中,为了节约能源和降低投资成本(由于变频器的价格偏高),常采用一台变频器控制多台水泵的方案,即所谓的 1 拖 X 方案。

1 拖 X 方案的工作流程是:任何时间里只有 1 台水泵工作在变频状态。当用水量增大时,"1 号泵"(此时处于变频工作状态)的频率已经调整到额定频率而水压仍不足时,需要增加"2 号泵"投入运行,经过短暂的延时后,先将变频器的输出频率迅速变为 0 Hz,然后迅速切换"1 号泵"为工频运行,同时,将"2 号泵"切换到变频启动并运行。"2 号泵"也达到额定频率而水压仍不足时,重复上述操作,将"2 号泵"切换为工频运行,"3 号泵"投入到变频启动并运行。反之,当用水量减少时,则先从"1 号泵"开始,然后"2 号泵"依次退出工作,完成一次加减泵的循环。

(二) 软启动器的原理及应用

软启动器通过电子开关对可控硅实现调压输出控制,它采用了先进的数字集成技术来改变电动机由于直接启动(或采用星/三角启动)所造成的对电网的冲击。在智能楼宇控制系统中,软启动器的应用也很广泛,它可以实现对功率较大的交流电动机进行减压启动控制。

1. 软启动器的工作原理

通常将软启动器连接在工频电源和交流电动机之间,其作用等同于一个交流调压器。通过对软启动器的参数设定,可使交流电压按照规定的时间和电压调整率逐渐加于交流电动机上,最终实现对交流电动机的全压启动(或软停止)。

2. 软启动器的特性曲线

交流电动机采用不同方式的启动,产生效果也不一样。一般来说,功率较大的交流电动机实施直接启动(或星/三角启动)时,均会带来机械和电气上的不足,如启动大电流对电网的冲击,对电压产生的波动以及对生产设备的冲击等。实现软启动器控制后,可消除上述现象的发生。交流电动机实现直接启动、星/三角启动、软启动器启动时,电压、电流、转矩的特性曲线如图 2-54、图 2-55、图 2-56 所示。

根据特性曲线可以看出,采用软启动器

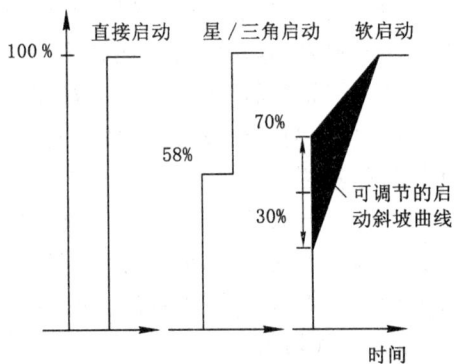

图 2-54 电动机电压特性曲线

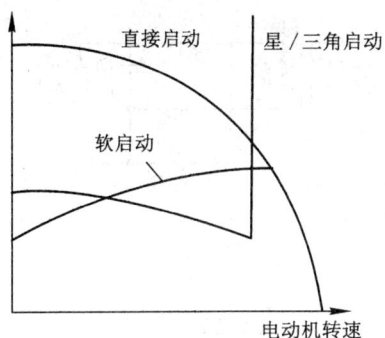

图 2-55 电动机电流特性曲线

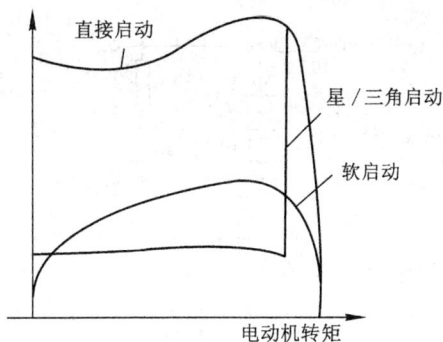

图 2-56 电动机转矩特性曲线

控制后,电动机上的电压、电流、转矩均得到了缓冲,随着时间推移上述参数在逐渐地进行调整。

3. 软启动器的参数设定

软启动器由于采用了微处理器技术,其控制方式更灵活,稳定性也更高。一般软启动器在主机上有控制面板和控制端子,实现参数的设定和远程控制。

软启动器的控制面板上一般设有升压时间、降压时间、初始电压、限流倍数等参数调整。控制端子的功能包括现场总线通信、实时时钟、电动机(PTC)输入、大电流保护、额定频率接点输出、故障报警输出、内置旁路接触器、斜坡启动/斜坡停止等。在工程设计中,可参考产品的操作手册进行具体设计。

4. 软启动器在智能楼宇中的应用

在智能楼宇中常利用软启动器实施对较大功率的电动机进行启动控制,如送风机、排风机、专用消防泵、供水泵、冷冻泵、冷却泵等。

前面讲到利用变频器实现"1 拖 X"技术,虽然此控制方案可以节约成本,但在工频与变频的切换中,要求切换的时间和控制逻辑非常严格,如出现误操作或切换不得当将会对变频器和电动机带来严重的伤害。所以,在实际供水系统中,为了提高控制的可靠性,仍采用变频加软启动器的组合控制方式。

思考题与习题

1. 如何用万用表的"欧姆"挡来判别一只二极管的正、负极?

2. 如图 2-57 所示电路中,设 D_1 和 D_2 为理想二极管,试画出其传输特性曲线(V_o—V_i)。

3. 倍压整流电路如图 2-58 所示,简述其工作原理。当 $R_L = \infty$ 时,输出电压 V_o 为多少?

4. 硅稳压管稳压电路如图 2-59 所示。已知硅稳压管 D_Z 的稳定电压 $V_Z = 10$ V、动态电阻和反向饱和电流均可以忽略,限流电阻 $R = 1$ kΩ,未经稳压的直流输入电压 $V_i = 24$ V。(1) 试求 V_o、I_o、I 及 I_Z;(2) 若负载电阻 R_L 的阻值减小为 0.5 kΩ,再求 V_o、I_o、I 及 I_Z。

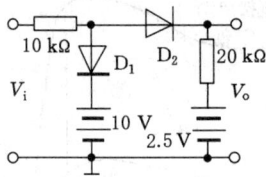

图 2-57

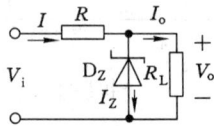

图 2-58

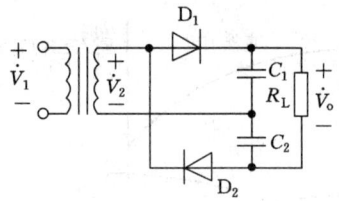

图 2-59

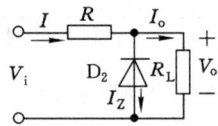

图 2-60

5. 硅稳压管稳压电路如图 2-60 所示。已知硅稳压管 D_z 的稳定电压 $V_z=10$ V、动态电阻和反向饱和电流均可以忽略,限流电阻 $R=1$ kΩ,未经稳压的直流输入电压 $V_i=24$ V。(1) 试求 V_o、I_o、I 及 I_z;(2) 若负载电阻 R_L 的阻值减小为 0.5 kΩ,再求 V_o、I_o、I 及 I_z。

6. 半导体三极管为什么可以作为放大器件来使用? 放大的原理是什么? 试画出固定偏流式共发射极放大电路的电路图,并分析放大过程。

7. 电路如图 2-61 所示,设半导体三极管的 $\beta=80$,试分析当开关 K 分别接通 A、B、C 三位置时,三极管各工作在输出特性曲线的哪个区域,并求出相应的集电极电流 I_c。

8. 什么是传感器? 什么是变送器? 它们各自起的作用是什么?

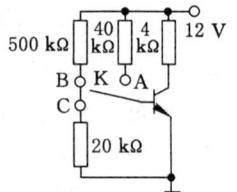

图 2-61

9. 传感器的主要分类有哪些? 主要技术参数包括哪些?

10. 传感器在安装和测控过程中应注意哪些问题?

11. 开关量压力传感器和模拟量压力传感器在智能楼宇工程中是如何使用的?

12. 水流开关的作用是什么? 通常在什么地方使用?

13. 开关量和模拟量的区别是什么? 常用的模拟量数值有哪些?

14. 阀门的作用是什么? 阀门通常有哪些技术参数?

15. 驱动器和执行器的主要用途有哪些? 其主要应用有哪些?

16. LOCO 控制器与 PLC 的区别是什么? 它们的主要特点有哪些?

17. LOCO 控制器采用什么编程语言?

18. 变频器目前经历了哪几代产品? 产品的换代与哪些因素有关?

19. 变频器在智能楼宇系统中的主要应用有哪些?

20. 何为变频器"1 拖 X"技术? 其工作原理是什么?

21. 恒压供水技术与高层水箱供水相比的优点有哪些?

22. 软启动器在智能楼宇系统中的主要应用有哪些?

技能训练　整流滤波电路制作

一、实训目的

(1) 理解充电器整流,了解滤波的概念;

(2) 理解电容滤波电路的工作原理;

(3) 会制作电容滤波电路;

(4) 能测量电容滤波电路的输出波形和电压;

(5) 理解其他滤波电路及特点。

二、实训内容

(1) 仿真电路并选取元件;

(2) 制作电容滤波电路;

(3) 测量电容滤波电路的输出波形和电压。

三、电子电路

如图 2-62 所示电路,输出电压为 12 V 的中心抽头式变压器 1 台,或信号发生器 1 台,D_1,D_2,D_3,D_4 的标识型号为 1N4007。电解电容 C 为 1 000 μF/25 V,R_L 为 1.2 kΩ。

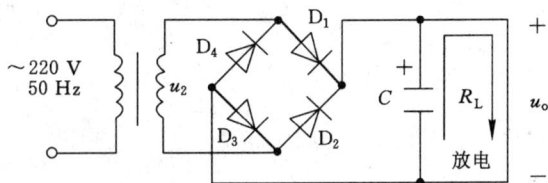

(a) 电路

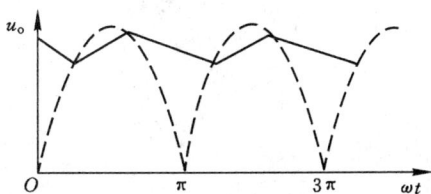

(b) u_o 的波形

图 2-62

四、仪器仪表工具

双踪示波器 1 台,信号发生器 1 台,镊子 1 把。

五、制作步骤

(1) 识读桥式整流电容滤波电路图。

(2) 根据阻值大小和二极管型号正确选择器件,电阻选用碳膜电阻,色环为棕红红金,代表阻值 1.2 kΩ;二极管选择整流二极管,标识型号为 1N4007;电容选择电解电容,标识型号为 1000 μF/25 V。

(3) 将电阻、二极管正确成形,注意元器件成形时尺寸须符合电路通用板插孔间距要求。

(4) 在电路通用板上按测试电路图正确插装成形好的元器件,并用导线把它们连接好。注意二极管、电解电容的极性。

六、测试步骤

(1) 按上述制作步骤完整接好如图 2-62(a)所示的电路并复查,通电检测。

(2) 将桥式整流电路输出的脉动直流电压加到电路输出端,用示波器同时观察输入和输出波形,在坐标纸上画出此时的输入和输出的电压波形。

(3) 用万用表测量负载 R_L 两端的电压并记录: $U_L =$ _____ V。

七、综合分析

在负载两端并联上电容后,输出电压的波形比不加电容直接整流后输出电压的波形更加_____(平滑/不平滑)。

学习情境三　动力及照明工程安装

一、职业能力和知识

　　(1) 熟悉动力及照明工程图；

　　(2) 熟悉室内照明器具安装与验收规范；

　　(3) 熟悉电力工程图分析；

　　(4) 熟悉电线电缆的基本知识。

二、相关实践知识

　　(1) 室内照明器具与控制装置的安装；

　　(2) 室内配电线路的安装。

　　动力和照明工程是现代建筑工程中最基本的电气工程。动力工程主要是指以电动机为动力的设备、装置、启动器、控制箱和电气线路等的安装和敷设。照明工程包括灯具、开关、插座等电气设备和配电线路的安装与敷设。

项目一　动力及照明工程图

　　动力及照明工程是建筑电气工程最基本的内容，所以动力照明工程图亦为建筑电气工程图最基本的图种。其主要内容包括系统图、平面图、配电箱安装接线图等。它是编制动力、照明工程施工方案，进行安装施工的主要依据，是用电气图形符号加文字标准绘制出来的，属位置简图。

一、动力及照明平面图的用途和特点

　　动力及照明平面图是假设将建筑物经过门、窗沿水平方向切开，移去上面部分，人再站在高处往下看，所看到的建筑平面形状、大小，墙柱的位置、厚度，门窗的类型，以及建筑物内配电设备、动力、照明设备等平面布置，线路走向等情况。绘图时，常用细实线先绘出建筑平面的墙体、门窗、吊车梁、工艺设备等外形轮廓，再用中实线绘出电气部分。

　　动力及照明平面图主要表示动力及照明线路的敷设位置、敷设方式、导线规格型号、导线根数、穿管管径等，同时还要标出各种用电设备（如照明灯、电动机、电风扇、插座等）及配电设备（配电箱、开关等）的数量、型号和相对位置。

　　动力及照明平面图的土建平面是完全按比例绘制的，电气部分的导线和设备则不完全按比例画出它们的形状和外形尺寸，而是采用图形符号加文字标注的方法绘制。导线

和设备的垂直距离和空间位置一般不用立面图表示,只是采用文字标注安装标高或附加必要的施工说明来解决。

平面图虽然是造价和安装施工的主要依据,但一般平面图不反映线路和设备的具体安装方法及安装技术要求,必须通过相应的安装大样图和施工验收规范来解决。

二、动力及照明平面图图面标注

（一）线路的文字标注

动力及照明线路在平面图上均用图线表示,而且只要走向相同,无论导线根数的多少,都可用一条图线,同时在图线上打上短斜线或标以数字,用以说明导线的根数。另外在图线旁标注一定的文字符号,以说明线路的用途,导线型号、规格、根数,线路敷设方式及敷设部位等。这种标注方式习惯称为直接标注。其标注基本格式是:

$$a—b(c \times d)e—f$$

式中　a——线路编号或线路用途的符号;

b——导线型号;

c——导线根数;

d——导线截面积（mm^2）;

e——保护管管径（mm）;

f——线路敷设方式和敷设部位。

线路用途符号以及线路敷设方式和敷设部位用文字符号,至今不少书籍仍习惯沿用原来用汉语拼音字母标注的方法,但业内人士多数建议应统一按新标准使用拉丁字母标注,分别见表3-1至表3-3。由于国家标准未作统一规定,这样就显得有些混乱,所以表中将新旧符号全部列入,以便对照。

例如,WP1—BLV（3×50+1×35）—K—WE 即表示 1 号电力线路,导线型号为BLV（铝芯聚氯乙烯绝缘导线）,共有 4 根导线,其中 3 根截面积分别为 50 mm^2,1 根截面积为 35 mm^2,采用瓷瓶配线,沿墙明敷设。又如,BLX（3×4）G15—WC,表示有 3 根截面积分别为 4 mm^2的铝芯橡皮绝缘导线,穿直径为 15 mm 的水煤气钢管沿墙暗敷设。在此未标注线路的用途也是允许的。

有时为了减少图面的标注量,提高图面的清晰度,往往把从配电箱配往各用电设备的管线在平面图上不进行直接标注,而是另外提供一个用电设备导线、管径选择表,见表3-4。在安装施工时,根据平面图上提供的设备的功率大小,可直接在表上找出相应的线管管径和导线截面积。

另外,还可采用管线表的标注方式,即在平面图上只标注管线编号,如 N231、N232等,再单独提供一个线路管线表,其形式见表3-5。根据平面图上的管线编号,即可在管线表上找出该管线的导线型号、截面积、管长、起点、终点和管径等。

值得注意的是,3 种管线标注方法一般不同时在同一套图纸中出现,使用比较广泛的标注方法是直接标注法。

表 3-1　　　　　　　　　　　　**标注线路用文字符号**

序号	中文名称	英文名称	常用文字符号		
			单字母	双字母	三字母
1	控制线路	Control line		WC	
2	直流线路	Direct-current line		WD	
3	应急照明线路	Emergency lighting line		WE	WEL
4	电话线路	Telephone line		WF	
5	照明线路	illuminating(Lighting)line	W	WL	
6	电力线路	Power line		WP	
7	声道(广播)线路	Sound gate(Broadcasting)line		WS	
8	电视线路	TV. line		WV	
9	插座线路	Socket line		WX	

注：也可用数字序号或数字组标注。

表 3-2　　　　　　　　　　　　**线路敷设方式文字符号**

序号	中文名称	英文名称	旧符号	新符号	备注
1	暗敷	Concealed	A	C	
2	明敷	Exposed	M	E	
3	铝皮线卡	Aluminum clip	QD	AL	
4	电缆桥架	Cable tray		CT	
5	金属软管	Flexible metallic conduit		F	
6	水煤气管	Gas tube(pipe)	G	G	
7	瓷绝缘子	Porcelain insulator(Knob)	CP	K	
8	钢索敷设	Supported by messenger wire	S	M	
9	金属线槽	Metallic raceway		MR	
10	电线管	Electrical metallic tubing	DG	T	
11	塑料管	Plastic conduit	SG	P	
12	塑料线卡	Plastic clip		PL	含尼龙线卡
13	塑料线槽	Plastic raceway		PR	
14	钢管	Steel conduit	GG	S	

表 3-3　　　　　　　　　　　　**线路敷设部位文字符号**

序号	中文名称	英文名称	旧符号	新符号	备注
1	梁	Beam	L	B	
2	顶棚	Ceiling	P	CE	
3	柱	Column	Z	C	
4	地面(板)	Floor	D	F	

续表 3-3

序号	中文名称	英文名称	旧符号	新符号	备注
5	构架	Rack		R	
6	吊顶	Suspended ceiling		SC	
7	墙	Wall	Q	W	

表 3-4　　　　　　　　　用电设备导线及穿管管径选择表

380 V 笼型异步电动机容量/kW	铝导线截面积/mm²	BLV 型单芯导线		
		允许载流量/A	电线穿管径/mm	焊接钢管管径/mm
5.5	2.5	17	20	15
7.5	4	22	20	20
11	6	30	25	20

表 3-5　　　　　　　　　线路管线表

序号	管线编号	管径/mm	管长/mm	电线或电缆			起点	终点
				型号	根数×截面积/mm	长度/m		
1	N231	20	8	BLV—500	3×4	10	A₂	3—1
2	N232	20	3	BLV—500	3×4	5	A₂	3—2
3	N233	15	6	BLV—500	3×2.5	8	3—4	3—3

（二）用电设备的文字标注

一般在表示用电设备的图形符号旁用文字标注说明其性能和特点,如编号、规格、安装高度等,其标注格式为 $\frac{a}{b}$ 或 $\frac{a}{c}\left|\frac{b}{d}\right.$。比较多的使用 $\frac{a}{b}$ 格式。

式中　　a——设备编号;

　　　　b——额定功率,kW;

　　　　c——线路首端熔断片和断路器释放器的电流,A;

　　　　d——安装标高,m。

（三）动力、照明配电设备的文字标注

动力和配电箱的文字标注格式一般为 $a\frac{a}{b}$ 或 a—b—c。

当需要标注引入线的规格时,则标注为 $a\frac{b-c}{(e\times f)-g}$。

式中　　a——设备编号;

　　　　b——设备型号;

　　　　c——设备功率,kW;

　　　　d——导线型号;

　　　　e——导线根数;

f——导线截面积,mm^2;

g——导线敷设方式及部位。

如 A$_3\dfrac{XL-3-2}{35}$,则表示 3 号动力配电箱,其型号为 XL—3—2 型,功率为 35 kW;若标注为 A$_3\dfrac{XL-3-2-35}{BLV(3\times35)G40-CE}$,则表示 3 号动力配电箱,型号为 XL—3—2 型,功率为 35 kW,配电箱进线为 3 根铝芯聚氯乙烯绝缘导线,其截面积为 35 mm^2,穿管径为 40 mm 的水煤气钢管,沿柱子明敷。

（四）开关及熔断器的文字标注

开关及熔断器的文字标注格式一般为 a$\dfrac{b}{c/i}$或 a—b—c/i;当需要标注引入线的规格时,则应标注为 a$\dfrac{b-c/i}{d(e\times f)-g}$。

式中　a——设备编号;

　　　b——设备型号;

　　　c——额定电流,A;

　　　i——整定电流,A;

　　　d——导线型号;

　　　e——导线根数;

　　　f——导线截面积,mm^2;

　　　g——导线敷设方式。

如 Q$_2\dfrac{HH_3-100/3}{100/80}$,则表示 2 号开关设备,型号为 HH$_3$—100/3 型,即额定电流为 100 A 的三极铁壳开关,开关内熔断器所配用的熔体额定电流为 80 A;若标注为 Q$_2\dfrac{HH_3-100/3-100/80}{BLX(3\times35)G40-FC}$,则表示 2 号开关设备,型号为 HH$_3$—100/3,额定电流为 100 A 的三极铁壳开关,开关内熔断器所配用的熔体额定电流为 80 A,开关的进线是 3 根截面积分别为 35 mm^2 的铝芯橡皮绝缘线,导线穿直径为 40 mm 的水煤气钢管埋地暗敷。

又如 Q$_2\dfrac{DZ10-100/3}{100/60}$,表示 3 号开关设备,型号为 DZ10—100/3 型,即装置式 3 极低压空气断路器。其额定电流为 100 A,脱扣器整定电流为 60 A。

（五）照明变压器的文字标注

照明变压器的文字标注方式为 a/b—c。

式中　a——一次电压,V;

　　　b——二次电压,V;

　　　c——额定容量。

如 380/36—500 表示该照明变压器一次额定电压为 380 V,二次额定电压为 36 V,其容量为 500 V·A。

（六）照明灯具的文字标注

方式一般为 a—b$\dfrac{c\times d\times L}{e}$f,当灯具安装方式为吸顶安装时,则标注应为

$$a—b \frac{c \times d \times L}{e} f。$$

式中 　a——灯具的数量;

　　　　b——灯具的型号或编号;

　　　　c——每盏照明灯具的灯泡数;

　　　　d——灯泡容量,W;

　　　　e——灯泡安装高度,m;

　　　　f——灯具安装方式;

　　　　L——光源的种类。

　　灯具的安装方式主要有吸顶安装、嵌入式安装、吸壁安装及吊装,其中吊装方式又分为线吊、链吊及管吊。灯具安装方式的文字符号见表 3-6。常用光源的种类有白炽灯(IN)、荧光灯(FL)、汞灯(Hg)、钠灯(Na)、碘灯(工)、氙灯(Xe)、氖灯(Ne)等。但光源种类一般很少标注。

表 3-6　　　　　　　　　　照明灯具安装方式文字符号

中文名称	英文名称	旧符号	新符号	备注
链吊	Chain Pendant	L	C	
管吊	Pipe(conduit)erected	G	P	
线吊	Wire(cord)pendant	X	WP	
吸顶	Ceiling mounted (Adsorbed)			(注)
嵌入	Recessed in		R	
壁装	Wall mounted	B	W	图形能区别时也可不注

注:吸顶安装方式可在标注安装高度处打一横线,而不必注明符号。

　　如标注为 $10—YG_2—2 \frac{2 \times 40 \times FL}{2.5} C$,则表示有 10 盏型号为 $YG_2—2$ 型的荧光灯,每盏灯有 2 个 40 W 灯管,安装高度为 2.5 m,采用链吊安装。又如 $5—DBB306 \frac{4 \times 60 \times IN}{}$ 表示有 5 盏型号为 DBB306 型的圆口方罩吸顶灯,每盏有 4 个白炽灯泡,灯泡功率为 60 W,吸顶安装。

三、动力及照明平面图阅读方法及注意事项

　　动力及照明平面图是动力、照明工程的主要图纸,是安装施工单位编制工程造价和施工方案,进行安装施工的主要依据之一,必须熟悉阅读,全面掌握。读图时,一般应注意以下几点:

　　(1)应按阅读建设电气工程图的一般顺序进行阅读。首先应阅读相应的动力、照明系统图,了解整个系统的基本组成,相互关系,做到心中有数。

　　(2)阅读说明。平面图常附有设计或施工说明,以表达图中无法表示或不易表示但又与施工有关的问题。有时还给出设计采用的非标准图形符号。了解这些内容对进一步读图是十分必要的。

　　（3）了解建筑物的基本情况，如房屋结构、房间分布与功能等。熟悉电气设备、灯具等在建筑物内的分布及安装位置，同时要了解它们的型号、规格、性能、特点和对安装的技术要求等。对于设备的性能、特点及安装技术要求，往往要通过阅读相关技术资料及施工验收规范来了解。如在照明平面图（图 3-1）中，当照明开关的安装高度设计没有明确规定时，就可按《电气装置安装工程电气照明装置施工及验收规范》（GB 50259—1996）的有关规定执行，即开关安装的位置应便于操作，开关边缘距门框的距离宜为 0.15～0.2 m；开关距地面高度宜为 1.3 m；拉线开关距地面高度宜为 2～3 m，且拉线出口应垂直向下。图 3-2 为某住宅一层甲住户照明平面图。因各房间内灯具均为普通灯具，所用光源为普通白炽灯和荧光灯，所以平面图中只简单标出了灯泡（灯管）的功率、安装方式和安装高度，开关插座的安装高度即可按规范执行。

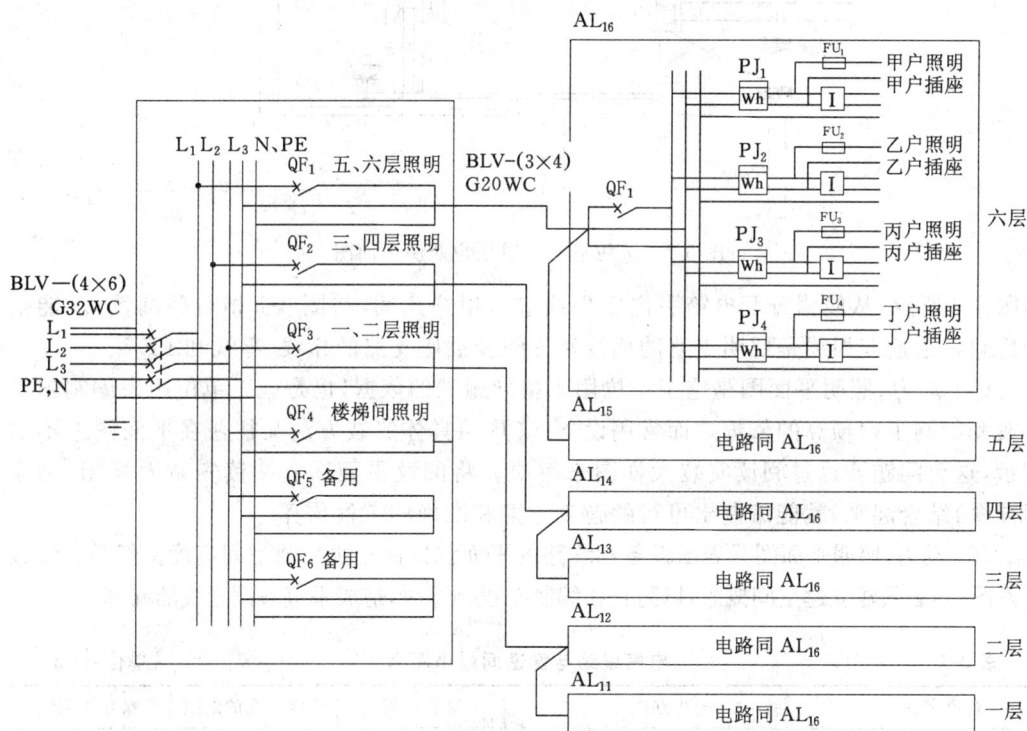

图 3-1　某住宅楼照明配电系统图

　　（4）了解各支路的负荷分配情况和连接情况。在了解了电气设备分布之后，就要进一步明确它是属于哪条支路的负荷，从而弄清它们之间的连接关系，这是最重要的。一般从进线开始，经过配电箱后，一条支路一条支路地看。如果这个问题解决不好，就无法进行实际配线施工。

　　由于动力线路负荷多是三相负荷，所以主接线连接关系比较清楚。然而照明线路负荷都是单相负荷，而且照明灯具的控制方式也多种多样，对相线、零线、保护线的连接各有要求，所以其连接关系较复杂。如相线必须经开关后再接灯座，而零线则可直接进灯座，保护线则直接与灯具金属外壳相连接。这样就会造成灯具之间、灯具与开关之间出现导线根数的变化。其变化规律要通过熟悉照明基本线路和配线基本要求才能掌握。

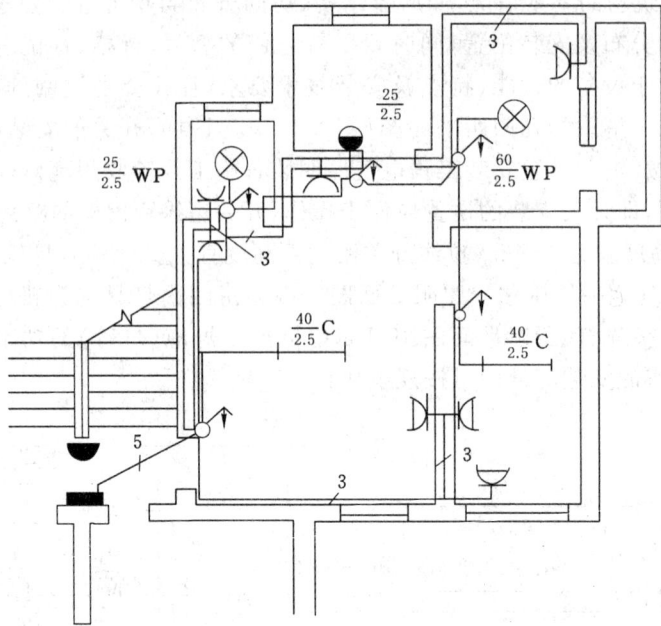

图 3-2　某住宅一层甲住户照明平面图

如图 3-2 所示,从照明分配电箱引出 5 根线进入甲户房间,与图 3-1 相对照阅读,就能很清楚地知道这 5 根线是照明支路的相线和零线及插座支路的相线、零线和 PE 线。

(5)动力、照明平面图是施工单位用来指导施工的依据,也是施工单位用来编制施工方案和编制工程预算的依据。而常用设备、灯具的具体安装方法又往往在平面图上不加表示,这个问题要通过阅读安装大样图来解决。将阅读平面图和阅读安装大样图(国家标准图)结合起来,就能编制出可行的施工方案和准确的工程预算。

(6)动力、照明平面图只表示设备和线路的平面位置而很少反映空间高度。但是在阅读平面图时,必须建立起空间概念,以防止在编制工程预算时,造成垂直敷设管线的漏算。

表 3-7　　　　　　　　　　　　电气线路与管道间最小距离　　　　　　　　　　　　单位:mm

管道名称	配线方式		穿管配线	绝缘导线的配线	裸导线配线
蒸汽管	平行	管道上	1 000	1 000	1 500
		管道下	500	500	1500
	交叉		300	300	1 500
暖气、热水管	平行	管道上	300	300	1 500
		管道下	200	200	1 500
	交叉		100	100	1 500
通风、给排水及压缩空气管	平行		100	200	1 500
	交叉		50	100	1 500

注:1. 对蒸汽管道,当在管外包隔热层后,上下平行距离可减至 200 mm。

2. 对暖气管、热水管,应设隔热层。

3. 对裸导线,应在裸导线处加装保护网。

（7）相互对照，综合看图。为避免建筑电气设备及电气线路与其他建筑设备及管路在安装时发生位置冲突，在阅读动力、照明平面图时，要对照阅读其他建筑设备安装工程施工图，同时还要了解规范要求。例如电气线路与管道间的距离就应符合表3-7的规定。

学习建筑电气工程图纸是一个循序渐进、理论联系实际的过程，只要在掌握了识图基本知识和规律的基础上勇于实践，一定会取得进步。

项目二　室内照明器具与控制装置的安装

室内照明器具与控制装置主要包括各式照明灯具、开关、插座和照明配电箱（盘）等，下面将主要介绍它们的安装施工要求和一般安装方法。

一、室内照明灯具的安装

按配线方式、房屋结构和功能以及对照度的不同要求，室内照明灯具一般可分为吸顶式、壁式和悬吊式等三种安装方式。

（一）照明灯具的一般安装要求

根据《电气装置安装工程电气照明装置施工及验收规范》（GB 50259—1996），在进行室内照明灯具的安装施工时，应满足以下要求。

1. 灯具应安装牢固可靠

在进行灯具安装时，应首先保证安全，使灯具安装牢固可靠。

如固定灯具用的螺钉、螺栓一般不得少于2个，木台直径在75 mm及以下时，也可用一个螺钉或木螺栓固定。灯具质量超过3 kg时，应预埋吊钩或螺栓。固定花灯的吊钩，其圆钢直径应不小于灯具吊挂销轴的直径，且不小于6 mm。对于大型吸顶花灯、吊装花灯的固定及悬吊装置，应按灯具质量的1.25倍做过载试验。采用钢管制作灯具吊杆时，钢管壁厚应不小于1.5 mm，管内径应不小于10 mm。对于软线吊灯，其灯线两端在灯头盒内均需打"结扣"，以不使盒内接线螺钉承受灯具重量，防止灯具坠落；此外，还应限制软线吊灯质量在1 kg以内，超过者应加装吊链，并将软灯线与吊链编叉在一起，且吊链安装的灯具的灯线不应承受拉力。另外，在重要场所安装灯具的玻璃罩，应按设计要求采取防止破裂后向下溅落的措施。

2. 灯具安装应整齐美观，具有装饰性

在同一室内成排安装灯具时，如吊灯、吸顶灯、嵌装在顶棚上的装饰灯具、壁灯或其他灯具等，其纵横中心轴线应在同一直线上，中心偏差不得大于5 mm。嵌装在顶棚上的灯具应分别固装在专设框架上；灯罩边框边缘应紧贴在顶棚安装面上。隔栅荧光灯具以及其他灯具的边缘应与顶棚的拼装直线平行，隔栅荧光灯具的灯管应排列整齐，其金属隔栅不得有弯曲和扭斜等缺陷，以使灯具在室内起到照明和装饰两种作用。

3. 灯具的安装应符合安全用电要求

规范规定，各种灯具金属外壳应妥善接地，或使用12～36 V安全电压。荧光灯、荧光高压汞灯、碘钨灯等及其附件应配套使用，且安装位置应便于检修。在装有白炽灯泡的吸顶灯内，白炽灯泡与木台间须设置隔热层。电源线在引入灯具处不应受到应力和磨损，也不应贴近灯具外壳，在灯架或线管内导线不应有接头，以确保照明用电的安全。

（二）悬吊灯具的安装

灯具的悬吊方式有线吊、管吊式和链吊式等三种安装方式。灯具质量为 1 kg 及以内，如一般居室内白炽灯，多为软线吊灯；对于 1 kg 以上的灯具，如荧光灯、各式花灯，则多为管吊式或链吊式灯具。

1. 小型悬吊灯具的安装

小型悬吊灯具主要包括一般软线吊灯、瓜子链吊荧光灯，以及 3 kg 以内的链吊式、管吊式灯具。在安装小型悬吊灯具时，一般需要先安装木台和吊线盒，且在土建内装修或室内吊顶基本完成后，在暗（明）配线施工的同时进行安装。安装时，先在木台上钻好出线孔，对于明配线，还要在木台上锯好进、出线槽，然后将导线套上塑料保护管从木台出线孔中穿出，再将木台固定在安装面上（直径 $\phi 75$ mm 以内的木台用 1 个木螺钉固定，$\phi 75$ mm 以上的木台需用 2 个木螺钉固定）。木台的固定应视安装面的结构而定，对于木梁、木结构楼板，可用木螺钉直接固定。对于混凝土楼板，如为现场浇注混凝土楼板，可在预埋线管的同时埋设接线盒，明配线则埋设木砖；如为预制多孔楼板，则可用冲击钻钻孔，选用合适的聚丙烯膨胀螺栓固定木台。注意在砖石结构中用轻钢龙骨吊顶，则应与室内装修施工配合，用螺钉或螺栓将木台固定在龙骨架上，使木台与吊顶面板贴紧。在木台、吊线盒座等安装固定好后，即可安装小型悬吊灯具了。

小型悬吊式灯具种类繁多，下面主要介绍常见的一般软线吊灯、瓜子链吊荧光灯和管吊组合式荧光灯的吊装方法。

（1）软线吊灯的安装最为简便，安装时先将吊线盒座装在木台中心，并与明（暗）配线连接，再根据灯具设计悬吊高度剪割适当长度的双股棉织绝缘软线或塑料软线（潮湿的场所宜选用塑料绝缘软导线），用剥线钳将导线端的绝缘层剥除 20～30 mm，并将芯线按原绞捻方向绞紧，搪锡后再与吊线盒座、灯头盒内的接线端子连接，连接之前须在盒内打好结扣。在进行接线时，应注意将相线与零线严格分开，一般规定红色或有花色的导线与相线连接，淡蓝色或无花色的导线与零线连接。相线应经过开关再与灯具吊线盒连接，而零线可直接与吊线盒连接。对于螺口灯泡，应使经过开关的相线（一般称为控制线）连接于灯头盒内的中心舌型弹片上，零线接在螺口上，以避免在装卸灯泡时发生触电事故。

（2）瓜子链吊荧光灯光效高，因此在图书馆阅览室、办公楼、教学楼、居民楼等场所中应用十分普遍。在安装时应先在地面进行组装，试亮合格后再进行吊装。组装时应特别注意镇流器、启辉器与灯管相匹配，在接线时应按荧光灯电路图和镇流器接线图接线，尤其是带有二次绕组的镇流器更不能接错，否则会损坏灯管。另外，由于镇流器是感性元件，功率因数较低，为了提高功率因数，应在荧光灯电路两端并联适当规格的电容器，以进行分散式无功补偿。

（3）管吊组合式荧光灯是我国近年开发的新型高效节能荧光灯具，配置电子镇流器，具有功率因数高（可达 0.9 以上），高频快速启动（工作频率 $f=18\pm 2$ kHz，启动时间 $t_{ad}=1～2$ s），工作稳定，适用电压变化范围大（180～240 V，50 Hz 均可正常工作），节电，寿命长等特点。它是以铝型材为灯体，美观大方，照度高，配以不同的连接件（有二通、三通、四通、六通等灯管插接头），巧妙而方便地组合成多种几何形状，特别适合于现代办公楼、写字间、教学楼、阅览厅、计算机房和商场等场所的大面积工作照明，能使室内显得宽敞明亮,增加了舒适感。安装时应当与室内装修工程紧密配合,结合天棚结构、形式,以及不同型号灯具的装配图进行安装。

以轻钢龙骨吊顶为例,其安装方法为:① 根据灯具型号、吊管间距和组合的几何形状,在顶棚上确定吊管盒装设位置,与吊顶装修施工配合,设置安装盒座的龙骨架,并预留吊管盒座安装孔。② 用电钻在龙骨架上打孔,直接用木螺线或螺栓把吊管盒固定在龙骨架上。③ 应按照明设计平面布置图和吊管盒座的安装位置,在顶棚内将 PVC 塑料阻燃刚性线管或金属线管敷设至相应灯具的上方,并设一接线盒,然后通过塑料波纹管或金属软管与灯头盒相互连接,再按要求穿线,使导线从灯头盒进线孔穿入,接在灯头盒座的接线端子上。④ 根据吊管所在组合式灯具的部位,选用相应的灯管连接头与吊管组装,并将与灯管插接头相连接的导线从吊管引出(吊管内不允许有导线接头)。⑤ 安装吊管组件,先将从吊管引出的导线接在吊管盒座的接线端子上,再把吊管盒装饰护罩(金属法兰)扣装在吊管盒座上,找正装配孔,用装配螺钉连接固定。与此同时,调整好灯管插接头方向,将铝型材灯体装于灯管插接头上,这样吊管组合式荧光灯就安装好了。

2. 大、中型悬吊灯具安装

在室内电气照明灯具安装中,经常会遇到如水晶花灯、艺术花灯等一些大型或中型悬吊灯具的安装,其安装有链吊和管吊两种吊装方式。如前所述,当灯具质量超过 3 kg 时,需要在顶棚上装设吊钩,吊钩可选用 $\phi 8$ mm~$\phi 2$ mm 的圆钢制作。先将圆钢煨制成"T"字形,在现浇制混凝土楼板或梁的埋设点处,将"T"字形吊杆的横边绑扎在钢筋上,竖直吊杆则与暗敷线管的出线管贴紧并齐,待浇注混凝土、拆除模板后,再用气焊加热将吊杆煨成吊钩。在预制楼板的埋设点处,可用冲击钻打孔(如为楼板拼接缝隙,则不用打孔),将"T"字形吊杆从孔洞中穿下,待铺抹水泥砂浆地坪时埋住,最后仍采用气焊加热将吊杆煨制成灯具吊钩。对于轻钢龙骨吊顶,则应与室内吊顶装修施工紧密配合,可在龙骨架上装设吊钩,但应对龙骨架采取加固措施,或者采用上述方法在楼板上埋设吊钩。

在吊钩装设后,即可吊装花灯及接线。但在吊装花灯之前,应先进行组装,即将花灯的各组灯泡按控制要求试亮,吊装并经试合格后,再安装各式装饰灯罩、灯具的水晶吊链等灯饰配件。

(三) 吸顶式灯具的安装

吸顶式灯具式样繁多,有适用于展览厅、橱窗等场所照明的小射灯、轨道灯,可起到装饰展厅、橱窗和宣传美化展品的效果;有适用于大型商场、贸易大厦等场所照明的光带(指发光表面与顶棚表面在同一平面上的狭长灯具)和光梁(指发光表面突出顶棚表面的狭长灯具),再配以嵌入式筒灯、牛眼灯及其他灯具,可使大厅照度均匀,视觉条件和显色性好,给人以室内空间高大、明亮和富丽堂皇之感;有适用于歌舞厅、宴会厅、卡拉 OK 厅等场所照明的吸顶花灯,再配以嵌入式筒灯、暗槽灯、艺术壁灯以及合适式样的舞厅灯等,从而达到美化环境、光彩夺目和生动活泼的观感效果;还有适用于图书馆、科研楼、教学楼等场所照明的吸顶式荧光灯、大面积的发光顶棚等,具有光效高、寿命长和光色较好的特点。由于荧光灯管安装于专用灯具之内,所以较好地消除了眩光,很适宜在学习环境中装设。为了减弱荧光的频闪效应,在同一大厅或室内,应采用三相四线制供电的照明线路。

下面仅对最流行的光带灯具和吸顶花灯的安装加以介绍。

1. 光带(光梁)灯具的安装

光带(光梁)的透光面罩有磨砂玻璃、PS折光板、满天星格栅、乳白有机玻璃、有机格栅、铝网、铝格栅(有方格、直条)等,具有照度高、美观大方和豪华气派等特点,因此,在现代化商场、贸易大厦等场所的电气照明中获得了广泛应用。TY547系列光带安装尺寸见表3-8,图3-3为光带在轻钢龙骨吊顶上的安装示意图。现以TY547C型光带为例,其安装方法为:① 在安装光带时,应与室内吊顶装修工程紧密配合,根据光带型号、安装尺寸和安装位置,在顶棚上预留宽度为 B,长度为 1 280 mm×n 的孔洞,并按照线路平面布置图,先进行配管配线,把电源线敷设到相应的光带旁。② 根据光带盒 3 和装饰托罩架 8 的安装尺寸,在预留孔两侧的槽形龙骨 4 上加工安装孔,并对龙骨采取相应的加固措施。③ 把光带先分组进行组装并试亮正常后,再用安装螺钉 5 把光带盒和装饰托罩架固定在槽形龙骨上。在安装固定时,应使各组光带盒相线连接紧密,接口应无错位和缝隙;装饰托罩架应与吊顶面板 6 的表面贴紧,托罩架间相互连接光滑平齐,两侧托罩架间相互平行。④ 最后连接光带电源线、安装灯管和透光面罩等。这样,就完成了光带在轻钢龙骨吊顶上的安装。

表 3-8　　　　　　　　　　　TY547系列光带安装尺寸　　　　　　　　　　单位:mm

型　　号	透光面罩宽度	土建顶棚预留孔洞
TY547—1—1	240	270×1 280×n 组
TY547—1—2	320	350×1 280×n 组
TY547—1—3A	350	380×1 280×n 组
TY547—1—3B	490	520×1 280×n 组

注:

光带型号　　　　　　　　TY547 □—1—□　　　表示1组,1组光带长为1 280 mm
灯带类别分为　　　　　　　　　　　　　　　　日光灯管数量,有单管、双管、三管光带
a、b、c 三类

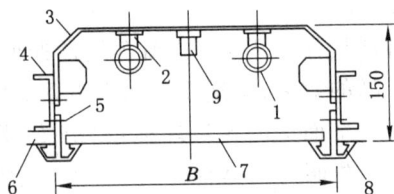

图 3-3　光带安装示意图

1——荧光灯管;2——光带座;3——光带盒;4——槽形龙骨;5——安装螺钉;6——吊顶面板;
7——透光面罩;8——装饰托罩架

2. 装饰吸顶花灯的安装

装饰吸顶花灯组合性强,其外形美观豪华,对建筑物室内起到特殊的装饰效果。在宾馆、餐厅、歌舞厅等建筑中得到最为广泛的应用。如在宴会大厅的吊顶上对称安装吸顶花灯,并配以数盏嵌入式筒灯和其他装饰灯具,将使整个大厅富丽堂皇,充满欢快

气氛。

　　一般吸顶花灯的质量都在 3 kg 以上,所以根据规范要求应采用螺栓安装。其安装工序为:

　　(1)埋设螺栓。螺栓一般用 φ8 及以上圆钢制成,对于混凝土楼板顶棚,可根据花灯底座板的安装尺寸,配合土建施工,在混凝土楼板上预埋相应数量的 M8 螺栓。对于轻钢龙骨吊顶,则应与室内吊顶装修工程紧密配合,在吊顶上预留装设花灯的龙骨架,在龙骨上按照花灯底座板的安装尺寸装设 M8 螺栓,但应注意对龙骨采取相应的加固措施,以防龙骨吊顶变形损坏。

　　(2)固定花灯底座板。螺栓埋设好后,把灯具配线从顶棚线管中引出,并从花灯底座板引线孔穿出,然后将底座板装在预埋螺栓上,并使底座面与顶棚装饰面贴紧固定,再将灯具配线连接到底座板的接线盒上。

　　(3)安装吸顶花灯底座板装饰罩。安装前先将花灯在地面组装试亮,再把灯线按要求连接到底座板接线盒上。对于螺口灯泡,应保证使相线连接于灯头盒内的中心舌型弹片上。最后用专用螺钉将底座板装饰罩固定安装在底座板之上,应使装饰罩与吊顶装饰面紧贴住,把底座板全部遮盖,以不影响室内装修美观。

　　(4)安装灯泡及各式装饰灯罩、灯饰配件等。

　　(四)特种装饰灯具的安装

　　随着室内装饰标准的提高,彩色喷泉灯、广告招牌灯、花园灯、小带灯、软式流星灯等各种装饰性灯具得到广泛的采用,而且装饰灯具的种类越来越多,越来越新颖华丽。下面将主要介绍应用最广、安装简便的软式流星灯的安装方法。

　　软式流星灯主要由软管灯组、控制器,以及电源接头、轨道、固定夹、紧固带、中间接头、双面胶带、吸盘和尾塞等配件组成。软式灯组有透明、红色、蓝色、黄色、橘色、粉红色、绿色、紫色、黄绿色、蔚蓝色等十种颜色。将颜色相互搭配,可用于建筑装饰及外形显示,按设计要求可组成各式文字符号和图案等,因而是宾馆饭店、花园厅台、商店橱窗展台、晚会布景、夜总会酒吧、影剧院招牌等场所的理想装饰灯具。

　　软式流星灯是在其软管上的银点标记之间,每条发光支路由若干个小灯泡相互串联组成。如在银点标记之间每条发光支路分别有 2 个、4 个、18 个、36 个灯泡串联,相对应的额定电压分别为 12 V、24 V、110 V、220 V 等四种。如图 3-4 所示,软式流星灯为每条发光支路由 18 个灯泡组成,并按要求将各串联发光支路并联在软管内"干线"上,可见银点之间串联的灯泡数量越多,其额定电压也越高。软蔚蓝色流星灯及其配件如图 3-5 所

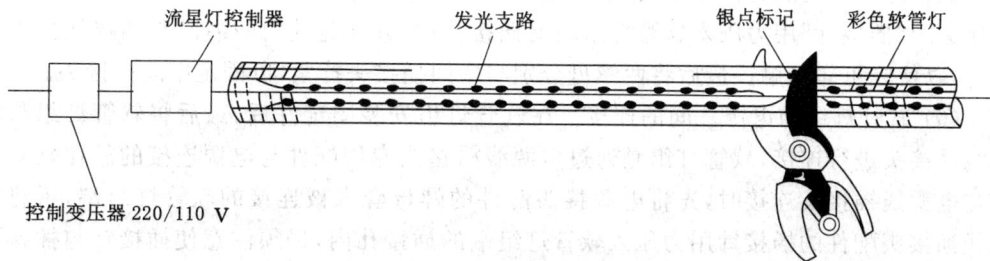

图 3-4　软式流星灯的接线及结构示意图

示,其基本安装方法如下:

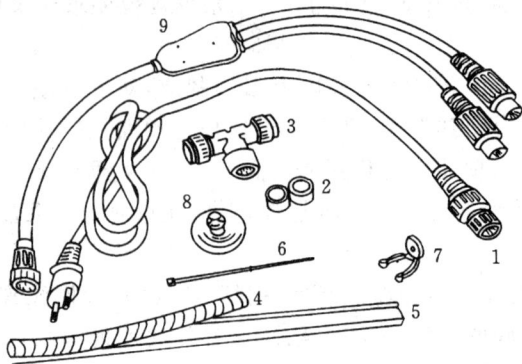

图 3-5　软式流星灯管及其配件

1——电源线插接头;2——终端塞盖;3——三端插接头;4——软式流星灯管;5——灯槽;

6——包扎线条;7——管卡支架;8——环形吸盘;9——Y 形插接线

(1)先在装饰面上画出设计文字图案,再在图案线上装设管卡支架配件,其间距一般为 200~300 mm。然后将软管灯组按设计图案整形,并依次压入固定夹内。

(2)如果悬空安装,可用粗铁线弯制成所要求的文字或几何图形,再用紧固带将软管灯组固定在粗铁线架上。

(3)对于商店、影剧院等场所,有时需要将软管灯组固定在橱窗、门面招牌等处的玻璃表面上,则应先将玻璃表面擦净,然后按照要求的文字图案采用吸盘、紧固带安装固定软管灯组即可。

(4)直线段的安装。当软管灯组在直线段上安装时,应使用与之配套的专用灯槽配件。在安装前,应先在安装面上按装饰图案要求画安装线,同时在灯槽底板的中心线上钻孔,然后用梅花螺钉将灯槽沿安装线固定。若需安装在玻璃表面上,则采用双面胶带配件将灯槽粘固在玻璃上,在灯槽全部固定好后,将软管灯组压入灯槽内即可。

(5)软管灯组的连接。在软式流星灯的安装过程中,为了装饰的需要,要求将不同颜色的软管灯组进行组合,或需要增加软管灯组的长度,因此,要进行软管灯组之间的连接。如上所述,在银点标记之间有多条发光支路,每条发光支路是由若干只小灯泡串联构成,所以只能在银点标记处进行剪切连接,否则会破坏该银点标记间的灯泡串联支路,造成被剪段灯泡不亮。

软管灯组之间的连接非常简便,只需用剪刀在银点标记处将软管灯组剪断,把中间插接头的"插接针"用力压入软管灯组端的插接孔内,并注意使"插接针"与插接孔内干线并行,以使之可靠接触。最后将两螺母分别与中间插接头拧紧,以固定中间插接头。

(6)软管灯组与电源之间的连接。在软管灯组安装固定好后,最后将软管灯组与电源线插接头进行连接,软管灯组是通过电源线槽接头专用配件与电源连接的。在软管灯组与电源线插接头连接时,先将电源接头配件的螺母套入被连接的软管灯组端,再将电源线插接头配件的插接针用力压入软管灯组端的插接孔内,仍须注意使插接针与插接孔内的干线并行,并拧紧固定螺母,以保证可靠连接。这样,就完成了软式流星灯的安装,可以将电源线插接头插入电源插座了。

软式流星灯的接线及电源电压的配备应参考有关产品说明书,应注意选用配套的控制器,有 12/24 V 控制器,110 级/220 V 控制器,可产生一组具有一定时序要求的脉冲电源电压。使用控制器后,即可产生跳动、追逐和闪烁的效果,从而使被装饰场所更加变化纷呈、绚丽多彩。

(7)软式流星灯的专用变压器应装设在便于检修的隐蔽位置(但不得安装在吊顶内)。明装时,安装高度不宜小于 3 m,否则应采取防护措施。在室外安装时,应采取防雨防潮措施。变压器所供灯管长度应不超过允许灯管长度,其二次导线距建筑物、构筑物表面应不小于 20 mm。

（五）壁灯的安装

壁灯在室内通常安装在墙壁上或柱子上,安装高度一般为 1.8～2 m 之间,是一种集观赏性、实用性和装饰性为一体的艺术灯具。丰富多彩的艺术壁灯会给室内增添不同的情调和气氛,在室内装饰中起着十分重要的点缀和衬托作用。因此,在现代居室中,艺术壁灯已成为不可缺少的电气装置了。壁灯的种类繁多,如有床头灯、镜前灯、楼道装饰壁灯和室内各式艺术壁灯等。床头灯有单节单摇或双摇床头壁灯、双节单摇或双摇床头壁灯,用于装饰床头壁面并具有与室内主照明相互呼应功能,再配以落地灯和台灯,可提高房间的和谐情调和梦幻气息,照亮墙上所挂的各种饰物,增添壁面美感,造就出完美温馨的生活空间。单摇床头壁灯一般安装于床头两侧的墙上,双摇床头壁灯则安装于床头正中,安装高度为 1.2 m。装设双节单摇或双摇床头壁灯,可根据需要改变灯具位置,便于睡前阅报、看书等。镜前灯是横装于镜子或壁画上方作局部照明的灯具,它可以改变光照方向。楼道装饰壁灯有玉兰花型、笙型、扇型等。室内则有各式艺术造型及铁艺装饰壁灯,以使室内空间环境的光效配置、气氛调节等与室内装修效果更加和谐统一。

壁灯的线路也有明、暗配线方式,暗配线时应根据壁灯的安装部位,配合土建施工,在砌墙(或浇注混凝土)时及时埋设线管和灯头盒,在土建室内粉刷等装修基本完成时,再进行线管穿线和安装室内灯具。壁灯安装多采用膨胀螺栓固定,即应根据壁灯的安装高度和底座安装尺寸,先在墙面上确定固定点,用冲击钻在固定点上打孔,再放入合适规格的塑料胀管,在接线盒内按要求将电源线连接好,最后用螺钉固定壁灯底座、底座法兰装饰面罩和灯罩等。

二、室内照明配电箱的安装

照明配电箱一般都是由箱体、配电盘和开关(胶木负荷开关 HK2 系列或断路器 DZ10、DZ20、DZ47 和 ME、C45 等系列)、熔断器(瓷插式 RC1A 系列、螺旋式 RL1、RL2、RL6、RL7 等系列)和电能表等组成的。箱体有木制和铁制两种,一般不宜采用可燃材料制作,如在干燥无尘的场所内采用木制配电箱(板),应刷防火漆进行阻燃处理。铁制箱体用薄钢板冲压而成,造型新颖,美观轻巧,喷涂烤漆后具有良好的装饰效果,故在现代建筑中得到普遍的采用。盘面的制作则要求设备布置紧凑、整齐美观、安全和便于维修。配电箱的盘面上一般根据需要装有单极、双极、三极或四极断路器或胶木负荷开关,有的还配有漏电保护器,单相、三相三线和三相四线制电能表等,它在电气系统中起的作用是分配和控制各支路的电路,并保障电气系统安全运行。

（一）配电箱的分类及其常用型号

配电箱按其结构分可分为柜式、台式、箱式和板式等。按其功能分为动力配电箱、照明配电箱、插座箱、电话组线箱、电视天线前端设备箱、广播分线箱等。按产品生产方式分为定型产品、非定型产品和现场组装配电箱。在建筑工程中，尽可能用定型产品，如高、低压配电柜、控制柜（台、箱）。如果设计为非标配电箱，则要用设计的配电系统图和二次接线图到工厂加工订制。常用型号表示如下。

（1）动力配电箱的型号

配电箱的型号通常是用汉语拼音字头组成。例如，用 X 代表配电箱，L 代表动力，M 代表照明，D 代表电能表等。XL 合在一起就代表动力配电箱，XM 代表照明配电箱。

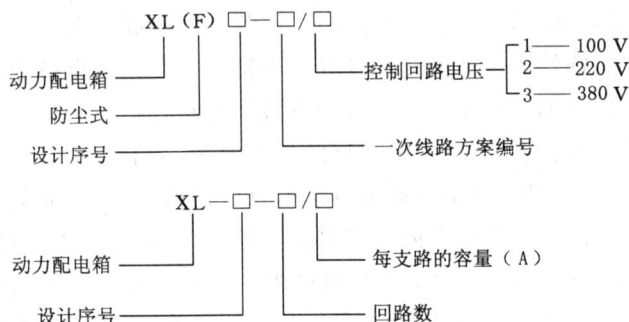

XL（F）—□/□
动力配电箱
防尘式
设计序号
控制回路电压：1—100 V，2—220 V，3—380 V
一次线路方案编号

XL—□—□/□
动力配电箱
设计序号
每支路的容量（A）
回路数

例如：XL—10—4/15 表示这个配电箱设计序号是 10，有 4 个回路，每个回路容量为 15 A。

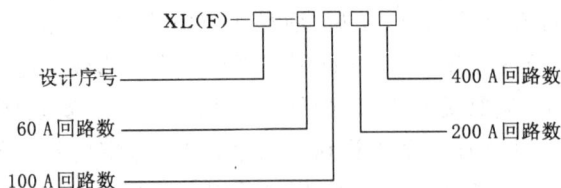

XL（F）—□—□□□
设计序号
60 A回路数
100 A回路数
400 A回路数
200 A回路数

上述设计序号为 14～21，都是落地式防尘型动力配电箱。

（2）照明配电箱的型号

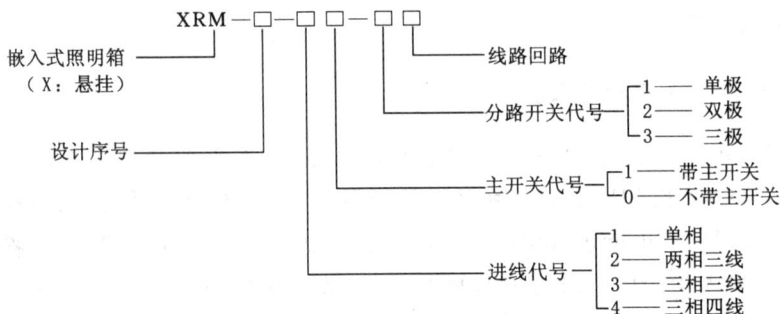

XRM—□—□□—□□
嵌入式照明箱（X：悬挂）
设计序号
线路回路
分路开关代号：1—单极，2—双极，3—三极
主开关代号：1—带主开关，0—不带主开关
进线代号：1—单相，2—两相三线，3—三相三线，4—三相四线

（3）电能表箱的型号

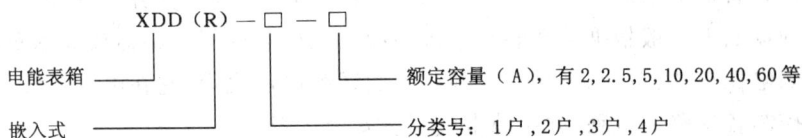

XDD（R）—□—□
电能表箱
嵌入式
额定容量（A），有 2，2.5，5，10，20，40，60 等
分类号：1户，2户，3户，4户

箱内单相电能表的型号常用 DD86245(20)。

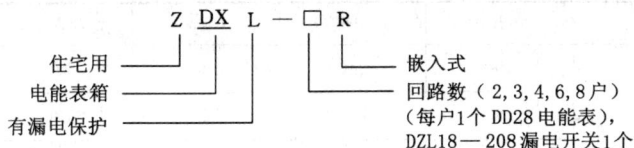

```
        Z DX L — □ R
住宅用 ——┘ │ │ │       └—— 嵌入式
电能表箱 ——┘ │ │         └—— 回路数（2,3,4,6,8户）
有漏电保护 ——┘           （每户1个DD28电能表），
                          DZL18—208漏电开关1个
```

（二）照明配电箱的安装

一般民用建筑常用小型照明配电箱,其结构如图 3-6 所示。图 3-6(a)是 XXM305 箱体明装结构示意图,图 3-6(b)是 XRM305 箱体暗装结构示意图。暗装配电箱的型号中有R,表示嵌入式暗装。这种配电箱有透明塑料箱门,能很清楚地看清各路断路器跳闸了没有。断路器小巧,保护功能多,应用广泛。

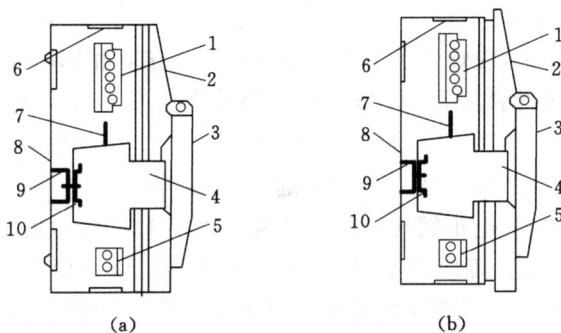

图 3-6　小型照明配电箱结构示意图

(a)XXM305 箱体明装结构示意图;(b)XRM305 箱体暗装结构示意图

1——接零端子;2——塑料面板;3——透明塑料箱门;4——C45N断路器;5——接地螺钉;

6——敲落孔;7——电源导线;8——金属箱体;9——支架;10——C45N暗装导轨

图 3-7 是 XXM305 和 XRM305 小型照明配电箱的安装尺寸,其外形及安装尺寸见表3-9。

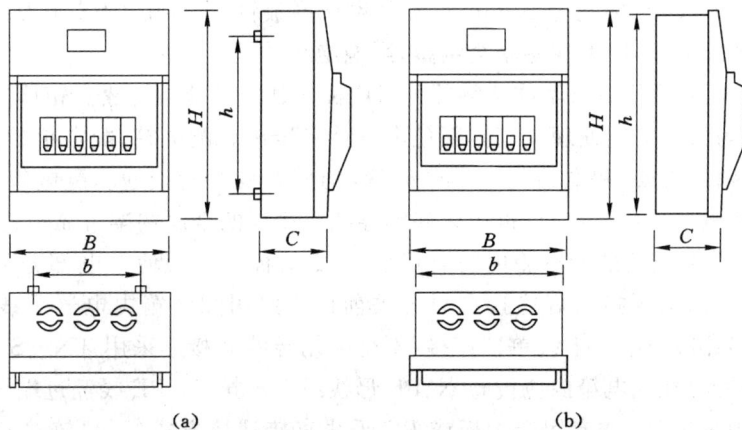

图 3-7　XXM305 和 XRM305 小型照明配电箱安装尺寸

(a)XXM305 外形及安装尺寸;(b)XRM305 外形及安装尺寸

表 3-9　　　　　　　XXM305 和 XRM305 小型照明配电箱的外形及安装尺寸

配电箱型号	B	H	b	h	C
XXM305—□—1	190	240	120	180	106(160)
XXM305—□—2	295	240	228	180	109(160)
XXM305—□—3	405	240	336	180	106(160)
XRM305—□—1	190	240	174	230	106(160)
XRM305—□—2	295	240	282	230	106(160)
XRM305—□—3	405	240	390	230	106(160)

（三）设计与施工注意事项

（1）实际运行管理中,应该避免动力系统与照明系统互相影响,这种影响主要表现为照明负荷与照明回路发生故障的概率较大,三相功率分配不容易平衡;而动力设备在启动时电流较大,电压明显下降。为了便于分开管理,动力系统图和照明系统图通常是分开的,而在一些较小的工程中也可以合在一起。

（2）金属配电箱体、配电柜钢板选用厚度应不小于 1.5 mm,钢板箱门盘面厚度不小于 2.0 mm。配电箱安装高度应便于操作,容易维护。箱体高度小于 600 mm 时箱体下口距地宜为 1.4 m。箱体上口距室内地面不宜大于 2.2 m。除配电间外,配电箱宜暗装。配电柜底部宜高出地面 50 mm。其操作手柄距地宜为 1.2～1.5 m。侧面操作的手柄距墙的距离应不小于 200 mm。

（3）明装配电箱所使用铁件宜先预埋入墙壁内,预埋铁件须做防腐处理。混凝土墙壁处的明装配电箱应采用膨胀螺栓固定。螺栓规格应按照箱体重量和产品技术要求选择,钻孔直径和深度应与螺栓规格相符。

（4）暗装配电箱时配电箱和四周墙壁之间应该没有间隙,箱体后部墙壁如果已经留有通洞,则箱体后墙在安装时需做防开裂处理。通常的做法是采用厚度为 10 mm 的石棉板,铅丝直径为 1 mm,网孔为 10 mm 的铅丝网或网板钉牢,再用 1：2 水泥砂浆抹实。外墙处不应暗装配电箱,因为在冬季会结露,影响绝缘质量。

（5）铁制配电箱外墙与墙体接触部分需刷樟丹油或其他防腐漆。箱体门、内壁、盘面可采用刷漆、烤漆或喷塑处理。箱体颜色由设计者定出。配电箱、配电柜的金属部分,包括电器的安装板(支架)和电器的金属外壳等,均应有良好的接地。配电箱、柜的盖、门、覆板等处装有电器并可开启时,也应以裸铜导线与接地的金属构架可靠地连接。

（6）处于公共场所的配电箱内需有保护板(2 层板,覆板)使带电部分不应裸露。配电箱、配电柜中的电源指示灯应接在总开关前侧。照明配电箱内电器干线宜使用硬母线。出线断路器应与电气干线单独连接,不得采用导线套接。采用 TN—S 系统供电时,PE 线不得断开。在配电箱内应设置 N、PE 母线或端子排,N、PE 线经过端子板配出。住宅建筑户箱内采用 PE 线专用端子板或 PE 干线直接连接方式(不得铰接),并包好绝缘置于层板内侧。

（7）采用 TN—C—S 系统时,N、PE 线在建筑物第一进线柜处分开。电源进线的 PEN 线应先接到 PE 母线上,再用连接板与 N 母线连接。此后配电箱内 PE、N 线按

TN—S 系统设置,即 N 线均应与金属盘面、支架、箱体相绝缘。大型系统过伸缩缝后末端处的 PE 线宜做重复接地。配电箱内端子板排列位置应与熔断器、断路器位置相对应。

(8)配电箱内电气开关下方宜设置标牌,标明出线开关所控制的支路名称或编号,并标明电器规格以利于安装及维修。配电箱内的电源母线应有彩色分相标志,一般按表 3-10 规定布置,特殊情况需与当地供电部门协商。

表 3-10　　　　　　　　　　　配电箱的电源母线色标安装位置

相别	色标	母线安装位置		
		垂直安装	水平安装	引下线
L₁	黄	上	后(内)	左
L₂	绿	中	中	中
L₃	红	下	前(外)	右
N	淡蓝	最下	最外	最右
PE	绿/黄			

三、开关和插座的安装

开关和插座的安装方式有明装、暗装两种,在现代建筑中,随着室内装修标准的提高,多采用暗装方式。

(一)开关的安装

开关的类型很多,有拉线开关、跷板式开关和扳把式开关等。按用途分为一般照明开关、调光开关、调速开关、声光控延时开关、带门铃("请勿打扰"显示)开关、电子(或机械)式插匙取电开关、电铃开关等。

在宾馆饭店中,为了防止旅客在离开客房时忘记关灯和空调等电器设备,采用节电插匙取电开关控制,旅客进入房间,只有将节电钥匙插入节电开关盒,房间内才有电源;只有将节电钥匙从节电开关盒内取出,房间门才可能锁住,从而达到节电的目的。而对于楼梯、走廊、公厕等场所的照明,常出现"长明灯",浪费了大量电能,因此,最好选用短时接通式按钮开关或声光控延时开关节电。

安装在同一建筑物、构筑物内的开关应尽可能选用同一系列产品,开关的通断位置应一致,且操作灵活,接触可靠。开关安装位置应便于操作,各种开关距门框的距离宜为150~200 mm。同室内安装的同类开关安装高度差应不大于 5 mm,成排安装时,开关的高低差应不大于 1 mm。跷板式、扳把式及按钮式开关距地面高度为 1.3 m,拉线开关距地面高度为 2~ 3 m,且拉线出口应垂直向下,其相邻间距应不小于 20 mm。

在现代高层建筑、民用建筑中,普遍采用暗管配线,为此对暗管配线时开关的明、暗安装方法作简单介绍。

在安装时,均应与土建施工配合,按设计要求,在土建砌墙时将线管、开关盒预埋在墙体内(应使线管伸进开关盒内 5 mm,并在连接处加锁母和密封圈,管端加装塑料线管护口,以保证线管与开关盒可靠连接,防止在穿线时损伤导线绝缘层),做到位置准确到位,并使开关盒面伸出砖墙面约 15 mm,盒体埋设平整,不偏斜,盒的四周不应有空隙,在粉刷后即可使盒口面与墙体的粉刷层面相平齐。在墙面喷白或装修后,即可安装明、暗开关。

如为明装开关,则先进行管内穿线,并将导线从圆木台出线孔中引出,将圆木台用螺钉安装在开关盒上,再在圆木台上安装开关,其安装工艺如图 3-8(a)所示。如为暗装开关,则在线管内穿线后,将导线与开关面板上的接线端子连接,再将开关面板固定在开关盒上,如图 3-8(b)所示。对于跷板式、扳把式开关,无论是明装还是暗装,在安装接线时,均应实现开关控制火线,并使开关扳把往上扳时,电路接通,电灯点亮;往下扳时,电路切断,电灯熄灭。

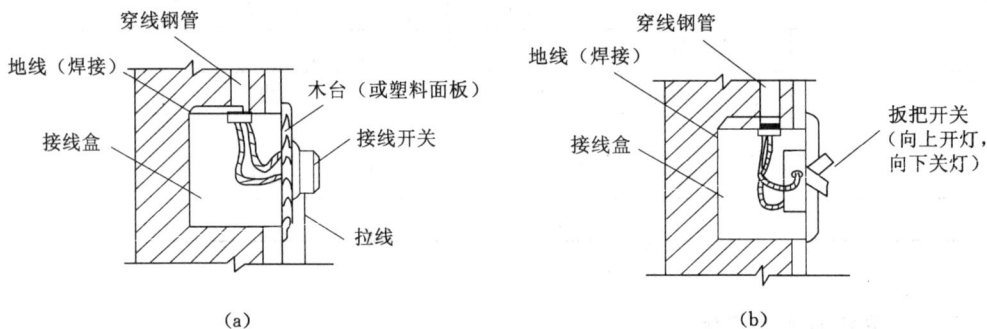

图 3-8 暗配线时开关的安装方法
(a)明装开关;(b)暗装开关

(二)插座的安装

插座的种类很多,有普通插座、组合插座、防爆插座、带开关及指示灯插座、带熔断器插座、地面插座和组合插座箱等。

插座的安装高度应符合工程设计规范要求,一般室内插座距地面不宜小于 1.3 m;托儿所、幼儿园及小学校不宜小于 1.8 m;在实验室、车间、宾馆客房等场所内,插座的安装高度可适当降低,但距地面不得低于 0.3 m;特殊场所内暗装插座安装高度应不小于 0.15 m。单相双孔插座的插座孔水平排列时,右孔接相线,左孔接中线;垂直排列时,上孔接相线,下孔接中线。单相三孔插座的上孔接地(或接零)保护线,右孔接相线,左孔接中线。在插座内接地(或接零)保护端子与中线(零线)端子不得相互跨接,其连接线必须严格分开。三相四孔插座的上孔接地(或接零)保护线,其他三孔的接线应保证在同一场所内,其接线的相序必须一致,一般是右孔接 L_1 相,左孔接 L_2 相,下孔接 L_3 相。在同一场所安装的插座,安装高度应一致,高低差不大于 5 mm。成排安装的插座,高低差不大于 2 mm;并列安装的相同型号插座,高低差不宜大于 1 mm。在地面安装的地面插座应装设保护盖。明、暗插座的安装方法与开关的安装方法相同,故不赘述。

插座和开关的型号表示如下:

面板尺寸
86 mm——86×86×7（安装孔距60 mm）
146 mm——146×86×7（安装孔距121 mm）
172 mm——172×86×7（安装孔距146 mm）
75 mm——125×75×7（安装孔距96 mm）
B——装饰系列
P——弧形面板系列

类型
K——开关
Z——插座
T——插头
ZD——电话出线座
ZM——明装插座
ZW——万能插座
KL——电铃开关
ZX——刮须插座
H——钢质接线盒
B——调整板
Y——圆形
HS——阻燃塑料接线盒
HM——明装（阻燃塑料）接线盒

安装
Ⅰ——平式
Ⅱ——立式
"B"——英国BS标准
额定电流（A）
特征
D——带指示灯
T——扁圆两用
R——带熔丝管
K——带开关
F——防溅
G——带锁定装置
——普通型
A——安全型
极数
1——单控
2——双控或两极
3——三极
4——三相四极
23——二极加三极
联数
1——单联
2——双联
3——三联
4——四联
6——六联

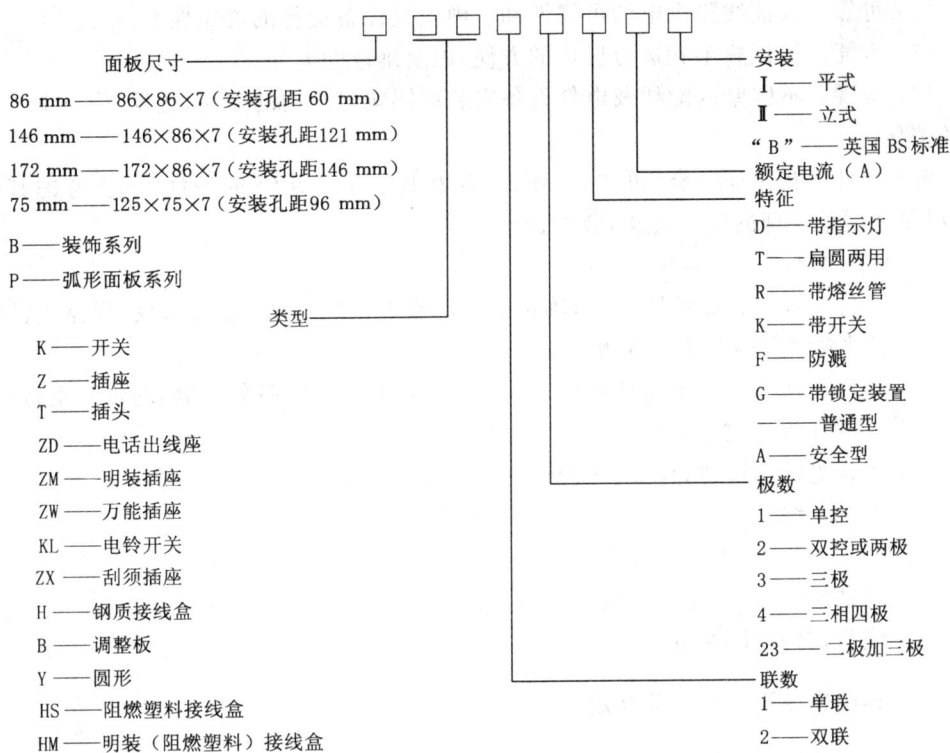

项目三　室内配电线路

了解室内线路配线方式及其施工工艺是帮助我们读懂图纸并实现读图目的的基础之一。只有比较熟悉施工工艺及要求，才能做出合理的施工方案和工程预算。

一、线路敷设方式、基本要求及施工工序

（一）室内配线方式

室内配线按其敷设方式可分为明敷设和暗敷设两种。所谓明敷设，就是将绝缘导线直接或穿于管子、线槽等保护体内，敷设于墙壁、顶棚的表面及桁架、支架等处；所谓暗敷设，就是将导线穿于管子、线槽等保护体内，敷设于墙壁、顶棚、地坪及楼板等内部或在混凝土板孔内敷设等。

常用的配线方法有瓷瓶配线、线槽配线、管子配线、塑料护套线配线、钢索配线、电缆桥架、封闭式母线等。

（二）室内配线基本要求

尽管室内配线方法较多，而且不同配线方法的技术要求也各不相同，但都要符合室内配线共同的基本要求，也可以说是室内配线应遵循的基本原则，即：

（1）安全。室内配线及电气设备必须保证安全运行。

（2）可靠。保证线路供电的可靠性和室内电气设备运行的可靠性。

（3）方便。保证施工和运行操作的方便，以及维修的方便。

（4）美观。不因室内配线及电气设备安装而影响建筑物的美观，相反，应有助于建筑物的美化。

（5）经济。在保证安全、可靠、方便、美观和具有发展可能的条件下，应考虑其经济性，尽量选用最合理的施工方法，节约资金。

（三）室内配线施工工序

（1）定位画线。根据施工图纸，确定电器的安装位置、线路敷设途径、线路支持件位置、导线穿过墙壁及楼板的位置等。

（2）预埋支持件。在土建抹灰前，在线路所有固定点处，打好孔洞，埋设好支持构件。此项工作应尽量在土建施工时完成。

（3）装设绝缘支持物、线夹、保护管。

（4）敷设导线。

（5）安装灯具、开关及电气设备。

（6）测试导线绝缘，连接导线。

（7）校验，自检，试通电。

二、导线连接要点及有关规定

（1）导线接续的原则：导线的接续不应该降低导线的机械强度，不应增大导线的电阻和不应降低导线的耐压水平，为此导线的连接要保证一定的机械强度，金属导线拧紧以后再用绝缘胶布缠紧，以保证绝缘良好。

（2）铜芯导线也可采用缠绕和刷锡方法连接。单股铝线宜采用绝缘螺旋接线钮连接，禁止使用熔焊连接；导线在箱、盒内的连接宜采用压接法。多股铝芯及导线截面积超过 2.5 mm^2 的多股铜芯导线，应压紧端子后再与电气器具的端子连接，如图 3-9 所示。设备自带插接式端子除外。单股铜（铝）芯及导线截面积为 2.5 mm^2 及以下的多股铜芯导线可直接连接，但多股铜芯导线的线芯应先拧紧、刷锡后再连接。铜芯导线及铜接线端子刷锡时，不要使用酸性焊剂。

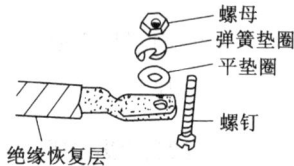

图 3-9 终端接线端子

（3）铝导线与铜导线接头可采用下述方法：

① 2.5 mm^2 单股铝线与多股铜芯软线接头，铜软线涮锡缠绕在铝线上，缠 5 圈后将铝线弯曲 180°，用钳子夹紧，如图 3-10 所示。或者将软铜导线涮锡后，采用瓷接头压接。

图 3-10 多股软铜线与单股铝导线连接

② 铜、铝导线相连接应有可靠的过渡措施。可使用铜铝过渡端子、铜铝过渡套管、铜铝过渡线夹等连接。铜铝端子相连接时，应将铜接线端子做刷锡处理。2.5 mm^2 铝线与 2.5 mm^2 铜线连接时，可采用端子板压接，或者将铜线刷锡缠绕相连，也可采用螺旋压接帽压接。

③ 多股铝导线与多股铜导线连接时，可先将铜线刷锡然后用铜（铝）套管连接，如

图 3-11 所示。使用压接法连接导线时,接线端子铜铝套管、压模的规格应与线芯截面相符合。

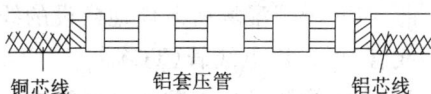

图 3-11　多股铝、铜导线压接

④ 多股铝线接至电气设备时,均采用铜铝过渡端子压接。如确无铜铝过渡端子,可暂用铝接线端子代替,但与电气设备接触处要垫一层锡箔纸,以减少电化腐蚀作用,而且压接螺栓必须加弹簧垫。不允许将多股铝线自身缠圈压接。

导线对接或导线与设备连接好后,应用双臂电桥测定连接点的接触电阻。接触电阻应不大于该段导线本身的电阻值。

(4) 配线工程施工有关规定:

① 埋入墙体或混凝土内的管线,离表面层的净距应不小于 15 mm;塑料电线管在砖墙内剔槽敷设时,必须用强度等级不小于 M10 水泥砂浆抹面保护,其厚度应不小于 15 mm。

② 配线工程中使用的金属辅件、配线管材及金属构架等,均应做防腐处理,其方法除设计另有要求外,均应镀锌或刷樟丹油漆一道,明敷设部分还应刷灰色油漆两道。

③ 埋入土层和有防腐蚀性垫层(如焦渣层)内的铜管应用水泥砂浆全面保护。

④ 埋入砖墙内的钢管无防腐层或防腐层脱落处,均应刷樟丹油漆一道。

⑤ 线路在通过建筑物伸缩缝、沉降缝处时,应有补偿装置。

⑥ 管路敷设宜沿最短路线,并应减少弯曲和重叠交叉。

⑦ 进入灯头盒、开关盒的线管数量不宜超过 4 根,否则应选用大型盒。

⑧ 暗装灯头盒、开关盒及接线盒的备用敲落孔一律不得敲落;当暗装在具有易燃结构部位及易燃装饰材料附近时,应对其周围的易燃物做好防火隔热处理。中间接线盒和分线盒均应加盖封闭,盖板应涂刷与该墙面或顶棚相似颜色的油漆两道。

⑨ 配线工程的支持件宜采用预埋螺栓、胀管螺栓、胀管螺钉、预埋铁件焊接等方法固定,严禁采用木塞法。使用胀管螺栓、胀管螺钉固定时,钻孔规格应与胀管相配套。

⑩ 各种金属构件的安装螺孔不得采用电气焊割孔。

⑪ 电气线路中的金属管、金属线槽、金属箱(盒)及支架等在正常情况下,不应带电的外露可导电部分,均应连接成不断的导体并接地。

⑫ 穿金属管的交流线路为了避免涡流效应,应将同一回路的所有相线及中性线穿于同一根线管内。

⑬ 不同回路的线路不应穿于同一根管内,但下列情况除外:

a. 电压为 50 V 及以下。

b. 同一设备或同一联动系统设备的电力回路和无防干扰要求的控制回路。

c. 同一照明灯具的几个回路。

d. 同类照明的几个回路,但管内导线根数应不多于 8 根。住宅内的家用电器供电插座与照明线路可视为同类。

⑭ 在同一根线管或线槽内有几个回路时,其绝缘导线和电缆都有与最高电压回路绝缘相同的绝缘等级。

⑮ 明配管使用的附件,如灯头盒、开关盒、接线盒等应使用明装式。

⑯ 明配于潮湿场所或埋地敷设的线管,应采用焊接钢管(SC);明配或暗配于干燥场所的线管,可采用电线管(TC)。

⑰ 明配管及吊顶内敷设的线管在进入箱、盒时,其内外侧应装有锁母固定。

⑱ 吊顶内敷设的线管、线槽应有单独的吊挂或支撑,但直径在 20 mm 及以下的钢管、直径在 25 mm 及以下的电线管,可利用吊顶的顶杆或主龙骨敷设。

⑲ 吊顶内严禁采用瓷(塑料)线夹、鼓形绝缘子及针式绝缘子布线。

⑳ 布线用塑料电线管(硬质塑料电线管、半硬质塑料电线管、塑料波纹电线管)、塑料线槽及附件等非金属制品,应用阻燃型材料制成,其氧指数应不小于 27%;使用在吊顶内的硬质电线管,其氧指数应不小于 30%。

㉑ 半硬质塑料电线管、塑料波纹电线管不得在吊顶内及木龙骨、轻钢龙骨等轻质壁板内敷设;在活吊顶内的接线盒与电气设备接线盒之间,可采用塑料波纹电线管,但其长度不得超过 1 m。

㉒ 线路中绝缘导体或裸导体的颜色标记如下:

a. 交流三相线路:L_1 相为黄色,L_2 相为绿色,L_3 相为红色,中性线为淡蓝色,保护线为绿/黄双色。

b. 直流线路:正极为棕色,负极为蓝色,接地中线为淡蓝色。

c. 绿/黄双色线只用以标记保护导体不能用于其他目的。淡蓝色只用于中性线或中间线,线路中包括用颜色来识别的中性线或中间线时,所用的颜色必须是淡蓝色。

d. 颜色标志可用规定的颜色或用绝缘导体的绝缘颜色标记在导体的全部长度上,也可标记在易识别的位置上,如端部或可接触到的部位。

关于"绝缘导体和裸导体的颜色标记",GB 7947—1997《绝缘导体和裸导体颜色标志》中规定绿/黄色用于保护线,淡蓝色用于中性线和中间线;GBJ 149—1990《电气装置安装工程母线装置施工及验收规范》第 2.1.10 条中规定交流中性汇流母线,不接地者为紫色,接地者为紫色带黑色条纹。

三、瓷瓶配线

瓷瓶配线就是利用瓷瓶支持导线的一种配线方法。只适用于室内、外的明配线。目前,这种配线方法仍用于一些工业厂房的低压电力线路的干线配线。

瓷瓶配线所使用的瓷瓶属于低压线路瓷瓶,其种类有:鼓形瓷瓶(瓷柱、瓷珠)、针式瓷瓶和蝶式瓷瓶。鼓形瓷瓶适用导线截面较小,多用于照明线路。针式瓷瓶和蝶式瓷瓶多用于动力、照明干线,可沿墙、沿柱、沿梁、跨梁等敷设。在线路中,瓷瓶多安装在角钢支架上,所以角钢支架的制作和安装是瓷瓶配线工程的重要组成部分。支架的形式随建筑结构的不同而有所不同,如图 3-12 至图 3-14 所示。

施工时应注意在导线转弯、分支,以及进入设备和器具处,装设瓷柱或瓷瓶等支持件固定,其与导线转变的中心点、分支点、设备和器具边缘的距离宜为 60～100 mm。导线沿室内墙面或顶棚敷设时,固定点之间的最大距离应符合表 3-11 的规定;当导线跨屋架或跨柱敷设时,支持件固定点依屋架间距或柱距来定。导线间的距离随固定点间的不同而有所不同,一般应符合表 3-12 之规定。

30×30×4角钢 M6螺栓

(a)　　　　　　　　　　(b)

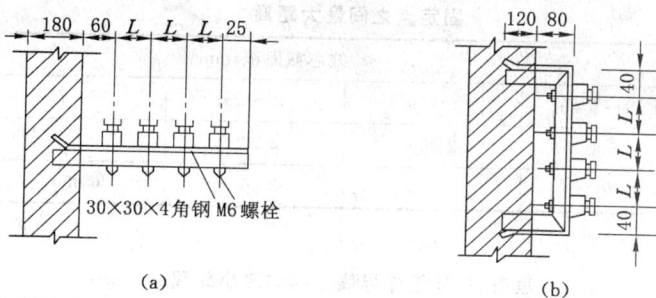

图 3-12　瓷瓶配线支架在墙上安装

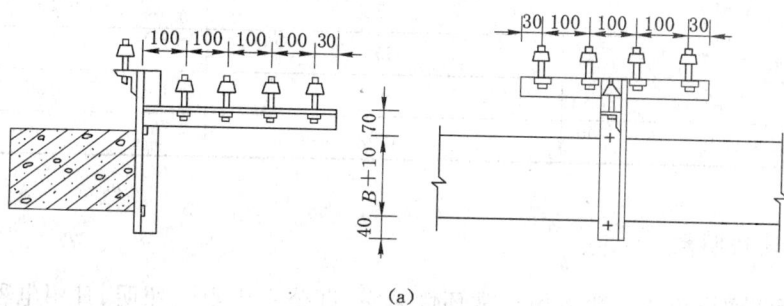

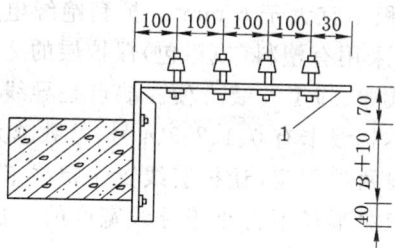

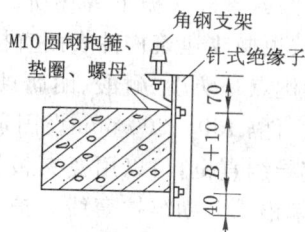

(a)

(b)　　　　　　　　　　(c)

角钢支架

M10圆钢抱箍、垫圈、螺母

针式绝缘子

图 3-13　瓷瓶配线支架在屋架下弦安装

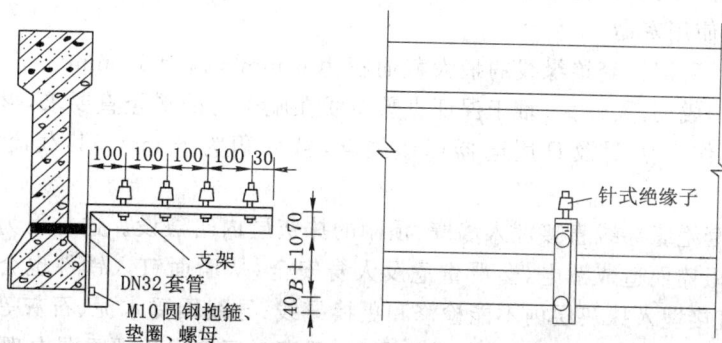

支架

DN32套管

M10圆钢抱箍、垫圈、螺母

针式绝缘子

图 3-14　瓷瓶配线支架在屋面梁上安装

表 3-11	固定点之间最大距离				单位:mm
配线方式	线芯截面积/mm²				
	1~4	6~10	16~25	35~70	95~120
瓷柱配线	1 500	2 000	3 000		
瓷瓶配线	2 000	2 500	3 000	6 000	6 000

表 3-12	室内、室外绝缘导线之间的最小距离	
固定点间距/m	导线最小间距/mm	
	室内配线	室外配线
1.5 及以下	35	100
1.5~3.0	50	100
30~6.0	70	100
6.0 以上	100	150

四、护套线明敷

用护套线敷设布线一般适用正常环境居室、办公室内电气照明、日用电器插座线路的明敷布线线路或室外挑檐下等场所。其截面积不宜大于 6 mm²。护套绝缘电线应采用线卡沿墙壁、顶棚或建筑构件表面直接敷设。采用有塑料(或铅包)保护层的 2 芯或多芯绝缘线。其优点是防潮、耐酸、耐腐蚀、造价低廉、施工安装方便。缺点是导线截面积比较小。要求每隔 150~300 mm 设固定铝线卡,铝线卡有 0、1、2、3、4 号,号数越大越长。安装时为了使导线直挺,可以用瓷夹板把护套线两端固定,让护套线置于铝线卡上钉孔位置,最后收紧铝线卡勒牢护套线。护套线的弯曲半径不得小于导线宽度的 6 倍,在曲线两端要有铝线卡固定。

导线垂直敷设至地面低于 1.8 m 部分应穿管保护。护套绝缘电线与接地导体及不发热的管道紧贴交叉时,应加绝缘管保护,敷设在易受机械损伤的场所应用钢管保护。目前在工程中所采用的护套绝缘导线,多为塑料护套绝缘线,塑料护套线在室外露天敷设易老化,影响使用寿命。

对直敷布线所用护套绝缘线的最大截面积为 6 mm²,因为 10 mm² 护套绝缘导线的线芯由多股线构成,其柔性大,难于保证直敷布线在施工时的平竖直要求,影响工程质量和美观。况且,作为照明及日用电器插座线路,截面积为 6 mm²,其载流能力一般已足够。

不得将护套绝缘导线直接埋入墙壁、顶棚的抹灰层内暗敷设。这是因为若护套线质量不佳或施工粗糙而造成漏电,会严重危及人身安全;从墙面钉入铁件也会损坏导线引起事故;导线直接埋入抹灰层内不能检修和更换导线;导线因受水泥、石灰等碱性物质的腐蚀,而加速老化,严重时会使绝缘层产生龟裂,受潮时可能发生严重漏电现象。

五、管子配线

把绝缘导线穿入保护管内敷设,称为管子配线。这种配线方法安全、可靠,可避免腐蚀性气体的侵蚀和遭受机械损伤,更换导线方便。因此,此种配线方法是目前采用最广泛的一种。管子配线工程施工的内容可分为两大部分,即配管(管子敷设)和穿线。

配管分为明配管和暗配管。所谓明配管就是把管子敷设于墙壁、桁架、柱子等建筑结构的表面,要求横平竖直,整齐美观,固定牢靠。暗配管就是把管子敷设于墙壁、地坪、楼板等内部,要求管路短,弯头少,不外露。

(一)管子加工

配管之前首先按照施工图纸要求选择好管子,再根据现场实际情况进行必要的加工。

(1)除锈涂刷防腐漆。若使用黑铁管,则要对管子内、外壁除锈,刷防腐漆。

(2)切割套丝。套管时要根据实际需要长度,将管子切割、套丝,以便连接。

管子的切割通常使用钢锯、管子割刀或电动切割机,严禁使用气割,切割的管口应光滑。

管子与管子的连接,管子与配电箱、接线盒的连接都需要在管子端部套螺纹。套螺纹方法多采用管子绞板(图3-15)或电动套丝机。不管采用何种方法,套螺纹完毕,都应随即清扫管口,将管口端面和内壁的毛刺用锉刀锉光,使管口保持光滑,以免穿线时割破导线绝缘。

(3)管子弯曲。管线改变方向是不可避免的,所以管子的弯曲是不可少的。钢管的弯曲方法多使用弯管器或电动弯管机。PVC管的弯曲可先将弯管专用弹簧插入管子的弯曲部分,然后进行弯曲,其目的是避免将管子弯扁。

图3-15　管子绞板套丝示意

管子弯曲半径的大小直接影响穿线的难易程度,因此,在弯曲管子时,必须保证弯曲半径符合规范规定,即明配管不宜小于管外径的6倍,当两个接线盒间只有一个弯曲时,其弯曲半径不小于管外径的4倍;暗配管应不小于管外径的6倍,当敷设于地下或混凝土内时,则应不小于管外径的10倍;配管应不小于管外径的6倍,当敷设于地下或混凝土内时,则应不小于管外径的10倍。

(二)管子的连接

1.钢管的连接

当钢管采用螺纹连接时(管接头连接),其管端螺纹长度应不小于管接头长度的1/2;连接后,其螺纹宜外露2～3扣。为保证管接口的严密性,管端螺纹部分缠以聚四氟乙烯塑料带,用管钳子拧紧。当钢管采用套管连接时,套管长度宜为所连接钢管外径的1.5～3倍。管与管的对口处应位于套管的中心。套管采用焊接连接时,焊缝应牢固严密;采用紧定螺钉连接时,螺钉应拧紧;在振动场所,紧定螺钉应有防松动措施。镀锌钢管和薄壁钢管应采用螺纹连接或套管紧定螺钉连接,不应采用熔焊连接,禁止采用对头焊接。

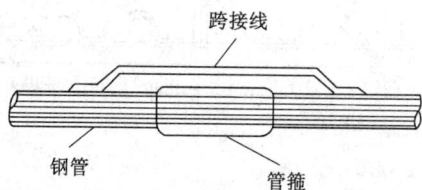

为保证钢管有良好的接地,当黑色钢管采用管接头连接时,连接处的两端应焊接跨接接地线,如图3-16所示。跨接接地线的选择,见

图3-16　钢管连接处跨接地线示意图

表 3-13。或采用专用接地线卡跨接。镀锌钢管或可挠金属电线保护管的跨接地线宜采用专用接地线卡跨接,不应采用熔焊连接。

表 3-13 钢跨接线选择表

钢管公称直径/mm		跨接线	
电线管	钢管	圆钢/mm	扁钢/mm×mm
≤32	≤25	$\phi6$	
40	32	$\phi8$	
50	40~50	$\phi10$	25×4
70~80	70~80		

2. 钢管与盒(箱)的连接

暗配的黑色钢管与盒(箱)连接可采用焊接连接,管口宜高出盒(箱)内壁 3~5 mm,且焊后应补涂防腐漆;明配钢管或暗配的镀锌钢管与盒(箱)连接应采用锁紧螺母或护圈帽固定,用锁紧螺母固定的管端螺纹宜外露锁紧螺母 2~3 扣。

3. 可挠金属管的连接

可挠金属管的互接,应使用带有螺纹的直接头进行。

4. 塑料管之间及塑料管与盒(箱)等器件的连接

应采用插入法,连接处结合面应涂专用胶合剂,插入深度宜为管外径的 1.1~1.8 倍。管与管之间也可采用套接,套管长度宜为管外径的 1.5~3 倍,也应涂专用胶合剂。

(三)管子敷设

管子明敷设多数是沿墙、柱及各种构架的表面用管卡固定,其安装固定可用塑料膨胀管、膨胀螺栓或角钢支架(见图 3-17)。固定点与终端、围弯中心、电器或接线盒边缘的距离宜为 150~500 mm;其中间固定点间距离依管径大小决定,应符合表 3-14 和表 3-15 的规定。

暗配管敷设的关键是保证埋入建筑物、构筑物内的电线保护管与建筑物、构筑物表面的距离不小于 15 mm。进入落地式配电箱的管子应排列整齐,管口宜高出配电箱基础面 50~80 mm。埋于地坪下的路不宜穿过设备基础,在穿过建筑物基础时,应加保护套管保护。配至用电设备的管子,管口应高出地坪 200 mm 以上。

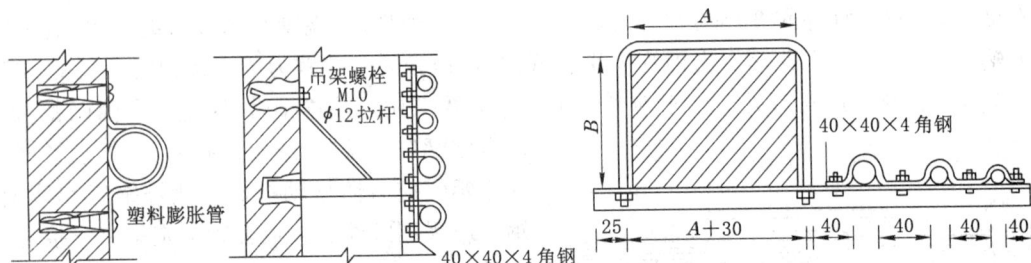

图 3-17 明配管固定方法

表 3-14   **钢管管卡间最大距离**   单位:mm

敷设方式	最大间距 管径 钢管类别	15～20	25～32	40～50	65 以上
吊架、支架 或沿墙敷设	厚壁钢管	15 000	2 000	2 500	3 500
	薄壁钢管	1 000	1 500	2 000	

表 3-15   **硬塑料管管卡间最大距离**   单位:mm

敷设方式	管内径/mm		
	20 及以下	25～40	50 及以上
支架、吊架或沿墙敷设	1 000	1 500	2 000

配管时应注意根据管路的长度、弯头的多少等实际情况在管路中间适当设置接线盒或拉线盒。其设置原则为:

(1) 安装电器的部位应设置接线盒。

(2) 线路分支处或导线规格改变处应设置接线盒。

(3) 水平敷设管路遇下列情况之一时,中间应增设接线盒或拉线盒,且接线盒或拉线盒的位置应便于穿线:

① 管子长度每超过 30 m,无弯曲。

② 管子长度每超过 20 m,有 1 个弯曲。

③ 管子长度每超过 15 m,有 2 个弯曲。

④ 管子长度每超过 8 m,有 3 个弯曲。

(4) 垂直敷设的管路遇下列情况之一时,应增设固定导线用的拉线盒:

① 导线截面积为 50 mm² 及以下,长度每超过 30 m。

② 导线截面积为 70～95 mm²,长度每超过 20 m。

③ 导线截面积为 120～240 mm²,长度每超过 18 m。

六、塑料线槽配线

塑料线槽配线一般适用于正常环境室内场所的配线,也用于预制墙板结构及无法暗配线的工程。塑料线槽由槽、槽盖及附件组成,由难燃型硬质聚氯乙烯工程塑料挤压成型,产品具有多种规格,外形美观,可起到对建筑物装饰的作用。其配线示意图如图 3-18 所示。

塑料线槽敷设时,宜沿建筑物顶棚与墙壁交角处的墙上及墙角和踢脚板上口线上敷设。槽底的固定方法基本与金属线槽相同,其固定点的间距应根据线槽规格而定,一般线槽宽度为 20～40 mm,固定点最大间距为 0.8 m;线槽宽度为 60 mm,固定点最大间距为 1.0 m;线槽宽度为 80～120 mm,固定点最大间距为 0.8 m。端部固定点距槽底端点应不小于 50 mm。

槽底的转角、分支等均应使用与槽底相配的弯头、三通、分线盒等标准附件。线槽的槽盖及附件一般为卡装式,将槽盖及附件平行放置对准槽底,用手一按,槽盖及附件就可

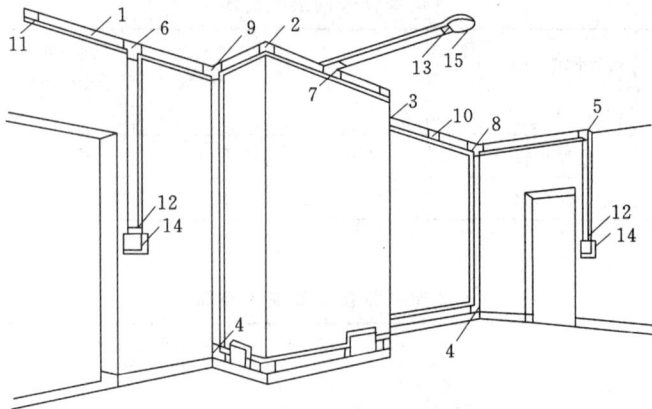

图 3-18　塑料线槽配线示意图

1——直线线槽;2——阳角;3——阴角;4——直转角;5——平转角;6——平三通;7——顶三通;
8——左三通;9——右三通;10-——连接头;11——终端头;12——开关盒插口;
13——灯位盒插口;14——开关盒及盖板;15——灯位盒及盖板

卡入到槽底的凹槽中。槽盖与各种附件相对接近,接缝处应严密平整,无缝隙,无扭曲和翘角变形现象。

电线、电缆在线槽内不得有分接头,分支接头应在接线盒内进行。塑料线槽敷设时,槽底固定点间距应根据线槽规格而定,一般不大于表 3-16 中所列数值。

表 3-16　　　　胀线槽内允许容纳的导线根数及电缆数量表

导线型号及规格	BV500 V 绝缘导线,单支导线规格/mm²						通信及弱电线路导线及电缆		
							RVB 软线	RYV 软线	SYU 同轴电缆
线槽型号及规格	1	1.5	2.5	4	6	10	2×2.2	75—5	75—9
	线槽内允许容纳的导线根数/根						线槽内允许容纳的导线根数及电缆数量		
							RVB 软线	RYV 软线	SYU 同轴电缆
GXCA—2 型 50 系列	60	35	25	20	15	9	40 对	—(25)	—(15)
GXCA—2 型 70 系列	30	75	60	45	35	20	80 对	—(60)	—(30)

项目四　母线槽与电缆桥架

近年来,在现代高层建筑、体育场馆和工业厂房中,采用封闭式母线槽(简称母线槽)或电缆桥架布线方式作低压配电干线十分普通。

一、封闭式母线槽

一般的母线槽配电系统安装如图 3-19 所示,它作为连接电力变压器和低压配电屏的线路,也可作为低压配电引出的配电干线线路,并可通过在母线槽上的插接孔安装插接式开关箱,很方便地引出电源支路。由此可见,母线槽具有体积小、结构紧凑、传输电流大(额定工作电流为250～3 150 A 等10种规格)、绝缘强度高、防潮性能好、使用寿命长、配电安全维护简便和外形美观等特点。

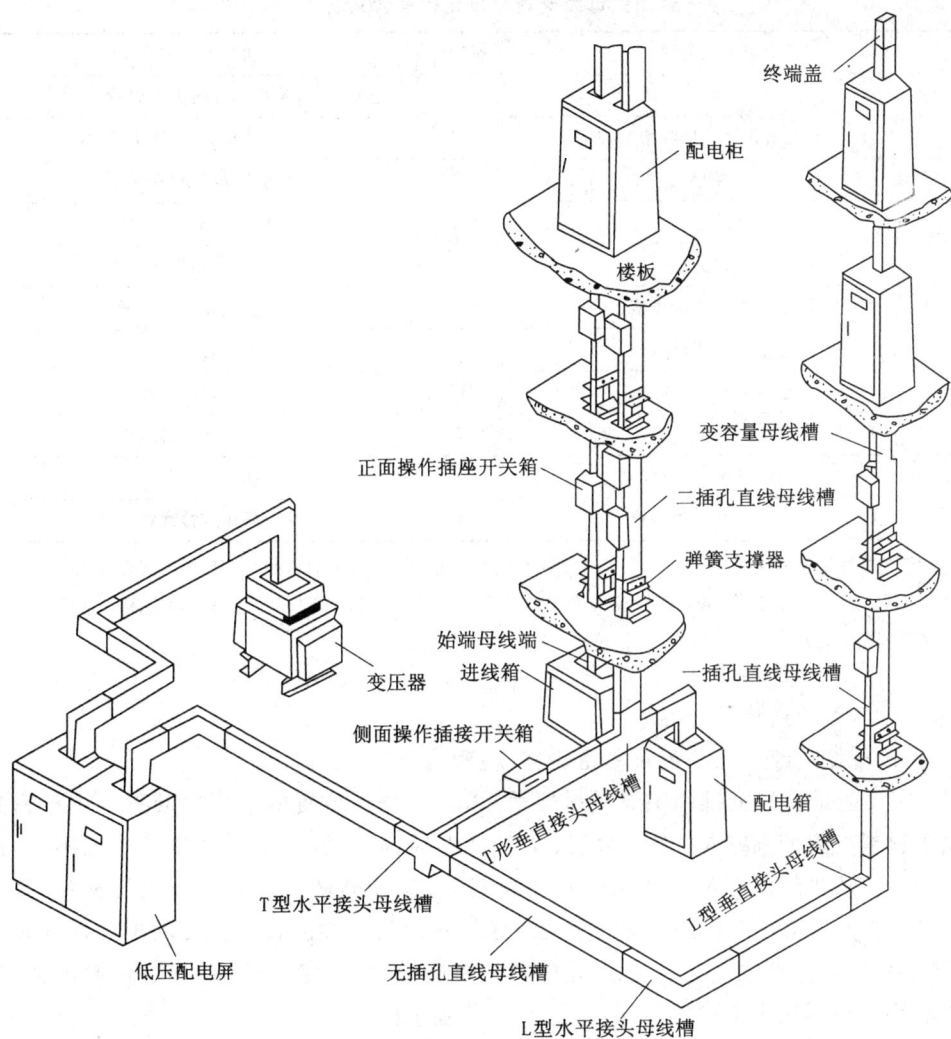

图 3-19　封闭式母线槽配电系统安装示意图

母线槽可分为交流三相三线制、三相四线制和三相五线制等三种类型,额定电压为400 V,额定电流为250～3 150 A,其产品型号表示格式及含义为:

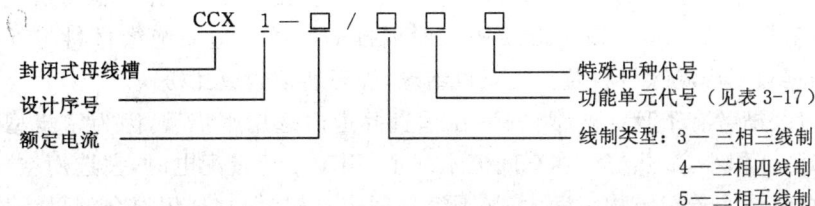

例如,CCX1—800/4A 表示三相四线制,无插接孔直母线槽,额定电流为 800 A。在安装母线槽之前,应先对母线槽进行外观检查,尤其是接头搭接面的质量应满足要求,以

免由于接触电阻增大而使接头严重发热。

表 3-17　　　　　　　　　　　封闭式母线槽功能单元代号含义表

代号	功能单元名称	代号	功能单元名称
A	无插孔直线母线槽	M	X 型垂直接头母线槽
B	无插孔终端母线槽	N	变向节母线槽(双大头)
C	进线箱	D	变向节母线槽(双小头)
D	终端盒	Q	Z 型水平接头母线槽
E	L 型水平接头母线槽	R	Z 型垂直接头母线槽
F	L 型垂直接头母线槽	S	一插孔直线母线槽
G	T 型水平接头母线槽	T	二插孔直线母线槽
H	T 型垂直接头母线槽	U	三插孔直线母线槽
J	膨胀节母线槽	W	一插孔终端母线槽
K	变容量(变截面)母线槽	X	插接式开关箱
L	X 型水平接头母线槽	Y	插接式接线箱

注:插接式开关箱型号为 CCX1—□/□X,正面操作,CCX1—□/□XA 侧面操作,箱内均有断路器,DZ10 或 DZ20;CCX1—□/□XB 正面操作,箱内有限流型断路器;CCX1—□/□XC、CCX1—□/□XD 均为多回路箱,分别装有多个断路器和多个熔断器。

（一）封闭式母线槽的分类

1. 母线槽按绝缘方式分为密集型、空气型和混合型

（1）密集型是将裸铜排用绝缘材料覆盖后,紧贴壳体放置的输配电装置。国产密集型母线槽材料有聚四氟乙烯、聚酯薄膜、交联聚乙烯、硅橡胶。不同材料的性能不同,价格也有差别。从工作温度考虑选用绝缘材料时,可选用硅橡胶或树脂类阻燃材料,其工作温度可达 250 ℃,交联聚乙烯或聚酯类绝缘材料的耐压性能较好。交联聚乙烯伸长率高,聚酯材料的抗拉伸强度高。绝缘材料的包缠层数过少,绝缘性能不佳;包缠层数多,不利于散热。国标规定不少于 2 层,一般制造厂包 4 层。

（2）空气型是将裸铜排用绝缘衬垫支撑在壳体内,靠空气介质绝缘的输配电装置。该类产品必须保证电气间隙,体积要大一些。空气型选型时要了解制造厂制造绝缘衬垫的材料。衬垫的材料应具有吸湿性低、压缩强度和冲击强度高、尺寸偏差小、无破损开裂现象等。

（3）混合型是将裸铜排用绝缘材料覆盖并用绝缘衬垫支撑在外壳内,利用空气介质绝缘的同时,也依靠绝缘衬垫。该类母线槽一般铜排的两条窄边靠绝缘材料与外壳绝缘,铜排的两条宽边则用绝缘材料与空气双重绝缘,外壳通常做成瓦楞铁。

上述三种母线槽各有千秋。通常,安装在垂直井道内选用密集型,因为密集型母线槽防烟囱效果好,体积小,散热好。在车间流水线上,用于小容量配电时,宜选用空气型,因为其配线出口方便。若建筑物跨度大,又不容易固定支架时,宜选用混合型母线槽,因为其外壳为瓦楞铁,支架间距可达 6 m。另外,还有一种分置式母线槽,它采用紫铜管作导电体。因为紫铜管分布在各个独立的塑料通道内,安装方便,不必提供精确长度即可

订货。其绝缘、防潮性能优良,价格也不算贵。

按耐火性能分类有普通型和耐火型两种。

普通型母线槽不具备耐火性能,聚四氟乙烯、聚酯薄膜、交联聚乙烯都不能用于耐火型母线槽中。耐火型电缆至少要求在 85 ℃火中工作 1 h 以上。衡量耐火型母线槽是否具有耐火性能,主要是检查插接处和分线口处的绝缘材料是否具有耐火性能。绝缘材料应选用不会炭化的材料。

按外壳防护等级分为户内型、耐风雨型和户外型三种。根据相关规定,户内型母线槽的外壳防护等级为 IP40;耐风雨型为 IP54,能够防尘和防降水;户外型为 IP55。

按线制分类有三线制、四线制和五线制。三线制用于小容量单相配电,四线制用于三相照明配电或三相动力配电。四线制母线槽照明和动力不能混用,因为第四根线在照明系统中作为 N 线,动力中作 PE 线。五线制允许小容量动力和照明配电混用,但大容量动力设备应单独敷设,以免动力设备启动时影响电压。

采用四线制母线再单独敷设一根 PE 线比采用五线制母线槽要好。这是由于 PE 线外露,容易检查和保养。PE 线连接可采用螺栓连接,比母线槽插接更可靠,价格也便宜。

2. 母线槽按结构形式分为馈电母线槽、插接式母线槽、照明母线槽和滑接式母线槽

(1)馈电母线槽:用以传偷大容量的电力。有很低的平衡线路电抗以控制用电设备上的电压。馈电母线槽通常用在电源(例如配电变压器或进户线)和用户受电设备之间。民用建筑可使用馈电母线槽从受电设备直接向大负荷供电,并向额定电流较小的馈电式和插接式母线槽供电,然后通过电力分接器或插接装置向负荷供电。用于交流 600 V 的母线槽的额定电流在 600~5 000 A 的范围内。馈电母线有单相的和三相的,其中性线的容量为相线的 50% 和 100%。所有规格和各种型号的母线槽都可带一根接地母线。

馈电式母线槽分为户内型和户外型。在可能受水或其他液体影响的地方,应将母线槽安装在户内。户外型必须设计成能排水的,任何形式的母线槽都不能泡在水中。

(2)插接式母线槽:在高层建筑中使用插接式母线槽作为向用电设备供电的架空配电系统。插接式母线槽的作用,如同一块延长了的开关板或配电屏,备有带盖的插接孔,连续穿过所供电的区域,接近负荷处的母线槽都有插接装置。由于采用挠性母线引下软电缆,因而方便了连接插接式支线和重新布置生产线,可以最短的时间从母线槽上拆下插头以及母线引下电缆,并随负荷变化情况重新安装。

插接装置包括熔断开关、断路器、静电电压保护器、接地指示器、综合启动器、照明接触器和电容器插头。大多数插接式母线槽是全封闭的,额定电流从 100 A 到 4 000 A。通常同一制造厂制造的超过 600 A 的插接式和馈电母线槽段有配合连接的接头,因此,在线路上是可以互换的。当需要分接头的时候,插接式母线槽可以插入馈电母线槽内。插接式分支接头的最大额定电流一般限制到 800 A。

(3)照明金属母线槽:其额定电流最大为 60 A,对地电压为 300 V。用两根、三根或四根导线。可以用在使用荧光灯和高强度放电灯照明特殊设计。

照明母线槽向照明灯具供电,并用作灯具的机械支撑。可采用加强杆作为辅助支撑装置,加强杆的最大支撑间距为 4 m。可将荧光灯灯具吊挂在母线槽上,也可以订购带插头及挂钩的灯具,直接把灯具安装在母线槽上。还可以把母线槽隐蔽在吊顶内或者安装在吊顶的表面。照明母线槽也用于轻工业的动力用电敷设。如图 3-20 所示。

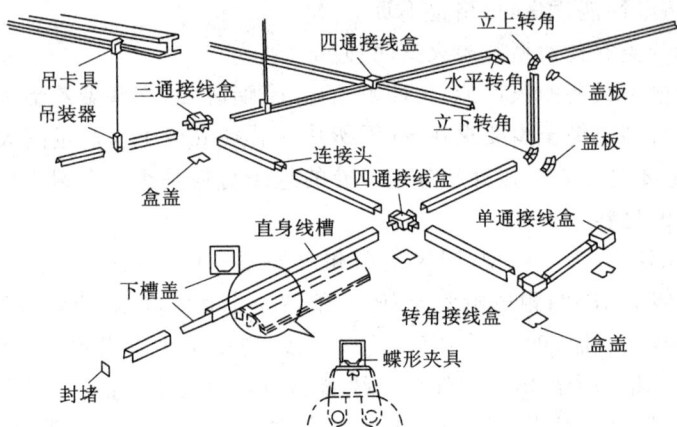

图 3-20 金属线槽吊装安装图

（4）滑接式母线槽：它是用来安放固定的或移动的分支装置。用在活动的生产线上，向随生产线移动的电动机或手提式工具供应电力，或者用于操作人员在 5 m 范围内来回移动以完成特定操作的部位。

上述四种形式的母线槽，连同全部配件和附件，形成一个统一的、全部封闭的母线系统：低阻抗输电用的馈电母线槽；连接方便或便于重新布置负荷用的插接式母线槽；支承荧光灯、高强度气体放电气灯、白炽灯，并为其供电的照明母线槽；为电气提升机、起重机、手提工具等"分接"移动电源用的滑接式母线槽。

（二）封闭式母线槽的安装

母线槽的安装，应在所安装部位的建筑装饰工程与地下室暖通风管道安装基本结束后进行。在熟悉图纸的前提下，首先要选用全程的母线槽。在选择母线槽时，各种母线槽单元应尽量选用标准长度；穿墙孔洞母线槽的最小长度应为墙体厚度再加上 500 mm；穿楼板孔洞的母线槽，为了便于安装弹簧支撑器，其最小长度应为地板厚度再加上 950 mm；对于 2 500 A 及以上的母线槽，由于母线规格较大，为了便于安装，应选用长度为 2 m 及以下的为宜；选用带插接孔的母线槽应满足设计的插接孔高度或插接式开关箱的安装高度、位置的要求。另外，为了减少母线槽热胀冷缩因素的影响，母线槽连续长度超过 150 m 时，中间应增设一节膨胀节母线槽。另外，还要配合土建施工预埋螺栓、现场开洞、现场走向测量、支吊架制作安装、母线固定连接、产品保护、测试通电和检查验收交付使用。母线槽敷设一般是从地下室的高低压配电室到配电竖井的各层小配电间逐段依次安装。母线槽在配电室及配电竖井内小配电间的安装，由于受空间条件的限制，还要同其他工种交叉施工等，所以会给母线的安装带来一定难度。由于安装环境、安装工艺方法、安装后的产品保护等都对母线槽的安装质量和安全运行有直接的影响，因此，必须加强施工现场管理，切实根据图纸按母线槽安装的技术标准和工艺要求，在施工全过程中认真实施，以保证母线槽的安装质量和运行安全。

（1）画线及预留孔洞。根据图纸设计要求及时配合土建结构进行穿墙、穿楼板孔洞的预留，认真核对预埋孔洞的坐标位置和尺寸。要保证在配电竖井内垂直方向和穿楼板的孔洞应在同一直线上，洞口大小应一致。并且在母线槽安装之前，还应放线检查穿墙和穿楼板的孔洞是否符合要求,否则就要及时采取补救修正措施。

(2) 按施工现场母线槽走向绘制母线槽安装图,交付生产加工。土建结构封顶后,对母线槽的安装走向和长度要进行实地测量,要求测量的精确度要高,保证母线安装连接及标高的要求。在测量走向时,应注意母线槽不得在水管、气管的下方平行敷设,有交叉时,应在管道的上方敷设;两段单元母线槽连接点不得设在穿墙和穿楼板处;测量时,还应注意插接箱分支点插孔应设在安全及维护方便的地方;母线槽在狭小空间及配电柜内敷设要注意留有一定散热空间;母线槽敷设长度超过 40 m 时,应增设伸缩节;要尽量减少线路的弯曲,以减少配件连接;画出走向图;最后将测量的每段母线槽长度和配件进行顺序编号,交生产制造厂家生产加工。

(3) 埋设母线槽安装支架。支架或吊架的制作和安装应按设计和产品技术文件的规定进行,根据施工现场结构形式,采用角钢或槽钢制作。如有"一"、"L"、"X"、"Z"等多种类型,应按母线槽的载流量及外壳尺寸来选定。支架或吊架及其配件应采用镀锌材料,并做好防腐处理。水平方向敷设的母线支架间距不宜大于 2 m;垂直方向敷设在通过楼板处,应采用专用弹簧支撑器固定;母线槽末端悬空、拐弯处及与接线盒和配电箱(柜)连接处,均应安装支架固定,并禁止母线直接靠墙安装。

(4) 母线槽固定安装。母线槽固定连接非常关键,它关系到所安装的母线槽能否正常通电运行。母线槽固定连接前,首先根据施工图纸、母线槽及其附件清单、现场测量走向图等记录,核对母线槽及附件的规格、数量、品种、长度尺寸、顺序编号等是否符合设计和施工现场要求。母线槽分段标志应清晰齐全,内外均无损坏。几乎所有的母线槽部件两端都不一样,通常一端叫做插栓,另一端叫插槽。施工中要参考安装图,正确地给每一个部件定位,这是很重要的。这样母线槽就可方便地连接,如图 3-21 所示。

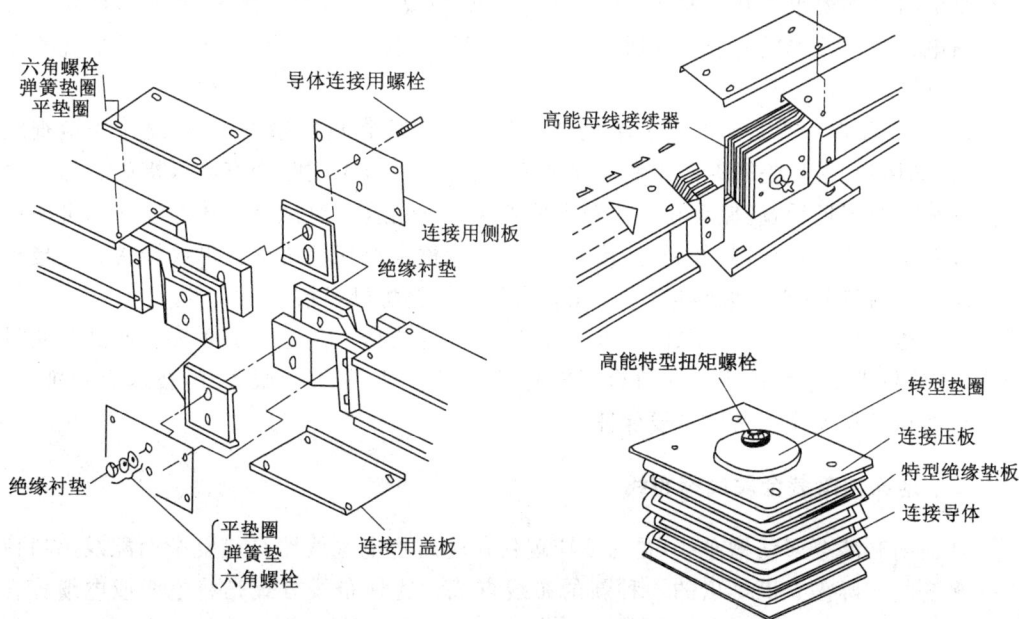

图 3-21 母线槽的连接

(a) 直接插接;(b) 使用接续器连接

母线槽直线段每 3 m 为一个单元,分为馈电母线和配电母线。馈电母线上没有分支口;配电母线上则在一定距离设插接口,便于配接其他类型线路,在插接口上可以直接安装分支开关断路器和分线箱。

母线槽与硬母线或电缆进行连接,母线槽的分支、拐角、变容量等都有专用的各部位配件,可以很方便地配接使用。母线槽的配线方式如图 3-19 所示。

在对母线槽固定连接时,为了达到产品保护的目的,除将母线槽首尾端包装拆除外,其余母线槽外壳包装暂不拆除。将要安装的首段母线槽在支架上固定牢,在首端或尾端连接处放入绝缘板,把需要连接的母线槽的首端或尾端平整放入,穿入连接绝缘螺栓,调直母线槽后,缓缓旋紧螺栓。紧固后要求用 0.01 mm 塞尺检查,保证连接可靠,盖上盖板。再将接地线连接板固定于两段母线槽首尾连接处,并用万用表 1 Ω 挡检测,测得电阻值不得大于 0.1 Ω,以保证接地连接板与母线槽外壳接触良好。然后在母线槽系统的始端和终端分别接上接地保护线(PE 线)。在各层配电小间的母线槽上安装插接箱后,按设计要求从配电竖井内接地干线接出规格符合 IEC 标准的 PE 线与插接箱 PE 端子连接,插接箱的外壳与母线槽外壳应有良好的电气连接。为了达到母线槽外壳良好接地保护的目的,母线槽系统始、终两端的 PE 线可采用不小于 16 mm^2 的 BV 铜芯线从接地干线接至。接地线不得用其他材料与母线槽外壳焊接,以免破坏母线槽外壳。有接地保护的母线槽外壳,不得用作其他设备的接地保护线。

(5) 母线槽检测验收。母线槽安装要确保绝缘强度达到规定的要求。由于母线槽在运输、储存、施工过程中容易受潮,在与其他工种交叉施工中,水泥砂浆、粉尘等杂物也容易侵入,从而降低了母线内部的绝缘强度,严重时会造成相间短路,使其无法通电运行,因此,母线槽在安装前应逐个单元进行绝缘测试,安装连接后,再进行系统总绝缘测试,其绝缘电阻值不得小于 0.5 MΩ。若不符合要求,应及时采取相应措施,直到符合要求后方可通电试验。母线槽一般空载通电运行 24 h 后,再接上负载检查,如果无异常现象发生,才可验收交付使用。

此外,产品保护也是母线槽安装的关键环节。因此在母线槽安装前,就应先检查施工现场,如屋顶、楼板是否有积水和渗漏现象;配电竖井口土建是否有防水措施。母线槽及配件运行至现场后,应储存在室内仓库妥善保管,防止水、腐蚀性气体的侵蚀和机械损伤。母线槽安装后,应对其外壳、插接箱、终端母线槽采取保护措施。母线槽在穿过楼板和墙洞时,不得用水泥砂浆封堵,应采用防火阻燃材料将母线槽四周填实。

母线槽安装除上述应采取的技术措施外,选择母线槽产品也至关重要。产品要质量可靠,各项技术质量性能指标应符合国家标准,其生产厂家售后服务好,技术力量雄厚,这是母线槽长期安全运行的重要保证。

二、地面内暗装金属线槽布线

地面内暗装金属线槽布线,是为适应现代化建筑物电气线路日趋复杂而配线出口位置又多变的实际需要而推出的一种新的布线方式。这种布线方式是将电线或电缆穿在经过特制的壁厚为 2 mm 的封闭式矩形金属线槽内,直接敷设在混凝土地面、现浇钢筋混凝土楼板或预制楼板的垫层之内。线槽出线盒如图 3-22 所示。

地面内暗装金属线槽布线,适用于正常环境下大空间且隔断变化多、用电设备移动

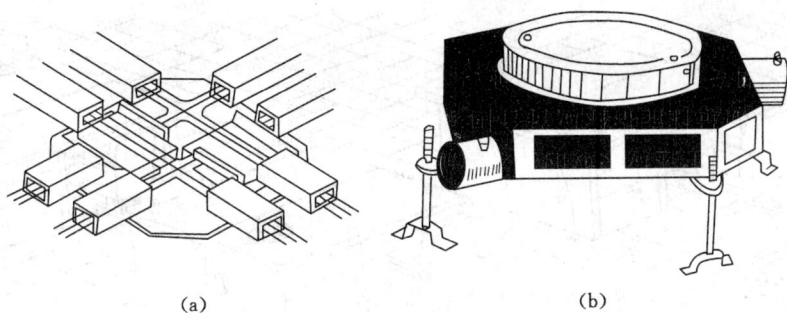

图 3-22　线槽出线盒

(a) 双槽分线示意图；(b) 双槽分线盒

性大或敷设有多功能线路的场所，暗敷于现浇混凝土地面、楼板或楼板垫层内，意在消除交流电路的涡流效应。

地面线槽分为单槽型及双槽分离型两种结构型式，当强电及弱电线路同时并存时，为防止电磁干扰应将强、弱电线路分离，采用双槽分离型线槽分槽敷设。线路交叉处应设置屏蔽分线盒。

地面线槽的制造长度一般为 3 m，每 0.6 m 设一个矩形断面的出线口，不能弯曲。因此，当线路交叉或变曲转向时，必须通过安装分线盒的办法予以解决。线槽直线长度超过 6 m 时，为了方便穿线，宜加装分线盒。

线槽出线口和分线盒出口必须与地面平齐，以免妨碍交通和有碍观瞻。做好地面线槽的防水密封是保证线路安全运行的重要措施。

地面线槽布线时，由于线槽及附件的体积较大，在设计与施工中必须与土建专业密切配合。当线槽制造厂要求线槽敷设在现浇混凝土楼板内时，其楼板厚度不少于 200 mm；当敷设在楼板垫层内时，垫层厚度不少于 70 mm，并避免与其他管路相互交叉。同一回路的所有导线应敷设在同一线槽内。同一路径无干扰要求的线路可敷设于同一线槽内。线槽内电线或电缆的总截面积（包括外护层）应不超过线槽内截面的 40%。

强、弱电线路应分开敷设，两种线路交叉处应设置屏蔽分线板的分线盒。在地面金属线槽内，电话或电缆不得有接头，接头应设在分线盒或线槽出线盒内。线槽在交叉、转弯或分支处，应设置分线盒，线槽的直线长度超过 6 m 时，宜加装分线盒，如图 3-23 所示。

由配电箱、电话分线箱及接线端子箱等设备引至线槽的线路，宜采用金属布线方式引入分线盒，或以终端连接器直接引入线槽。线槽出线口和分线盒不得突出地面，且应做好防水密封处理。地面内暗装金属线槽布线，在设计时应与土建专业密切配合，以便根据不同的结构形式和建筑布局，合理地确定线路路径和设备选型。

三、电缆桥架

电缆桥架配线是新型的配线方式，广泛用于建筑工程、化工、石油、轻工、机械、军工冶金、医药等行业。例如，电缆通过桥梁、涵洞就常用电缆桥架配线。对于室外电视、电信、广播等弱电电缆及控制线路，也可以采用电缆桥架配线。

组装式电缆托盘是国际上第二代电缆桥架产品。只用很少几种基本构件和少量标

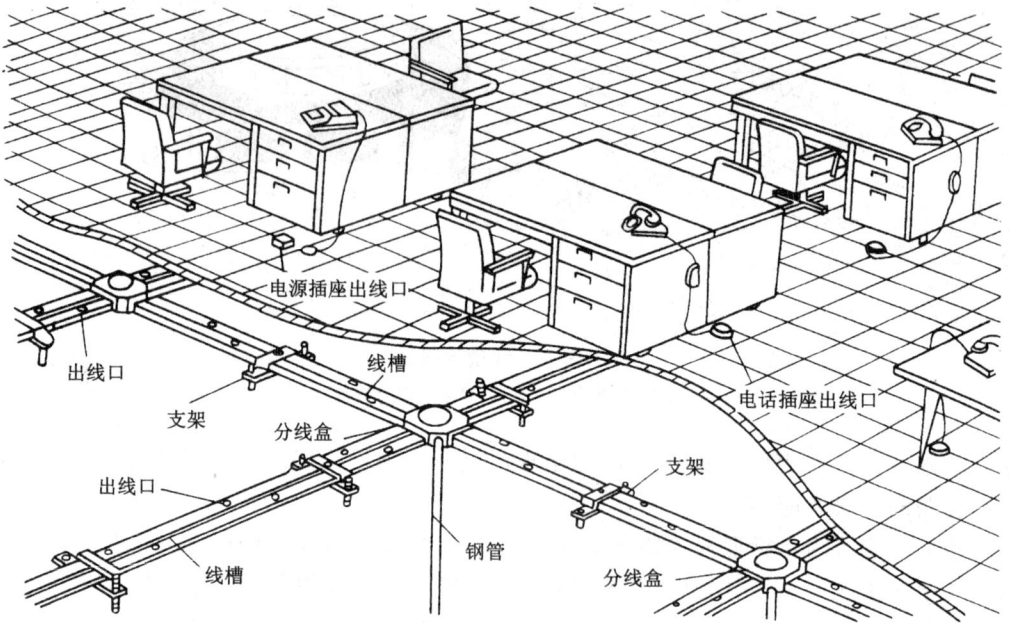

图 3-23　地面内暗装金属线槽组装示意图

准坚固件就能拼装成任意规格的托盘式电缆桥架。包括直通、弯通、分支、宽窄变化和爬坡等,组装工作只需拧紧螺栓和少量的锯切工作即可。组装工作可以在现场,由施工人员独立进行,或者在制造厂的派出人员指导下进行。这将大大有利于运输和装卸,降低运输成本和减少因运输装卸造成产品损坏。如果需要,也可以由制造厂组装好后交付使用。

(一)电缆桥架的特点

(1)桥架结构简单,安装快速灵活,维护也方便。

(2)桥架的主要配件均实现了标准化、系列化、通用化而易于配套使用。

(3)桥架的零部件通过氯磺化聚乙烯防腐处理,具有耐腐蚀、抗酸碱等性能。

(4)国产桥架采用国内外通用型式,广泛适用于室内外架空敷设工程。

电缆桥架在我国正处在方兴未艾之势,产品结构多样化,除梯级式、托盘式、槽式以外,又发展了组合式、全封闭式。在材料上除了用钢材板材外,又发展了铝合金,美观轻便。表面处理方面也有新的突破,一般通用的是冷镀锌、电镀锌、塑料喷涂,现在又发展到镍合金电镀,其耐腐性能比热镀锌提高 7 倍。

1. QDJ 轻型装配电缆桥架

该产品适于 35 kV 以下的电缆明配线用,可供冶金、电力、石化、轻纺、机电等工矿企业和宾馆大厦室内、外电缆架空敷设或缆沟、隧道内敷设用。

QDJ 型电缆桥架按支架(包括立柱、横臂等组合)承载能力分为 Q闭—1 型和 QDJ—2型,前者横臂载荷为 240 kg,后者横臂载荷为 360 kg。按桥架形状分为梯形和槽形两种。梯形桥架是连续滚轧成形,标准长度为 6 m,也可按用户要求确定长度。加工后的成品可合拢便于储运。槽形桥架采用冷轧镀锌钢板冲压折边成形,配用盖板后可组合成全封闭电缆桥架,防尘、防火、防烟气污染及机械损伤。对电信、计算机及自控电缆还有抗干扰能力。

2. QCJ 系列梯架式桥架

QCJ 型梯架式组装式桥架只需要用宽度为 100 mm、150 mm、200 mm 的三种基本型板,就可以组装成所需尺寸的电缆桥架,它不需要各种弯通、三通等部件,只需要在现场做简单的加工即可以满足转向、变径、分地、上引和下引等要求,所以设计方便,生产、运输和施工都方便。图 3-24 为 QCJ2 型梯架式桥架空间布置示例。

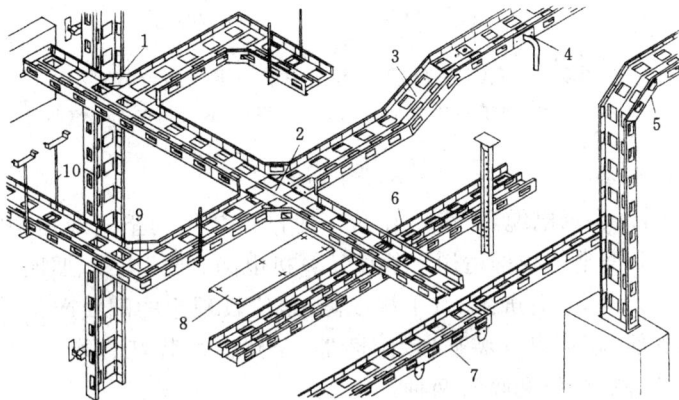

图 3-24　QCJ2 型梯架式桥架空间布置示例

1——平面三通;2——平面四通;3——斜通;4——引线接头;5——垂直弯通;
6——侧板;7——直通;8——盖板;9——平面二通;10——吊杆

QCJ3 型梯架式桥架用薄钢板加工制成,重量轻,散热性能好,运输安装方便。它适用于大直径的高压、低压电力电缆的敷设。图 3-25 为 QCJ3 型梯架式桥架空间布置示例。

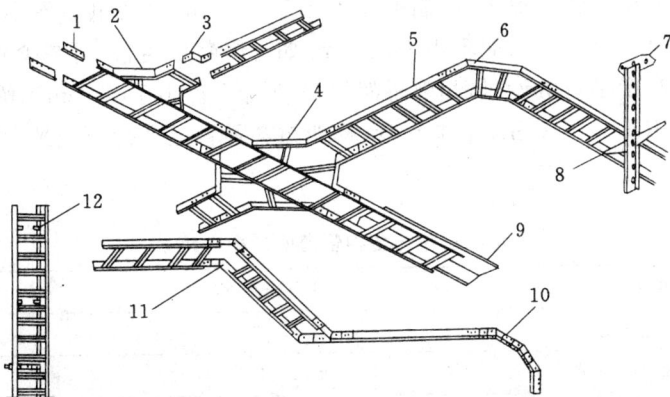

图 3-25　QCJ3 型梯架式桥架空间布置示例

1——连接板;2——梯架平面三通;3——调宽板;4——梯架平面四通;5——梯架直通;6——梯架平面弯通;
7——工字钢立柱;8——托臂 B;9——盖板;10——梯架垂直弯通 B;11——铰接板;12——连接片

QCJ3 型梯架式桥架直弯通的组合方式如图 3-26 所示。

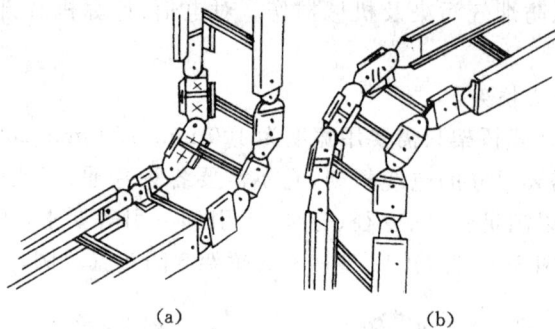

图 3-26　QCJ3 型梯架式桥架垂直弯通的组合方式

（a）QOJ3—5 梯架垂直弯通 A(凹通)；(b)GOJ3—6 梯架垂直弯通 B(凸通)

3. ZT 型整体线槽

Z 表示组装式，D 表示电缆，T 表示托盘。托盘组装用的坚固螺栓均为 L1 型 M6×16 低方颈螺栓。ZT 型整体线槽适用于敷设计算机电缆、通信电缆、照明电缆及其他高灵敏度系统的控制电缆等，具有屏蔽、抗干扰性能，是比较理想的配线产品。整体线槽不仅可以敷设电缆和导线，还可以安装插座、熔断器、断路器吊装灯具等，使工程设计更为方便。线槽的表面处理有镀锌和喷塑两种。

（二）电缆桥架的施工

施工时务必照图进行，电缆桥架的路由往往是经过各专业多次协商并通过会签确认下来的，任何单方无权变更。

1. 敷设高度

桥架水平敷设时距离地面高度宜高于 2.5 m，垂直敷设时距地面 1.8 m 以下部分应加金属盖板保护，敷设在电气专用房间如配电室、电气竖井、电缆隧道、技术层内除外。桥架上部距顶棚或其障碍物应不小于 0.3 m。

多层电缆桥架层间距一般为：控制电缆不小于 0.2 m；电力电缆不小于 0.3 m；上层弱电电缆与下层电力电缆之间应不小于 0.5 m，如有屏蔽层盖板，可减少到 0.3 m。几组电缆桥架在同一高度平行敷设时，相邻桥架检修距离不宜小于 0.6 m。桥架上部距顶棚或其他障碍物应不小于 0.3 m。电缆托盘、梯架与各种管道平行或交叉，其最小净距应符合表 3-18 的规定。

表 3-18　　　　　　　　　　　**电缆桥架与各种管道的最小净距**

管道类型		平行净距/m	交叉净距/m
一般工艺管道		0.4	0.3
具有腐蚀性液体或气体管道		0.5	0.5
热力管道	有保温层	0.5	0.5
	无保温层	1.0	1.0

2. 路由选择

电缆桥架不宜敷设在有腐蚀性的其他管道和热力管道的上方、腐蚀性液体管道的下方以及强腐蚀或特别潮湿的场所,否则应采取防腐、隔热等措施。

在强腐蚀或特别潮湿的场所采用电缆托盘、梯架布线时,应采用相应的防护措施。室内电缆托盘、梯架布线不应采用具有黄麻或其他易燃材料外护套层的电缆。在强腐蚀环境,宜采用热镀锌等耐久性较高的防腐处理。对于型钢制臂式支架、轻腐蚀环境或非重要回路的电缆桥架,可用涂漆处理。

3. 电缆桥架的连接

电缆桥架在每个支吊架上的固定应牢固,连接板的螺栓应紧固,螺母应位于桥架外侧。操作振动的场所以及桥架接地部位的连接处,应装置弹簧垫圈。直线段应横平竖直无弯曲。

直线段的方向改变应用弯通实现,如水平弯通、三通、四通、上下变通、垂直弯通、变径直通。水平弯通和上下弯通分为 30°、45°、60°、90°四种。如果需要 90°以上的弯通,宜通过多个弯通分段实现。折弯弯通两条内侧直角边的内切圆半径通常为 0.3 m、0.6 m、0.9 m。桥架转弯处半径应不小于桥架电缆上的弯曲半径的最大者。

桥架的直线段之间、直线段与弯通之间应利用附件连接,如直接板、铰接板、软接板、变宽板、变高板、伸缩板、弯接板、上下接板和终端板。金属线槽不得在穿过楼板或墙壁等处进行连接。电缆托盘、梯架经过伸缩沉降缝时的电缆桥架、梯架应断开,断开距离以100 mm 左右为宜。电缆托盘、梯架上的电缆可无间距敷设。电缆托盘、梯架内的横断面的填充率,电力电缆应不大于 40%,控制电缆应不大于 50%。在伸缩缝或软连接处采用编织铜线连接。

桥架的固定部件可采用膨胀螺栓或预埋铁件上焊接的方式固定。固定的部件有托臂、立柱、吊架和其他固定支架等。钢制镀锌桥架的各段(含非直线段)均采用相应配套连接附件,使用螺母、平垫、弹簧垫紧固时,桥架本体可以构成接地干线。

支架、吊架和其他所需要的附件,应按工程布置条件选择。桥架水平敷设时,宜按荷载曲线选择最佳跨距进行支撑,跨距通常为 1.5～3 m 或将支撑点选择在附件的接头处。桥架宽度在 0.1 m 及以下者支撑点跨距为 1.5 m,吊杆选用规格不小于 $\phi6\sim\phi8$ 的圆钢;桥架宽度在 0.15 m 及以上时,应采用双螺栓固定,支撑点跨距按设计施工。无设计数据时,电缆桥架垂直敷设时固定点跨距按 2 m 选择。线槽首端、终端及距进出线盒 0.5 m处,均应设置支撑点。

当桥架内侧弯曲半径不大于 0.3 m 时,应在距非直线段与直线段接合处 0.3～0.6 m的直线段侧设置一个支架或吊架;当半径大于 0.3 m 时,在非直线段宜增设一个支架或吊架。对于采用铝合金桥架并在多组支架、吊架上固定时,应有防电化腐蚀的措施。桥架、托盘的直线段超过规定长度(钢质桥架 20 m,铝合金 15 m)时,应留有不少于 20 mm的伸缩缝。

4. 桥架的安装

桥架的安装有多种形式,一般有水平桥架安装(主要用于水平配线系统)和垂直桥架安装(在电缆竖井内用作垂直干线系统)。水平桥架又分为吊装和壁装等形式。下面简介它们的结构方式及安装方法。

(1)水平桥架及其安装

① 桥架吊装如图 3-27 所示,该图还表示出了桥架与墙壁穿孔采用金属软管或 PVC

管的连接。

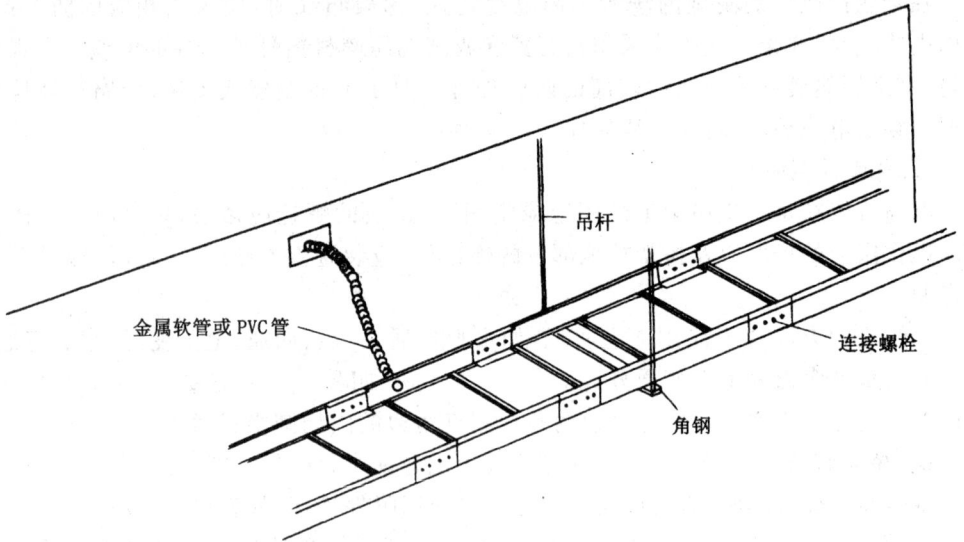

图 3-27　电缆桥架吊装示意图

电缆桥架吊装的方法，如图 3-28 所示。

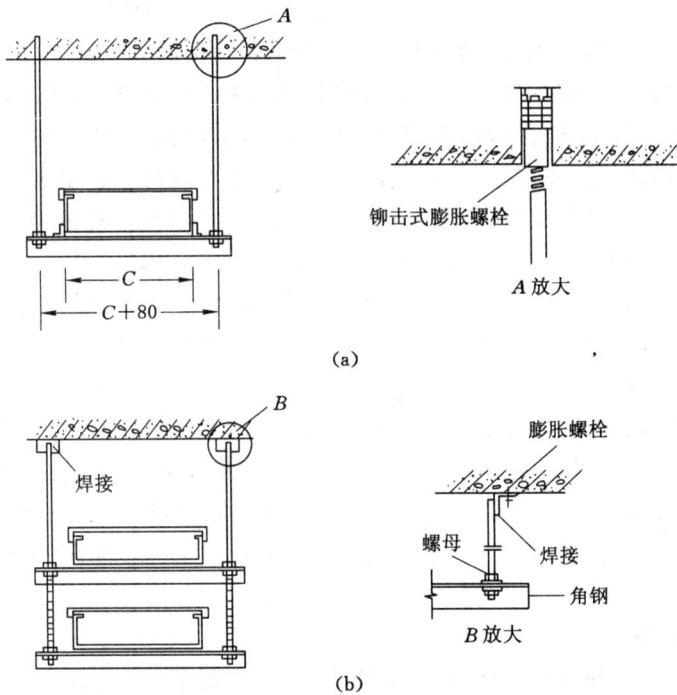

图 3-28　电缆桥架吊装的方法

(a) 电缆桥架吊装的方法(一)；(b) 电缆桥架吊装的方法(二)

② 图 3-29 为桥架穿墙和穿楼板的安装。

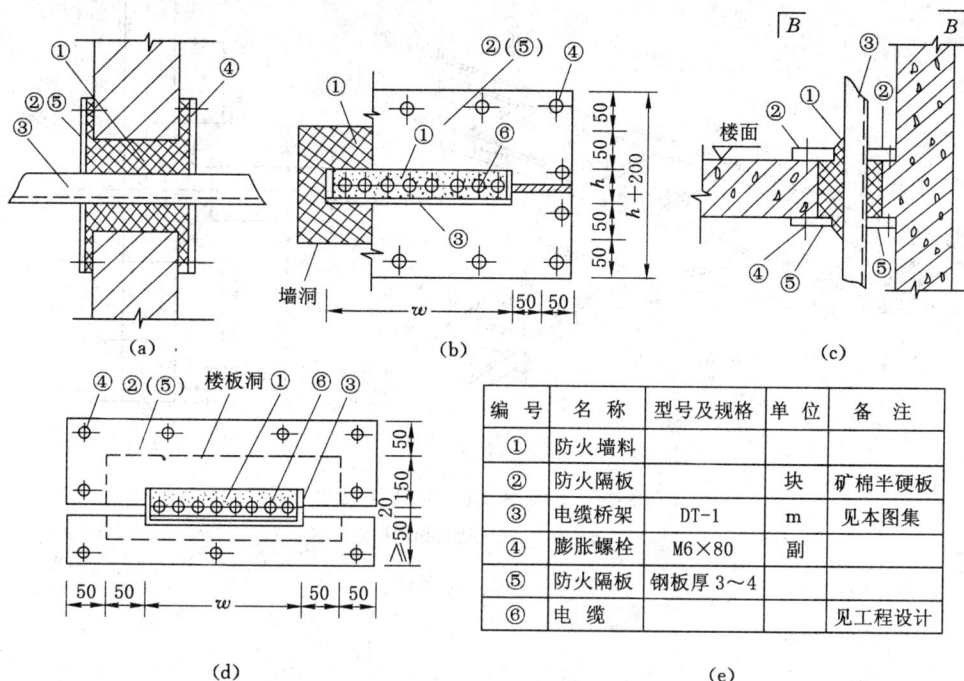

编　号	名　称	型号及规格	单位	备　注
①	防火墙料		
②	防火隔板		块	矿棉半硬板
③	电缆桥架	DT-1	m	见本图集
④	膨胀螺栓	M6×80	副
⑤	防火隔板	钢板厚 3～4
⑥	电缆			见工程设计

图 3-29　桥架穿墙和穿楼板的安装

(a)、(b) 电缆桥架穿墙洞做法；(c)、(d) 电缆桥架穿楼板洞做法

③ 图 3-30(a) 为桥架转弯并进房间吊顶安装，这种方式常用于楼道走廊吊顶桥架。图 3-30(b) 表示出了桥架转弯固定位置。

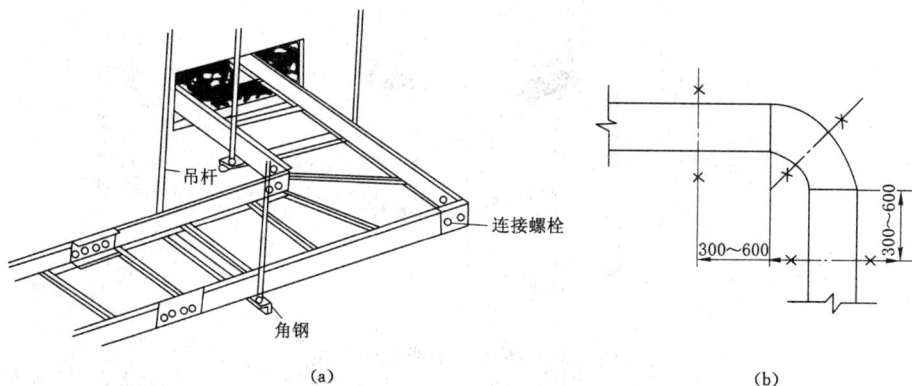

图 3-30　桥架转弯进房间的安装

(a) 桥架转弯并进房间吊顶安装；(b) 电缆桥架转弯固定位置

④ 图 3-31 为桥架分支(三通)连接安装。

⑤ 图 3-32 为桥架与配线柜的连接。

⑥ 图 3-33 为电缆桥架托臂安装。

(2) 桥架垂直安装

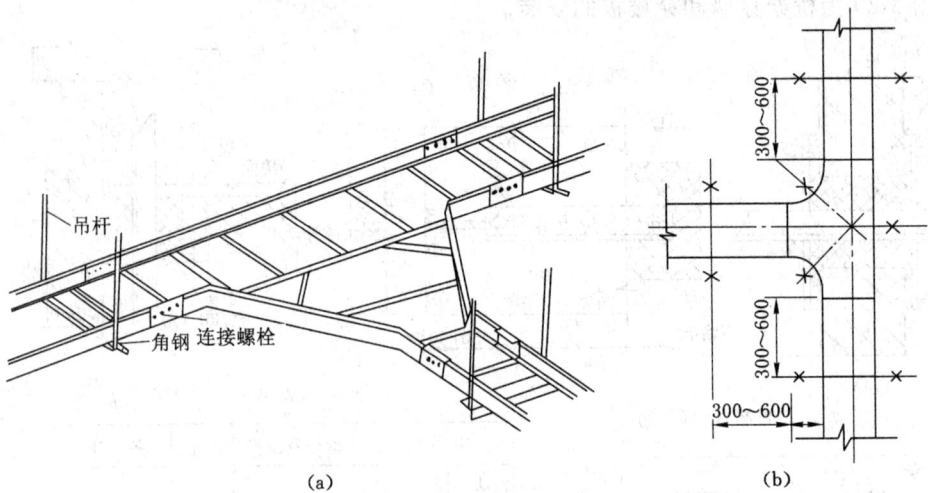

(a)　　　　　　　　　　　　　　　(b)

图 3-31　桥架分支(三通)连接安装

(a) 三通桥架;(b) 三通桥架的固定位置

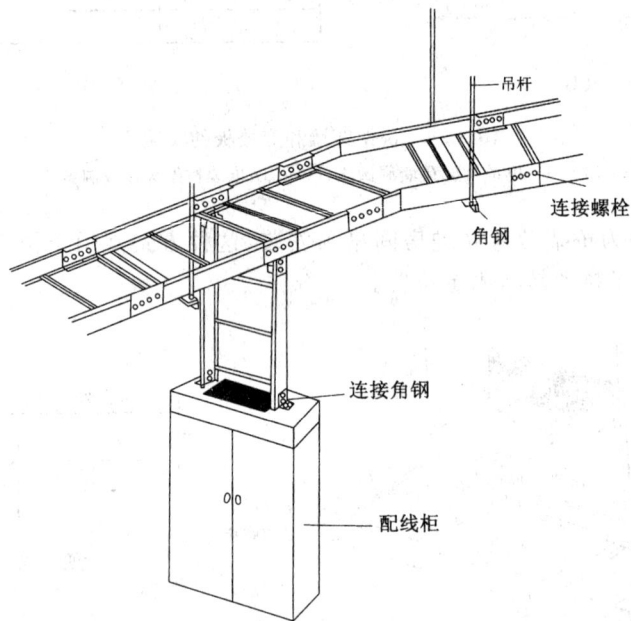

图 3-32　桥架与配线柜的连接

　　主要在电缆竖井中沿墙采用壁装方式,用于固定线槽或电缆垂直敷设,用作垂直干线电缆的支撑,桥架垂直安装方法如图 3-34 所示。

　　图 3-35 为桥架(梯架)竖井内垂直安装的两种形式和方法。

　　电缆桥架在竖井内垂直安装时,可以采用三角钢支架固定。

　　(3)电缆桥架接地

　　电缆桥架应有可靠的接地,在电缆桥架内可以无间距地敷设电缆。若测量接头电阻

B式：托臂用预埋螺栓固定

(b)

托臂在槽钢、角钢立柱上安装

(d)

A式：托臂用膨胀螺栓固定

(a)

托臂安装示意图

托臂在工字钢立柱上安装

(c)

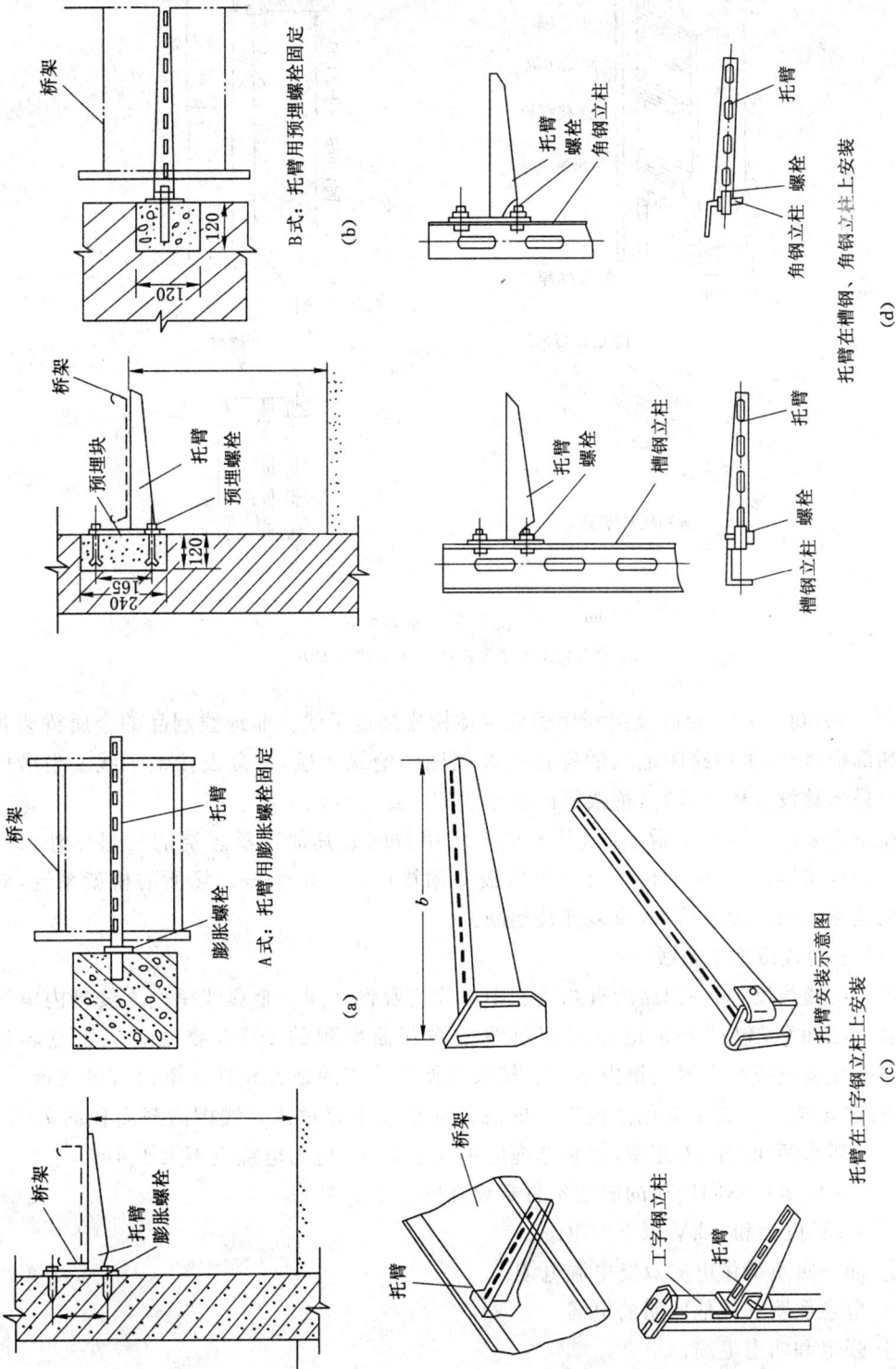

图 3-33 电缆桥架托臂安装

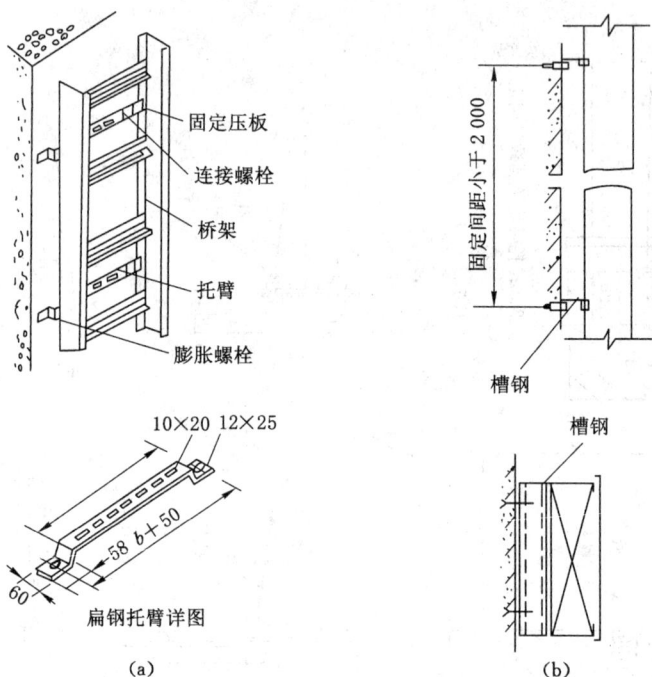

10×20 12×25

扁钢托臂详图

（a）

槽钢

槽钢

固定间距小于 2 000

（b）

图 3-34　桥架垂直安装方法
（a）壁装托架支撑方式；（b）安装施工方法

值不大于 0.000 33 Ω，允许直接利用桥架本体构成接地干线。非地线制品的金属桥架各段的端部搭接处，采用跨距地线的连接孔及周围的绝缘涂层，另敷设接地干线。当沿桥架全长另外敷设接地干线时，桥架每段应至少有一点与接地干线连接。

在室内采用电缆桥架敷设时，其电缆不应用黄麻或其他容易燃烧的材料作外保护层。使用玻璃钢桥架，应沿桥架全长另敷设专用接地线。位于振动场所的桥架系统，对包括接地部位的螺栓连接处，应装弹簧垫圈。

（4）电缆线槽施工布线

对于电缆线槽，同一回路所有相线和中性线应敷设在同一金属线槽内。线槽内电线或电缆总截面积，包括外护层应不超过线槽横断面面积的 20%，载流导线不宜超过 30%。电线或电缆在金属线槽内不宜有接头。便于检查的地方允许线槽内有分支接头，此时电线、电缆和分支接头包括包护层的总截面积应不超过该点线槽内截面积的 75%。电缆在桥架横断面内的填充率，控制电缆应不大于 50%，电力电缆应不大于 40%。

下列不同电压不同用途的电缆不宜敷设在同一层桥架上：

① 1 kV 以上和 1 kV 以下的电缆。

② 向一级负荷供电的双路电源电缆。

③ 应急照明和其他照明的电缆。

④ 强电和弱电电缆。

如受条件限制安装在同一层桥架上时，应用隔板隔开。

（5）电缆在桥架间需固定的部位

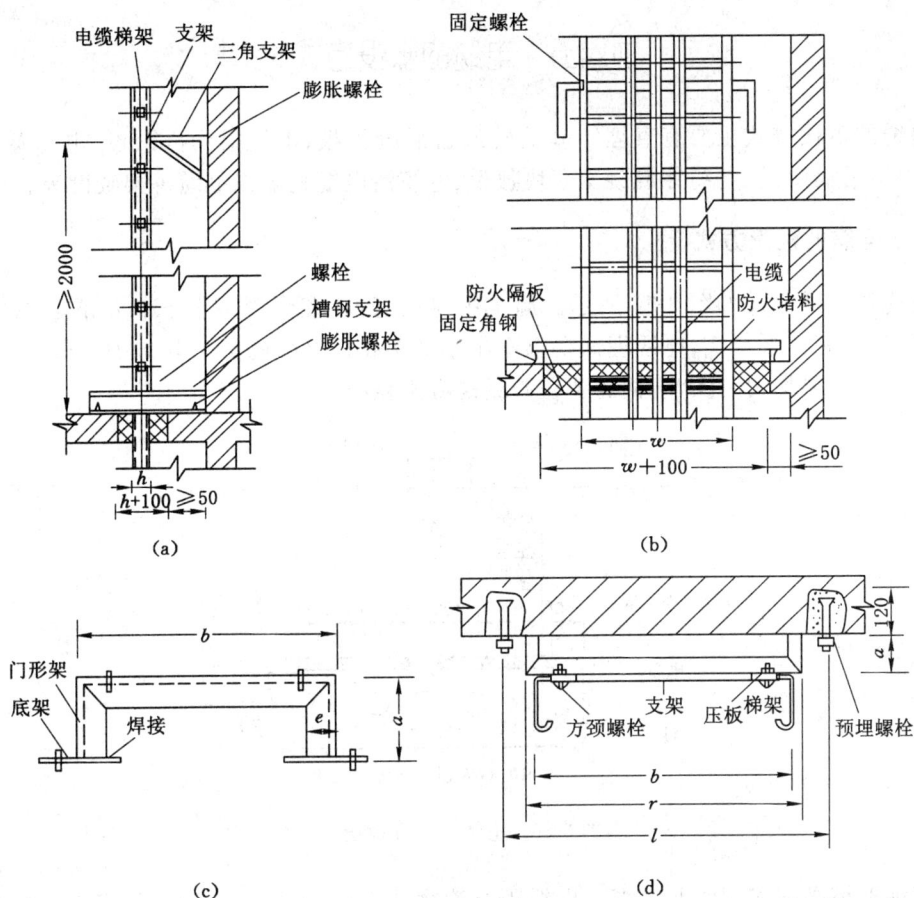

图 3-35　桥架(梯架)竖井内垂直安装的两种形式和方法

(a)、(b) 三角支架安装；(c) ZJ—1 型门形支架；(d) 门形钢支架安装

　　垂直敷设时,电缆上端及每隔 1.5~2 m 处,水平敷设电缆始末端、转弯及直线段每隔 5~10 m 处,都需固定。由桥架引出的电气线路根据具体情况可采用金属硬管或软管、塑料硬管或波纹管等,引出部位不得受伤。无论何种保护管,均应通过相应的接头与桥架连接。

　　梯架(托盘)在每个支吊架上的固定应牢固；梯架(托盘)连接板的螺栓应紧固,螺母应位于梯架(托盘)的外侧。铝合金梯架在钢制支吊架上固定时,应有防电化腐蚀的措施。当直线段钢制电缆桥架超过 30 m、铝合金或玻璃钢电缆桥架超过 15 m 时,应有伸缩缝,其连接宜采用伸缩连接板；电缆桥架跨越建筑物伸缩缝处应设置伸缩缝。电缆桥架转弯处的转变半径,应不小于该桥架上的电缆最小允许弯曲半径的最大者。电缆支架全长均应有良好的接地。

　　电缆桥架水平敷设应按荷载曲线选取最佳跨距进行支撑,跨距一般为 1.5~3 m；垂直敷设时其固定点间距不宜大于 2 m。电缆桥架在穿过防火墙及防火楼板时,应采取防火隔离。

项目五　电缆的敷设方式

电缆的敷设方式主要有直埋铺砂盖砖或盖混凝土板、电缆沿沟内敷设、电缆穿钢管直埋、电缆沿墙明设、电缆穿混凝土管块敷设、电缆沿电缆托盘或电缆桥架敷设等。

一、电缆的敷设方式

电缆的直埋敷设如图 3-36 所示。施工中应注意：电缆沟深不小于 0.8 m，挖完电缆沟后，应将沟底铲平夯实，电缆埋深要求不小于 0.7 m。电缆的上下各有 10 cm 沙子（或过筛土），沙子要均匀密实，上面还要盖砖或混凝土盖板。

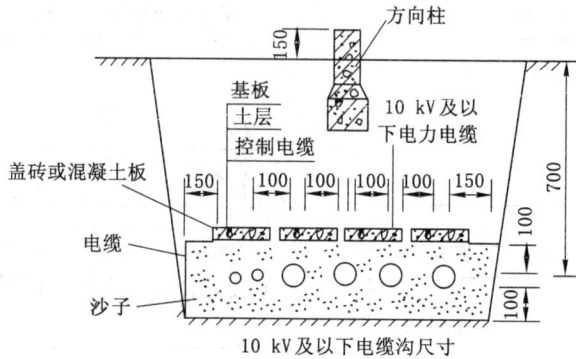

图 3-36　电缆的直埋敷设

直埋电缆必须采用铠装电缆。电缆距建筑物外墙应不小于 0.6 m，距离电线杆也不小于 0.6 m，与排水沟相距不小于 1.0 m，与道路相距也不小于 1.0 m，电缆与树木相距不小于 1.0 m，与热力管沟相距不小于 2.0 m。不得将电缆平行敷设在各种管路的正下方或正上方。地面上在电缆拐弯处或进建筑物处要埋设方向桩，以备日后施工时参考。直埋电缆一般限于 6 根以内，超过 6 根就采用电缆沟敷设方式。

二、电缆沟的敷设方式

电缆沟的敷设方式如图 3-37 所示。在电缆沟内预埋金属支架。电缆多时，可以在两侧都设支架。如果电缆非常多，则可用电缆隧道敷设，现在建筑工程中应用不多。

采用电缆沟敷设方式施工中应该注意：低压电缆与高压电缆尽可能分开设置在电缆沟的两侧。控制电缆与电力电缆也尽可能分开设置在电缆沟的两侧。如果只能在同一侧时，应该将电力电缆在控制电缆的上层。金属支架的间距为 1 m。

三、电缆穿混凝土管块敷设

电缆穿混凝土管敷设方式适用于通信电缆的敷设，如图 3-38 所示。施工中用 1∶3 水泥砂浆垫底，在每块混凝土接缝处，可缠绕纸条以防砂浆进入。为了使管空对齐，在对角线的两孔内穿钢管使之平直，施工要求十分严格，否则影响穿电缆施工。目前常用的管孔有 2 孔、4 孔、6 孔、9 孔等。

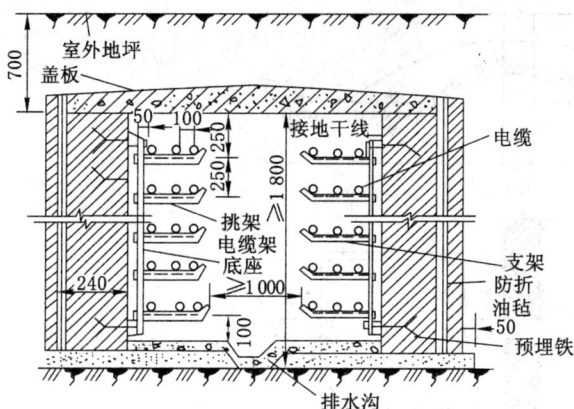

图 3-37　电缆沟敷设方式　　　　　图 3-38　电缆穿混凝土管敷设

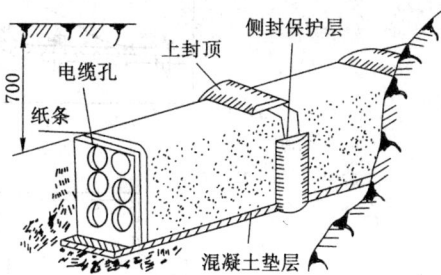

四、电缆排管敷设及吊索安装

所谓电缆排管敷设是指电缆穿石棉水泥管、塑料管、陶土管或混凝土管等成排地敷设于地下。

（一）一般做法

管内穿电缆时事先在管内穿铅丝将电缆拉入管内。在施工中主要要求穿电缆时宜用滑轮引导电缆，不得刮伤电缆。排管管子的接头错开，以便平行敷设紧凑，在接头处应用水泥筑为整体。各种管孔的内径应大于电缆外径的 1.5 倍。对于电力电缆，其管孔内径应大于 10 mm。而控制电缆管孔内径应不小于 75 mm。排管埋设深度应符合表 3-19 的规定。

表 3-19　　　　　　　　　　排管埋设深度　　　　　　　　单位：mm

人行道下	厂房下面	一般地区
500	200	700

当排管直径大于 100 mm，或在拐弯及分支处，应设排管井坑，以便于检查和修理。电缆井深应不小于 1.8 m，人孔的直径不小于 0.7 m。

（二）电缆穿管经过伸缩缝的做法

电缆穿管经过伸缩缝应该考虑建筑物发生不均匀沉降时，不承受剪力破坏，也能缓解热胀冷缩的应力伤害。通常采用补偿盒侧面开一个长孔，将管端穿入长孔中，而另一端则要用六角螺母与接线盒拧紧固定，具体做法如图 3-39 所示。

（三）吊索悬挂移动电缆的安装方法

工厂或锅炉房的电葫芦常常采用移动电缆供电，安装方法如图 3-40 所示。在两端固定点要有能收紧钢索的拉紧螺栓。

电缆敷设前应该用 1 kV 兆欧表测量绝缘电阻，阻值不得小于 10 MΩ。3～10 kV 的电缆用 2.5 kV 的兆欧表测量绝缘电阻，3 kV 电缆的绝缘阻值不得小于 200 MΩ；6 kV 电缆的绝缘阻值不得小于 400 MΩ；10 kV 电缆的绝缘阻值不得小于 500 MΩ。

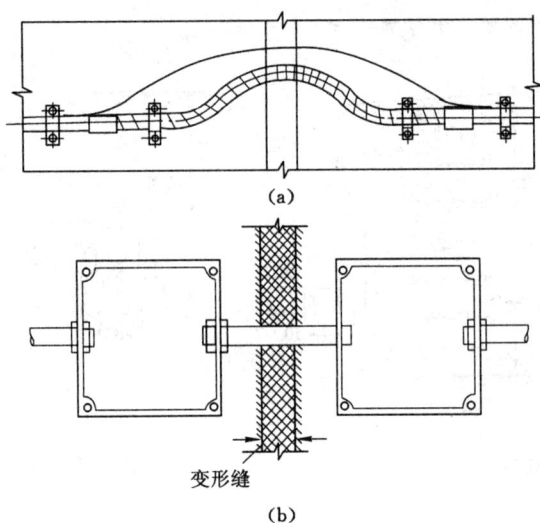

图 3-39 钢管经过伸缩缝补偿装置

(a) 明配管；(b) 暗配管

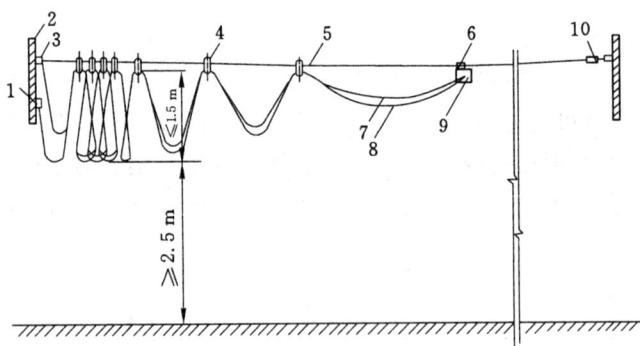

图 3-40 吊索悬挂移动电缆的安装方法

1——电源装置；2——吊索终端支持物；3——吊索终端固定装置；4——移动电缆悬挂装置；

5——吊索；6——托轮；7——牵引绳；8——移动电缆；9——桥式起重机承受装置；10——吊索拉紧装置

（四）应注意的问题

在电缆的施工或设计中还应该注意以下问题：

（1）埋地敷设的电缆应避开规划中建筑工程需要挖掘的地方，使电缆不致受损坏及腐蚀。

（2）在平面设计时，尽可能选择短而直的路径。电缆直线长度在 30 m 以内时，穿保护管的内径应不小于电缆外径的 2 倍。如果中间有一个弯，则为 2.5 倍直径。有 2 个弯时或直线长度在 30 m 以上时，管径不小于 3 倍直径。

（3）电缆埋深不小于 0.7 m，农田中不小于 1.0 m。

（4）采用混凝土管块或排管敷设时，应设置人孔，电缆在分支、拐弯、集水井和地基高差较大的地方，也应设置人孔井。人孔井的距离不大于 50 m。

（5）尽量避开或减少穿越地下管道（含热力管道、上下水管道、煤气管道）、公路、铁路和通信电缆。室内电气管线和电缆与其他管道之间的最小距离见表 3-20。

表 3-20 　　　　　　室内电气管线和电缆与其他管道之间的最小距离　　　　　单位:m

敷设方式	管线及设备名称	管线	电缆	绝缘导线	裸导母线	滑触线	插接母线	配电设备
平行	煤气管	0.1	0.5	1.0	1.5	1.5	1.5	1.5
	乙炔管	0.1	1.0	1.0	2.0	3.0	3.0	3.0
	氧气管	0.1	0.5	0.5	1.5	1.5	1.5	1.5
	蒸汽管上	1.0	1.0	1.0	1.5	1.5	1.0	0.5
	蒸汽管下	0.5	0.5	0.5			0.5	
	热水管上	0.3	0.5	0.3	1.5	1.5	0.5	0.1
	热水管下	0.2		0.2	1.5		0.2	
	通风管		0.5	0.5	1.5	1.5	0.1	
	上下水管	0.1	0.5	0.1	1.5	1.5	0.1	0.1
	压缩空气管		0.5	0.5	1.5	1.5	0.1	0.1
	工艺设备							
交叉	煤气管	0.1	0.3	0.3	0.5	0.5	0.5	
	乙炔管	0.1	0.5	0.5	0.5	0.5	0.5	
	氧气管	0.1	0.5	0.5	0.5	0.5	0.5	
	蒸汽管上	0.3	0.5	0.3	0.5	0.5	0.3	
	热水管上	0.1	0.5	0.5	0.5	0.5	0.1	
	通风管		0.1	0.1	0.5	0.5	0.1	
	上、下水管		0.1	0.1	0.5	0.5	0.1	
	压缩空气管		0.1	0.1	0.5	0.5	0.1	
	工艺设备				1.5	1.5		

注:1. 电气管线与蒸汽管线不能保证表中的距离时,可以在管子之间加隔热材料,这样平行净距离可以减至 0.2 m,交叉处只考虑施工维修方便。

2. 电气管线与热水管线不能保证表中的距离时,可以在热水管线外面加隔热层。

3. 裸母线和其他管道交叉不能保证表中的距离时,应在交叉处的裸母线外面加装保护网或保护罩。

（6）对电缆敷设方式的选择,一般要从节省投资、施工方便及安全运行 3 个方面考虑。电缆直埋敷设施工最方便,造价最低,散热较好,应优先选用。

（7）在确定电缆构筑物时,应该结合扩建规划,预留备用支架及孔眼。

（8）在电缆沟内敷设时的支架间距应满足表 3-21 的要求。

表 3-21 　　　　　　　　电缆支架间固定点的最大距离　　　　　　　　单位:m

敷设方式	塑料护套铅铝包铠装		钢丝铠装电缆	敷设方式	塑料护套铅铝包铠装		钢丝铠装电缆
	电力电缆	控制电缆			电力电缆	控制电缆	
水平敷设	1.0	0.8	3.0	垂直敷设	1.5	1.0	6.0

（9）电缆在隧道或电缆沟内敷设时的净距不得小于表 3-22 中的数据。

表 3-22 　　　　　电缆在隧道或电缆沟内敷设时的净距最小值 　　　　　单位：mm

敷设方式		电缆隧道高度 ≥1 800 mm	电缆沟深	
			≤0.6 m	>0.6 m
两边有电缆架时架间水平净距（沟宽）		1000	300	500
一边有电缆架，架与壁通道净距		900	300	450
电缆架层间的垂直净距	电力电缆	200	150	150
	控制电缆	120	100	100
电力电缆间的水平净距		35，但不小于电缆外径		

（10）室外电缆和其他管道的安全距离不应小于表 3-23 的规定。

表 3-23 　　　　　室外电缆和其他管道安全距离的规定 　　　　　单位：m

类别	接近距离	交叉垂直距离	类别	接近距离	交叉垂直距离
电缆与易燃管道	1	0.5	电缆与电杆	0.5	0.5
电缆与热管	2.0	1.0	电缆与树林	1.0	1.0
电缆与建筑物	0.6	0.6			

（11）在电缆施工中要严格防止电缆扭伤或过分弯曲，电缆的弯曲半径和电缆外径的比例应遵照表 3-24 的规定。

表 3-24 　　　　　电缆的弯曲半径和电缆外径的比例

名称	倍数	名称	倍数
塑料、橡胶绝缘电缆（有铠装、无铠装）、铅包控制电缆	8，10	油浸纸绝缘多芯裸铅包或铝包铠装电缆	20
油浸绝缘多芯控制电缆、油浸绝缘多芯铅包铠装电力电缆、铅包控制电缆	15	纸绝缘油质铅包单芯或多芯电力电缆	25
		油浸纸绝缘多芯铝包铠装电力电缆	30

（12）在以下各处应预留长度：在电缆进建筑物，电缆中间头、终端头，由水平到垂直处，进入高压柜、低压柜、动力箱，过建筑物伸缩缝，过电缆井等处。电缆直埋时还得预留"波纹长度"，一般按 1.5% 预留，以防热胀冷缩受到拉力。对于电话电缆和射频同轴电缆的预留长度，电气安装工程定额也已经综合了 20% 的裕度。预留长度见表 3-25。

（13）电缆在垂直或在陡坡敷设时，电缆最高与最低允许最大高差应遵照表 3-26 的规定施工。

表 3-25　　　　　　　　　　　　　预留长度表　　　　　　　　　　　　单位：m

	进建筑物	中间头	垂直到水平	终端头或进配电箱	进高压柜	进低压柜或进电缆井
直埋电缆	2.3	5.0	0.5	1.5	2.0	3.0
电缆沟敷设	1.5	3.0				

直埋电缆进入建筑物时，通常穿电缆密封保护管保护，做法如图 3-41 所示。

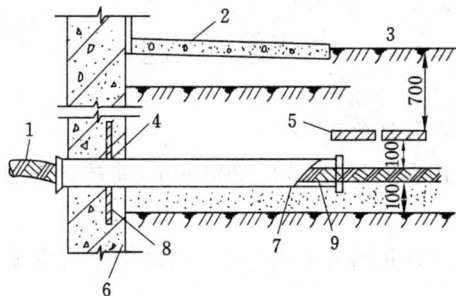

图 3-41　直埋电缆进入建筑物用电缆密封

1——电缆；2——散水；3——室外地面；4——焊接点；5——盖板；6——混凝土墙；
7——穿墙保护管；8——6 mm 钢板；9——口内封堵油底浇铸沥青

表 3-26　　　　　　　　　　　电缆最高与最低允许最大高差　　　　　　　　　单位：m

电压等级/kV		铅包	铝包
1～3	铠装	25	25
	无铠装	20	20
6～10		15	20
20～35		5	—
干绝缘铅包		100	

（14）在工厂内电缆明敷设时，其固定支点的间距应按照表 3-27 执行。

表 3-27　　　　　　　　　　　电缆敷设支点的间距　　　　　　　　　　　单位：m

电缆类型 敷设方式	塑料护套、铅包、铝包、钢带铠装		钢丝铠装电缆
	电力电缆	控制电缆	
水平敷设	1.0	0.8	3.0
垂直敷设	1.5	1.0	6.0

一级负荷供电的双路电源电缆应尽量不敷设在同一沟内，否则应该加大电缆之间的距离。电缆在室外明设时，不宜设计在阳光曝晒的地方。单芯电缆通交流电时，不得穿钢管敷设，也不应该用铠装的电缆，应采用非金属管敷设。单芯电缆在敷设时应满足下面要求：① 要使并联电缆间的电流分布均匀。② 接触电缆的外皮时，应没有危险。③ 不

得使附近的金属部件发热。

室外电缆沟在进入厂房时,入口处,应该设防火隔墙。电缆沟的盖板采用钢筋混凝土盖板,不宜超过 50 kg。室内要用钢板盖板。电缆沟应采用分段排水,每隔 50 m 左右设集水井。电缆沟底的坡度不小于 0.5%。室内电缆敷设线路平面设计应把高压电缆与低压电缆分开,并列间距不小于 150 mm。电压相同的电缆净间距不小于 35 mm,在电缆托盘内则不受此限。非铠装电缆水平敷设时,距离地面高度不小于 2.5 m;垂直敷设高度在 1.8 m 以下时,应有防机械损伤的措施。但是明敷设在电缆专用房间时,不受此限制。

思考题与习题

一、判断题(对的画"√",错的画"×")

1. 塑料护套配线,其直线段每隔 150~200 mm,其转弯两边的 50~100 mm 处,都需设置线卡的固定点。 （ ）

2. 管内穿线的总截面积(包括外护套)应不超过管子内截面积的 50% 占空比。
（ ）

3. 室内配线、导线绝缘层耐压水平的额定电压,应大于线路的工作电压。 （ ）

4. 照明开关的安装高度一般为 1.3 m,距门框为 0.25~0.3 m。 （ ）

5. 不同电压、不同回路、不同频率的导线,只要有颜色区分,就可以穿于同一管内。
（ ）

6. 照明平面图是一种位置简图,主要标出灯具、开关的安装位置。 （ ）

7. 白炽灯、碘钨灯是热辐射光源。 （ ）

8. 当穿线钢管通过伸缩缝时,不必采取什么措施,而使钢管直接通过。 （ ）

9. 吊顶内电线配管可以直接安装在轻钢龙骨上,但要固定牢固。 （ ）

10. 型钢滑触线只有在跨越建筑物伸缩缝时,才要装伸缩补偿装置。 （ ）

11. 母线引下线排列,交流 L_1、L_2、L_3 三相的排列由左到右。 （ ）

二、单选题

1. 在照明分类中,属于事故照明的有( )。

A. 障碍照明   B. 局部照明   C. 混合照明   D. 一般照明

2. 在配线电路中使用的配管配线适用于潮湿、有机械外力、有轻微腐蚀气体场所的明、暗配的是( )。

A. 电线管   B. 硬塑料管   C. 半硬塑料管   D. 焊接钢管

3. 在起重机的配电施工中的滑接线的连接,多采用( )。

A. 铰接   B. 焊接   C. 螺栓连接   D. 压接

4. 暗配管埋入墙或混凝土内的管子离表面的净距不得小于( )。

A. 5 mm   B. 10 mm   C. 15 mm   D. 50 mm

5. 进入落地式配电箱的管路排列应整齐,管口出基础面应不小于( )。

A. 50 mm   B. 100 mm   C. 150 mm   D. 200 mm

6. 当电气管路在蒸汽管下面时,相互之间的距离应为( )。

A. 0.2 m   B. 0.5 m   C. 0.8 m   D. 1 m

7. 穿在管内的绝缘导线的额定电压应不低于(　　)。

　A. 100 V　　　　　B. 220 V　　　　　C. 380 V　　　　　D. 500 V

8. 起重机滑接线距地面高度不得低于(　　)。

　A. 3 m　　　　　B. 3.5 m　　　　　C. 4 m　　　　　D. 5 m

9. 吊灯安装从吊线盒引出导线接线头,引线长度宜在(　　)以内。

　A. 0.8 m　　　　　B。1.2 m　　　　　C. 1.5 m　　　　　D. 1.8 m

10. 暗装开关的安装高度在设计无规定时一般为(　　)

　A. 1.2 m　　　　　B. 1.3 m　　　　　C. 1.8 m　　　　　D. 1.4 m

11. 电缆桥架水平敷设时,桥架之间的连接头应尽量设置在跨距的(　　)处。

　A. 1/5　　　　　B. 1/4　　　　　C. 1/3　　　　　D. 1/2

12. 电缆桥架中水平走向的电缆每隔(　　)左右固定一下。

　A. 2 m　　　　　B. 1.5 m　　　　　C. 1.2 m　　　　　D. 1 m

13. 长距离的电缆桥架如利用桥架作为接地干线,每隔(　　)接地一次。

　A. 30～50 m　　　B. 50～70 m　　　C. 70～90 m　　　D. 90～110 m

14. 电缆安装前要进行检查,(　　)以上的电缆要做直流耐压试验。

　A. 0.38 kV　　　B. 1 kV　　　　　C. 10 kV　　　　　D. 35 kV

15. 电缆在室外直接埋地敷设,埋设深度一般为(　　)。

　A. 0.6 m　　　　　B. 0.7 m　　　　　C. 0.8 m　　　　　D. 0.9 m

16. 电缆在电缆沟内敷设时,1 kV 的电力电缆与控制电缆的间距应不小于(　　)。

　A. 140 mm　　　　B. 120 mm　　　　C. 100 mm　　　　D. 80 mm

17. 以下电缆不归入电气设备用电线电缆的是(　　)。

　A. 电力电缆　　　B. 通信电缆　　　C. 加热电缆　　　D. 绕组线

18. 铝硬母线采用搭接方式连接时,接触面需涂以(　　)。

　A. 中性凡士林　　　B. 电力复合脂　　　C. 密封膏

19. 钢管敷设时,当管子全长超过(　　),有一个弯曲时,则应装设接线盒。

　A. 15 m　　　　　B. 20 m　　　　　C. 30 m

20. 在暗敷的配管工程中,管子的弯曲半径不得小于管子外径的(　　)倍。

　A. 4　　　　　　B. 5　　　　　　C. 6

21. 多根导线共管,其导线根数为(　　)。

　A. 不限制　　　B. 不允许超过 15 根　　　　　C. 不允许超过 9 根

22. 金属线槽的施工,应在线槽的连接处,线槽首端、终端及进出接线盒(　　)处以及转角处设置支持点。

　A. 0.5 m　　　　　B. 1 m　　　　　C. 1.5 m

23. 直埋电缆输电线路的敷设位置图,比例宜为 1:500,地下管线密集的地段应不小于(　　)。

　A. 1:100　　　　B. 1:150　　　　C. 1:250

24. 导线截面积为(　　)mm² 及以下的单股铜芯线,可直接与设备器具的端子连接。

　A. 6　　　　　　B. 10　　　　　　C. 16

25. 五层照明平面图中的管线敷设在(　　)地板中,而五层的动力平面图中的管线则敷设在(　　)楼板中。

A. 5 层,5 层　　　　B. 6 层,5 层　　　　C. 6 层,4 层

26. 进入二三孔双联暗装插座的管内穿线有(　　)线。

A. 2 根　　　　　　B. 3 根　　　　　　C. 4 根　　　　　　D. 5 根

27. 双联单极板把开关盒的导线有(　　)根,进入四联单极板把开关盒的导线有(　　)根。

A. 3,4　　　　　　B. 2,5　　　　　　C. 3,5　　　　　　D. 2,4

三、多选题

1. 不同回路、不同电压和交流与直流的导线不得穿入同一根管子内,但下列情况中可除外的有(　　)。

A. 电压为 220 V 以下的回路

B. 同一设备的电机回路和无抗干扰要求的控制电路

C. 照明花灯所有回路

D. 同类照明的几个回路,管内导线不得超过 8 根

2. 在防爆场所的配线中,钢管配线在下列(　　)处应装设防爆挠性连接管。

A. 电机的进口

B. 管路进入配电箱处

C. 管路与电气设备连接困难处

D. 管路通过建筑物的伸缩缝、沉降缝处

3. 母线槽的特点有(　　)。

A. 占据空间小　　　　　　　　B. 互换性、通用性强

C. 安装维修方便　　　　　　　D. 投入少,造价低

4. 应急灯具可按(　　)不同方式分类。

A. 使用地点　　　B. 光源　　　　C. 点燃方式　　　D. 结构

5. 室内灯具的安装方式按(　　)分为吸顶式、墙壁式、嵌入式和悬吊式。

A. 安装位置不同　　　　　　　B. 配线方式不同

C. 对照度要求不同　　　　　　D. 房屋结构不同

6. 常用照明成套设备中简称三箱的是指(　　)。

A. 照明配电箱　　　B. 动力配电箱　　　C. 插座箱　　　D. 计量箱

7. 照明设备安装方式有(　　)

A. 链吊式　　　　B. 吸顶式　　　　C. 壁式　　　　D. 线吊式

8. 气体放电光源的灯具有(　　)

A. 荧光灯　　　　B. 白炽灯　　　　C. 钠灯　　　　D. 碘钨灯

四、简答题

1. 灯具安装有哪些要求?

2. 在保护接零中,三孔插座的正确接法如何?

3. 在什么情况下应将电缆穿管保护? 管子的直径应怎样选择?

4. 直埋电缆互相交叉时有何规定?

5. 母线相序颜色是如何规定的？

6. 封闭插接母线安装有哪些要求？

7. 管内穿线有哪些要求和规定？

8. 常用低压配线方式有哪几种？

9. 简述高层建筑竖井内配线的特点及应特殊考虑的问题。

10. 绘出教室的电气照明平面布置图,标注出灯具的数量、安装高度、配电线路和导线根数、开关的位置。

11. 某实验室配电平面图如图 3-42 所示,试分析图中配电箱、插座、线管等安装敷设概况。

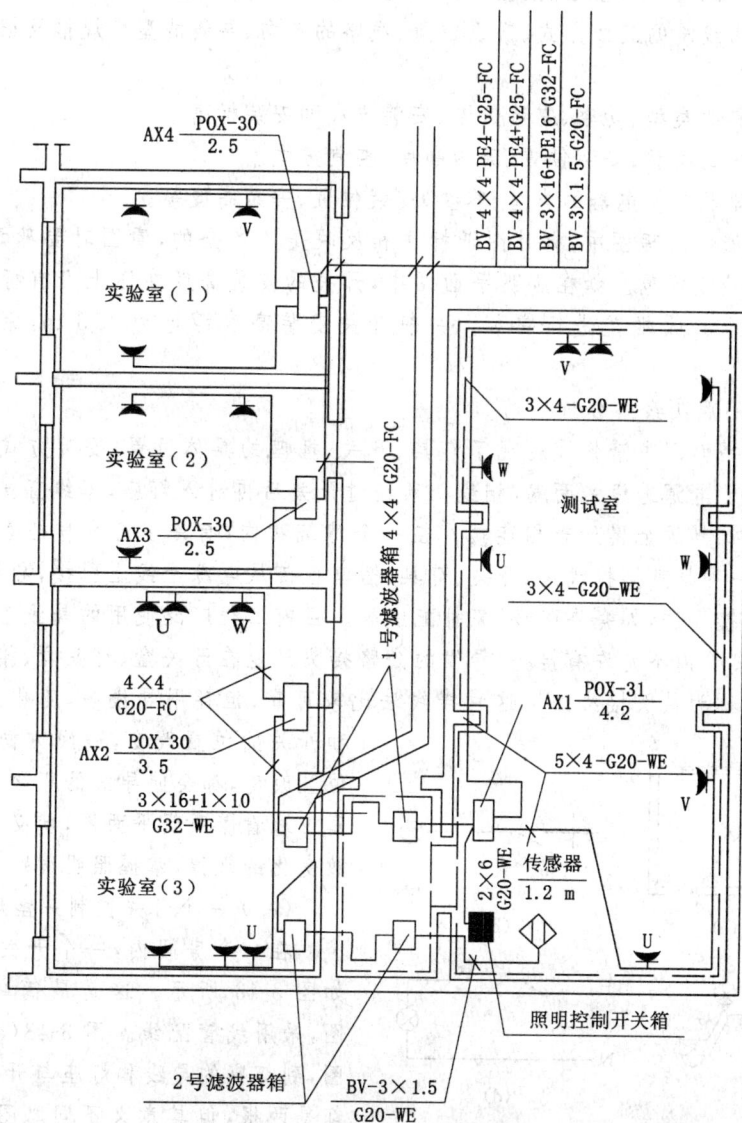

图 3-42　某实验室配电平面图

技能训练一 电气照明工程图分析

电气照明工程图是建筑设计单位提供给施工单位从事电气照明安装的图纸,所以必须熟练地掌握电气照明工程图的特点和分析方法。

一、熟悉工程概况

看电气照明工程图时,先要了解建筑物的整个结构,楼板、墙面、房顶材料与结构,门窗位置,房间布置等。

电气照明工程图描述的对象是照明设备和供电线路,分析时,要掌握以下内容:

(1)照明配电箱的型号、数量,安装位置,安装标高,配电箱的电气系统图。

(2)照明线路的配线方式、敷设位置、线路的走向、导线的型号规格及根数、导线的连接方法。

(3)灯具的类型、功率、安装位置、安装方式和安装标高。

(4)开关的类型、安装位置、离地高度、控制方式。

(5)插座及其他电器的类型、容量、安装位置、安装高度等。

在电气照明工程图中,有时图纸标注和反映是不齐全的,看图时要熟悉有关的技术资料和施工验收规范。如在照明平面图中,开关的安装高度在图上没有标出,施工者可以依据施工及验收规范进行安装。一般开关安装高度距地为 1.3 m,距门框为 0.15~0.20 m。

二、常用照明线路分析

在照明平面图中清楚地表现了灯具、开关、插座的具体位置、安装方式,灯具和插座都是并联接于电源进线的两端,相线必须经过开关后再进入灯座,零线直接进入灯座,保护接地线与灯具的金属外壳相连接。在一个建筑物内,有许多灯具和插座,一般有两种连接方法:一种是直接接线法,开关、灯具、插座直接从电源干线上引接,导线中间允许有接头的安装接线法,如瓷夹配线、瓷柱配线等。目前工程广泛使用的是线管配线、塑料护套线配线,线管内不允许有接头,导线的分路接头只能在开关盒、灯头盒、接线盒中引出,这种接线法称为共头接线法。这种接线法比较可靠,但耗用导线多,变化复杂。当灯具和开关的位置改变,进线方向改变,开关的位置改变,都会使导线的根数变化。所以要真正地看懂照明平面图,就必须了解导线根数变化的规律,掌握照明线路的基本环节。

(一)一个开关控制一盏灯

在一个房间内,一个开关控制一盏灯,如图 3-43 所示。这是最简单的照明布置图,采用线管配线。图 3-43(a)为照明平面图,到灯座的导线和灯座与开关之间的导线都是两根,但其意义不同。图 3-43(c)为透视接线图,到灯座的两根导线,一根为中线(N),一根为相线(L),开关到灯座之间一根

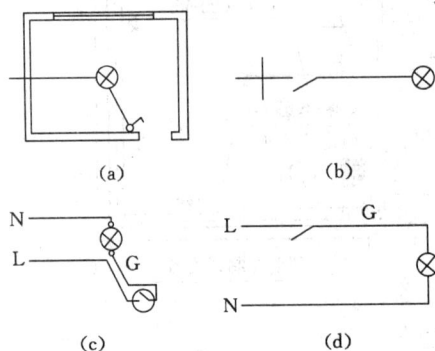

图 3-43 一个开关一盏灯
(a)平面图;(b)系统图;(c)透视接线图;(d)原理图

为相线(L),一根为控制线(G)。图 3-42(b)为系统图,简单明了。图 3-43(d)为原理图,分析原理用。

（二）多个开关控制多盏灯

图 3-44 是两个房间的照明平面图,图中有一个照明配电箱、三盏灯、一个单控双联开关和一个单控单联开关,采用线管配线。图 3-44(a)为平面图,图中左边房间两盏灯之间为三根线,中间一盏灯与单控双联开关之间为三根线,其余都是两根线。因为线管的中间不允许接头,接头只能放在灯座盒内或开关盒内,详见图 3-44(e)透视接线图。

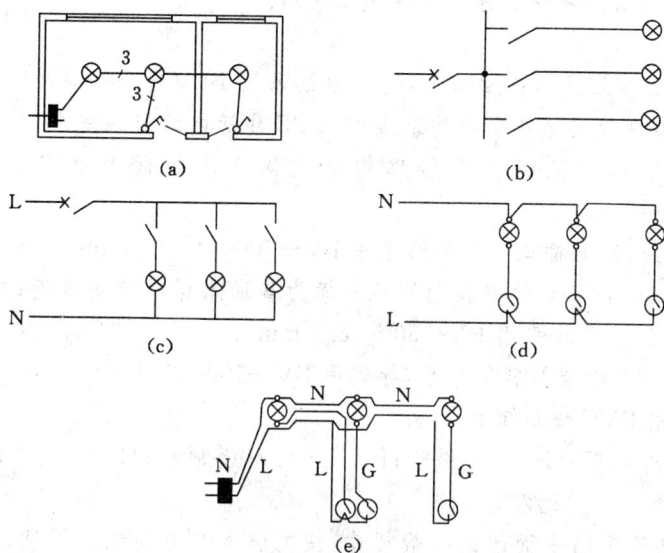

图 3-44　多个开关控制多盏灯

(a)平面图;(b)系统图;(c)原理图;(d)原理接线图;(e)透视接线图

（三）两个开关控制一盏灯

用两个双控开关在两处控制一盏灯,通常用在楼梯灯、楼上楼下灯的控制,及对走廊灯、走廊两端灯进行控制。其线路图、平面图、透视接线图如图 3-45 所示。在图示开关位置时,灯不亮,但无论扳动哪个开关,灯都会亮。分析平面中线路导线的多少,可以画出透视接线图,如图 3-45(c)所示。

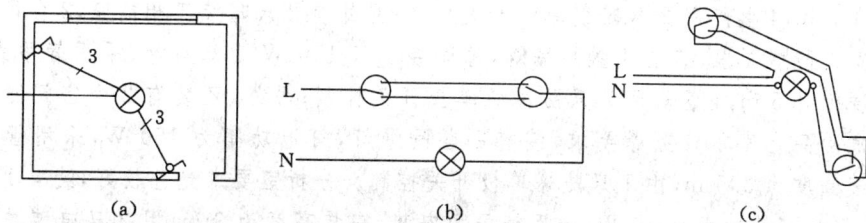

图 3-45　两个开关控制一盏灯

照明平面图能清楚地表现灯具、开关、插座和线路的具体位置及安装方法,但同一方向的导线只用一根线表示,这对初学者来说,在线路的施工和接线时有一定的难度。这时要结合系统图来分析,并且画出灯具、开关、插座的线路接线图或透视接线图,这样在施工中穿线、并头、接线就不会搞错了。在弄懂平面图、系统图、线路图、接线图的共同点和区别后,再看复杂的平面图就容易懂了。在实际施工中,关键是掌握原理接线图,不论灯具、开关位置如何变动,线路接线图始终不变,而透视接线图随开关位置、灯具位置、线路并头位置的变动而变动。

三、电气照明工程图分析

某办公实验楼是一幢两层楼带地下室的平顶楼房。图 3-46 和图 3-47 分别为该楼一层照明平面图和二层照明平面图并附有施工说明。

施工说明:

(1) 电源为三相四线 380/220 V,进户导线采用 BLV—500—4×16 mm²,自室外架空线路引来,室外埋设接地极引出接地线作为 PE 线随电源引入室内。

(2) 化学实验、危险品仓库接爆炸性气体环境分区为 2 号,导线采用 BV—500—2.5 mm²。

(3) 一层配线:三相插座电源导线采用 BV—500—4×2.5 mm²,穿直径为 20 mm 普通水煤气管暗敷设;化学实验室和危险品仓库为普通水煤气管明敷设;其余房间为 PVC 硬质塑料管暗敷设。导线采用 BV—500—2.5 mm²。

二层配线:PVC 硬质塑料管暗敷,导线用 BV—500—2.5 mm²。

楼梯:均采用 PVC 硬质塑料管暗敷。

(4) 灯具代号说明:G——隔爆灯;I——半圆球吸顶灯;H——花灯;F——防水防尘灯;B——壁灯;Y——荧光灯。

根据建筑电气照明平面图的一般规律,按电流入户方向依次阅读,即进户线—配电箱—支路—支路上的用电设备。

(一)进户线

从一层照明平面图和该工程进户点处于③轴线和⑥轴线交叉处,进户线采用 4 根 16 mm² 铝芯聚氯乙烯绝缘导线穿钢管,自室外低压架空线路引至室内照明配电箱(XM(R)—7—12/1)。室外埋设垂直接地体 3 根,用扁钢连接,引出接地线作为 PE 线随电源线接入室内照明配电箱。

(二)照明设备的分析

一层:物理实验室装有 1 盏双管荧光灯,每个灯管功率为 40 W,采用链吊安装,安装高度为 3.5 m,4 盏灯用 2 只暗装单极开关控制;另外有 2 只暗装三相插座,2 台吊扇。化学实验室有防爆要求,装有 4 盏防爆灯,每盏装 1 只 150 W 白炽灯泡,采用管吊式安装,安装高度为 3.5 m,4 盏灯用 2 只防爆式单极开关控制;另外,还装有 2 个密闭防爆三相插座。危险品仓库亦有防爆要求,装有一盏隔爆灯,灯泡功率为 150 W,采用管吊式安装,安装高度为 3.5 m,由 1 只防爆单极开关控制。分析室要求光色较好,装有 1 盏三管荧光灯,每只灯管功率为 40 W,采用链吊式安装,安装高度为 3 m,用 2 只暗装单极开关控制,另有暗装三相插座 2 个。由于浴室内水汽较多,较潮湿,所以装有 2 盏防水防尘灯,内装 100 W 白炽灯泡,采用管吊式安装,安装高度为 3.5 m,三盏灯用 1 个单极开关控制。男厕所、男女更衣室、走廊及东西出口门外,都装有半圆球吸顶灯。一层门厅安装的灯具主要起装饰作用,厅内装有 1 盏花灯,装有 9 个 60 W 白炽灯泡,采用链吊式安装,

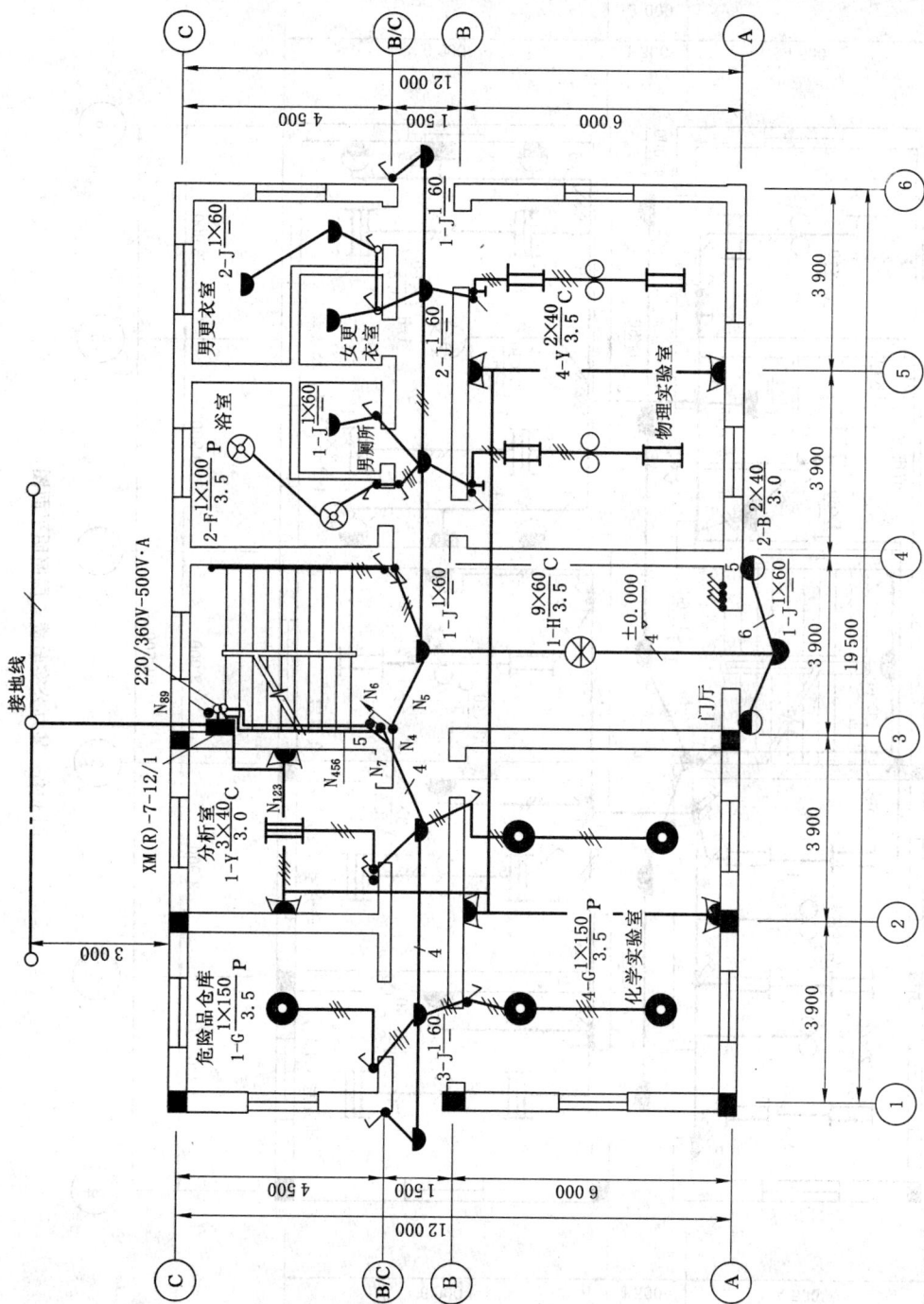

图3-46 某办公实验楼一层照明平面图

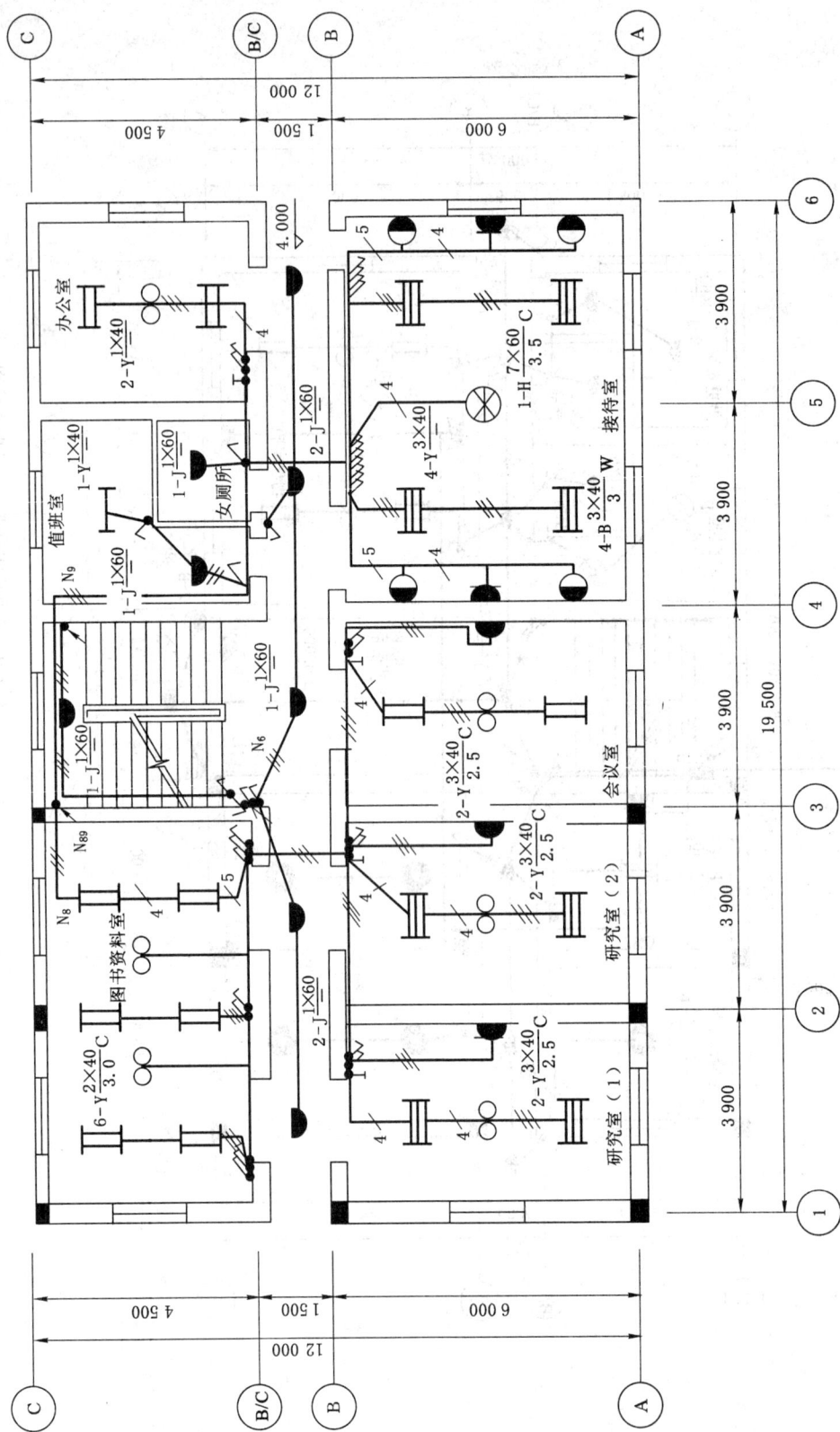

图3-47 某办公实验楼二层照明平面图

安装高度为 3.5 m。进门雨棚下安装 1 盏半圆球吸顶灯，内装 1 个 60 W 灯泡，吸顶安装。大门两侧分别装有 1 盏壁灯，内装 2 个 40 W 白炽灯泡，安装高度为 3 m。花灯、壁灯和吸顶灯的控制开关均装在大门右侧，共 4 个单极开关。

二层：接待室安装了 3 种灯具。花灯 1 盏，装有 7 个 60 W 白炽灯泡，采用链吊式安装，安装高度为 3.5 m；三管荧光灯 4 盏，灯管功率为 40 W，采用吸顶安装；壁灯 4 盏，每盏装有 40 W 白炽灯泡 3 个，安装高度为 3 m；单相带接地插孔插座 2 个，暗装。总计 9 盏灯由 11 个单极开关控制。会议室装有双管荧光灯 2 盏，灯管功率为 40 W，采用链吊式安装，安装高度为 2.5 m，由 2 只单极开关控制；另外还装有吊扇 1 台，带接地插孔的单相插座 1 个。研究室(1)、研究室(2)分别装有 3 管荧光灯 3 盏，灯管功率为 40 W，采用链吊式安装，安装高度为 2.5 m，均用 2 个单极开关控制；另有吊扇 1 台，单相带接地插座 1 个。图书资料室装有双管荧光灯 6 盏，灯管功率为 40 W，采用链吊式安装，安装高度为 3 m；吊扇 2 台；6 盏荧光灯由 6 个单极开关分别控制。办公室装有双管荧光灯 2 盏，灯管功率为 40 W，吸顶安装，各用 1 个单极开关控制；还装有吊扇 1 台。值班室装有 1 盏单管 40 W 荧光灯，吸顶安装；还装有 1 盏半圆球吸顶灯，内装 1 只 60 W 白炽灯泡；2 盏灯各自用 1 个单极开关控制。女厕所、走廊和楼梯均安装半圆球吸顶灯，每盏 1 个 60 W 的白炽灯泡，共 7 盏。楼梯灯采用两只双控开关分别在二楼和一楼控制。

（三）各配电支路负荷分配

由一层照明平面图知道照明配电箱型号为 XM(R)—7—12/1。查设备手册可知，该照明配电箱设有进线总开关，可引出 12 条单相回路，该照明工程使用 9 路($N_1 \sim N_9$)，其中 N_1、N_2、N_3 同时向一层三相插座供电；N_4 向一层③轴线西部的室内照明灯具及走廊灯供电；N_5 向一层③轴线以东部分的照明灯供电；N_6 向二层走廊灯供电；N_7 引向干式变压器(220/36 V—500 V·A)，变压器二次侧 36 V 出线引下穿过楼板向地下室内照明灯具和地下室楼梯灯供电；N_8、N_9 支路引向二楼；N_8 为二层④轴线西部的会议室、研究室、图书资料室内的照明灯具、吊扇、插座供电；N_9 为二层④轴线东部的接待室、办公室、值班室及女厕所内的照明灯具、吊扇、插座供电。依此配电概况，可以画出该工程的照明配电系统图，如图 3-46 所示。

考虑到三相负荷应均匀分配的原则，$N_1 \sim N_9$ 支路应分别接在 L_1、L_2、L_3 三相上。因 N_1、N_2、N_3 是向三相插座供电的，故必须分别接在 L_1、L_2、L_3 三相上。N_4、N_5 和 N_8、N_9 各为同一层楼的照明线路，应尽量不要接在同一相上，因此，可以将 N_1、N_4、N_8 接在 L_1 相上，将 N_2、N_5、N_7 接在 L_2 相上，将 N_3、N_6、N_9 接在 L_3 相上。这样使得 L_1、L_2、L_3 三相负荷比较接近。图 3-48 就是按此原则连接画出的。

（四）各配电支路连接情况

各条线路导线的根数及其走向是电气照明平面图的主要表现内容之一。然而，要真正认识每根导线根数的变化原因，是初读图者的难点之一。为解决这一问题，在识别线路连接情况时，就应首先了解采用的接线方法，是在开关盒、灯头盒内共头接线，还是在线路上直接接线；其次是了解各照明灯的控制方式，特别应注意分清，哪些是采用 2 个甚至 3 个开关控制一盏灯的接线，然后再一条线路一条线路地查找，这样就不难搞清楚了。下面对各支路的连接情况逐一进行阅读：

(1) N_1、N_2、N_3 支路组成一条三相回路，再加一根 PE 线，共 4 条线，引向一层的各个

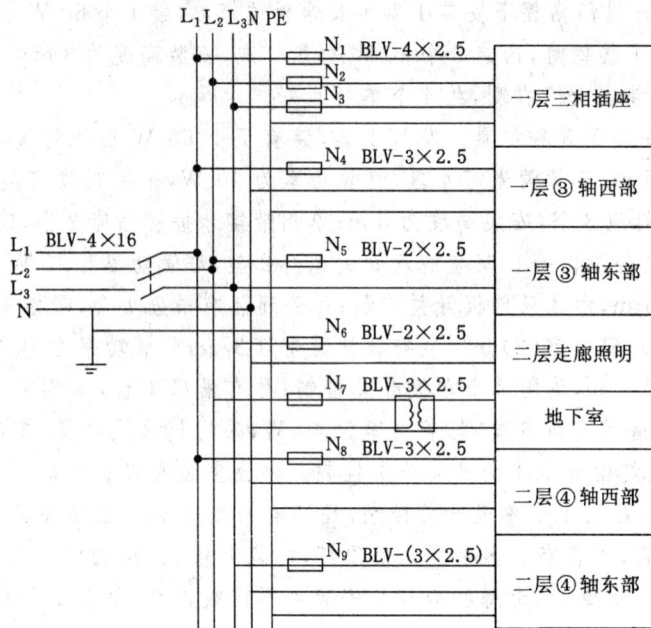

图 3-48　某办公试验楼照明配电系统图

三相插座。导线在插座盒内作共头连接。

（2）N_4 支路的走向和连接情况：N_4、N_5、N_6 三根相线，共用一根零线，加上一根 PE 线（接防爆灯外壳）共 5 根线，由配电箱沿③轴线上引出。其中 N_4 在③轴线和 B/C 轴线交叉处的开关盒处与 N_5、N_6 分开，转引向一层西部的走廊和房间，其连接情况如图 3-49 所示。

N_4 相线在③轴线与 B/C 轴线交叉处接入 1 只暗装单极开关控制西部走廊内两盏半圆球吸顶灯。同时往西引至西部走廊第一盏半圆球吸顶灯的灯头盒内，在此灯头盒内分成 3 路。第一路引至分析室门侧面的二联开关盒内，与 2 只开关相接，用这 2 只开关控制三管荧光灯 3 支灯管：即 1 只开关控制 1 支灯管，1 只开关控制 2 支灯管，以实现开 1 支、2 支或 3 支灯管的任意选择。第二路引向化学实验室右门侧面防爆开关的开关盒内，这只开关控制化学实验室右边 2 盏隔爆灯。第三路向西引至走廊内第二盏半圆球吸顶灯的灯头盒内，在这个灯头盒内又分成三路，一路引向西头门灯；一路引向危险品仓库；一路引向化学实验室左侧门边防爆开关盒。

零线在③轴线与 B/C 轴线交叉处的开关盒内分支，其一路和 N_4 相线一起走，同时还有一根 PE 线，并和 N_4 相线同样在一层西部走廊两盏半圆球吸顶灯的灯头盒内分支，另一路随 N_5、N_6 引向东侧和引向二楼。

（3）N_5 支路的走向和连接情况：N_5 相线在③轴线与 B/C 轴线交叉处的开关盒内带一根零线转向东南引至一层走廊正中的半圆球吸顶灯，在灯头盒内分成 3 路：第 1 路引至楼梯口右侧开关盒，接开关。第 2 路引向门厅，直至大门右侧开关盒，作为门厅花灯及壁灯等的电源。第 3 路沿走廊引至男厕所门前半圆球吸顶灯灯头盒，再分支引向物理实验室、浴室和继续向东引至更衣室门前半圆球吸顶灯灯头盒；在此盒内再分支引向物理

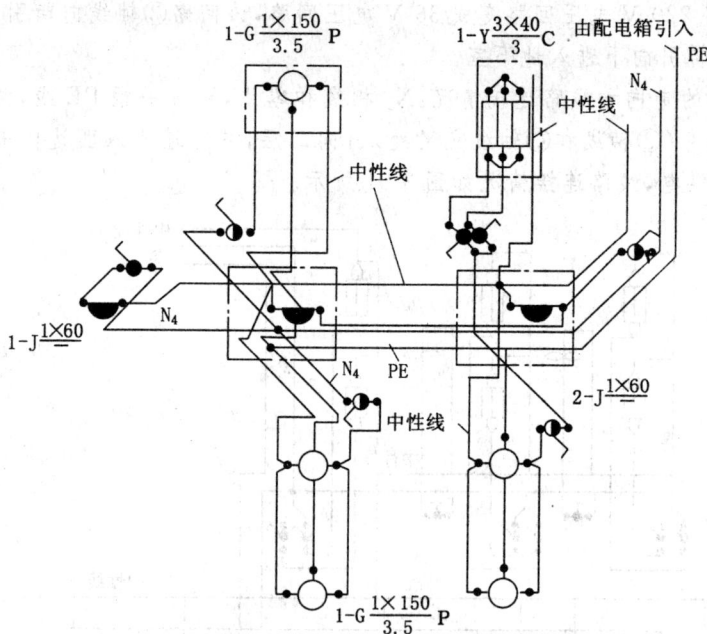

图 3-49　N₄ 支路连接情况示意图

实验室、更衣室及东端门灯。其连接情况如图 3-50 所示。

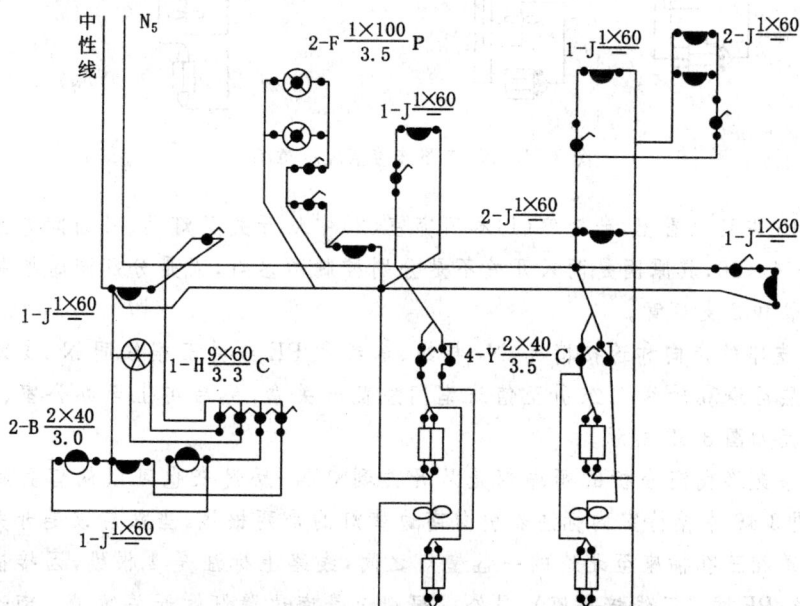

图 3-50　N₅ 支路连接情况示意图

（4）N₆ 支路的走向和连接情况：N₆ 相线在③轴线与 B/C 轴线交叉处的开关盒内带一根零线垂直引向二楼相对应位置的开关盒，供二楼走廊 5 盏半圆球吸顶灯。

（5）N₇ 支路走向和连接情况：N₇ 相线和零线从配电箱引出经 220/36V—500 V·A

的干式变压器,将 220 V 电压回路变成 36 V 电压回路,该回路③轴线向南引至③轴线和 B/C 轴线交叉处转引向下进入地下室。

(6)N_8 支路的走向和线路连接情况:N_8 相线和零线,再加一根 PE 线,共三根线,穿 PVC 管由配电箱旁(③轴线和ⓒ轴线交叉处)引向二层,并穿墙进入西边图书资料室,向④轴线西部房间供电,线路连接情况如图 3-51 所示。

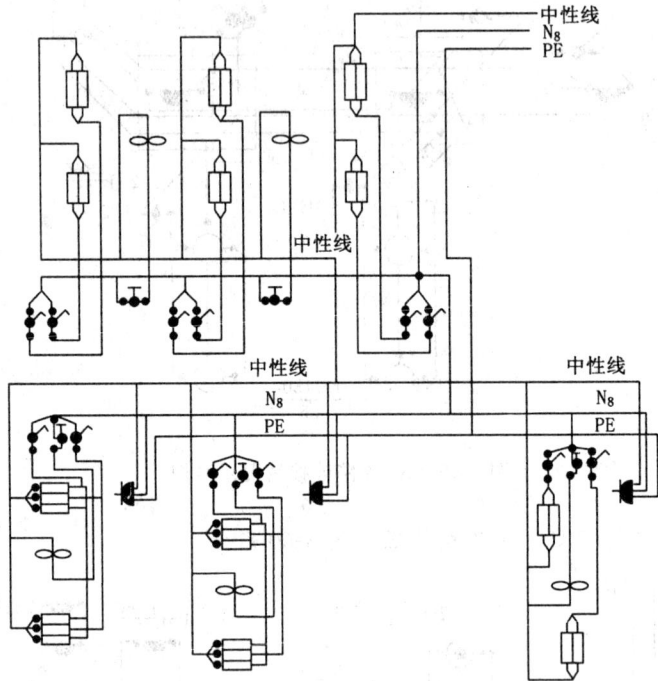

图 3-51 N_8 支路连接情况示意图

从图 3-46 中可以看出,研究室(1)和研究室(2)中从开关至灯具、吊扇间导线根数标注依次是 4—4—30,其原因是两只开关不是分别控制两盏灯,而是分别同时控制两盏灯中的 1 支灯管和 2 支灯管。

(7)N_9 支路的走向和连接情况:N_9 相线、零线和 PE 线共三根线同 N_8 支路三根线一样引上二层后沿⑥轴线向东引至值班室门左侧开关盒,然后再上至办公室、接待室。具体连接情况如图 3-52 所示。

前面几条支路我们分析的顺序都是从开关到灯具,反过来也可以从灯具到开关阅读。例如,图 3-46 中接待室内标注着引向南边壁灯的是两根线,当然应该是开关线和零线。在暗装单相三孔插座至北边的一盏壁灯之间,线路上标注是 4 根线,因接插座必然有相线、零线、PE 线(三线接插座),另外一根则应是南边壁灯的开关线了。南边壁灯的零线则可从插座上的零线引一分支到壁灯就行了。北边壁灯与开关间标注的是 5 根线,这必定是相线、零线、PE 线(接插座)和两盏壁灯的两根开关线。

再看开关的分配情况。接待室西边门东侧有 7 只暗装单极开关,④轴线上有 2 盏壁灯,导线的根数是递减的 5—4—2,这说明 2 盏灯各使用一只开关控制。这样还剩下 5 只开关,还有 3 盏灯具。④~⑤轴线间的两盏荧光灯,导线根数标注都是 3 根,其中必有 1

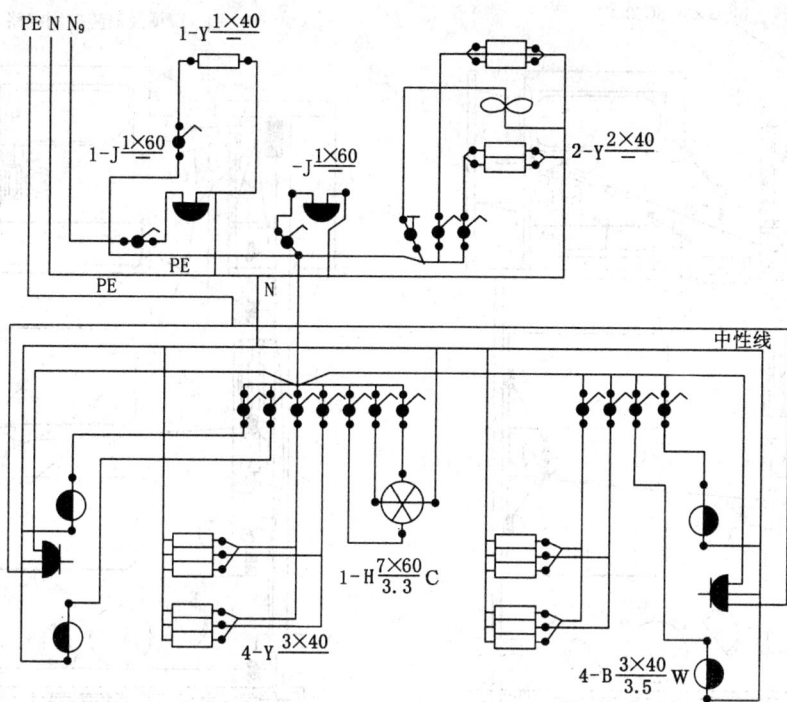

图 3-52　N9 支路连接情况示意图

根是零线,剩下的 2 根线中又不可能有相线,那必定是 2 根开关线,由此即可断定这 2 盏荧光灯是用 2 只开关控制的(控制方式与二层研究室相同)。这样剩下的 3 只开关必定都是控制花灯的了。那么 3 只开关如何控制花灯的 7 只灯泡呢?可作如下分配,即 1 只开关控制 1 只灯泡,另两只开关分别控制 3 只灯泡,这样即可实现分别开 1、3、4、6、7 只灯泡的方案。

　　以上分析了各支路的连接情况,并分别画出了各支路的连接示意图。在此给出连接示意图的目的是帮助读者更好地阅读图纸。但看图时不是先看连接图,而是应做到看了施工平面图,脑子里就能出现一个相应的连接图,而且还要能想象出一个立体布置的概貌。这样也就基本把图看懂了。

　　四、例图阅读

　　图 3-53 为客房照明平面图,照明回路与插座回路分开绘制。

　　(一)概况

　　客房照明配电箱进线为 BV—3×6;配电箱引出的照明插座电源回路由装在门旁的节能钥匙开关控制,插入钥匙接通电路,拔去钥匙后 30 s 断电。房内装有筒灯 3 只、日光灯 2 盏、地脚灯 1 盏、壁灯 3 盏(其中 2 盏为床头灯);另有 1 盏台灯和 1 盏落地灯使用插座供电。房内装设插座(二孔加三孔)6 处,刮须插座 1 个,另有电视天线插座 1 个,电话插座 2 个,风机盘管 1 台,排风扇 1 台。

　　(二)钥匙开关的控制原理

　　由平面图知钥匙开关装在门旁,将钥匙插入即接通时间继电器的线圈、回路(时间继

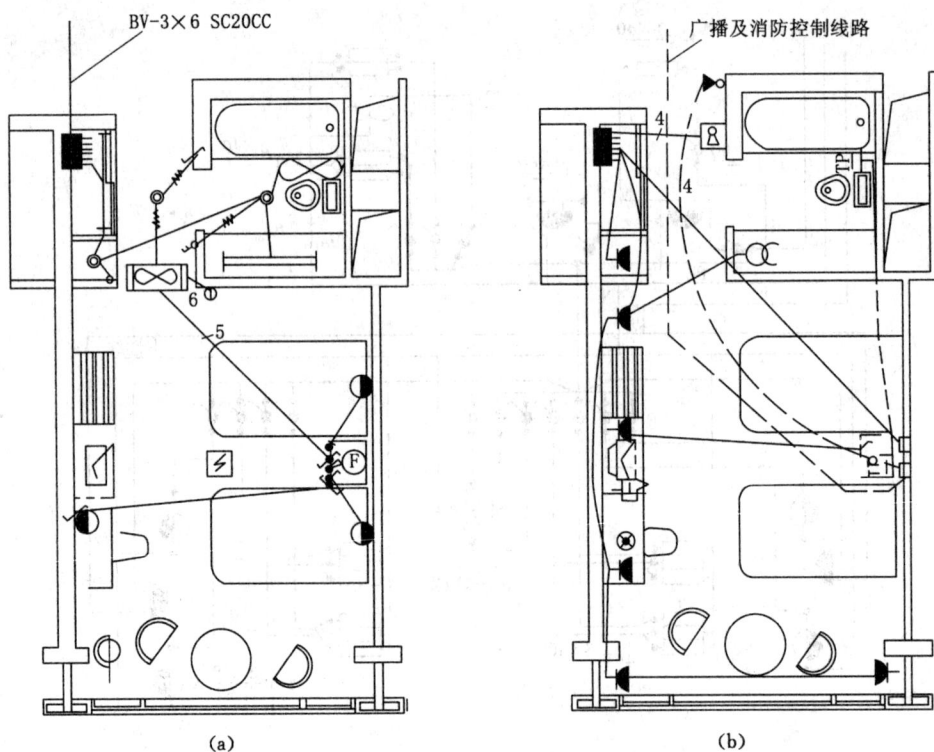

图 3-53 客房平面布置图

(a) 照明布置;(b) 插座布置

电器安装在配电箱内),继电器延时断开的常开接点闭合,接通照明、插座回路;客人离开房间拔去钥匙,时间继电器断电,其常开接点延时 30 s 断开。照明、插座回路均断开时,风机盘管转换到空调风量最低挡运行,如图 3-54 所示。

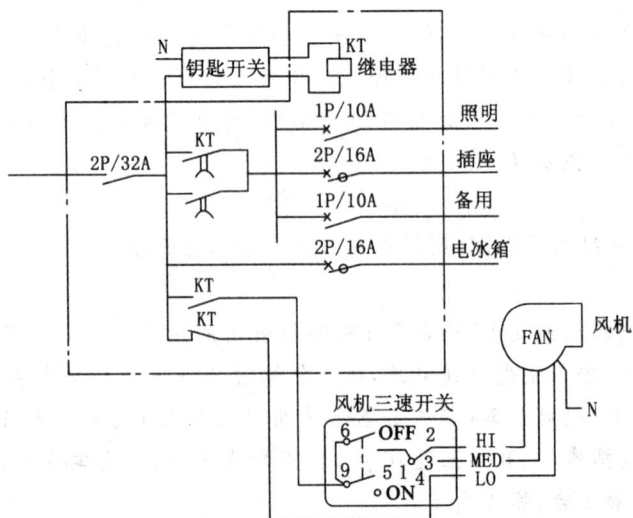

图 3-54 钥匙开关控制原理图

（三）床头控制板接线原理

从平面图可以看出房内过道灯、床头灯、壁灯、地脚灯及电视机电源插座等的控制开关都是安装在床头控制板上的，要搞清整个房间内的照明接线，就必须搞清床头控制板的接线线路图，可参照图3-55进行接线。为使其和平面图一致，可将图3-55中房灯接线和台灯插座开关接线取消。

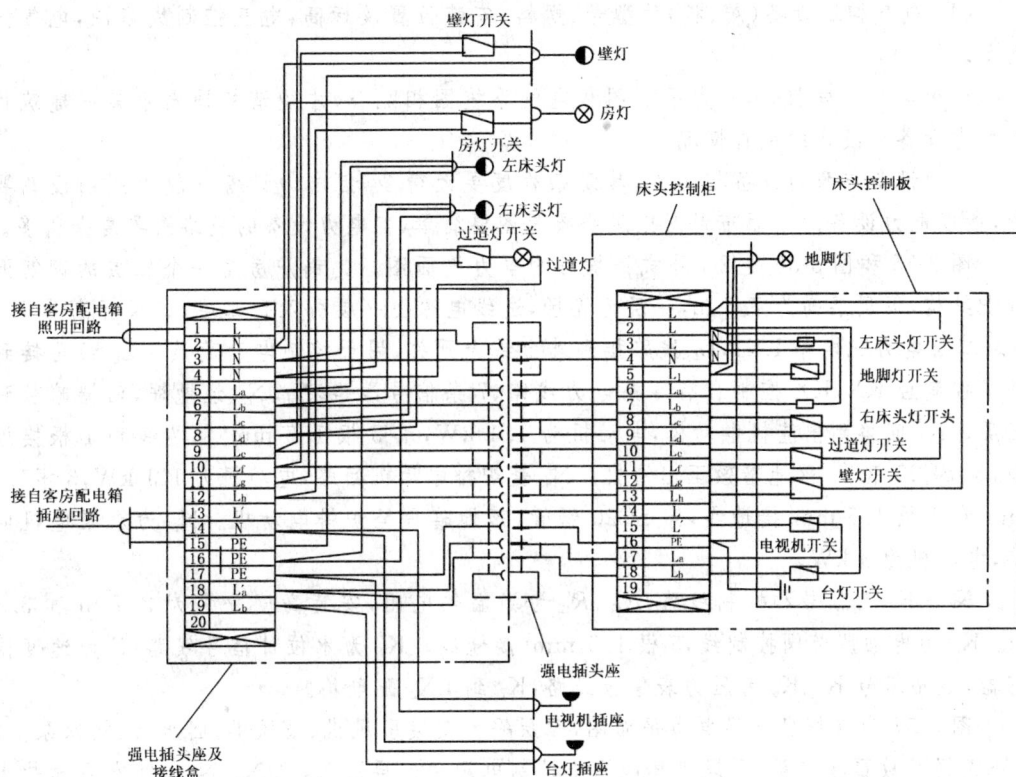

图 3-55 床头控制板接线原理图

另应注意的是，床头灯开关一般都是调光开关，和平面图中所示普通开关有区别。

（四）插座回路接线

客房内共有6处插座，每处有二孔和三孔插座各一个，采用链接。卫生间内安装一刮须专用插座。几处插座只有电视机电源插座要经开关控制，且开关安装在床头控制板上。

阅读图3-54床头控制板接线原理图，搞清楚以上几个问题后，对客房电气设备的布置、控制和线路的连接就可建立起一个整体概念，再参照全国通用电气装置标准图集和相关施工及验收规范，就可以组织施工或编制工程预算了。

技能训练二 电力工程图分析

电力工程图是用图形符号和文字符号表示某一建筑物内各种电力设备平面布置、安装、接线、调试的一种简图。

电力工程图所表示的主要内容有：

(1) 电力设备(电动机)的型号、规格、数量、安装位置、安装标高、接线方式。

(2) 配电线路的敷设方式、敷设路径、导线规格、导线根数、穿管类型及管径。

(3) 电力配电箱的型号、规格、安装位置、安装标高,电力配电箱的电气系统图和接线图。

(4) 电气控制设备(箱、柜)的型号、规格、安装位置及标高,电气控制线路图,电气接线图。

分析电力工程图时,电力平面图和电气系统图相配合,才能清楚地表示某一建筑物内电力设备和线路的配置情况。

电力设备与照明设备相比较,其复杂程度要大得多,但电力设备一般比照明设备要少,所以电力设备的平面布置图比照明布置图要简单,但电力设备的线路图要复杂得多。

图3-55和图3-56是2 t卧式锅炉房的电力平面图。此锅炉房是一个三层的钢筋混凝土结构,每层层高为7.5 m,一层为煤场,进线电源由一层引入到二层,二层标高为7.5 m。二层电力配电箱LX1,L_1线路接到墙上铁壳开关,用于控制电动葫芦。L_2线路接到锅炉控制台KX,KX控制台有5条电力线路、7条信号线路,N_1、N_2经地坪,沿墙暗敷到三层。N_3回路到出渣机电动机,电动机为1.1 kW,用3根1.5 mm^2铜芯线和1根接地线,穿SC20钢管,落地暗敷至出渣机。N_4是炉排电动机回路,电动机为1.1 kW,3根1.5 mm^2和1根1.5 mm^2接地线,穿SC20钢管,落地暗敷至炉排电动机。N_5为水泵电机回路,电动机为3 kW。

$K_1 \sim K_7$为信号和控制线路,R_{t1}、R_{t2}为测温热电阻,安装高度分别为2.7 m和3.4 m。K_3为电动调节阀控制线,5根1.5 mm^2接地线。K_4为水位计信号线路,F为速度传感器,线路编号K_5、K_6为压力表信号线路,K_7到LX_2配电箱。

图3-57为锅炉房三层电力平面图,三层平面安装引风机、鼓风机、回水泵、盐水泵。2 t卧式锅炉放置在二层,引风机和鼓风机控制电源由二层引入,见N_1、N_2。回水泵和盐水泵由三层LX_2电力配电箱控制。

图3-58为冷加工车间动力平面图。冷加工车间动力电源进线采用插接式母线槽CMC—2A—200。两个冷加工机床配电箱A_1、A_2。A_1动力配电箱型号为LX21—4,计算负荷为34.5 kW;A_2动力配电箱型号为XL21—5,计算负荷为43 kW。桥式起重机滑导线配电箱为QF1,型号为XKC—3,19.9 kW。电平车控制箱由设备配套提供。1# ~ 5#机床电源引自A2配电箱,图中以实心箭头表示,7# ~ 8#机床电源引自A1配电箱,分别采用塑料铜芯线穿钢管沿地坪暗敷至配电箱。桥式起重机电源经安全型滑导线(DHG)引自QF1配电箱。电平车采用三相36 V安全电压供电,在AC1配电箱中装有TC136 V变压器。

接地装置用ϕ50 mm、长度为2.5 m的钢管打入土中为接地体,一组接地体用三根钢管,接地线用40×4的镀锌扁钢由室外引入室内,室内接地线用25×4的镀锌扁钢,沿墙离地0.3 m敷设,并沿墙引上与起重机钢焊连。

HL为三相滑导线有电指示灯。

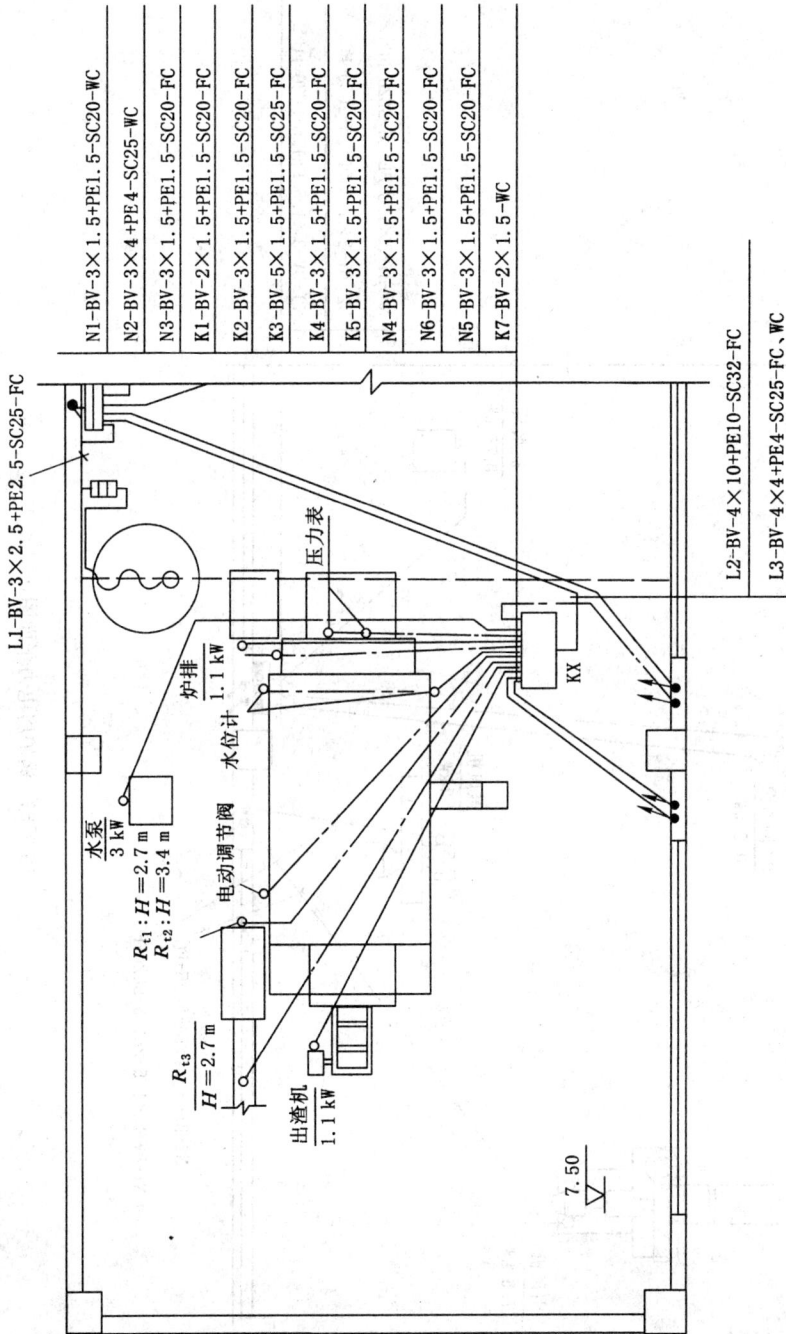

图 3-56　锅炉房电力平面图（一）

N1-BV-3×1.5+PE1.5-SC20-WC
N2-BV-3×4+PE4-SC25-WC
N3-BV-3×1.5+PE1.5-SC20-FC
K1-BV-2×1.5+PE1.5-SC20-FC
K2-BV-3×1.5+PE1.5-SC20-FC
K3-BV-5×1.5+PE1.5-SC25-FC
K4-BV-3×1.5+PE1.5-SC20-FC
K5-BV-3×1.5+PE1.5-SC20-FC
N4-BV-3×1.5+PE1.5-SC20-FC
N6-BV-3×1.5+PE1.5-SC20-FC
N5-BV-3×1.5+PE1.5-SC20-FC
K7-BV-2×1.5-WC

L1-BV-3×2.5+PE2.5-SC25-FC

L2-BV-4×10+PE10-SC32-FC
L3-BV-4×4+PE4-SC25-FC、WC

压力表

炉排
1.1 kW

水位计

水泵
3 kW

$R_{t1}:H=2.7$ m
$R_{t2}:H=3.4$ m

电动调节阀

KX

$\dfrac{R_{t3}}{H=2.7\ m}$

出渣机
1.1 kW

7.50

15.000

1# 回水泵
0.2 kW

2# 回水泵
0.2 kW

Q（备用）

盐水泵
0.75 kW

鼓风机
3 kW

引风机
7.5 kW

N′-BV-3×1.5-PE1.5-SC20-FC

N2′-BV-3×1.5-PE1.5-SC20-FC

N3′-BV-3×1.5-PE1.5-SC20-FC

N2-BV-3×4 PE4-SC25-FC

N1-BV-3×1.5+PE1.5-SC20-FC

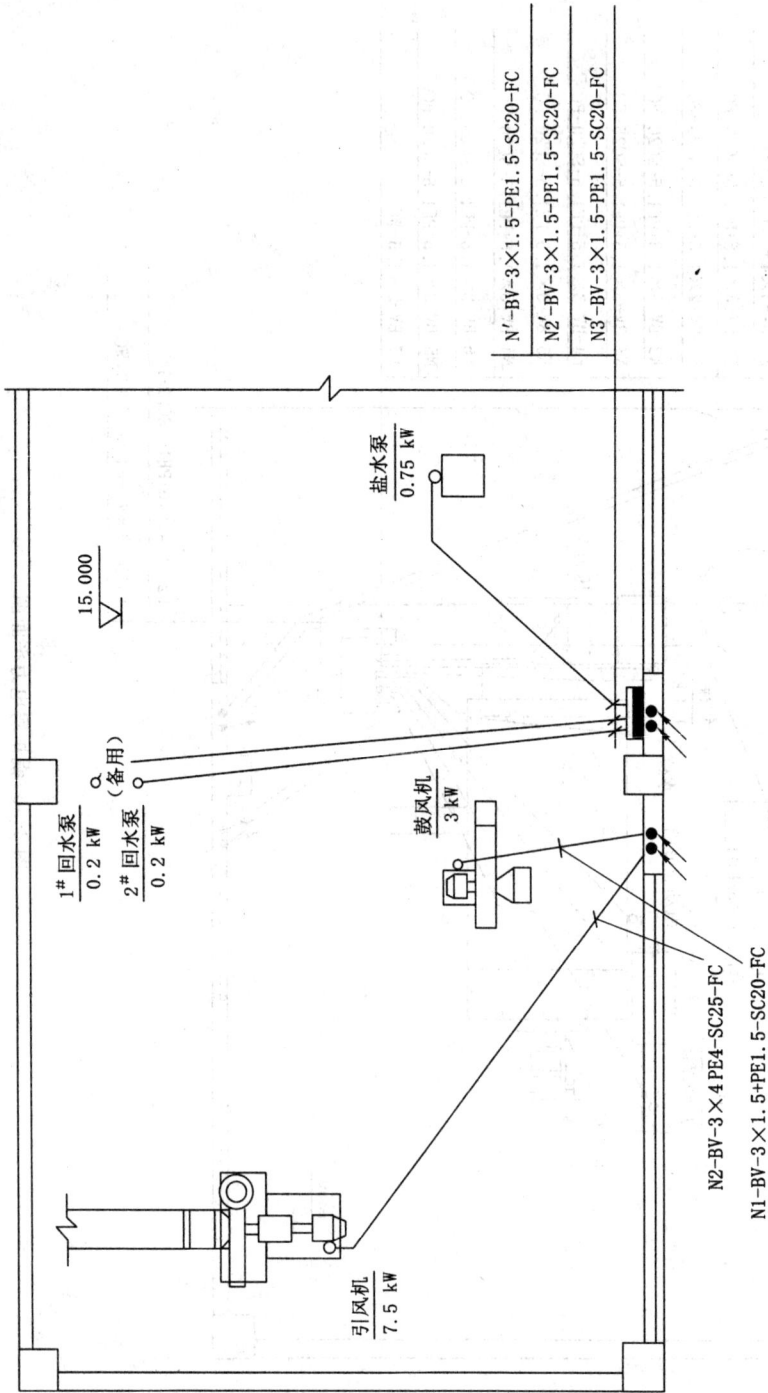

图 3-57 锅炉房电力平面图（二）

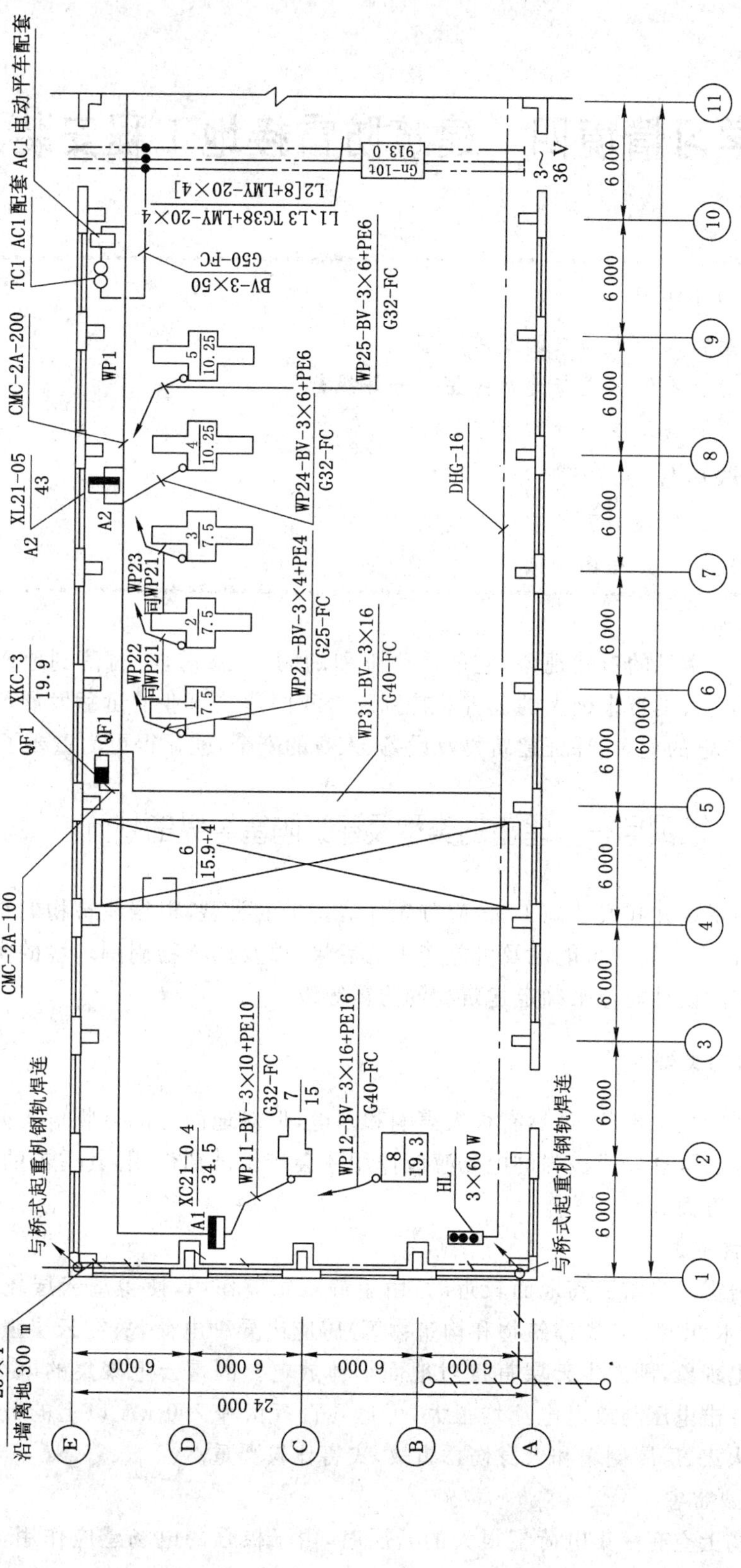

图 3-58　冷加工车间动力平面图

学习情境四　建筑防雷接地工程安装

> **一、职业能力和知识**
>
> （1）熟悉雷电产生的原因及其危害；
>
> （2）掌握防雷的方式与建筑防雷划分等级；
>
> （3）掌握防雷工程图分析方法。
>
> **二、相关实践知识**
>
> （1）防雷与接地装置的安装与验收规范；
>
> （2）建筑防雷工程图的阅读。

雷电是一种常见的自然现象，它能产生强烈的闪光、霹雳，有时落到地面上，击毁房屋，杀伤人畜，给人类带来极大的危害。特别随着我国建筑事业的迅猛发展，高层建筑日益增多，防止雷电的危害，保证建筑物及设备、人身的安全，就显得更为重要了。

项目一　雷击的类型及建筑防雷等级的划分

在进行防雷设计和安装施工时，应首先弄清雷击的类型，根据建筑物的重要程度、使用性质、发生雷击事故的可能性及可能产生的后果，以及建筑物周围环境的实际情况，按有关建筑防雷的设计规范来确定建筑物的防雷等级。

一、雷击的类型

云层之间的放电现象，虽然有很大声响和闪电，但对地面上的万物危害并不大，只有云层对地面的放电现象或极强的电场感应作用才会产生破坏作用，其雷击的破坏作用可归纳以下三个方面。

（一）直接雷击

又称直击雷。当雷云离地面较近时，由于静电感应作用，使得离云层较近的地面上凸出物（如树木、山头、各类建筑物和构筑物等）感应出异种电荷，故在云层强电场作用下形成尖端放电现象，即发生云层直接对地面物体放电。因雷云上聚集的电荷量极大，在放电瞬时的冲击电压与放电电流均很大，可达几百万伏和 200 kA 以上的数量级。所以往往会引起火灾、房屋倒塌和人身伤亡事故，灾害比较严重。

（二）感应雷害

当建筑物上空有聚集电荷量很大的云层时，由于极强的电场感应作用，将会在建筑物上感应出与雷云所带负电荷性质相反的正电荷。这样,在雷云之间放电或带电云层飘离后,虽然带电云层与建筑物之间的电场已经消失,但这时屋顶上的电荷还不能立即疏散掉,致使屋顶对地面还会有相当高的电位。所以,往往会造成对室内的金属管道、大型金属设备和电线等放电,引起火灾、电气线路短路和人身伤亡等事故。

(三)高电位引入

当架空线路上某处受到雷击或与被雷击设备连接时,便会将高电位通过输电线路引入室内,或者雷云在线路的附近对建筑物等放电而感应产生高电位引入室内,这均会造成室内用电设备或控制设备承受严重过电压而损坏,或引起火灾和人身伤害事故。

通过以上对雷电形成的原因和危害,以及雷击或雷害产生途径的分析可知,必须对建筑物和电气设备采取有效的防雷措施,以保护国家和人民的生命财产安全,将经济损失减少到最低程度。例如,住宅楼处于建筑群体的边缘或高于其周围的建筑,并且高度超过 20 m(或超过 6 层)时,应考虑设置避雷装置。一般平顶屋面多采用避雷带防雷,屋顶上易受雷击的凸出部分(有高位水箱间、电梯机房、电视共用天线或其他金属结构等),应考虑装设避雷针,以预防直接雷击和感应雷击的伤害。而对于高压架空线路和电缆线路,则应在电源进户处及开关柜内考虑避雷器,以防止高电位引入或线路发生谐振而产生高电位。

二、建筑物防雷等级的划分

按《建筑物防雷设计规范》GB 50057—1994 的规定,将建筑物防雷等级分为三类。

(一)第一类防雷建筑物

(1)凡制造、使用或贮存炸药、火药、起爆药、火工品等大量爆炸物质的建筑物,因电火花而引起爆炸,会造成巨大破坏和人身伤亡者。

(2)具有 0 或 10 区爆炸危险环境的建筑物。

(3)具有 1 区爆炸危险环境的建筑物,因电火花而引起爆炸,会造成巨大破坏和人身伤亡者。

(二)第二类防雷建筑物

(1)国家级重点文物保护的建筑物。

(2)国家级的会堂、办公建筑物、大型展览和博览建筑物、大型火车站、国家宾馆、国家级档案馆、大型城市的重要给水水泵房等特别重要的建筑物。

(3)国家级计算中心、国际通信枢纽等对国民经济有重要意义且有大量电子设备的建筑物。

(4)制造、使用或贮存爆炸物质的建筑物,且电火花不易引起爆炸或不致造成巨大破坏和人身伤亡者。

(5)具有 1 区爆炸危险环境的建筑物,且电火花不易引起爆炸或不致造成巨大破坏和人身伤亡者。

(6)具有 2 区或 11 区爆炸危险环境的建筑物。

(7)工业企业有爆炸危险的露天钢质封闭气罐。

(8)预计雷击次数大于 0.06 次/a 的部、省级办公建筑物及其他重要或人员密集的公共建筑物。

（9）预计雷击次数大于 0.3 次/a 的住宅、办公楼等一般性民用建筑物。

（三）第三类防雷建筑物

（1）省级重点文物保护的建筑物及省级档案馆。

（2）预计雷击次数大于或等于 0.012 次/a，且小于或等于 0.06 次/a 的部、省级办公建筑物及其他重要或人员密集的公共建筑物。

（3）预计雷击次数大于或等于 0.06 次/a，且小于或等于 0.3 次/a 的住宅、办公楼等一般民用建筑物。

（4）预计雷击次数大于或等于 0.06 次/a 的一般性工业建筑物。

（5）根据雷击后对工业生产的影响及产生的后果，并结合当地气象、地形、地质及周围环境等因素，确定需要防雷的 21 区、22 区、23 区火灾危险环境。

（6）在平均雷暴日大于 15 d/a 的地区，高度在 15 m 及以上的烟囱、水塔等孤立的高耸建筑物；在平均雷暴日小于或等于 15 d/a 的地区，高度在 20 m 及以上的烟囱、水塔等孤立的高耸建筑物。

项目二　建筑物的防雷措施

由于雷电有不同的危害形式，所以应相应采用不同的防雷措施来保护建筑物。

一、防雷措施的类型

（一）防直击雷的措施

防直击雷采取的措施是引导雷云对避雷装置放电，使雷电流迅速流入大地，从而保护建（构）筑物免受雷击。防直击雷的避雷装置有避雷针、避雷带、避雷网、避雷线等。对建筑物屋顶易受雷击部位，应装避雷针、避雷带、避雷网进行直击雷防护。如屋脊装有避雷带，而屋檐处于此避雷带的保护范围以内时，屋檐上可不装设避雷带。

（二）防雷电感应的措施

防止由于雷电感应在建筑物上聚集电荷的方法是在建筑物上设置收集并泄放电荷的装置（如避雷带、网）。防止建筑物内金属物上雷电感应的方法是将金属设备、管道等金属物，通过接地装置与大地作可靠的连接，以便将雷电感应电荷迅速引入大地，避免雷害。

（三）防雷电波侵入的措施

防止雷电波沿供电线路侵入建筑物，行之有效的方法是安装避雷器将雷电波引入大地，以免危及电气设备。但对于易燃易爆危险的建筑物，当避雷器放电时，线路上仍有较高的残压要进入建筑物，还是不安全。对这种建筑物可采用地下电缆供电方式，这就从根本上避免了过电压雷电波侵入的可能性，但这种供电方式费用较大。对于部分建筑物，可以采用一段金属铠装电缆进线的保护方式，这种方式不能完全避免雷电波的侵入，但通过一段电缆后，可以将雷电波的过电压限制到安全范围之内。

（四）防止雷电反击的措施

所谓反击，就是当防雷装置接受雷击时，在接闪器、引下线和接地体上都会产生很高的电位，如果防雷装置与建筑物内外的电气设备、电线或其他金属管线之间的绝缘距离不够,它们之间就会发生放电,这种现象称为反击。反击也会造成电气设备绝缘的破坏,金属管道烧穿,甚至引起火灾和爆炸。

防止反击的措施有两种:一种是,将建筑物的金属物体(含钢筋)与防雷装置的接闪器、引下线分隔开,并且保持一定的距离;另一种是,当防雷装置不易与建筑物内的钢筋、金属管道分隔开时,则将建筑物内的金属管道系统,在其主干管道处与靠近的防雷装置相连接,有条件时,宜将建筑物每层的钢筋与所有的防雷引下线连接。

二、防雷装置的组成

建筑物的防雷装置一般由接闪器、引下线和接地装置三部分组成。其作用原理是将雷电引向自身并安全导入地中,从而使被保护的建筑物免遭雷击。

(一)接闪器

接闪器是专门用来接受雷击的金属导体,通常有避雷针、避雷带、避雷网以及兼作接闪的金属屋面和金属构件(如金属烟囱,风管等)。所有接闪器都必须经过接地引下线与接地装置相连接。

1. 避雷针

(1)避雷针的作用和结构:避雷针是安装在建筑物突出部位或独立装设的针形导体。它能对雷电场产生一个附加电场(这是由于雷云对避雷针产生静电感应引起的),使雷电场畸变,因而将雷云的放电通路吸引到避雷针本身,由它及与它相连的引下线和接地体将雷电流安全导入地中,从而保护了附近的建筑物和设备免受雷击。避雷针通常采用镀锌圆钢或镀锌钢管制成。当针长为 1 m 以下时,圆钢直径 ≥12 mm,钢管直径 ≥20 mm;当针长为 1～2 m 时,圆钢直径 ≥16 mm,钢管直径 ≥25 mm;烟囱顶上的避雷针的针长 ≥20 mm。当避雷针较长时,针体则由针尖和不同直径的管段组成。针体的顶端均应加工成尖形,并用镀锌或搪锡等方法防止其锈蚀。它可以安装在电杆(支柱)、构架或建筑物上,下端经引下线与接地装置焊接。

(2)避雷针的保护范围,以它对直击雷所保护的空间来表示,可利用滚球法进行确定。滚球半径可按表 4-1 确定,单支避雷针的保护范围如图 4-1 所示。

表 4-1　　　　　　　　　　按建筑物防雷类别布置接闪器及滚球半径

建筑物防雷类别	滚球半径 h_r/m	避雷网风格尺寸/m
第一类防雷建筑物	30	≤5×5 或 ≤6×4
第二类防雷建筑物	45	≤10×10 或 ≤12×8
第三类防雷建筑物	60	≤20×20 或 ≤24×16

当需要保护的范围较大时,用一支高避雷针保护往往不如用两支比较低的避雷针保护有效。由于两针之间受到了良好的屏蔽作用,除受雷击的可能性极少外,还便于施工和具有良好的经济效果。双支等高避雷针的保护范围,如图 4-2 所示。

近年来,国外有的文献提出一种大气高脉冲电压避雷针,其特点是在传统的避雷针上部设置了一个能在针尖产生刷形放电的电压脉冲发生装置。它利用雷暴时存在于周围电场中的大气能量,按选定的频率和振幅,把这种能量转变成高电压脉冲,使避雷针尖

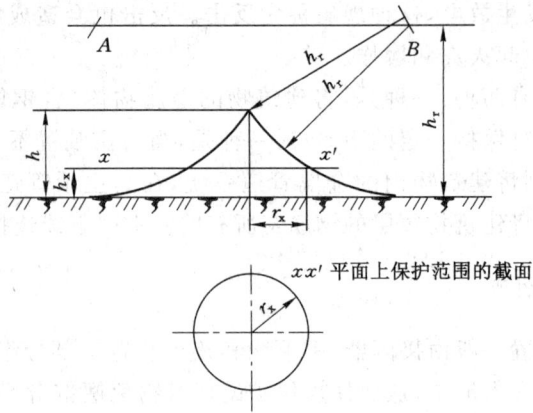

图 4-1   单支避雷针的保护范围

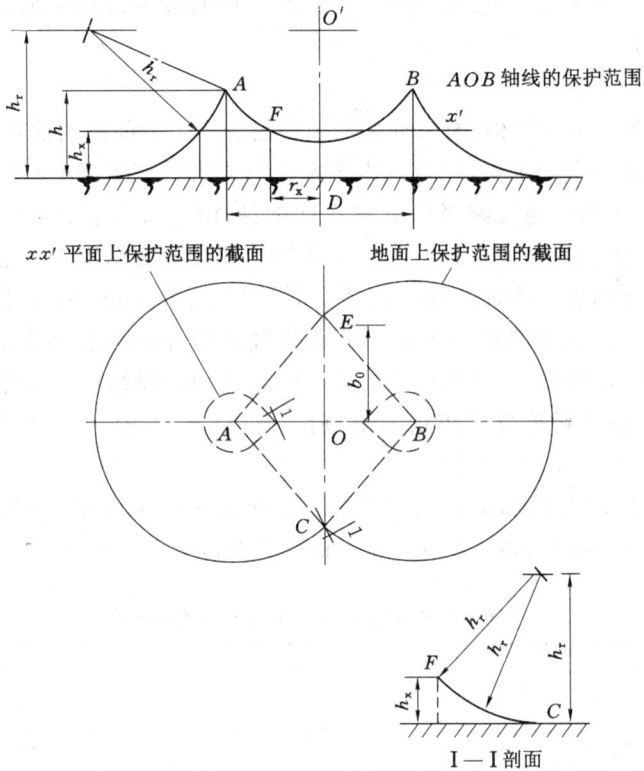

图 4-2   双支等高避雷针的保护范围

端出现刷形放电或高度离子化的等离子区。它与雷云下方的电荷极性相反,成为放电的良好通道,从而强化了引雷作用,脉冲的频率是按照有助于消除空间电荷,保证离子化通道处于最优化状态进行选定的。所以这种新型避雷针拥有比传统避雷针大若干倍的保护范围,特别是在建筑物顶部的保护范围。因此,应用大气高脉冲电压避雷针进行雷击保护,可以减少避雷针的数量或降低避雷针的高度。

2. 避雷带和避雷网

避雷带就是用小截面圆钢或扁钢装于建筑物易遭雷击的部位,如屋脊、屋檐、屋角、女儿墙和山墙等的条形长带。避雷网相当于纵横交错的避雷带叠加在一起,形成多个网孔,既是接闪器,又是防感应雷的装置,因此是接近全部保护的方法,一般用于重要的建筑物。

避雷带和避雷网可以采用镀锌圆钢或扁钢,圆钢直径不得小于 8 mm;扁钢截面积不得小于 48 mm²,厚度不得小于 4 mm;装设在烟囱顶端的避雷环,其截面积不得小于 100 mm²。

避雷网也可以做成笼式,即笼式避雷网,或避雷笼网,也可简称为避雷笼。避雷笼是笼罩着整个建筑物的金属笼。根据电学中的法拉第笼的原理,避雷笼对于雷电起到均压和屏蔽的作用,任凭接闪时笼网上出现高电压,笼内空间的电场强度为零,笼内各处电位相等,形成一个等电位体,因此笼内人身和设备都是安全的,如图 4-3 所示。

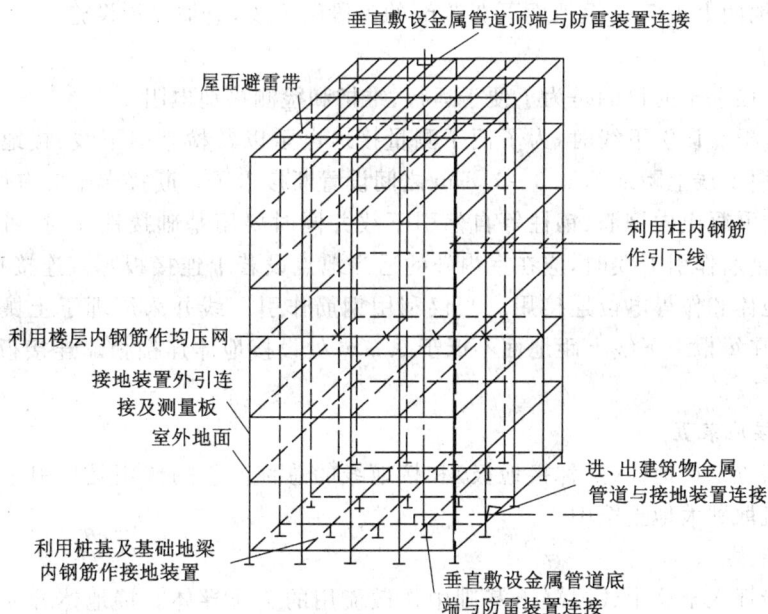

图 4-3　防雷接地系统法拉第笼结构图

我国高层建筑的防雷设计多采用避雷笼。避雷笼的特点是把整个建筑物的梁、柱、板、基础等主要结构钢筋连成一体,因此是最安全可靠的防雷措施。避雷笼是利用建筑物的结构配筋形成的,配筋的连接点只要按结构要求用钢丝绑扎,就不必进行焊接。对于预制大板和现浇大板结构建筑,网格较小,是较理想的笼网;而框架结构建筑,则属于大格笼网,虽不如预制大板和现浇大板笼网严密,但一般民用建筑的柱间距离都在 7.5 m 以内,故也是安全的。

3. 避雷线

一般采用截面积不小于 35 mm² 的镀锌钢绞线,架设在架空线路之上,以保护架空线路免受直接雷击。避雷线的作用原理与避雷针的相同,只是保护范围要小一些。

（二）引下线

引下线是连接接闪器和接地装置的金属导体。一般采用圆钢或扁钢,宜优先采用圆钢。

1. 引下线的选择和设置

采用圆钢时,直径应不小于 8 mm;采用扁钢时,其截面积应不小于 18 mm²,厚度应不小于 4 mm。烟囱上安装的引下线,圆钢直径应不小于 12 mm;扁钢截面积应不小于 100 mm²,厚度应不小于 4 mm。

引下线应沿建筑物外墙敷设,并经最短路径接地,建筑艺术要求较高者可暗敷,但截面积应加大一级。明敷的引下线应镀锌,焊接处应涂防腐漆,在腐蚀性较强的场所,还应适当加大截面积或采取其他的防腐措施。

建筑物的金属构件(如消防梯等)、金属烟囱、烟囱的金属爬梯、混凝土柱内钢筋、钢柱等都可作为引下线,但其所有部件之间均应连成电气通路。在易受机械损坏和人身接触的地方,地面上 1.7 m 至地面下 0.3 m 的一段引下线,应加保护设施。

2. 断接卡子

设置断接卡子的目的是为了便于运行、维护和检测接地电阻。

采用多根专设引下线时,为了便于测量接地电阻以及检查引下线、接地线的连接状况,宜在各引下线上距地面 0.3~1.8 m 之间设置断接卡子。断接卡子应有保护措施。

当利用混凝土内钢筋、钢柱等自然引下线并同时要用基础接地体时,可不设断接卡子,但利用钢筋作引下线时,应在室内外的适当地点设若干连接板。该连接板可供测量、接人工接地体和作等电位连接用。当仅利用钢筋作引下线并采用埋于土壤中的人工接地体时,应在每根引下线上距地面不低于 0.3 m 处设接地体连接板。连接板处宜有明显标志。

（三）接地装置

接地装置是接地体(又称接地极)和接地线的总称。它的作用是把引下线引下的雷电流迅速流散到大地土壤中去。

1. 接地体

它是指埋入土壤中或混凝土基础中作散流用的金属导体。接地体分人工接地体和自然接地体两种。自然接地体即兼作接地用的、直接与大地接触的各种金属构件,如建筑物的钢结构、桥式起重机钢轨、埋地的金属管道(可燃液体和可燃气体管道除外)等。人工接地体即是直接打入地下专作接地用的经加工的各种型钢或钢管等。按其敷设方式可分为垂直接地体和水平接地体。

2. 接地线

它是从引下线断接卡或换线处至接地体的连接导体。

3. 基础接地体

在高层建筑中,利用柱子和基础内的钢筋作为引下线和接地体,具有经济、美观和有利于雷电流流散以及不必维护和寿命长等优点。将设在建筑物钢筋混凝土桩基和基础内的钢筋作为接地体时,此种接地体常称为基础接地体。利用基础接地体的接地方式称为基础接地,国外称为 UFFER 接地。基础接地体可分为以下两种:

（1）自然基础接地体:即利用钢筋混凝土基础中的钢筋或混凝土基础中的金属结构

作为接地体。

（2）人工基础接地体：即把人工接地体敷设在没有钢筋的混凝土基础内。有时候，在混凝土基础内虽有钢筋但由于不能满足利用钢筋作为自然基础接地体的要求（如由于钢筋直径太小或钢筋总表面积太小），也有在这种钢筋混凝土基础内加设人工接地体的情况，这时所加入的人工接地体也称为人工基础接地体。

利用基础接地体时，对建筑物地梁的处理是很重要的一个环节。地梁内的主筋要和基础主筋连接起来，并要把各段地梁的钢筋连成一个环路，这样才能将各个基础连成一个接地体，而且地梁的钢筋形成一个很好的水平接地环，综合组成一个完整的接地系统。

三、避雷器

避雷器用来防护雷电产生的过电压波沿线路侵入变电所或其他建（构）筑物内，以免危及被保护设备的绝缘。避雷器与被保护设备并联，装在被保护设备的电源侧。当线路上出现危及设备绝缘的过电压时，它就对大地放电。

（一）避雷器的类型

避雷器的类型有阀型、管型和压敏电阻三类。

1. 阀型避雷器

结构如图 4-4 所示，它由火花间隙组、阀型电阻、瓷裙、高压接线端子和接地端子等组成。每个火花间隙都是由两个圆盘形的黄铜电极和一片厚度为 0.5～1 mm 的云母垫片组成的，由数个同样的火花间隙串联而构成火花间隙组。阀型电阻一般可分为两种：① 用二氧化铅（PbO_2）做成丸状，并在丸外表面涂上一层一氧化铅（PbO），并由多个这种二氧化铅丸组成"工作电阻"，故这种避雷器也称为丸阀式（或丸电阻阀式）避雷器；② 用二氧化硅（SiO_2）制成阀型电阻片，由多个阀型电阻片组装成"工作电阻"。

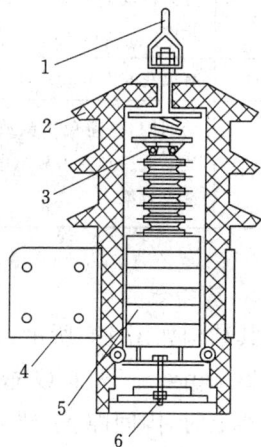

图 4-4　阀型避雷器结构示意图
1——高压接线端子；2——瓷裙；
3——火花间隙组；4——固定铁板；
5——阀型电阻；6——接地端子

当阀型避雷器两端出现雷击过电压时，火花间隙组 3 被击穿，这样雷击过电压就加到非线性阀型电阻 5 上，其特性是电阻值减小，使雷电流迅速导入大地，当雷击过电压消失后，即其端电压低于其击穿电压时，阀型电阻 5 的电阻值又迅速增大，使雷电流迅速衰减。同时，由于火花间隙组的作用，又使得雷击放电电弧很快熄灭，电流因此迅速中断，即火花间隙组恢复绝缘，为下次出现雷击过电压时放电做准备。

避雷器的结构特点和用途见表 4-2，在变电所或高压配电装置中，阀型避雷器主要用于保护电力变压器、高压电器等变配电设备的绝缘免受雷击过电压伤害。常用避雷器的型号含义如下：

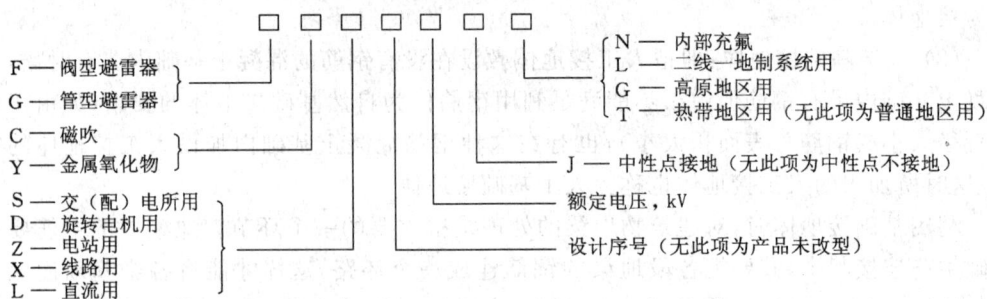

F—阀型避雷器
G—管型避雷器
C—磁吹
Y—金属氧化物
S—交（配）电所用
D—旋转电机用
Z—电站用
X—线路用
L—直流用

N—内部充氟
L—二线一地制系统用
G—高原地区用
T—热带地区用（无此项为普通地区用）
J—中性点接地（无此项为中性点不接地）
额定电压，kV
设计序号（无此项为产品未改型）

表 4-2　　　　　　　　　　避雷器的结构特点及用途

型号	结构特点	主要用途
FS	仅有火花间隙和阀片	用于 3 kV、6 kV、10 kV 配电变压器、电缆头、柱上开关等电气设备防雷
FZ	有火花间隙和阀片，间隙带有非线性并联电阻	用于 3～220 kV 交流系统电站中的电气设备防雷
FCZ	有火花间隙和阀片，间隙加磁吹灭弧元件	用于重要的或低绝缘的变配电设备、补偿电容器组的防雷；用于配电开关柜在切换操作时产生的过电压而加以保护
FCD	有火花间隙和阀片，间隙并联电容器	用于旋转电机的防雷
FY—10	无间隙，可避免工频放电电压、不稳定放电电压和冲击放电电压的分散性，无续流效果	同 FZ 用途，对大气过电压和内部过电压，均起保护作用，对多重雷击、多重内部过电压，其动作负荷特性好，优于 FZ 型

2. 管型避雷器

其结构如图 4-5 所示，其放电间隙由棒形电极 3 和环形电极 4 构成，即为内间隙 S_1。产气管 1 由纤维、塑料或橡胶等产气材料制成。当雷击过电压沿架空电力线引入至管型避雷器上时，内间隙 S_1 被击穿放电，产生电弧。电弧的高温使产气管 1 内的产气材料变成气体，在管内形成很大的压力，使气体从环形电极 4 的开口处喷出，对电弧产生很强的纵吹作用，从而使电弧拉长变细而迅速熄灭。这样就保护了电气设备不受雷击过电压破坏，同时也防止了在放电间隙被雷击过电压击穿后，电网的工频电流也使放电间隙的电弧与大地接通的"续流"现象持续，即使"续流"电弧电流过零时能够迅速熄灭。熄弧时间一般不超过 0.01 s。

管型避雷器主要应用于输电线路和变电所（站）进线段的过电压保护，多为室外安装。为了避免管型避雷器在室外安装受潮而出现误动作现象，提高其动作的可靠性，应与管型避雷器串联一个空气间隙 S_2（称为管型避雷器的外间隙）。这样，只有雷击过电压在电网上出现时，才有可能同时击穿内、外两个间隙。

此外，管型避雷器的熄弧能力受"续流"的影响较大。当雷电流及电网工频电流经间隙电弧与大地接通时的续流太小时，将会造成产气管产气量过少，而使纵吹效果差，灭弧困难；而续流太大时，管内压力过高，又会使产气管炸裂。因此，使用时应注意管型避雷器的熄灭电弧续流能力，即在选择管型避雷器时，其开断续流的上限值应小于安装处短

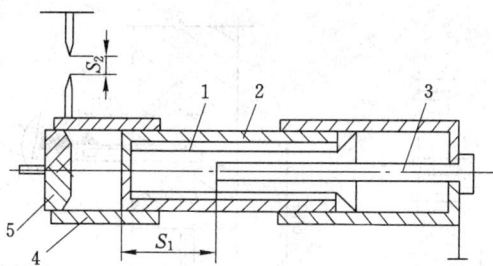

图 4-5　管型避雷器结构

1——产气管；2——胶木管；3——棒形电极；4——环形电极；5——动作指示器；S_1——内间隙；S_2——外间隙

路电流的最大有效值（考虑非周期分量），开断续流的下限值应不大于安装处短路电流可能的最小值（不考虑非周期分量）。

管型避雷器经过多次雷击过电压作用后，由于产气管内的产气材料不断被气化，产气管内径变大，从而降低了动作的准确性，而不能达到铭牌规定的切断续流数据。当管型避雷器的产气管内径增大到原来内径的 1.2～1.5 倍时，便不能继续使用，应予以更换。

在管型避雷器的一端装有一个动作指示器 5，当雷击过电压引入时，管避雷器动作，动作指示器 5 将会被气流从开口处喷出，表明该避雷器已经动作。

3. 压敏电阻避雷器

压敏电阻避雷器的直径只有 40 mm 左右，只能用于室内低压线路中。它是由氯化锌、氯化铋等金属氯化物烧结而成的多晶半导体陶瓷非线性元件，其非线性系数 $\alpha =$ 0.05，具有良好的伏安特性。在工频下可呈现非常大的电阻值，能迅速抑制工频续流，而不需要用火花间隙来熄灭工频续流引起的电弧，所以不存在冲击放电电压等问题。另外通流能力也较强，是低压电力系统和低压电气设备的过电压保护的理想装置，目前已在 1 kV 以下交、直流电力系统中获得广泛的应用。

（二）阀式避雷器的安装

阀式避雷器应垂直安装，每一个元件的中心线与避雷器安装点中心线的垂直偏差应不大于该元件高度的 1.5%。如果有歪斜，可在法兰间加金属片校正，但应保证其导电良好，并将其缝隙用腻子抹平后涂以油漆。图 4-6 为阀式避雷器在墙上安装及接线示意图。避雷器各连接处金属接触平面，应除去氧化膜及油漆，并涂一层凡士林或复合脂。室外避雷器可用镀锌螺栓将上部端子接到高压母线上，下部端子接至接地线后接地。但引线的连接，不应使避雷器结构内部产生超过允许的外加应力。接地线应尽可能短而直，以减小电阻；其截面积应根据接地装置的规定来选择。

避雷器在安装前除应进行必要的外观检查外，还应进行绝缘电阻测定、直流泄漏电流测量、工频放电电压测量和检查放电记录器动作情况及共基座绝缘。

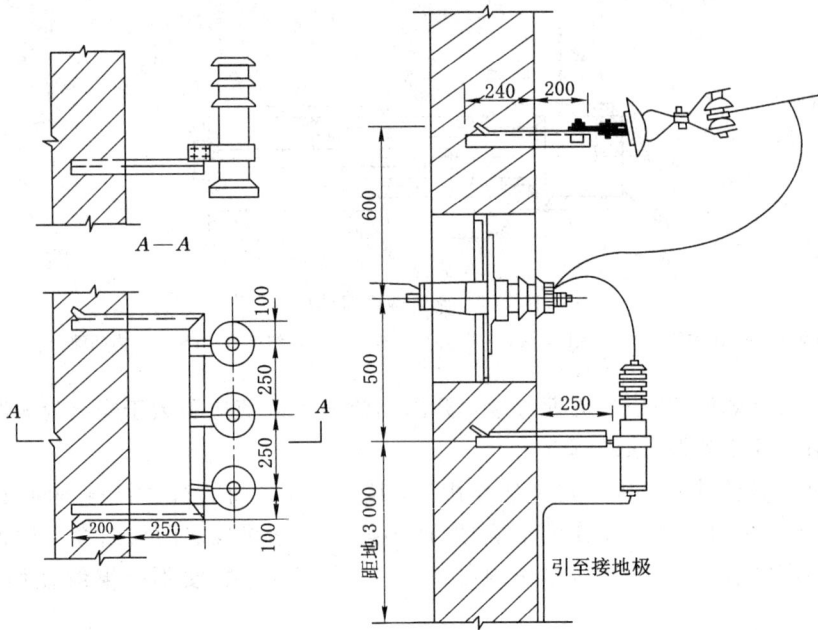

图 4-6　阀式避雷器在墙上安装及接线示意图

思考题与习题

一、判断题(对的画"√",错的画"×")

1. 接地圆钢应采用搭接,其搭接长度为其直径的 6 倍。　　　　　　　　　　(　　)

2. 避雷装置一般由避雷带、引下线、接地装置三部分组成。　　　　　　　　(　　)

3. 低压三相四线制系统,称为 TN—S 制式。　　　　　　　　　　　　　　(　　)

4. PE 保护线的色标颜色应使用黄绿颜色相间的绝缘导线。　　　　　　　　(　　)

5. 由于运行和安全的需要,为保证电力网正常情况或事故情况下可靠地工作而进行的接地,叫做工作接地。　　　　　　　　　　　　　　　　　　　　　　(　　)

6. 在 1 kV 以下同一系统中,不允许将一部分电气设备金属外壳采用接零保护,另一部分电气设备金属外壳采用接地保护。　　　　　　　　　　　　　　　(　　)

7. 独立避雷针的工频接地电阻一般应不大于 10 Ω。　　　　　　　　　　　(　　)

8. 对于机床电动机,该机床、底盘虽已接地,但电动机外壳仍需一律接地。　(　　)

9. 总等电位连接后,就没有必要进行重复接地了。　　　　　　　　　　　　(　　)

10. 用食盐和木炭屑分层填到接地极周周能有效地降低接地电阻。　　　　　(　　)

11. 不同电压等级和不同的用电设备,宜采用共用接地装置。其接地电阻应不大于 4 Ω。　　　　　　　　　　　　　　　　　　　　　　　　　　　　　　　(　　)

二、单选题

1. 防雷工程中,为防止侧击,在建筑物每隔(　　)高处设一道均压环。

A. 9 m　　　　　　B. 10 m　　　　　　C. 11 m　　　　　　D. 12 m

2. 一般建筑物避雷引下线不少于 2 根,其间距应不大于(　　)。

　A. 12 m　　　　B. 18 m　　　　C. 24 m　　　　D. 30 m

3. 防直接雷击的接地装置应绕建筑物构成闭合回路,其冲击接地电阻不大于(　　)。

　A. 1 Ω　　　　B. 4 Ω　　　　C. 10 Ω　　　　D. 30 Ω

4. 重要的或人员密集的大型建筑物属于第(　　)类防雷要求。

　A. 一　　　　B. 二　　　　C. 三　　　　D. 四

5. 接地扁钢的焊接应采用搭接焊,其搭接长度为其宽度的(　　),且至少三个棱边焊接。

　A. 2 倍　　　　B. 3 倍　　　　C. 6 倍

6. 接地体一般应离开建筑物(　　)。

　A. ≤1 m　　　　B. ≥3 m　　　　C. ≥5 m

7. 利用金属屋面做接闪器,根据材质要求有一定厚度,在下列答案中哪个是正确的?(　　)

　A. 铁板 4 mm,铜板 5 mm,铝板 7 mm　　　B. 铁板 5 mm,铜板 4 mm,铝板 7 mm

　C. 铁板 4 mm,铜板 7 mm,铝板 5 mm　　　D. 铁板 7 mm,铜板 5 mm,铝板 4 mm

8. 在正常或事故的情况下,为了保证电气设备可靠地运行,在电力系统中某一点进行接地,此接地称为(　　)。

　A. 保护接地　　　　　　B. 重复接地　　　　　　C. 工作接地

9. 供电电源由电缆引入变电所时,变电所内的阀型避雷器(　　)。

　A. 可以不装　　　　　　B. 一定要装　　　　　　C. 装或不装任意

10. 建筑物上的避雷带的引下线,可以利用(　　)。

　A. 给水、排水管　　　　　　B. 各种钢制管道或构件

　C. 建筑结构中的主钢筋

11. 接地电阻包括接地线的电阻和接地体的散流电阻,而决定接地电阻大小的主要因素是(　　)。

　A. 接地体的数量和结构　　　B. 接地线的长度

　C. 接地体的结构数量与土壤的电阻率

三、简答题

1. 一般建筑物的接地方式有哪几种?

2. 人工接地体、人工接地极应怎样安装?

3. 重复接地有何意义?接地电阻值要求是多少?

4. 什么是接地装置?什么是接地网?它们的作用如何?

5. 什么叫共用接地体?对共用接地体有什么要求?

技能训练一　防雷与接地装置的安装

一、接闪器的安装

接闪器的安装主要包括避雷针的安装和避雷带(网)的安装。

（一）避雷针的安装

避雷针的安装可参照全国通用电气装置标准图集（D562、D565）执行。图4-7和图4-8所示分别为避雷针在山墙上安装和避雷针在屋面上安装。其安装注意事项如下：

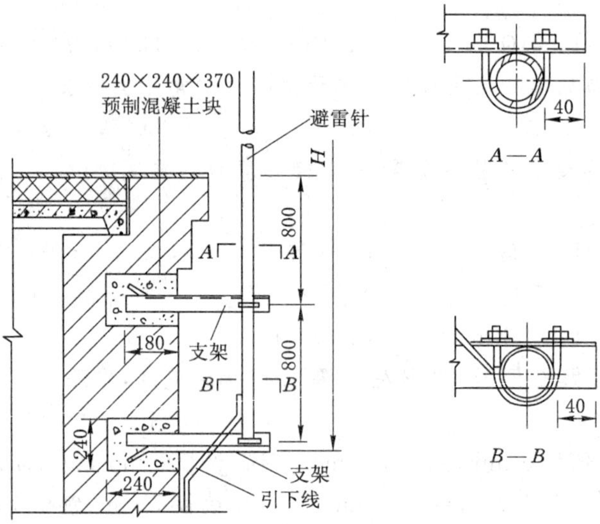

图 4-7　避雷针在山墙上安装

（1）建筑物上的避雷针和建筑物顶部的其他金属物体应连接成一个整体。

（2）为了防止雷击避雷针时，雷电波沿电线传入室内，危及人身安全，所以不得在避雷针构架上架设低压线路或通信线路。装有避雷针的构架上的照明灯电源线，必须采用直埋于地下的带金属护层的电缆或穿入金属管的导线。电缆护层或金属管必须接地，埋地长度须在 10 m 以上，方可与配电装置的接地网相连或与电源线、低压配电装置相连。

（3）避雷针及其接地装置，应采取自下而上的施工程序。首先安装集中接地装置，然后安装引下线，最后安装接闪器。

（二）避雷带和避雷网的安装

1. 明装避雷带（网）的安装

避雷带适于安装在建筑物的屋脊、屋檐（坡屋顶）或屋顶边缘及女儿墙（平屋顶）等处，对建筑物易受雷击部位进行重点保护。当避雷带之间的间距较小成一定的网格时，则称之为避雷网。明装避雷网是在屋顶上部以较疏的明装金属网格作为接闪器，沿外墙敷设引下线，接到接地装置上。

（1）避雷带在屋面混凝土支座上的安装

避雷带（网）的支座可以在建筑物屋面面层施工过程中现场浇制，也可以预制再砌牢或与屋面防水层进行固定。混凝土支座设置如图4-9所示。屋面上支座的安装位置是由避雷带（网）的安装位置决定的。避雷带（网）距屋面的边缘距离应不大于 500 mm。在避雷带（网）转角中心，严禁设置避雷带（网）支座。

在屋面上制作或安装支座时，应在直线段两端点（即弯曲处的起点）接通线，确定好中间支座位置，中间支座的间距为 1～1.5 m，相互间距离应均匀分布，在转弯处支座的间距为 0.5 m。

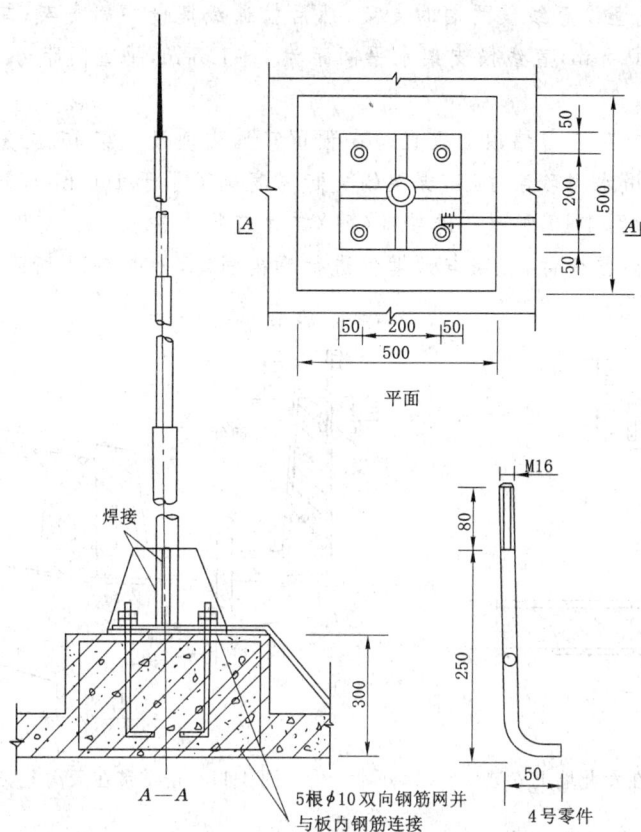

图 4-8　避雷针在屋面上安装

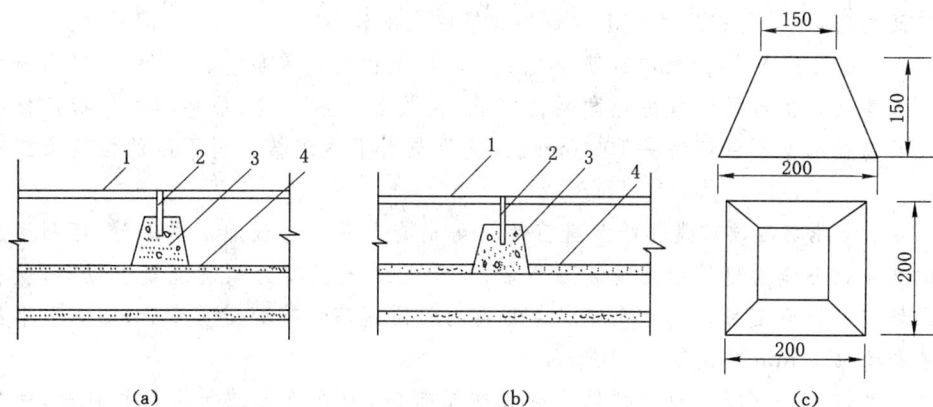

图 4-9　混凝土支座的设置

(a)预制混凝土支座;(b)现浇混凝土支座;(c)混凝土支座

1——避雷带;2——支架;3——混凝土支座;4——屋面板

(2)避雷带在女儿墙或天沟支架上的安装

避雷带(网)沿女儿墙安装时,应使用支架固定,并应尽量随结构施工预埋支架。当条件受限制时,应在墙体施工时预留不小于 100 mm×100 mm×100 mm 的孔洞,洞口的大小应里外一致,首先埋设直线段两端的支架,然后拉通线埋设中间支架,其转弯处支架应距转弯中点 0.25～0.5 m,直线段支架水平间距为 1～1.5 m,垂直间距为 1.5～2 m,且支架间距应均匀分布。

女儿墙上设置的支架应与墙顶面垂直。在预留孔洞内埋设支架前,应先用素水泥浆湿润,放置好支架时,用水泥砂浆注牢,支架的支起高度应不小于 150 mm,待达到强度后再敷设避雷带(网),如图 4-10 所示。避雷带(网)在建筑物天沟上安装使用支架固定时,应随土建施工先设置好预埋件,支架与预埋件进行焊接固定,如图 4-11 所示。

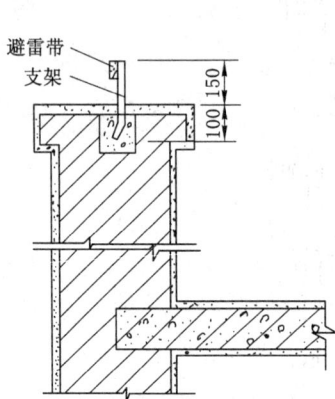

图 4-10　避雷带在女儿墙上安装　　　　　图 4-11　避雷带在天沟上安装

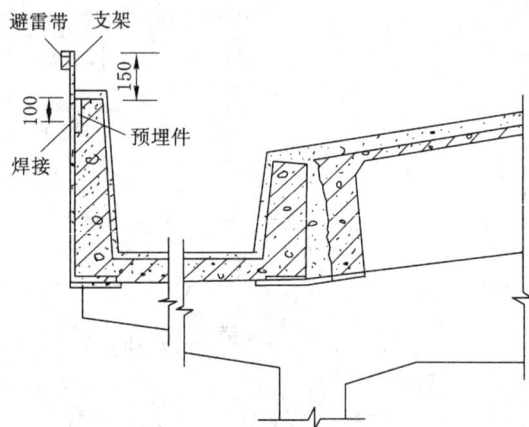

2. 暗装避雷网(带)的安装

暗装避雷网是利用建筑物内的钢筋作避雷网。暗装避雷网较明装避雷网美观,越来越被广泛利用,尤其是在工业厂房和高层建筑中应用较多。

(1)用建筑物 V 形折板内钢筋作避雷网。建筑物有防雷要求时,可利用 V 形折板内钢筋作避雷网。折板插筋与吊环和网筋绑扎,通长筋应和插筋、吊环绑扎。折板接头部位的通长筋在端部预留钢筋头 100 mm 长,便于与引下线连接。引下线的位置由工程设计决定。

(2)用女儿墙压顶钢盘作暗装避雷带。女儿墙上压顶为现浇混凝土时,可利用压顶板内的通长钢筋作为建筑物的暗装避雷带;当女儿墙上压顶为预制混凝土板时,就在顶板上预埋支架设避雷带。用女儿墙现浇混凝土压顶钢筋作暗装避雷带时,防雷引下线可采用不小于 ϕ10 mm 的圆钢。

在女儿墙预制混凝土板上预埋支架设避雷带时,或在女儿墙上有铁栏杆时,防雷引下线就由板缝引出顶板与避雷带连接。引下线在压顶处同时应与女儿墙设计通长钢筋之间,用 ϕ10 mm 圆钢作连接线进行连接。

(3)高层建筑暗装避雷网的安装。暗装避雷网利用建筑物屋面板内钢筋作为接闪装置,而将避雷网、引下线和接地装置三部分组成一个钢铁大网笼,也称为笼式避雷网。

由于土建施工做法和构件不同,屋面板上的网格大小也不一样,现浇混凝土屋面板其网格均不大于 30 cm×30 cm,而且整个现浇屋面板的钢筋都是连成一体的。预制屋面板系由定型板块拼成的,如作为暗装接闪装置,就要将板与板间的甩头钢筋做成可靠的

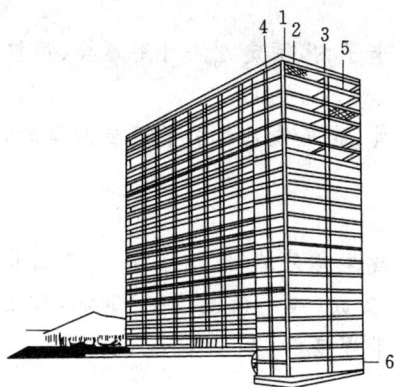

图4-12　框架结构笼式避雷网示意图

1——女儿墙避雷带；2——屋面钢筋；

3——柱内钢筋；4——外墙板钢筋；

5——楼板钢筋；6——基础钢筋

连接或焊接。采用明装避雷带和暗装避雷网相结合的方法，是最好的防雷措施，即屋顶上部如有女儿墙时，为使女儿墙不受损伤，在女儿墙上部安装避雷带与暗装避雷网再连接在一起，如图4-12所示。

对高建筑物，一定要注意防备侧向雷击和采取等电位措施。应在建筑物首层起每三层设均压环一圈。当建筑物全部为钢筋混凝土结构时，即可将结构圈梁钢筋与柱内充当引下线的钢筋进行连接（绑扎或焊接）作为均压环。当建筑物为砖混结构但有钢筋混凝土组合柱和圈梁时，均压环做法同钢筋混凝土结构。没有组合柱和圈梁的建筑物，应每三层在建筑物外墙内敷设一圈 ϕ12 mm 镀锌圆钢作为均压环，并与防雷装置的所有引下线连接，如图4-13所示。

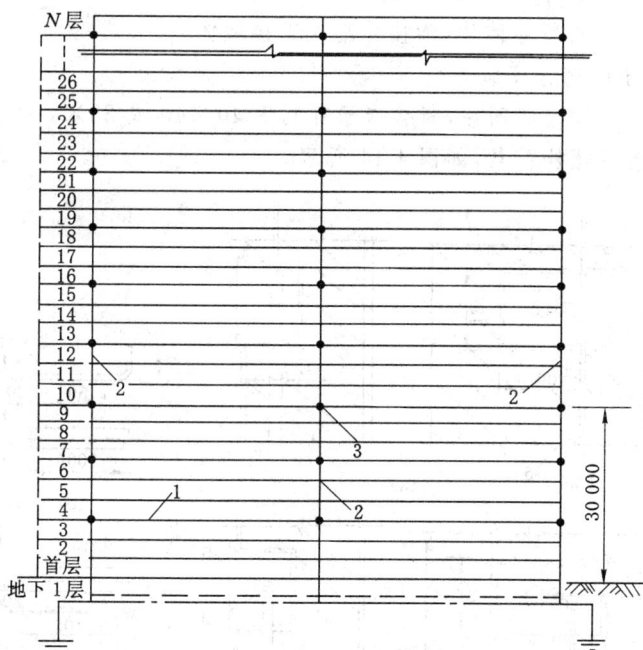

图4-13　高层建筑物避雷带

1——避雷带（网或均压环）；2——防雷引下线；3——防雷引下线与避雷带（网或均压环）的连接处

二、引下线的安装

防雷引下线将接闪器接受的雷电流引到接地装置，引下线有明敷设和暗敷设两种。

（一）引下线明敷设

明敷引下线应按设计位置在建筑物主体施工时，预埋支持卡子，然后将引下线固定在支持卡子上。卡子之间的距离为 1.5～2 m。

明敷引下线调直后，固定于埋设在墙体上的支持卡子内，固定方法可用螺栓、焊接或卡固等。

引下线路径尽可能短而直，当通过屋面挑檐板等处，在不能直线引下而要拐弯时，不应构成锐角转折，应做成曲径较大的慢弯。

（二）引下线沿墙或混凝土构造柱暗敷设

引下线沿砖墙或混凝土构造柱内暗设，应配合土建主体外墙（或构造柱）施工。将钢筋调直后先与接地体（或断接卡子）连接好，由下至上展放（或一段段连接）钢筋，敷设路径应尽量短而直，可直接通过挑檐板或女儿墙与避雷带焊接。

（三）利用建筑物钢筋做防雷引下线

防直击雷装置的引下线应优先利用建筑物钢筋混凝土中的钢筋，不仅节约钢材，更重要的是比较安全。

由于利用建筑物钢筋做引下线，是从上而下连接一体，因此不能设置断接卡子测试接地电阻值，需在柱（或剪力墙）内作为引下线的钢筋上，另焊一根圆钢引至柱（或墙）外侧的墙体上，在距护坡 1.8 m 处，设置接地电阻测试箱。

在建筑结构完成后，必须通过测试点测试接地电阻。若达不到设计要求，可在柱（或墙）外距地 0.8～1 m 预留导体处，加接外附人工接地体。

（四）断接卡子的制作安装

断接卡子有明装和暗装两种，断接卡子可利用 40×40 或 25×4 的镀锌扁钢制作，断接卡子应用两根镀锌螺栓拧紧，如图 4-14 所示。

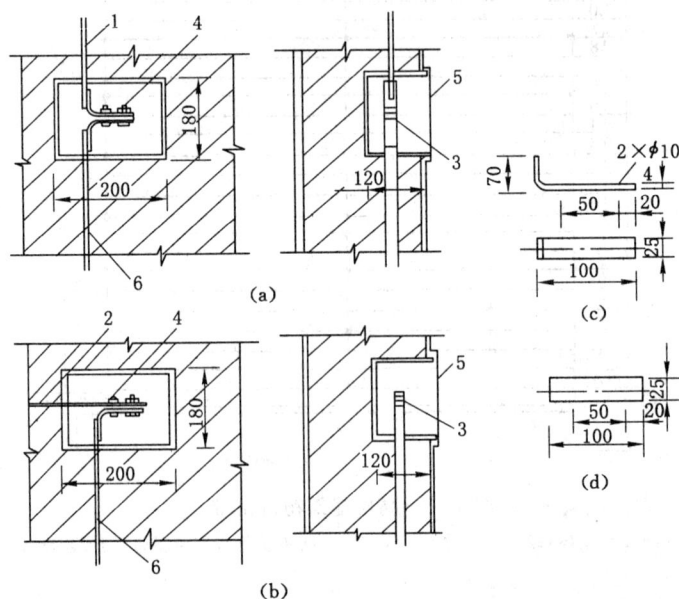

图 4-14 暗装引下线断接卡子的安装

（a）专用暗装引下线；（b）利用柱筋作引下线；（c）连接板；（d）垫板

1——专用引下线；2——至柱筋引下线；3——断接卡子；4——M10×30 镀锌螺栓；5——断接卡子箱；6——接地线

三、人工接地装置的安装

（一）人工接地体的安装

1. 接地体的加工

垂直接地体多使用角钢或钢管，一般应按设计所提数量和规格进行加工。其长度宜为 2.5 m，两接地体间距宜为 5 m。通常情况下，在一般土壤中采用角钢接地体，在坚实土壤中采用钢管接地体。为便于接地体垂直打入土中，应将打入地下的一端加工成尖形，其形状如图 4-15 所示。为了防止将钢管或角钢打劈，可用圆钢加工一种护管帽套入钢管端，或用一块短角钢（长约 10 cm）焊在接地角钢的一端，如图 4-16 所示。

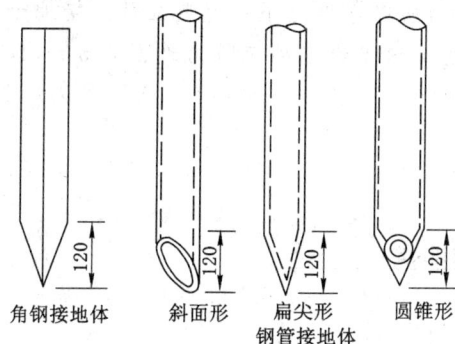

图 4-15　接地体端部加工形状

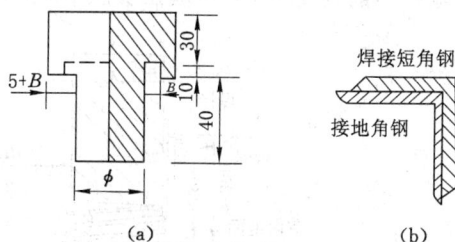

图 4-16　接地钢管和角钢的加固方法
（a）护管帽加工图；（b）短角钢焊接示意图

2. 挖沟

装设接地体前，需沿接地体的线路先挖沟，以便打入接地体和敷设连接这些接地体的扁钢。接地装置需埋于表层以下，一般接地体顶部距地面应不小于 0.6 m。

按设计规定的接地网的路线进行测量画线，然后依线开挖，一般沟深为 0.8～1 m，沟的上部宽为 0.6 m，底部宽为 0.4 m，沟要挖得平直，深浅一致，且要求沟底平整，如有石子应清除。挖沟时若附近有建筑物或构筑物，沟的中心线与建筑物或构筑物的距离不宜小于 2 m。

3. 敷设接地体

沟挖好后，应尽快敷设接地体，以防止塌方。接地体一般采用锤子打入地中。接地体与地面应保护垂直，防止接地体与土壤产生间隙，增加接地电阻而影响散流效果。

（二）接地线敷设

接地线分为人工接地线和自然接地线。人工接地线在一般情况下均应采用扁钢或圆钢，并应敷设在易于检查的地方，且应有防止机械损伤及防止化学腐蚀的保护措施。从接地干线敷设至用电设备的接地支线的距离越短越好。当接地线与电缆或其他电线交叉时，其间距至少要维持 25 mm。在接地线与管道、公路、铁路等交叉处及其他可能使接地线遭受机械损伤的地方，均应套钢管或角钢保护。当接地线跨越有振动的地方，如铁路轨道时，接地线应略加弯曲，以便振动时有伸缩的余地，避免断裂。

1. 接地体间连接扁钢的敷设

垂直接地体之间多用扁钢连接。当接地体打入地中后，即可将扁钢放置于沟内，依次将扁钢与接地体用焊接的方法连接。扁钢应侧放而不可平放,这样既便于焊接,也可减小其散流电阻。

接地体与连接线焊好之后,经过检查确认接地体埋设深度、焊接质量、接地电阻等均符合要求后,即可将沟填平。

2. 接地干线与接地支线的敷设

接地干线与接地支线的敷设分为室外和室内两种。室外的接地干线和支线是供室外电气设备接地使用的。室内的是供室内的电气设备使用的。

室外接地干线与接地支线一般敷设在沟内,敷设前应按设计要求挖沟,然后埋入扁钢。由于接地干线与接地支线不起接地散流作用,所以埋设时不一定要立放。接地干线与接地体及接地支线均采用焊接连接。接地干线接地支线末端应露出地面 0.5 m,以便接引地线。敷设完后,即回填土夯实,如图 4-17 所示。

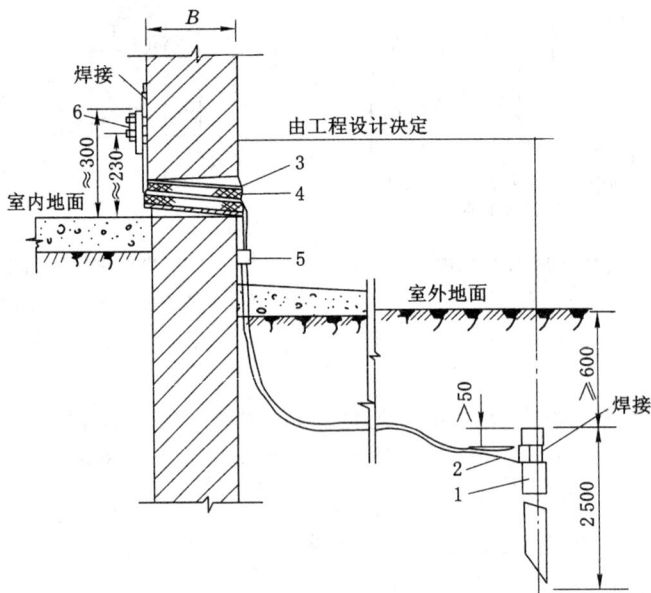

图 4-17　室外接地线引入室内做法

1——接地体;2——接地线;3——套管;4——沥青麻丝;5——固定钩;6——断接卡子

（三）接地体（线）的连接

接地体（线）的连接一般采用搭接焊,焊接处必须牢固无虚焊。有色金属接地线不能采用焊接时,可采用螺栓连接。接地线与电气设备的连接亦采用螺栓连接。

接地体（线）连接时的搭接长度为:扁钢与扁钢连接为其宽度的两倍,当宽度不同时,以窄的为准,且至少有 3 个棱边焊接;圆钢与圆钢连接为其直径的 6 倍;圆钢与扁钢连接为圆钢直径的 6 倍;扁钢与钢管（角钢）焊接时,为了连接可靠,除应在其接触部位两侧进行焊接外,还应焊以由扁钢弯成的弧形（或直角形）卡子,或直接将接地扁钢本身弯成弧形（或直角形）与钢管（或角钢）焊接。

四、建筑物基础接地装置安装

高层建筑的接地装置大多以建筑物的深基础作为接地装置。当利用钢筋混凝土基础内的钢筋作为接地装置时,敷设在钢筋混凝土中的单根钢筋或圆钢,其直径应不小于10 mm。被利用作为防雷装置的混凝土构件内用于箍筋连接的钢筋,其截面积总和应不小于1根直径10 mm 钢筋的截面积。

　　利用建筑物基础内的钢筋作为接地装置时,应在与防雷引下线相对应的室外距墙0.8~1 m 处埋设,由被利用作为引下线的钢筋上焊出一根 $\phi 2$ mm 圆钢或 40 mm×4 mm 镀锌扁钢,此导体伸向室外,距外墙皮的距离不宜小于1 m。此圆钢或扁钢能起到摇测接地电阻的作用和当整个建筑物的接地电阻值达不到规定要求时,给补打人工接地体创造条件。

　　(一)钢筋混凝土桩基础接地体的安装

　　高层建筑的基础桩基,不论是挖孔桩、钻孔桩,还是冲击桩,都是将钢筋混凝土桩子伸入地中,桩基顶端设承台,承台用承台梁连接起来,形成一座大型框架地梁。承台顶端设置混凝土桩、梁、剪力墙及现浇楼板等,空间和地下构成一个整体,墙、柱内的钢筋均与承台梁内的钢筋互相绑扎固定,它们互相之间的电气导通是可靠的。

　　桩基础接地体的构成,如图 4-18 所示。一般是在作为防雷引下线的柱子(或者剪力墙内钢筋作引下线)位置处,将桩基础的抛头钢筋与承台梁主钢筋焊接,如图 4-19 所示,并与上面作为引下线的柱(或剪力墙)中钢筋焊接。每一组桩基多于 4 根时,只需连接其四角桩基的钢筋作为防雷接地体。

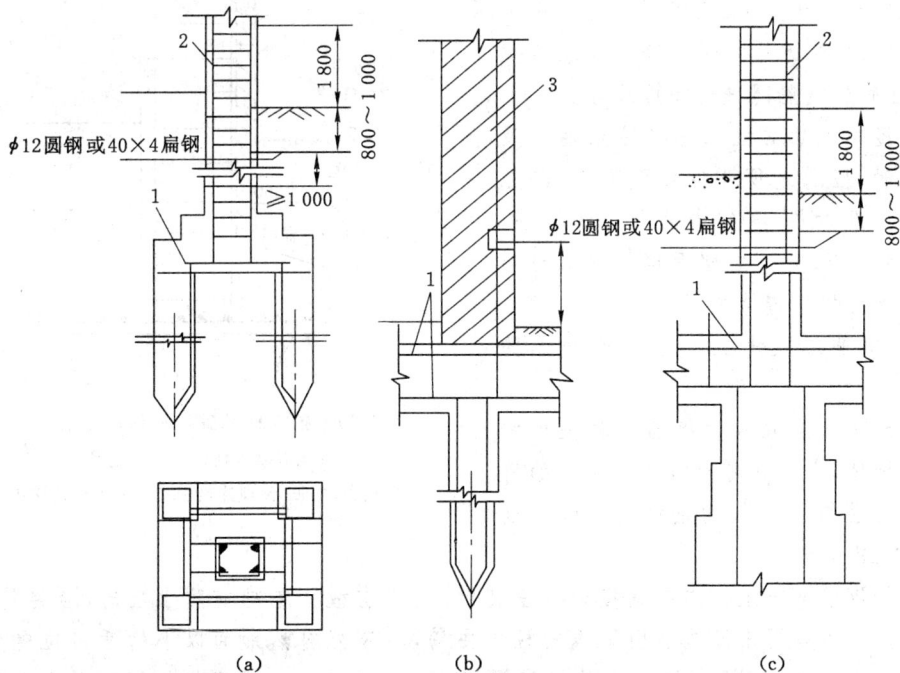

图 4-18　钢筋混凝土桩基础接地体安装

(a)独立式桩基;(b)方桩基础;(c)挖孔桩基础

1——承台梁钢筋;2——柱主筋;3——独立引下线

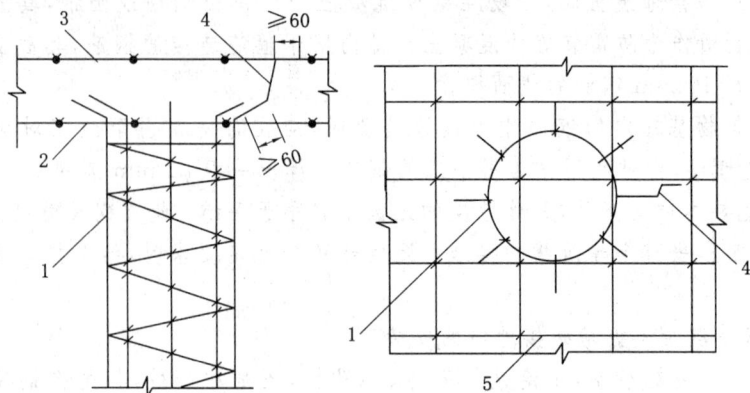

图 4-19 桩基础钢筋与承台钢筋的连接

1——桩基钢筋;2——承台下层钢筋;3——承台上层钢筋;4——连接导体;5——承台钢筋

（二）独立柱基础、箱形基础接地体的安装

钢筋混凝土独立柱基础接地体的安装,如图 4-20 所示。钢筋混凝土箱形基础接地体的安装,如图 4-21 所示。

钢筋混凝土独立柱基础及钢筋混凝土箱形基础作为接地体时,应将用作防雷引下线的现浇钢筋混凝土柱内的符合要求的主筋,与基础底层钢筋网进行焊接连接。

钢筋混凝土独立柱基础有防水油毡及沥青包裹时,应通过预埋件和引下线,跨越防水油毡及沥青层,将柱内的引下线钢筋、垫层内的钢筋与接地柱相焊接。利用垫层钢筋和接地桩柱作接地装置。

（三）钢筋混凝土板式基础接地体的安装

利用无防水层底板的钢筋混凝土板式基础作接地体,应将利用为防雷引下线的符合规定的柱主筋与底板的钢筋进行焊接连接,如图 4-22 所示。

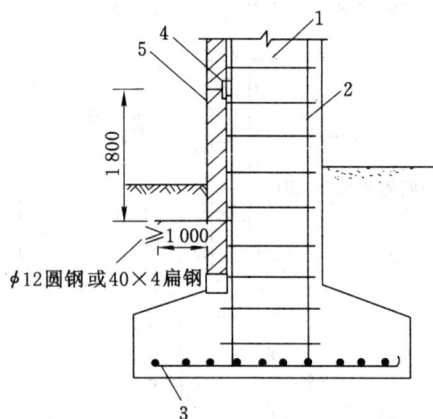

图 4-20 独立柱基础接地体的安装

1——现浇混凝土柱;2——柱主筋;3——基础底;4——预埋连接板;5——引出连接板

在进行钢筋混凝土板式基础接地体安装时,当遇有板式基础有防水层时,应将符合规格和数量的可以用来做防雷引下线的柱内主筋,在室外自然地面以下的适当位置处,利用预埋连接板与外引的 $\phi12$ mm 的镀锌圆钢 40 mm×4 mm 或扁钢相焊接做连接线,同有防水层的钢筋混凝土板式基础的接地装置连接,如图 4-23 所示。

（四）钢筋混凝土杯形基础预制柱接地体的安装

利用钢筋混凝土杯形基础网作接地体时,仅有水平钢筋网的杯形基础与有垂直和水平钢筋的基础的施工方法是有区别的。

1. 仅有水平钢筋网的杯形基础接地体

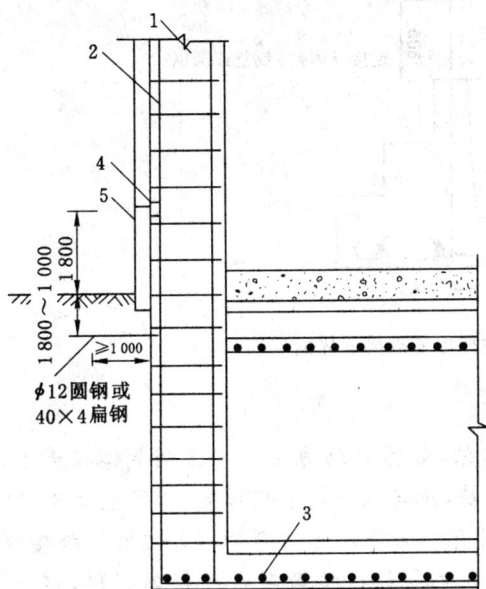

图 4-21 箱形基础接地体的安装

1——现浇混凝土柱;2——柱主筋;

3——基础底层钢筋网;

4——预埋连接板;5——引出连接板

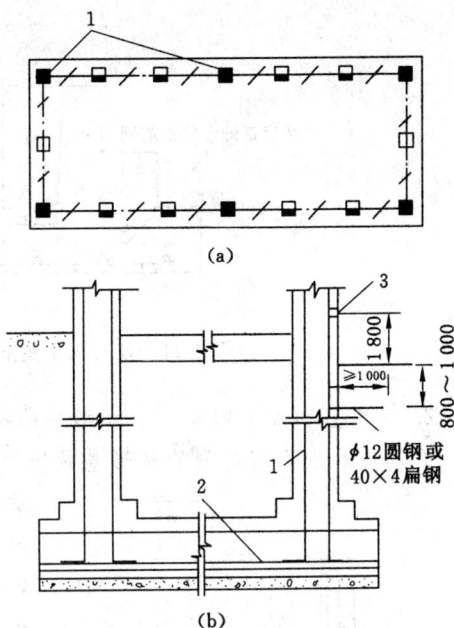

图 4-22 钢筋混凝土板式基础

(a)平面图;(b)基础安装

1——柱主筋;2——底板钢筋;

3——预埋连接板

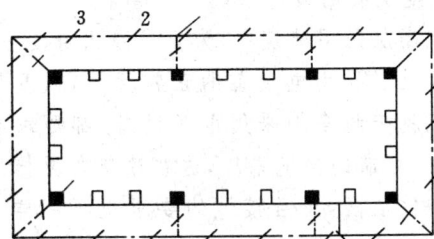

图 4-23 钢筋混凝土板式(有防水层)基础接地体安装图

1——柱主筋;2——接地体;3——连接线;4——引至接地体;5——防水层;6——基础底板

仅有水平钢筋网的杯形基础接地体做法,如图 4-24 所示。连接导体(即连接基础内水平钢筋网与预制混凝土预埋连接板的钢筋或圆钢)引出位置是在杯口一角的附近,与预制混凝土柱上的预埋连接板位置相对应。

连接导体与水平钢筋网应采用焊接做法,在施工现场无条件焊接时,应预先在钢筋网加工场地焊好后,再运往施工现场。

连接导体与柱上预埋件连接也应焊接。立柱后,将连接导体与 60×60×5 角钢、长为 100 mm 柱内预埋连接板焊接后,将其与土壤接触的外露部分用 1:3 水泥砂浆保护,且保护层厚度应不小于 50 mm。

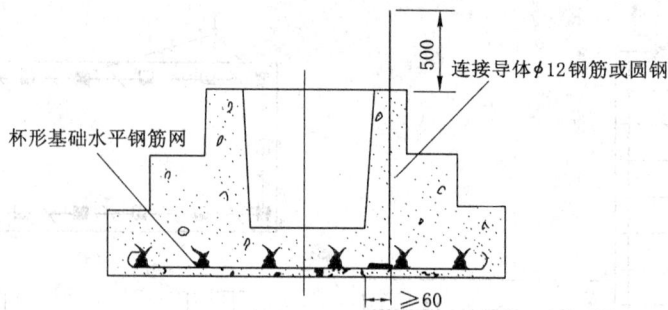

图 4-24　仅有水平钢筋网的杯形基础接地体的安装

2. 有垂直和水平钢筋网的杯形基础接地体

有垂直和水平钢筋网的杯形基础接地体做法,如图 4-25 所示。与连接导体相连接的垂直钢筋,应与水平钢筋相焊接,如不能直接焊接时,应采用一段不小于 $\phi10$ 的钢筋或圆钢跨接焊。4 根垂直主筋都能接触到水平钢筋网时,应将 4 根垂直主筋均与水平钢筋网绑扎连接。连接导体外露部分亦应做水泥砂浆保护。

当杯形钢筋混凝土基础底下有桩基时,直接将每一桩基的 1 根主筋同承台梁钢筋焊接,当不能直接焊接时,可按图 4-19 中的桩基钢筋与承台钢筋的连接做法,用连接导体进行连接。

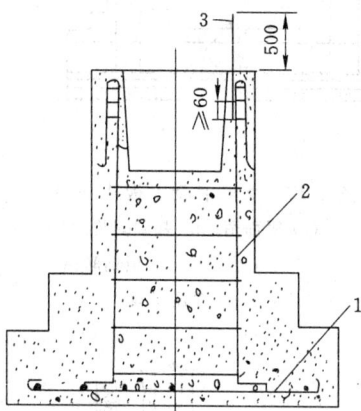

图 4-25　有垂直和水平钢筋网的基础接地体的安装

1——杯形基础水平钢筋网;2——垂直钢筋网;
3——连接导体 $\phi12$ mm 钢筋或圆钢

五、建筑物的接地系统

现代高层民用建筑中,为了保障人身安全、供电的可靠性以及用电设备的正常运行,以及现代智能建筑越来越多地采用电子设备,都要求有一个完整的、可靠的接地系统,这些建筑需要接地的设备及构件很多,而且接地的要求也不一样。从接地所具有的作用可归纳为三大类,即防雷接地、保护接地、工作接地。下面主要介绍后两种接地。

(一)保护接地

保护接地的作用是保护建筑物内的人身免遭间接接触的电击(即在配电线路及设备在发生接地故障情况下的电击)和在发生接地故障情况下避免因金属壳体间有电位差而产生打火引发火灾。当配电回路发生接地故障而产生足够大的接地故障电流时,配电回路的保护开关迅速动作,从而及时切除故障回路电源而达到保护接地的目的。

1. 保护接地的范围

高层建筑中哪些设备及构件必须进行保护接地呢? 电力装置的外露可导电部分必须保护接地,包括:

(1)电机、变压器、电器、手握式及移动式电器。

(2)电力设备传动装置。

（3）室内外配电装置的金属构架。

（4）配电屏与控制屏的框架。

（5）电缆的金属外皮及电力电缆接线盒、终端盒。

（6）电力线路的金属保护管、各种金属接线盒。

2. 保护接地系统方式的选择

按国际电工委员会（IEC）的规定，低压电网有五种接地方式：

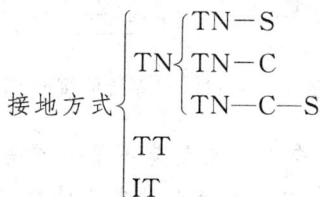

$$\text{接地方式}\begin{cases}\text{TN}\begin{cases}\text{TN—S}\\\text{TN—C}\\\text{TN—C—S}\end{cases}\\\text{TT}\\\text{IT}\end{cases}$$

第一个字母（T 或 I）表示电源中性点的对地关系。

第二个字母（N 或 T）表示装置的外露导电部分的对地关系。

横线后面的字母（S、C 或 C—S）表示保护线与中性线的结合情况。

T——Through（通过）表示电力网的中性点（发电机、变压器的星形连接的中间结点）是直接接地系统。

N——Neutral（中性点）表示电气设备正常运行时不带电的金属外露部分与电力网的中性点采取直接的电气连接，即"保护接零"系统。

（1）TN 系统

① TN—S 系统。S——Separate（分开，指 PE 与 N 分开）即五线制系统，三根相线分别是 L_1、L_2、L_3，一根零线 N，一根保护线 PE，仅电力系统中性点一点接地，用电设备的外露可导电部分直接接到 PE 线上，如图 4-26 所示。

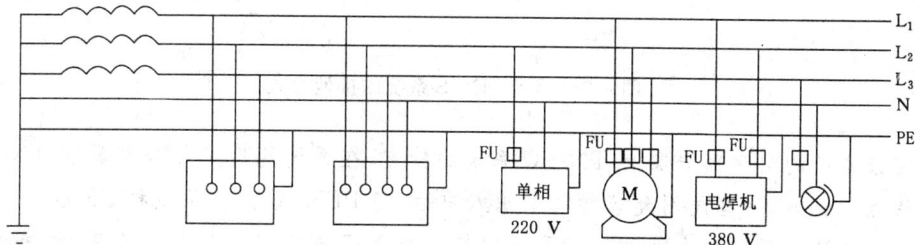

图 4-26　TN—S 系统的接地方式

TN—S 系统中的 PE 线上在正常运行时无电流，电气设备的外露可导电部分无对地电压。当电气设备发生漏电或接地故障时，PE 线中有电流通过，使保护装置迅速动作，切断故障，从而保证操作人员的人身安全。一般规定，PE 线不允许断线和进入开关。N 线（工作零线）在接有单相负荷时，可能有不平衡电流。

TN—S 系统适用于工业与民用建筑等低压供电系统，是目前我国在低压系统中普遍采取的接地方式。

② TN—C 系统。C——Common（公共，指 PE 与 N 合一）即四线制系统，三根相线分别为 L_1、L_2、L_3，一根中性线与保护地线合并的 PEN 线，用电设备的外露可导电部分接

到 PEN 线上,如图 4-27 所示。

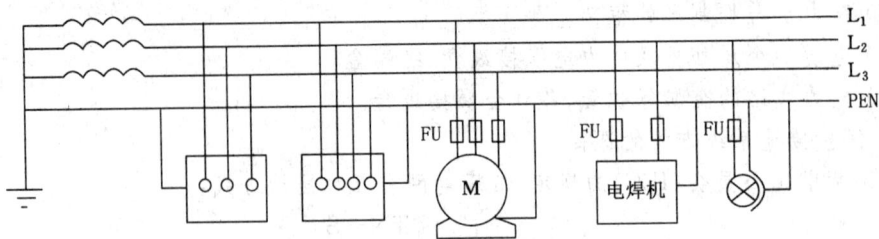

图 4-27 TN—C 系统的接地方式

在 TN—C 系统接线中,当存在三相负荷不平衡或有单相负荷时,PEN 线上呈现不平衡电流,电气设备的外露可导电部分有对地电压的存在。由于 N 线不得断线,故在进入建筑物前,N 线或 PE 线应加做重复接地。

TN—C 系统适用于三相负荷基本平衡的情况,同时也适用于有单相 220 V 的便携式、移动式的用电设备。

③ TN—C—S 系统。即四线半制系统,在 TN—C 系统的末端将 PEN 分开为 PE 线和 N 线,分开后不允许再合并,如图 4-28 所示。

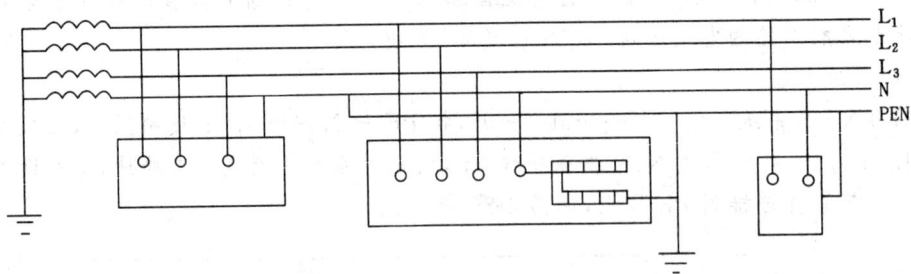

图 4-28 TN—C—S 系统的接地方式

在该系统的前半部分具有 TN—C 系统的特点,在系统的后半部分却具有 TN—S 系统的特点。目前,一些民用建筑物的电源入户后,将 PEN 线分为 N 线和 PE 线。

该系统适用于工业企业和一般民用建筑。当负荷端装有漏电保护装置,干线末端装有接零保护时,它也可用于新建住宅小区。

(2) TT 系统

第一个"T"表示电力网的中性点(发电机、变压器的星形连接的中间结点)是直接接地系统;第二个"T"表示电气设备正常运行时不带电的金属外露可导电部分对地做直接的电气连接,即"保护接地"系统。三根相线 L_1、L_2、L_3,一根中性线 N 线,用电设备的外露部分采用各自的 PE 线直接接地,如图 4-29 所示。

在 TT 系统中,当电气设备的金属外壳带电(相线碰壳或漏电)时,接地保护装置可以减少触电危险,但低压断路器不一定跳闸,设备的外壳对地电压可能超过安全电压。当漏电电流较小时,需加漏电保护器。接地装置的接地电阻应满足单相接地故障时,在规定的时间内切断供电线路的要求,或使接地电压限制在 50 V 以下。

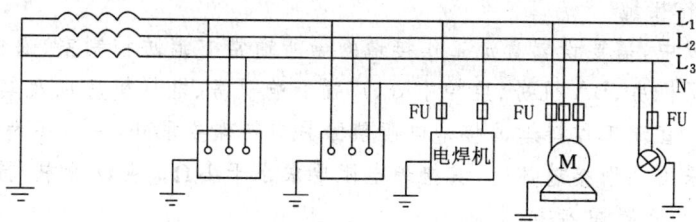

图 4-29　TT 系统的接地方式

TT 系统是适用于供给小负荷的接地系统。

（3）IT 系统

IT 系统即电力系统不接地或经过高阻抗接地。它适用于三线制系统。三根相线分别为 L_1、L_2、L_3，用电设备的外露可导电部分采用各自的 PE 线接地，如图 4-30 所示。

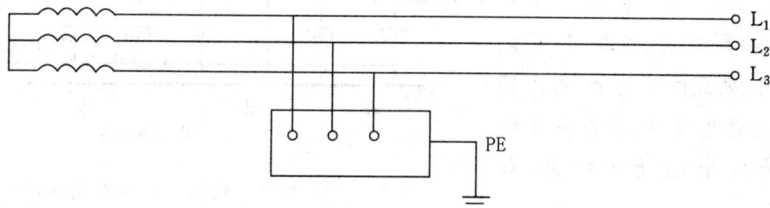

图 4-30　IT 系统的接地方式

在 IT 系统中，当任何一相发生故障接地时，因为大地可作为相线继续工作，系统可以继续运行。所以在线路中需加单相接地检测、监视装置，故障时报警。

（二）工作接地

工作接地，顾名思义，其作用就是为了建筑物内各种用电设备能正常工作所需要的接地系统，工作接地可分为交流工作接地和直流工作接地。在民用建筑内的交流工作接地是指交流低压配电系统中电源变压器中性点（独立变电所）或引入建筑物交流电源中性线的直接接地，从而使建筑物内的用电设备获得 220/380 V 正常稳定的工作电压。直流工作接地是为了让建筑物内电子设备的信号放大、信号传输以及数字电路中各种门电路信息的传递有一个稳定的基准电位，从而使建筑物内的弱电系统能够稳定正常工作。电子设备中的信号放大、传输电路中的接地也称为信号接地，数字电路中的接地也称为逻辑接地，两者统称为直流接地。

1. 交流工作接地

建筑物内交流工作接地通常指交流配电系统中性点的接地。当大楼由附近区域变电所供电时，工作接地已在区域变电所内完成。但从区域变电所引来的配电线路进入大楼前，中性线（PEN 线）必须做重复接地。当大楼设置独立变电所时，交流工作接地就在变电所内完成，即将变压器中性点、中性线一起直接接地。变电所内设有发电机组时，也应将发电机中性点直接接地。变压器、发电机中性点的直接接地应采用单独专用的 40 mm×4 mm 镀锌扁钢作接地线直接与接地体焊接。交流工作接地采用独立接地体时，接地电阻要求小于或等于 4 Ω；当采用共用接地体时，其接地电阻应小于或等于 1 Ω。

2. 直流工作接地

在高层建设中,需要设置直流工作接地的场所通常有消防控制室、通信机房(综合布线机房)、计算机机房、BA 机房、监控中心、广播音响机房、电梯机房以及其他集中使用电子设备的场所。直流工作接地的接地电阻值除另有特殊要求外,一般不大于 4 Ω,并采用一点接地。当采用共用接地体时,其接地电阻要求小于 1 Ω。在设计中,弱电系统设备的供货商往往提出设置单独接地系统的要求。但在《民用建筑电气设计规范》中明确规定,当与建筑物防雷系统分开时,两个接地系统距离不宜小于 20 m,否则会产生强烈的干扰。在建筑密度很高的城市中,要将两个接地系统在电气上真正分开一般较难办到,在地下满足 20 m 的距离要求往往是不可能的。因此,许多工程实际情况已证明,采用共用接地体是解决多系统接地的较为实用的最佳方案,如图 4-31 所示。

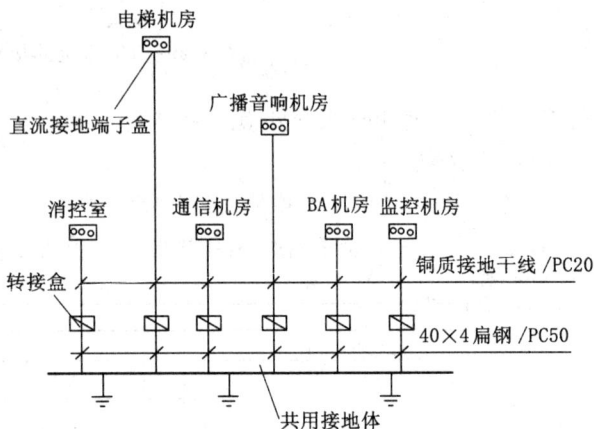

图 4-31　直流工作接地连接图

直流工作接地通常采用放射式接地形式,即从共用接地体上或总等电位铜排上分别引出各弱电机房设备的专用接地干线。在机房内设置直流工作接地的专用端子板,并与专用接地干线连接供设备工作接地。工作接地干线从接地体引出后不再与任何"地"连接,通常采用塑料绝缘导线或电缆穿硬塑料管保护,或采用扁钢(铜)穿硬塑料管保护方式敷设。直流工作接地干线宜采用扁钢(铜)穿硬塑料管保护方式敷设。直流工作接地干线材质及规格的选择与电子设备的工作频率及系统对接地电阻的要求有关。直流工作接地干线宜采用铜质材料。特别是工作频率在 1 MHz 以上的系统接地中,务必采用铜质材料。当采用单根铜芯导线时,其截面积应不小于 25 mm²。采用扁铜排时,应不小于 20 mm×3 mm。设计中应根据不同系统的要求进行选择,特别是在高频系统中,要意识到工作频率对接地线阻抗的影响。即在相同材质和相同截面的材料中,断面周长大的阻抗小,所以采用多股铜线比单股铜线阻抗小,矩形铜排比单股圆铜线阻抗小,采用编织铜线的阻抗最小。

接地干线从共用接地体引接时,通常采用 40 mm×4 mm 扁钢与接地体焊接后上引至地面(或地下室地面)上 0.5 m 处的接线盒扁钢与铜导线的转接。接线盒及转接做法可参照国家标准图 86D563 的做法。在直流工作接地系统中,接地引线的长度对系统的接地阻抗也有影响,特别是在高频系统中,接地引线长度增加一点,阻抗就增加很多,频率越高,阻抗就越大,所以直流工作接地引线越短越好。但应注意接地线的长度(L)是指从设备至接地体的引线长度,不能是该设备工作波长 $\lambda(\text{m})(\lambda=3\times10^8/f)$ 的 1/4 或其奇数位,即 $L=\lambda/4n(n=1,3,5,\cdots)$。因为此时接地线的阻抗为无穷大,就相当于系统中的一根天线,可吸收辐射干扰信号,从而使本系统不能正常工作,同时也会干扰其他弱电系统工作。

总之,在直流工作接地系统设计中,应充分考虑各个不同工作频率的工作接地的独立性。特别是对高频接地系统,有条件时,应单独设置接地系统;当采用共用接地装置时,也只能在地下接地体一处相连接,并与其他系统接地点相隔一定距离,上引的其他部分应保护各自的独立性,防止相互干扰。

技能训练二 建筑防雷接地工程图阅读

建筑物防雷接地工程图一般包括防雷工程图和接地工程图两部分。图 4-32 为某住宅建筑防雷平面图和立面图。图 4-33 为该住宅建筑的接地平面图,图纸附施工说明。

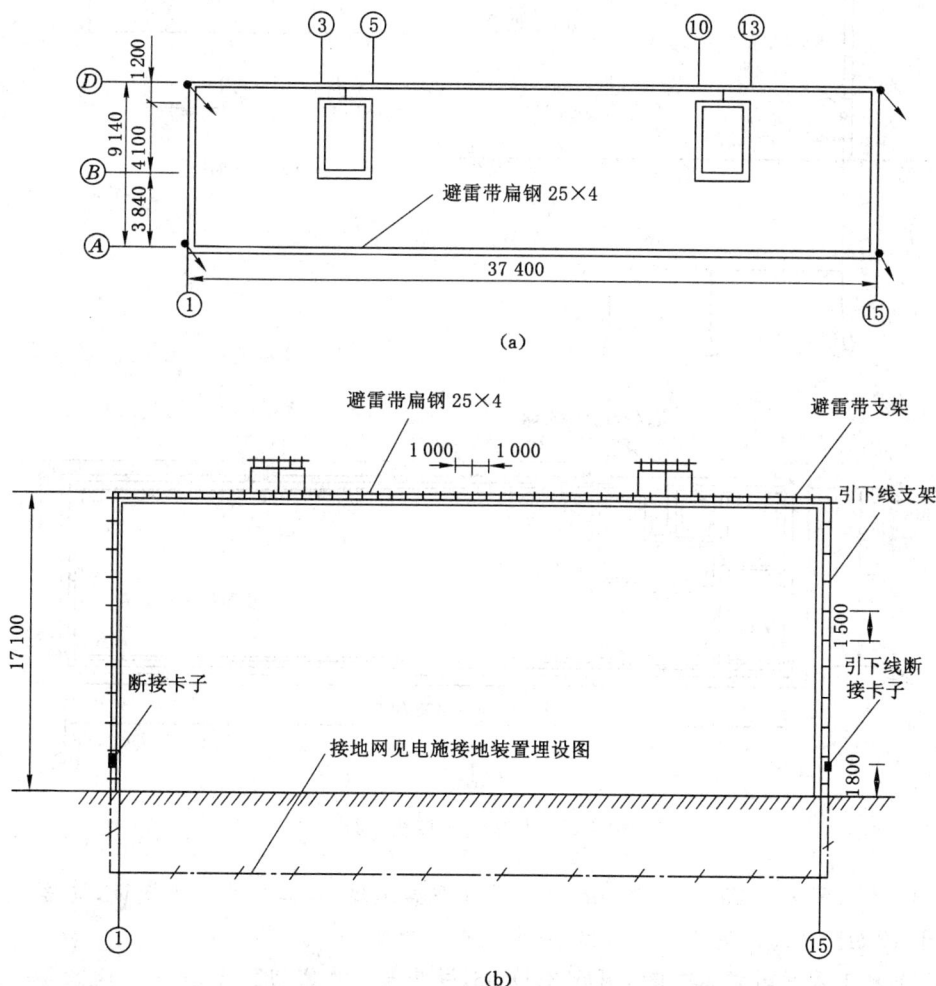

(a)

(b)

图 4-32 某住宅建筑防雷平面图、立面图

(a) 平面图;(b) 北立面图

施工说明:

(1) 避雷带、引下线均采用 25 mm×4 mm 扁钢,镀锌或其他防腐处理。

(2) 引下线在地面上 1.7 m 至地面下 0.3 m 一段,用 5L50 硬塑料管保护。

I—I断面图

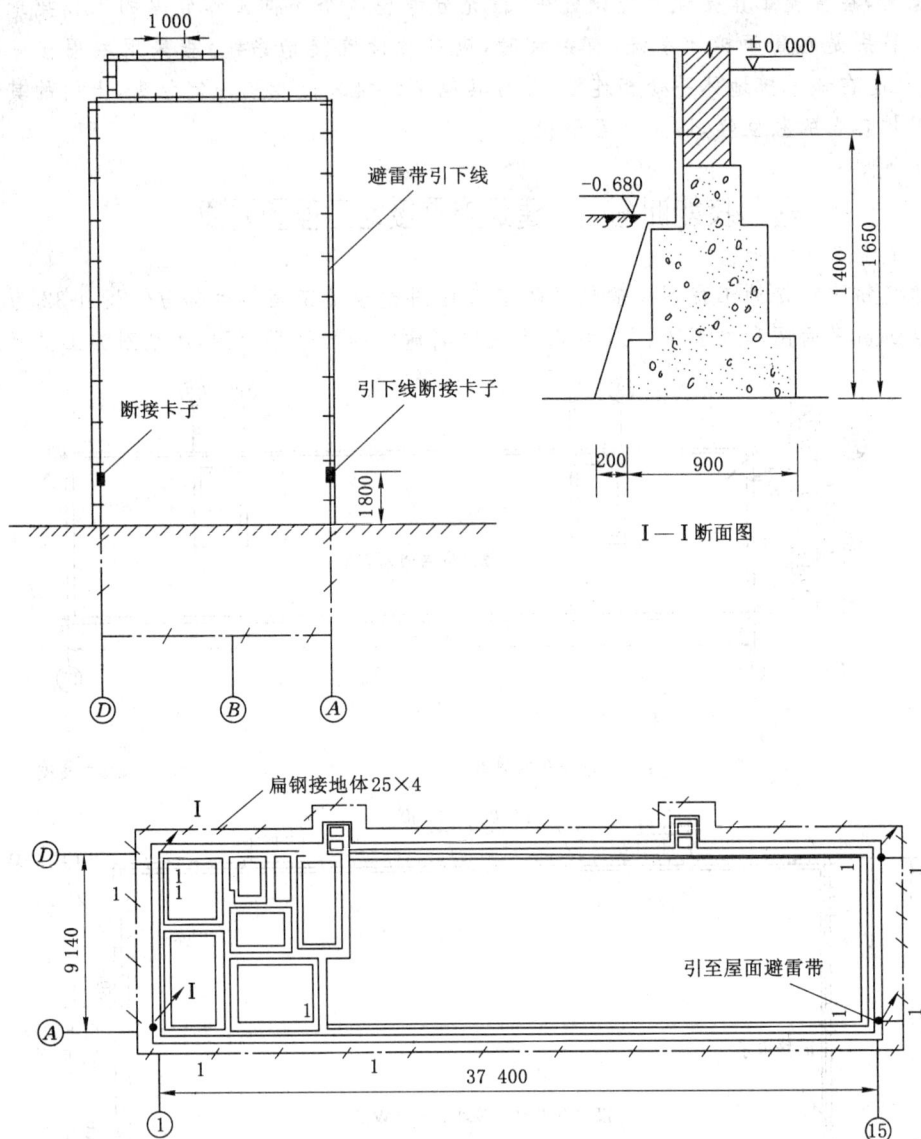

图 4-33　住宅建筑接地平面图

（3）本工程采用 25 mm×4 mm 扁钢作水平接地体，围建筑物一周埋设，其接地电阻不大于 10 Ω。施工后达不到要求时，可增设接地极。

（4）施工采用国家标准图集 D562、D563，并应与土建密切配合。

一、工程概况

由图 4-32 可知，该住宅建筑避雷带沿屋面四周女儿墙敷设，支持卡子间距为 1 m。在西面和东面墙上分别敷设 2 根引下线（25 mm×4 mm 扁钢），与埋于地下的接地体连接，引下线在距地面 1.8 m 处设置引下线断接卡子。固定引下线支架间距为 1.5 m。由图 4-33 可知，接地体沿建筑物基础四周埋设，埋设深度为 0.7 m，距基础中心距离为 0.65 m。

二、避雷带及引下线的敷设

首先在女儿墙上埋设支架，间距为 1 m，转角处为 0.5 m，然后将避雷带与扁钢支架焊为一体。引下线在墙上明敷设，与避雷带敷设基本相同，也是在墙上埋好扁钢支架之后再与引下线焊接在一起。

避雷带及引下线的连接均用搭接焊接，搭接长度为扁钢宽度的两倍。

三、接地装置的安装

该住宅建筑接地体为水平接地体，一定要注意配合土建施工，在土建基础工程完工后，未进行回填土之前，将扁钢接地体敷设好，并在与引下线连接处，引出一根扁钢，做好与引下线连接的准备工作。扁钢连接应焊接牢固，形成一个环形闭合的电气通路，摇测接地电阻达到设计要求后，再进行回填土。

四、避雷带、引下线和接地装置的计算

避雷带、引下线和接地装置都是采用 25 mm×4 mm 扁钢制成的，它们所消耗的扁钢长度计算如下：

(1) 避雷带。由平屋面上的避雷带和楼梯间屋面上的避雷带组成，平屋面上的避雷带的长度为：$(37.4+9.14)\times2=93.08$ m。

楼梯间屋面上的避雷带沿其顶面敷设一周，并用 25—4 的扁钢与屋面避雷带连接。

(2) 引下线。共 4 根，分别沿建筑物四周敷设，在地面以上 1.8 m 处，用断接卡子与接地装置连接，引下线的长度为：$(17.1-1.8)\times4=61.2$ m。

(3) 接地装置。由水平接地体和接地线组成。水平接地体沿建筑物一周埋设，距基础中心线为 0.65 m，其长度为：$[(37.4+0.65\times2)+(9.14+0.65\times2)]\times2=98.28$ m。

接地线是连接水平接地体和引下线的导体，其长度约为 $(0.65+0.68+1.8)\times4=12.52$ m。

(4) 引下线的保护管。采用硬塑料管制成，其长度为 $(1.7+0.3)\times4.8=9.6$ m。

(5) 避雷带和引下线的支架。其数量可根据避雷带的长度和支架间距按实际算出。引下线支架的数量也依同样方法计算。

五、接地装置的检验、接地电阻的测量和常用降阻措施

(一) 接地装置的检验和涂色

对于新安装的接地装置，为了确定其是否符合设计和规范要求，在工程完工以后，必须按施工规范要求经过检验合格后，才能投入正式运行。

检验除要求整个接地网的连接完整牢固外，还应按照规定进行涂色，标志记号应鲜明齐全。明敷接地线表面应涂以用 15~100 mm 宽度相等的绿色和黄色相间的条纹。在每个导体的全部长度上、在每个区间或每个可接触到的部位上，宜作出标志。当使用胶带时，应使用双色胶带。中性线宜涂淡蓝色标志。在接地线引向建筑物内的入口处和在检修用临时接地点处，均应刷白色底漆后标以黑色记号"⊥"。

(二) 接地电阻的测量

在扁钢与接地体焊接好后，需用接地电阻测量仪(俗称接地电阻摇表)测试接地网的接地电阻，以检查重复接地装置的接地电阻值是否满足设计要求。

目前，我国生产的接地电阻测量仪有 ZC—8 型、ZC20—1 型、ZC34—1 型等，ZC—8 型接地电阻测量仪的外形及测量接线图如图 4-34 所示。其测量方法为：① 将辅助电位

接地极、辅助电流接地极与被测接地极按直线要求打入地下,与被测接地极的距离分别为 20 m、40 m,要求辅助电流接地极与接地网之间的距离不得小于接地网最大对角线的 5 倍,但最小不低于 40 m。再用导线将被测接地极、辅助电位接地极、电流接地极分别连接到接地电阻测量仪的对应端钮 E、P、C 上。② 将仪表水平放置,调节零位调整器,使检流计的指针指在零位上。③ 将"倍率标度"转换开关的指针置于合适的倍率挡上,缓慢转动发电机的手柄,同时转动"测量标度盘",使检流计的指针指在平衡点的位置上。④ 当检流计接近平衡时,转动手柄,使转速达到 120 r/min 以上,再转动"测量标度盘",以使检流计的指针处于平衡点位置。⑤ "测量标度盘"的读数小于 1 Ω 时,应将"倍率标度"置于较小的倍率挡上,并重新转动"测量标度盘",以得到正确的读数。⑥ 以被测接地极为圆心,以与辅助电流接地极、辅助电位接地极三者构成的直线为半径,旋转±30°左右,按同样方法再测量 2 次接地电阻值,取 3 次测量接地电阻的平均值。在测量重复接地装置的接地电阻时,应注意先将断接卡子从接地线上卸掉。

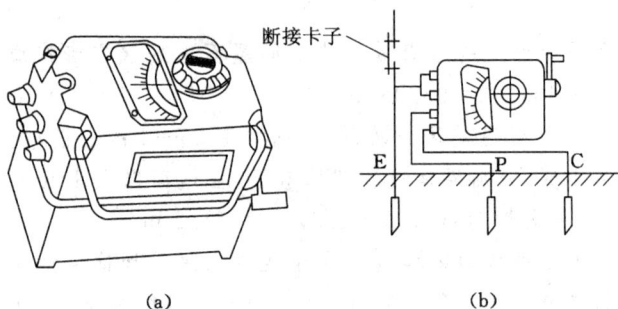

(a)   (b)

图 4-34 ZC—8 型接地电阻测量仪

(a) 外形;(b) 测量接线

(三) 降低接地电阻的措施

接地体的散流电阻与土壤的电阻有直接关系,在电阻率较高的土壤,如沙质、岩石及长期冰冻的土壤中,装设人工接地体,要达到设计所要求的接地电阻往往是很困难的,此时需采取适当的措施,以达到接地电阻设计值。常用方法如下:

(1) 置换电阻率较低的土壤。当在接地体附近有电阻率较低的土壤时,常采用此方法。用黏土、黑土或沙质黏土等电阻率较低的土壤,代替原有电阻率较高的土壤。置换范围是在接地体周围 0.5 m 以内和接地体上部的 1/3 处。

(2) 接地体深埋。如地层深处土壤电阻率较低时,可采用此方法。

用人工深埋接地体往往非常困难,必须采用振动器等机械方法才能达到深埋的目的。因此,在确定采用深埋接地体方法时,除应先实测深层土壤的电阻率是否符合要求外,还要考虑有无机械设备,能否适宜采用机械化施工。

(3) 使用化学降阻剂。在其他方法不好采用或达不到必要的效果时,可在接地体周围土壤中加入低电阻率的降阻剂,以降低土壤电阻率,从而降低接地电阻。

(4) 外引式接地。接地体附近有导电良好的土壤及不冰冻的湖泊、河流时,也可采用外引式接地。

学习情境五 施工工地供配电设备安装

一、职业能力和知识

（1）熟悉建筑施工与设备安装工地的特点；

（2）熟悉用电设备的电器参数；

（3）掌握变压器及低压电器的功能与参数。

二、相关实践知识

（1）施工现场供电设计电气图纸阅读；

（2）低压配电保护装置选择及安装。

建筑施工工地的电力供应主要是解决施工现场的用电问题。由于施工现场负荷变化大，环境条件差，而用电设施多属临时设施且移动频繁，因此，建筑施工的电力供应具有一定的特殊性。为了保证施工的安全和工程的质量，同时节约电能、降低工程造价，应对建筑施工工地的供配电进行合理的设计和组织。

项目一 施工工地供配电的特点

在进行施工工地的供配电设计之前，首先应熟悉施工图纸，明确设计的内容，明确电气工程和主体工程以及其他安装工程的交叉配合，并且了解施工工地的环境、条件，所需用电设备及其合适的安装位置，然后针对施工现场的特点进行设计施工。

一、低压供电线的敷设

按规定施工现场内一般不许架设高压电线，必要时应使高压电线和它所经过的建筑物或者工作地点保持安全距离，并应适当加大电线的安全系数，或者在它的下边增设电线保护网。

施工现场的低压配电线路，绝大多数为三相四线制的低压供电方式，它可提供 380 V、220 V 两种电源，供不同负荷选用，也便于变压器中性点的工作接地、用电设备的保护接零和重复接地。施工工地的配电线路一般采用架空线，个别情况下架空有困难时也可考虑采用电缆敷设。架空线的优点是安装与维护方便，费用低，便于撤换，但在敷设中应当注意以下一些问题。

（1）应综合考虑运行、施工、交通条件和路径长度等因素，要求路径最短、转角最少，并尽可能减小转角的度数，尽量使线路取直线并保持线路水平。

（2）为了不妨碍工地的作业和交通，工地线路应尽可能地架设在道路一侧，临时电源线穿过人行道或公路时，绝不可摆在地面上任行人、车辆踩压，必须穿管地埋敷设。

（3）施工现场内一般不得架设裸导线，如所利用的原有的架空线为裸导线时，应根据施工情况采取防护措施。各种绝缘导线均不得成束架空敷设，不同电压等级的导线间应有 0.3～1 m 的间距。

（4）各种配电线路应尽量减少与其他设施的交叉和跨越建筑物，并严禁跨越工地上堆积易燃、易爆物品的地方。如果不得已必须跨越时，应保证足够的安全高度。

（5）架空线路与施工建筑物的水平距离一般不得小于 10 m，与地面的垂直距离不得小于 6 m，跨越建筑物时与其顶部的垂直距离不得小于 2.5 m。塔式起重机附近的架空线路应在臂杆回转半径及被吊物 1.5 m 以外。

（6）施工用电设备的配电箱应设置在便于操作的地方，并做到单机单闸，以便在发生事故时，能快速有效地拉闸切断电源。同时，露天配电箱应有防雨措施。

（7）供电线路电杆的间距和杆高应作合理的选择，电杆的间距一般为 25～60 m，电杆应有足够的机械强度，不得有倾斜、下沉及杆基积水等现象。杆基与各种管道与水沟边的距离不应小于 1 m，与贮水池的距离不应小于 2 m，必要时应采取有效的加固措施。

（8）暂时停用的线路应及时切断电源。工程竣工以后，临时配电线路及供配电设备应随时拆除。

二、施工工地的电源

为了保证施工现场合理用电，既安全可靠，又节约电能，首先应按施工工地的用电量以及当地电源状况选择好临时电源。

（1）较大工程的建设单位均将建立自己的供电设施，包括送电线路、变电所和配电室等，因此，可以在施工组织设计中先期安排这些永久性配电室的施工，这样就可利用建设单位的配电室引接施工临时用电。

（2）当施工现场的用电量较小，而附近又有较大容量的供电设施时，施工现场可完全借用附近的供电设施供电，但这些供电设施应有足够的余量满足施工临时用电的要求，并且不得影响原供电设备的运行。

（3）施工现场用电量大，而附近的供电设施又无力承担时，就要利用附近的高压电力网，向供电部门申请安装临时变压器。

（4）对于取得电源较困难的施工现场，如道路、桥梁、管道等市政工程以及一些边远地区，应根据需要建立柴油发电站、水力或火力发电站等临时电站。

总之，当低压供电能满足要求时，尽量不再另设供电变压器，而且可根据施工进度合理调配用电，尽量减少申报的需用电源容量。

项目二　建筑工地负荷的计算

施工现场用电负荷的大小是选择电源容量的重要依据，同时，对合理选择导线并布置供电线路，以及正确选择各种电器设备，制定施工方案，安排施工进度等都是非常重要的。负荷计算得过大，将会造成国家投资和设备器材的浪费；而过小则会使设备承受不了负荷电流而造成事故。因此,必须通过准确的负荷计算,使设计工作建立在可靠的基础资料之上,从而得出经济合理的设计方案。

一、计算负荷

一个工地用电负荷的大小,并不是简单地等于施工现场电气设备的额定容量之和,因为所安装的设备在实际施工过程中并非都同时运行,即使运行着的设备也不是随时都达到其额定容量。但要进行严格的计算,既麻烦也没有必要,所以可以通过科学的估算得到一个"计算负荷",按这个假想的"计算负荷"持续运行所产生的热效应与按实际变动负荷长期运行所产生达到最大热效应相等,因此,可以按照这个计算负荷在满足电气设备发热条件的基础上来进行供配电的设计。

确定计算负荷的方法较多,有需要系数法、二项式法、利用系数法、单位产品耗电法等。在实际供配电设计中,广泛采用需要系数法。这种方法计算简便,适用于计算没有特别大容量用电场所的计算负荷。

在应用需要系数法时需要确定需要系数 K_d。该需要系数的确定主要考虑同组用电设备中不是所有用电设备都在同时工作,以及同时工作的用电设备不可能全在满载状态下运行,同时,需要系数还与线路的功率损耗、工艺设计、工人操作水平、工具质量等因素有关,因此,需要系数必须要由多年运行经验积累而得。表 5-1 给出了部分用电设备的需要系数和功率因数。

表 5-1 部分用电设备的需要系数和功率因数

序号	用电设备名称	需要系数	$\cos \varphi$	$\tan \varphi$
1	通风机、水泵	0.75~0.85	0.8	0.75
2	运输机、传送带	0.52~0.60	0.75	0.88
3	混凝土及砂浆搅拌机	0.65~0.70	0.65	1.17
4	破碎机、卷扬机、砾石洗涤机	0.70	0.70	1.02
5	起重机、掘土机、升降机	0.70	0.70	1.02
6	电焊变压器	0.25	0.70	1.98
7	住宅、办公室室内照明	0.50~0.70	1.00	0
8	建筑室内照明	0.80	1.00	0
9	室外照明(无投光灯)	1	1.00	0
10	室外照明(有投光灯)	0.85	1.00	0
11	配电所、变电所	0.6	1.00	0

二、三相用电设备的计算负荷

(一) 分别求各类用电设备的计算负荷

各类用电设备的有功计算负荷 P_c,与该类用电设备总的有功功率 P_a 之间的关系是:

$$P_c = K_d P_a$$

K_d 是同类设备的需要系数,可从表 5-1 中得到,但表中所列的需要系数值是用电设备台数较多时的数据,若用电设备台数较少,该需要系数值可适当大一点。如果仅有 1~2 台用电设备,则需要系数可取为 1。

在建筑施工的供电系统中,由于存在着大量的感性负载,其无功功率将会增加电源的视在功率,因此,必须对无功功率进行计算。在已知同类用电设备平均功率因数 $\cos \varphi$ 后,根据功率三角形就可得到该类用电设备的无功计算负荷 Q_c:

$$Q_c = P_c \tan \varphi$$

计算负荷的最终表示量就是以视在功率或电流表示的,而该类用电设备的视在计算负荷 S_c 就是:

$$S_c = \sqrt{P_c^2 + Q_c^2}$$

或 $S_c = \dfrac{P_c}{\cos \varphi} = K_d \dfrac{P_a}{\cos \varphi}$

在用电设备台数较少时,功率因数 $\cos \varphi$ 也可适当取小一点。

（二）总计算负荷

因为总的计算负荷是由不同类型的多组用电设备组成的,而各组用电设备的最大负荷往往不会同时出现,所以在确定总的计算负荷时,应乘以同时系数 K_Σ,同时系数的数值也是根据统计规律确定的。

对于工地变电所的低压母线:$K_\Sigma = 0.8 \sim 0.9$;

对于工地变电所的低压干线:$K_\Sigma = 0.9 \sim 1.0$。

因此,总的计算负荷为:

$$P_{\Sigma c} = K_\Sigma \sum P_c$$

$$Q_{\Sigma c} = K_\Sigma \sum Q_c$$

$$S_{\Sigma c} = \sqrt{\sum P_c^2 + \sum Q_c^2}$$

式中,$\sum P_c$ 和 $\sum Q_c$ 分别是各组用电设备的有功和无功计算负荷之和。

应当注意的是,由于不同类型的用电设备的功率因数 $\cos \varphi$ 不一定相同,因此,在求总的视在计算负荷时不能用公式 $S_c = \dfrac{P_c}{\cos \varphi} = K_d \dfrac{P_a}{\cos \varphi}$ 进行计算;同时,由于各组用电设备之间有同时系数问题,所以也不能用各组视在计算负荷之和计算总的视在计算负荷。

三、单相用电设备的计算负荷

在建筑施工用电设备中,除了有大量的三相负荷外,还有一些单相负荷,如电焊机、电炉、电灯等。单相设备应尽量均匀地分配在三相线路上,以保持三相负荷尽可能平衡。若无法做到负荷在三相上的均匀分配,则应按负荷最大的一相进行计算。

（一）接在三相线路相电压上的单相用电设备

即额定电压为 220 V 的单相用电设备。对于均匀分配的该类单相用电设备组,其设备容量 P_a(三相额定等效功率)等于全部单相用电设备容量的总和。对于非均匀分配的单相用电设备组,其设备容量 P_a(三相额定等效功率)等于最大负荷的一相上的单相用电设备容量的三倍。

(二)接在三相线路线电压上的单相用电设备

即额定电压为 380 V 的单相用电设备。当该类用电设备为一台时,其设备容量 P_a(三相额定等效功率)等于 3 倍该单相用电设备的容量。当有多台该类用电设备,且接在不同的线电压上时,其设备容量 P_a(三相额定等效功率)等于两相间最大用电设备容量的三倍。

(三)三相线路的相电压和线电压上均接有单相用电设备

若各单相用电设备不能均匀地分配在三相上,则首先应当计算出各单相上所承受的负荷。各单相上的总负荷等于该相(相—零)的单相负荷加上接于线电压(但要折算到相电压上)的单相负荷,而总的设备容量 P_a(三相额定等效功率)等于最大负荷相上的用电设备容量的三倍。

例 5-1　某建筑工地的用电设备如表 5-2 所示,试确定工地变压器低压母线上的总计算负荷。

表 5-2　　　　　　　　　　某建筑工地的用电设备

序号	用电设备	功率/kW	台数	效率/%	备注
1	混凝土搅拌机	10	4	81	
2	卷扬机	7.5	3	81	
3	升降机	4.5	3	85	
4	传送带	7	5	85	
5	起重机	30	1	81	
6	电焊机	32	3	78	单相 380 V
7	照明	25	1		

解　(1)求各组用电设备的计算负荷。在该表所列的用电设备中,前五类都是三相用电设备;电焊机虽然是接于线电压上的单相用电设备,但该类设备有三台,可以均匀分布在三相上;照明是接在相电压上的单相用电设备,但也可以在三相上均匀分布,所以其设备容量就等于它们各自单相用电设备容量的总和。

混凝土搅拌机组:
$$P_{c1} = K_{d1} P_{a1}/\eta = 0.7 \times 4 \times 10/0.81 \approx 34.6 \text{ kW}$$
$$Q_{c1} = P_{c1} \tan \varphi_1 = 34.6 \times 1.17 \approx 40.5 \text{ kV} \cdot \text{A}$$

卷扬机组:
$$P_{c2} = K_{d2} P_{a2}/\eta = 0.7 \times 3 \times 7.5/0.81 \approx 19.4 \text{ kW}$$
$$Q_{c2} = P_{c2} \tan \varphi_2 = 19.4 \times 1.02 \approx 19.8 \text{ kV} \cdot \text{A}$$

升降机组:
$$P_{c3} = K_{d3} P_{a3}/\eta = 0.25 \times 3 \times 4.5/0.85 \approx 4.0 \text{ kW}$$
$$Q_{c3} = P_{c3} \tan \varphi_3 = 4.0 \times 1.02 \approx 4.1 \text{ kV} \cdot \text{A}$$

传送带组:
$$P_{c4} = K_{d4} P_{a4}/\eta = 0.6 \times 5 \times 7/0.85 \approx 24.7 \text{ kW}$$
$$Q_{c4} = P_{c4} \tan \varphi_1 = 24.7 \times 0.88 \approx 21.7 \text{ kV} \cdot \text{A}$$

起重机(因仅有 1 台,需要系数取 1):

$$P_{c5} = K_{d5} P_{a5}/\eta = 1 \times 1 \times 30/0.81 \approx 37.0 \text{ kW}$$

$$Q_{c5} = P_{c5} \tan \varphi_5 = 37.0 \times 1.02 \approx 37.7 \text{ kV} \cdot \text{A}$$

电焊机组:

$$P_{c6} = K_{d6} P_{a6}/\eta = 0.45 \times 3 \times 32/0.78 \approx 55.4 \text{ kW}$$

$$Q_{c6} = P_{c6} \tan \varphi_6 = 55.4 \times 1.98 \approx 109.7 \text{ kV} \cdot \text{A}$$

(2)求总计算负荷。取同时系数 $K_\Sigma = 0.9$,有:

$$P_{\Sigma c} = K_\Sigma \sum P_c = K_\Sigma (P_{c1} + P_{c2} + P_{c3} + P_{c4} + P_{c5} + P_{c6} + P_{c7})$$

$$= 0.9 \times (34.6 + 19.4 + 4.0 + 24.7 + 37.0 + 55.4 + 25.0)$$

$$= 0.9 \times 200.1$$

$$= 180.09 \text{ kW}$$

$$P_{\Sigma c} = K_\Sigma \sum Q_c = K_\Sigma (Q_{c1} + Q_{c2} + Q_{c3} + Q_{c4} + Q_{c5} + Q_{c6} + Q_{c7})$$

$$= 0.9 \times (40.5 + 19.8 + 4.1 + 21.7 + 37.7 + 109.7 + 0)$$

$$= 0.9 \times 233.5$$

$$= 210.15 \text{ kV} \cdot \text{A}$$

$$S_c = \sqrt{P_{\Sigma c}^2 + Q_{\Sigma c}^2} = \sqrt{180.09^2 + 210.15^2} \approx 277 \text{ kV} \cdot \text{A}$$

项目三　建筑工地配电变压器的选择及安装

由于建筑工地的用电具有一定的特殊性——临时性强,负荷波动性大,因此,在选用临时配电变压器时应根据工地的实际情况,作出合理的选择,使其即能满足工地供配电要求,又不会造成设备的浪费。

一、变压器电压等级的选择

变压器原、副边电压的选择与用电量的多少、用电设备的额定电压以及与高压电力网距离的远近等因素都有关系。总的来说,高压绕组的电压等级应尽量与当地的高压电力网的电压一致,而低压侧的电压等级应根据用电设备的额定电压而定,当用电量较小(350 kV·A 以下)、供电半径较小(不超过 800 m)时,多选用 0.4 kV 的电压等级。当用电量和供电半径都较大时,则要由较高等级的电源供电,这时应考虑:① 注意与永久性供电装置的电压等级一致;② 照顾到大型施工机械所需电源的电压等级;③ 利于接用当地供电部门的现成线路。

二、变压器容量的选择

施工现场完全由临时变压器供电时,可按施工现场所有用电设备总的视在计算负荷选择变压器的容量,然后再依据原、副边的电压等级,从变压器的目录中选择出合适型号的配电变压器。在估算变压器容量时,也可将所有电器设备铭牌上提供的额定功率(kW)折算成视在功率(kV·A),各打上折扣后相加,就可得到工地动力设备所需的总容量 S_c,即:

$$S_c = K_d \frac{\sum P_N}{\eta \cos \varphi}$$

式中　P_N——电动机铭牌上的额定功率,kW;

　　　$\sum P_N$——各台电动机额定功率的总和;

　　　η——各台电动机的平均效率,电动机的效率一般在 0.75~0.92 之间;

　　　$\cos \varphi$——各台电动机的平均功率因数,电动机的功率因数一般在 0.75~0.93
　　　之间;

　　　K_d——需要系数,应参考表 5-1 中各设备的需要系数并视具体情况而定。

施工现场的照明用电量较动力用电量少得多,所以在估算总容量时只要在动力用电量之外,再加上 10% 作为照明用电量即可。这样,估算出施工用电的总容量为:

$$S = 1.10 \times S_c$$

表 5-3 给出了常用的 SL7 系列 6 kV、10 kV 级电力变压器的部分技术数据。

表 5-3　　　常用的 SL7 系列 6 kV、10 kV 级电力变压器的部分技术数据

型号	额定容量 /kV·A	额定电压/kV		损耗/W		阻抗电压 /%	空载电流 /%	连接组
		高压	低压	空载	负载			
SL₇—30/10	30			150	800	4	3.5	
SL₇—50/10	50			190	1 150	4	2.8	
SL₇—63/10	63			220	1 400	4	2.8	
SL₇—80/10	80			270	1 650	4	2.7	
SL₇—100/10				320	2 000	4	2.6	
SL₇—125/10	125			370	2 450	4	2.5	
SL₇—160/10	160			460	2 850	4	2.4	
SL₇—200/10	200	6,10	0.4	540	3 400	4	2.4	Y/Y₀—12
SL₇—250/10	250			640	4 000	4	2.3	
SL₇—315/10	315			760	4 800	4	2.3	
SL₇—400/10	400			920	5 800	4	2.1	
SL₇—500/10	500			1 080	6 900	4	2.1	
SL₇—630/10	630			1 300	8 100	4.5	2.0	
SL₇—800/10	800			1 540	9 900	4.5	1.7	
SL₇—1 000/10	1 000			1 800	11 600	4.5	1.4	

三、变压器台数的选择

鉴于建筑工地用电的临时性,且用电量不大,负载的重要性也不高,往往只选用一台变压器由 60/10 kV 的电网电压降至 400 V 供电。但若集中负荷较大,或昼夜、季节性负荷波动较大时,则宜安装两台及以上变压器。

例 5-2　为例 5-1 的施工现场选用变压器。

解 可直接根据施工现场的视在计算负荷进行选择,即 $S_N \geqslant S_c = 277$ kV·A,按表 5-2 可选 $S_N = 315$ kV·A,一般情况下,高压侧多为 10 kV,低压侧为 0.4 kV,所以选中 SL7—315/10 型变压器一台供施工现场用。

四、变压器的安装

基于建筑工地用电的临时性,工地变压器一般采用露天放置,同时还应综合考虑下列要求,以确定最佳安装位置。

(1) 应使通风良好,进出线方便,尽量靠近高压电源。

(2) 工地变压器应尽量靠近负荷中心或接近大容量用电设备,低压配电室也应尽量靠近变压器。

(3) 工地变压器一方面应远离交通要道,远离人畜活动中心,同时又应当运输方便,易于安装。

(4) 工地变压器应远离剧烈震动、多尘或有腐蚀性气体的场所,并且应符合爆炸和火灾危险场所电力装置的有关规定。

五、变压器的安全管理及维护

变压器容量在 180 kV·A 以下时,变压器可安装在双电杆上,称为柱上变台;当容量较大时,则要安装在混凝土台墩上,称为台墩式变压器台(地上变台)。由于建筑工地环境复杂,因此,应特别加强变压器的安全管理。

(1) 柱上变台宜装设围栏,室外地上变台必须装设围栏。围栏要严密,并应在明显部位悬挂"高压危险"警示牌。

(2) 变台围栏外 4 m 之内不得码放材料、堆积杂物,变台近旁不得堆积土方,变台围栏内不得种植任何植物。

(3) 位于行道树间的变台,在最大风偏时,其带电部位与树梢的最小距离应不小于 2 m。

(4) 室外变台应设总配电箱,配电箱安装高度为其底口距地面一般为 1.4 m,其引出线应穿管敷设,并做防水弯头。配电箱应保持完好,并应具有良好的防雨性能,箱门必须加锁。

(5) 变压器在运行时应做好日常的巡视检查,并且每年都应进行一到两次的停电检修和清扫。在特殊环境中运行的变压器,应酌情增加清扫和检查的次数。

项目四　导线的选择

建筑工地配电导线的合理选择对于实现对施工现场安全、经济供电、保证供电质量,有着十分重要的意义,同时,直接影响到有色金属的消耗量与线路的投资。

常用的导线有电线、电缆两大类。选择电线和电缆主要包括型号和截面两方面。型号的选择主要和导线自身性质及使用环境、敷设方式等有关。截面选择时应满足:有足够的机械强度;长期通过负荷电流时,导线不应过热;线路上电压损失不应过大。

一、常用电线、电缆的型号和规格及其选用

（一）电线

电线分裸电线和绝缘电线两大类。按绝缘材料不同,电线可分为塑料绝缘线和橡胶绝缘线;按芯线材料不同,可分为铜芯线和铝芯线;按芯线构造不同,可分为单芯线、多芯线和软线等。

1. 裸电线

裸电线是没有绝缘层的导线,多用铝、铜、钢制成,按其构造形式分为单线和绞线两种。单线裸电线有圆形的,也有扁形的。多根圆单线常常绞合在一起成为绞线,这种绞线具有一定的机械强度,所以架空电力线、电缆芯线都用绞合线;扁形的裸导线又称为母排,用于电器、配电设备的母线安装以及接地、接零的配线。

2. 绝缘电线

（1）塑料绝缘电线。常用的有聚氯乙烯绝缘电线,它是在线芯外包上聚氯乙烯绝缘层。铜芯电线的型号为 BV,铝芯电线的型号为 BLV。型号含义如下:

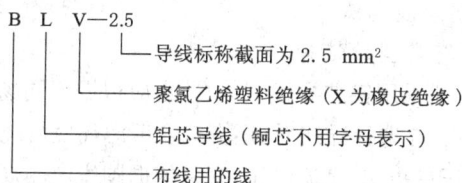

$$B\quad L\quad V\quad —2.5$$

导线标称截面为 2.5 mm²
聚氯乙烯塑料绝缘（X 为橡皮绝缘）
铝芯导线（铜芯不用字母表示）
布线用的线

电线外形多为圆形。截面在 10 mm² 以下时,还可制成两芯扁形电线。广泛应用于室内布线工程中。其特点是绝缘性能良好,价格低,但对温度适应性较差,易变脆或易老化。

除此以外,在民用建筑中还常用另一种塑料绝缘线,叫做聚氯乙烯绝缘和护套电线,它是在聚氯乙烯绝缘外层上再加上一层聚氯乙烯护套构成的,线芯分为单芯、双芯和三芯。电线的型号为 BV（铜芯）和 BLV（铝芯）。这种电线可以直接安装在建筑物表面,它具有防潮性能和一定的机械强度,广泛用于交流 500 V 及以下的电气设备和照明线路的明敷设或暗敷设。

目前正广泛使用一种叫丁腈聚氯乙烯复合物绝缘软线,它是塑料绝缘电线的新品种,型号为 RFS（双绞复合物软线）和 RFB（平型复合物软线）。这种电线具有良好的绝缘性能,并具有耐热、耐寒、耐油、耐腐蚀、耐燃、不易老化等性能,在低温下仍然柔软,使用寿命长,远比其他型号的绝缘软线性能优良。

（2）橡皮绝缘电线。常用的型号有 BX（BLX）和 BBX（BBLX）。BX（BLX）为铜（铝）芯棉纱编织橡皮绝缘线,BBX（BBLX）为铜（铝）芯玻璃丝编织橡皮绝缘线。这两种电线是目前仍在应用的旧品种,它们的基本结构是在芯线外面包一层橡胶,然后用编织机编织一层棉纱或玻璃丝纤维,最后在编织层上涂蜡而成。由于这两种电线生产工艺复杂,成本较高,正逐渐被塑料绝缘线所取代。

氯丁橡皮绝缘线是新产品,型号为 BLXF 和 BXF。它是在天然橡胶和丁苯胶中加入氯丁胶,经过多道硫化工艺制成,外层不再加编织物。这种电线绝缘性能良好,且耐光照,耐老化,耐油,不易发霉,在室外使用的寿命比棉纱编织橡皮线高三倍左右,适宜在室外敷设。

（二）电缆

电缆线的种类很多,按其用途可分为电力电缆和控制电缆两大类;按其绝缘材料的不同,可分为油浸纸绝缘电缆、橡皮绝缘电缆和塑料绝缘电缆三大类。一般都由线芯,绝缘层和保护层三个主要部分组成。线芯分为单芯、双芯、三芯及多芯。

塑料绝缘电缆的主要型号有 VLV 和 VV 等。VLV（VV）为铜芯聚氯乙烯绝缘和聚氯乙烯外护套电力电缆,可用于 $1\sim10$ kV 以下的线路中,最小截面为 4 mm^2,可在室内明敷或在沟道内架设。

橡皮绝缘电缆的主要型号有 XLV 和 XV 等。XLV（XV）为铜芯橡皮绝缘和聚氯乙烯外护套电力电缆,可用于 $0.5\sim6$ kV 以下的线路中,最小截面为 4 mm^2,可在室内明敷或放在沟中。

油浸纸绝缘电力电缆分为油浸纸绝缘铅包（铝包）电力电缆、油浸纸干绝缘电力电缆、不滴漏电力电缆。主要型号有 ZQ（铜芯铅包）、ZLQ（铝芯铅包）、ZL（铜芯铝包）、ZLL（铝芯铝包）、ZQP（铜芯铅包）、ZLQD（铝芯铅包不滴漏）等系列。ZQ、ZLQ 等系列已开始限制使用,ZQP 等系列逐渐被淘汰。

（三）常用电线和电缆类型的选择

在导体材料选择上尽量采用铝芯导线。但是,也应根据不同场合和特殊情况,以及不希望用铝线的场合而采用铜线。在选择导线时,还应综合考虑环境情况、敷设方式等因素。

电线、电缆的额定电压是指交、直流电压,它是依据国家产品规定制造的,与用电设备的额定电压不同。配电导线按使用电压分 1 kV 以下交、直流配电线路用的低压导线和 1 kV 以上交、直流配电线路用的高压导线。建筑物的低压配电线路,一般采用 380/220 V、中性点直接接地的三相四线制配电系统,因此,线路的导线应采用 500 V 以下的电线或电缆。

二、导线截面的选择

导线、电缆截面选择应满足发热条件、电压损失、机械强度等要求,以保证电气系统安全、可靠、经济、合理运行。选择导线截面时,一般可按下列步骤进行:

(1) 对于距离 $L\leqslant200$ m 且负荷电流较大的供电线路,一般先按发热条件的计算方法选择导线截面,然后按电压损失条件和机械强度条件进行校验。

(2) 对于距离 $L>200$ m 且电压水平要求较高的供电线路,应先按允许电压损失的计算方法选择截面,然后用发热条件和机械强度条件进行校验。

(3) 对于高压线路,一般先按经济电流密度选择导线截面,然后用发热条件和电压损失条件进行校验。对于高压架空线路,还必须校验其机械强度。电工手册中给出了不同挡距导线截面的最小值。若按经济电流密度选出的导线截面小于最小值,就应按规定的最小值选择截面。

（一）按经济电流密度选择

电线、电缆截面的大小,直接关系到线路投资和电能损耗的大小。截面小一些可节约线路的投资,但却会增加线路上能量的损耗;而截面选择得大虽然可以减少线路上的能量损耗,但投资则会相应增加。因此,在选择导线截面时要综合考虑线路的投资效益和经济运行,可以用一个最经济的电流密度来确定电线和电缆的截面。经济电流密度是

从经济角度出发,综合考虑输电线路的电能损耗和投资效益等指标,来确定导线的单位面积内流过的电流值。其计算方法如下:

$$I = SJ$$

式中　I——线路上流过的电流;

　　　S——导线的横截面积;

　　　J——经济电流密度。

我国现行的导线经济电流密度值见表5-4。

表5-4　　　　　　　　　我国现行的导线经济电流密度值/A · m^{-2}

导线种类	年最大负荷利用		
	3 000 h以下	3 000~5 000 h	5 000 h以上
裸铝,钢芯铝绞线	1.65	1.15	0.90
裸铜导线	3.00	2.25	1.75
铝芯电缆	1.92	1.73	1.54
铜芯电缆	2.50	2.25	2.00

(二)按机械强度选择

导线在敷设时和敷设后所受的拉力与线路的敷设方式和使用环境有关。导线本身的质量,以及风雨冰雪等的外加压力,会使导线承受一定的应力,如果导线过细就容易折断,将引起停电等事故。因此,为了保障供电安全,还应根据机械强度选择导线的截面。在各种不同敷设方式下导线按机械强度要求的最小允许截面列于表5-5。

表5-5　　　　　　　　　按机械强度确定的绝缘导线最小允许截面积

用途		线芯的最小截面/mm^2		
		铜芯软线	铜线	铝线
穿管敷设的绝缘导线		1.0	1.0	1.0
架设在绝缘支持件上的绝缘导线,其支点间距为:	1 m以下室内		1.0	1.5
	室外		1.5	2.5
	2 m以下室内		1.0	2.5
	室外		1.5	2.5
	6 m以下		2.5	4.0
	12 m以下		2.5	6.0
	12~25 m		4.0	10
照明灯头线	民用建筑室内	0.4	0.5	1.5
	工业建筑室内	0.5	0.8	2.5
	室外	1.0	1.0	2.5
移动式用电设备导线		1.0		
架空裸导线			10	16

（三）按发热条件选择

每一种导线通过电流时，导线本身的电阻及电流的热效应都会使导线发热，温度升高。如果导线温度超过一定限度，导线绝缘就要加速老化，甚至损坏或造成短路失火等事故。为使导线能长期通过负荷电流而不过热，对一定截面的不同材料的导线就有一个规定的容许电流值，称为允许载流量。这个数值是根据导线绝缘材料的种类、允许温升、表面散热情况及散热面积的大小等条件来确定的。按发热条件选择导线截面，就是要求根据计算负荷求出的总计算电流 $I_{\sum c}$ 不可超过这个允许载流量 I_N。即：

$$I_N \geqslant I_{\sum c}$$

若视在计算负荷为 $S_{\sum c}$，电网额定线电压为 U_N，则有：

$$I_{\sum c} = \frac{S_{\sum c}}{\sqrt{3}U_N}$$

表 5-6 和表 5-7 给出了常用铜芯线和铝芯线在 25 ℃ 的环境温度、不同敷设条件下的长期连续负荷允许载流量。由于允许载流量与环境温度有关，所以选择导线截面时要注意导线安装地点的环境温度。

表 5-6　　　500 V 铜芯绝缘导线长期连续负荷允许载流量（环境温度 25 ℃）/A

导线截面 /mm²	导线明敷		橡皮绝缘导线穿在同一塑料管内			塑料绝缘导线穿在同一塑料管内		
	橡皮	塑料	2 根	3 根	4 根	2 根	3 根	4 根
1.0	21	19	13	12	11	12	11	10
1.5	27	24	7	16	14	16	15	13
2.5	35	32	25	22	20	24	21	19
4	50	42	33	30	26	31	28	25
6	58	55	43	38	34	41	36	32
10	85	75	59	52	46	56	49	44
16	110	105	76	68	64	72	65	57
25	145	138	100	90	80	95	85	75
35	180	170	125	110	98	120	105	93
50	230	215	160	140	123	150	132	117
70	285	264	195	175	155	185	167	148
95	345	325	240	215	195	230	205	185
120	400	—	278	250	227			
150	470	—	320	290	265			

表 5-7　　　500 V 铝芯绝缘导线长期连续负荷允许载流量（环境温度 25 ℃）/A

导线截面 /mm²	导线明敷		橡皮绝缘导线穿在同一塑料管内			塑料绝缘导线穿在同一塑料管内		
	橡皮	塑料	2 根	3 根	4 根	2 根	3 根	4 根
2.5	27	25	19	17	15	18	16	12
4	35	32	25	23	20	24	22	19

导线截面/mm²	导线明敷		橡皮绝缘导线穿在同一塑料管内			塑料绝缘导线穿在同一塑料管内		
	橡皮	塑料	2 根	3 根	4 根	2 根	3 根	4 根
6	45	42	33	29	26	31	27	25
10	65	59	44	40	35	42	38	33
16	85	80	58	52	46	55	49	44
25	110	105	77	68	60	73	65	57
35	138	130	95	84	74	90	80	70
50	175	165	120	108	95	114	102	90
70	220	205	153	135	120	145	130	115
95	265	250	184	165	150	175	158	140
12	310	—	210	190	170	—	—	—
150	360	—	250	227	205	—	—	—

（四）按允许电压损失选择

当有电流流过导线时，由于线路中存在电阻、电感等，必将引起电压降落。如果电源端的输出电压为 U_1，而负载端得到的电压为 U_2，那么线路上，电压损失的绝对值为：

$$\Delta U = U_1 - U_2$$

由于用电设备的端电压偏移有一定的允许范围，所以一切线路的电压损失也有一定的允许值。如果线路上的电压损失超过了允许值，就将影响用电设备的正常运行。为了保证电压损失在允许值的范围内，就必须保证导线有足够的截面积。

对于不同等级的电压，电压损失的绝对值 ΔU 并不能确切地表达电压损失的程度，所以工程上常用 ΔU 与额定电压 U_N 百分比来表示相对电压损失，即：

$$\Delta U\% = \frac{U_1 - U_2}{U_N} \times 100\%$$

供电规则中规定：对 35 kV 及以上供电的电压质量有特殊要求的用户，电压变动幅度不应超过额定电压的 $\pm 5\%$；10 kV 及以下高压供电的和低压电力用户，电压变动幅度不应超过额定电压的 $\pm 7\%$；对低压照明用户，电压变动幅度不应超过额定电压的 $\pm(5\% \sim 10\%)$。

线路电压损失的大小是与导线的材料、截面的大小、线路的长短和电流的大小密切相关的，线路越长、负荷越大，线路电压损失也将越大。在工程计算中，可采用计算相对电压损失的一种简化公式：

$$\Delta U\% = \frac{Pl}{CS}\%$$

在给定允许电压损失 $\Delta U\%$ 之后，便可计算出相应的导线截面：

$$S = \frac{Pl}{C\Delta U}$$

式中　Pl——荷矩，kW·m；

P——线路输送的电功率，kW；

l——线路长度(指单程距离),m;

ΔU——允许电压损失百分数值;

S——导线截面积,mm^2;

C——电压损失计算常数,由电压的相数、额定电压及材料的电阻率等决定的常数,见表5-8。

表 5-8　　　　　　　　　　　　　电压损失计算常数 C 值

线路系统及电流种类	线路额定电压/V	系数 C 值	
		铜线	铝线
三相四线制	380/220	77	46.3
单相交流或直流	220	12.8	7.75
	110	3.2	1.9

(五)零线截面的选择方法

三相四线制中的零线截面,根据运行经验,可选为相线的1/2左右。但必须注意不得小于按机械强度要求的最小允许截面。

在单相制中,由于零线与相线中流过的是同一负荷的电流,所以零线截面要与相线相同。

在选择导线截面时,为了同时满足前述几个方面的要求,必须以计算所得的几个截面中的最大者为准,最后从电线产品目录中选用稍大于所求得的线芯截面即可。

例 5-3　某建筑工地在距离配电变压器 500 m 处有一台混凝土搅拌机,采用 380/220 V 的三相四线制供电,电动机的功率 $P_N=10$ kW,效率为 $\eta=0.81$,功率因数 $\cos\varphi=0.83$,允许电压损失 $\Delta U\%=5\%$,需要系数 $K_d=1$。如采用 BLX 型铝芯橡皮绝缘导线供电,导线截面应选多大?

解　由于线路较长,且允许电压损失较小,因此选择计算如下:

(1)先按允许电压损失来选择导线截面

电动机取自电源的功率为:

$$P = \frac{P_N}{\eta} = \frac{10}{0.81} \approx 12.3 \text{ kW}$$

由表 5-8 可得,当采用 380/220 V 三相四线制供电时,铝线的 C 值为 46.3,因此,导线的截面为:

$$S = \frac{Pl}{C\Delta U} = \frac{12.3 \times 500}{46.3 \times 5} \approx 27 \text{ mm}^2$$

查表 5-7,选用截面为 35 mm^2 的铝芯橡皮绝缘导线。

(2)按发热条件选择导线截面

设备的视在计算负荷为:

$$S_{\sum C} = K_d \frac{\sum P_a}{\eta\cos\varphi} = 1 \times \frac{10}{0.81 \times 0.83} \approx 15 \text{ kV} \cdot \text{A}$$

计算负荷电流为:

$$I_{\sum c} = \frac{S_{\sum c} \times 10^3}{\sqrt{3}\,U_N} = \frac{15 \times 10^3}{\sqrt{3} \times 380} \approx 23 \text{ A}$$

由于 35 mm² 的铝芯橡皮绝缘导线长期连续负荷允许载流量为 138 A，因此，采用该导线能满足导线发热条件的要求。

（3）按机械强度条件校验

根据表 5-4 可知，绝缘导线在户外架空敷设时，铝线的最小截面是 10 mm²，因此，选用 35 mm² 的 BLX 铝芯橡皮绝缘导线完全满足要求。

例 5-4　配电箱引出的长 100 m 的干线上，树干式分布着 15 kW 的电动机 10 台，采用铝芯塑料线明敷。设备台电动机的需要系数 $K_d = 0.6$，电动机的平均效率 $\eta = 0.8$，平均功率因数 $\cos \varphi = 0.7$，试选择该干线的截面。

解　由于线路不长，且负荷属低压电力用电，负荷量大，因此，可先按发热条件来选择干线的截面。

视在计算负荷为：

$$S_{\sum c} = K_d \frac{\sum P_a}{\eta \cos \varphi} = 0.6 \times \frac{15 \times 10}{0.8 \times 0.7} \approx 160.7 \text{ kV} \cdot \text{A}$$

干线上的计算负荷电流为：

$$I_{\sum c} = \frac{S_{\sum c} \times 10^3}{\sqrt{3}\,U_N} = \frac{160.7 \times 10^3}{\sqrt{3} \times 380} \approx 244 \text{ A}$$

查表 5-7，选择 95 mm² 的铝芯塑料线，其允许载流量为 250 A>244 A，满足要求。

按电压损失校验，有功计算负荷为：

$$P = K_d \frac{\sum P_N}{\eta} = 0.6 \times \frac{15 \times 10}{0.8} = 112.5 \text{ kW}$$

采用铝芯线时，$C = 46.3$，所以：

$$\Delta U\% = \frac{Pl}{CS}\% = \frac{112.5 \times 100}{46.3 \times 95}\% \approx 2.56\%$$

因此，所选导线也能满足电压损失的要求；根据表 5-5，机械强度的要求也是完全能够满足的。

项目五　建筑工地配电箱的选择与安装

配电箱是动力系统和照明系统的配电和供电中心。在建筑施工现场，凡是用电的场所，不论负荷的大小，都应按用电的情况安装适宜的配电箱。建筑工地的低压配电箱分电力配电箱和照明配电箱两类，原则上应分别设置。当动力负荷容量较小、数量较少时，也可以和照明设备公用同一配电箱；对于容量较大的设备以及特殊用途的设备，如消防、警卫等设备，则应单独设置配电箱。

建筑施工用电一般采取分级配电，配电箱分三级设置：总配电箱、分配电箱和开关箱。配电箱和开关箱都是配电系统中使用频繁的设备，也是经常出现故障的地方，应进行正确的安装和使用，以保障安全，减少电气伤害事故的发生。

一、配电箱的组成

配电箱分为标准式和非标准式两种。标准配电箱是按一定的配电系统方案,根据国家有关标准和规范进行统一设计,由开关厂或电器厂生产的全国通用定型产品,其型号、规格可参考各厂家的产品目录;而非标准配电箱则是根据用户的实际使用需要进行非标准设计生产的。由于施工用电的临时性强,因此,配电箱一般较为简单,可根据使用要求、用电负荷的大小以及分支回路数等选用标准的配电箱,也可现场就地制作,但应当满足以下条件:

(1)盘面设计要整齐、安全、美观和维修方便,配线时须线路清楚,排列整齐,横平竖直,绑扎成束,并用卡钉固定在盘板上。在动力设备与照明设备共用的配电箱内,动力线路与照明线路必须分开。

(2)配电箱内应设总控制电器和分路控制电器,如刀开关、组合开关,以及保护电器,如熔断器等,也可以使用兼有控制和保护作用的自动空气开关。总开关电器的额定值、动作整定值应与分路开关电器的额定值、动作整定值相适应。配电箱可以不装设测量仪表。为安全起见,可装设漏电保护器。

(3)手动开关电器只许用于直接控制照明电路,容量大于 5.5 kW 的电器设备的控制应有控制电路,而且各种开关电器的额定值应与其所控制的电器设备的额定值相适应。

(4)配电箱内的控制设备不可一闸多用,严禁一个开关电器直接控制两台或两台以上的用电设备。

(5)垂直装设的刀开关、熔断器等设备,上端接电源,下端接负荷。横装者左侧接电源,右侧接负荷。

(6)箱内的配电导线应采用工作电压不低于 500 V 的绝缘导线,导线必须妥善连接,不得有接触不良甚至错接的现象。进入配电盘的控制线须经过端子板连接,盘内各电器之间的连接可用导线直接连接,但导线本身不应有接头。

(7)引入和引出配电箱的电缆应根据图纸标注电缆号,各导线在接线处也应标注线号,同一根电缆或电线的标号应当相同。

(8)配电箱内带电体之间的电气间隙不应小于 10 mm,漏电距离不应小于 15 mm。导线穿过木板时应套以瓷管;穿过铁板时需装橡皮护圈。

(9)尽量采用铁制低压配电箱。配电箱的金属构架、铁皮、铁制盘面和箱体及电器的金属外壳均应做接零或接地保护;较大型的接零系统的配电箱还要重复接地。

二、配电箱的安装

配电箱的安装方式有明装、暗装和落地式安装三种。由于施工现场的条件复杂,配电箱的安装一定要保障安全,要求如下:

(1)总配电箱应设置在用电负荷的中心,分配电箱应设置在用电设备或负荷相对集中的地方,分配电箱与开关箱的距离不超过 30 m,开关箱与其控制的电气设备不得超过 3 m。

(2)配电箱应安放于干燥,明亮,不易受损,不易受震,无尘埃,无腐蚀气体,以及便于维护与操作的地方。配电箱外壁与地面、墙面接触部分均应涂防腐漆。

（3）配电箱可挂在墙上、柱上，也可直接放在地上，但安装要端正、牢固，落地式安装的配电箱要埋设地脚螺栓以固定配电箱。

（4）配电箱暗装时底面距离地面 1.4 m，明装时底面距离地面 1.2 m。

（5）配电箱应坚固、完整、严密，要有防雨、防水等功能，使用中的配电箱内严禁放杂物，配电箱旁也不得堆放材料或杂物。

（6）箱体应有接地线，箱外应喷涂红色或用红色"电"字作标记；重要的配电箱，如塔式起重机的专用配电箱要加锁。

思考题与习题

1. 某工地的施工现场用电设备为：5.5 kW 混凝土搅拌机 4 台，7 kW 的卷扬机 2 台，48 kW 的塔式起重机 1 台，1 kW 的振捣器 8 台，23.4 kW 的单相 380 V 电焊机 1 台，照明用电 15 kW，当地电源为 10 000 V 的三相高压电。试为该工地选配一台配电变压器供施工用。

2. 某大楼采用三相四线制 380/220 V 供电，楼内的单相用电设备有：加热器 5 台各 2 kW，干燥器 4 台各 3 kW，照明用电 2 kW。试将各类单相用电设备合理地分配在三相四线制线路上，并确定大楼的计算负荷。

3. 某工地采用三相四线制供电，有一临时支路上需带 30 kW 的电动机 2 台，8 kW 的电动机 15 台，电动机的平均效率为 83%，平均功率因数为 0.8，需要系数为 0.62，总配电盘至该临时用电的配电盘的距离为 250 m。若允许电压损失 $\Delta U\%$ 为 7%，试问应选用多大截面的铝芯橡皮绝缘导线供电。

4. 导线选择的一般原则和要求是什么？

5. 什么叫做发热条件选择法？什么叫做电压损失选择法？什么叫做经济电流密度选择法？

6. 室内和室外线路的导线选择有什么异同？

7. 导线的选择为什么要注意与线路的保护设备配合？

8. 导线型号的选择主要取决于什么？而截面大小的选择又取决于什么？

9. 为什么低压电力线一般先按发热条件选择截面，再按电压损失条件和机械强度校验？为什么低压照明线路一般先按电压损失选择截面，再按发热条件和机械强度校验？为什么高压线路一般先按经济电流密度选择截面，再按发热条件和电压损失条件校验？

10. 民用建筑中常用保护电器有哪些？常用低压开关电器有哪些？常用成套低压电气设备有哪些？各有什么用途？

11. 低压自动开关的作用是什么？为什么它能带负荷通断电路？

12. 有一条三相四线制 380/220 V 低压线路，其长度为 200 m，计算负荷为 100 kW，功率因数为 0.9，线路采用铝芯橡皮线穿钢管暗敷。已知敷设地点的环境温度为 30 ℃，试按发热条件选择所需导线截面。

13. 有一条 220 V 的单相照明线路，采用绝缘导线架空敷设，线路长度 400 m，负荷均匀分布在其中的 300 m 上，即 3 W/m，如图 5-1 所示。线路全长截面大小一致，允许电压损失为 3%，环境温度为 30 ℃。试选择导线截面(提示:将均匀分布负荷集中在分布线段小点处，然后按电压损失条件进行计算)。

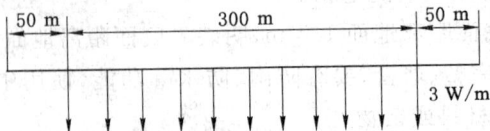

图 5-1

14. 某住宅区按灯泡统计的照明负荷为 27 kW，电压 220 V，由 300 m 处的变压器供电，要求电压损失不超过 5%。试选择导线截面及熔丝规格。

15. 某工厂电力设备总容量为 25 kW，其平均效率为 0.78，平均功率因数为 0.8；厂房内部照明设备容量为 2.5 kW，室外照明为 300 W(白炽灯)。今拟采用 380/220 V 三相四线制供电，由配电变压器至工厂的送电线路长 320 m。试问:应选择何种截面的 BLX 型导线(全部电力设备的需要系数为 0.6，照明设备的需要系数为 1，允许电压损失为 5%)。

技能训练一　建筑施工供电设计

建筑施工供电设计是根据工程的需要，对进行建筑施工所需的电源、导线以及各类用电设备的容量大小、规格型号和位置走向等进行综合设计和选择，并绘制出施工现场的配电线路平面布置图。平面布置图的主要内容是要标注出变压器位置、配电线路的走向、配电箱的位置和主要电气设备的位置。建筑工程现场施工的供电设计，对保障用电的安全可靠以及指导现场进行有组织、有计划的施工都具有重要意义。下面通过一个实例来具体地分析介绍施工供电设计的方法与步骤。

例 5-5　为某建筑工程的施工组织计划作出供电设计。

(1) 由基建单位提供的施工平面图，如图 5-2 所示。

(2) 施工用电设备见表 5-9。

(3) 有 10 kV 高压架空线经过工地附近北侧。

(4) 环境温度为 25 ℃。

解　(1) 确定施工用电的视在计算负荷应根据所提供的各类设备的容量，先求出各组设备的计算负荷。然后求出总计算负荷。

混凝土搅拌机组:因仅有 1 台电动机，需要系数取 1。

$$P_{c1} = K_{d1} P_{a1} = 1 \times 10 = 10 \ \text{kW}$$

$$Q_{c1} = P_{c1} \tan \varphi_1 = 10 \times 1.17 = 11.7 \ \text{kV} \cdot \text{A}$$

卷扬机组:因仅有 1 台电动机，需要系数取 1。

$$P_{c2} = K_{d2} P_{a2} = 1 \times 7.5 = 7.5 \ \text{kW}$$

$$Q_{c2} = P_{c2} \tan \varphi_2 = 7.5 \times 1.02 = 7.65 \ \text{kV} \cdot \text{A}$$

滤灰机组:因仅有 1 台电动机，需要系数取 1。

$$P_{c3} = K_{d3} P_{a3} = 1 \times 2.8 = 2.8 \ \text{kW}$$

$$Q_{c3} = P_{c3} \tan \varphi_3 = 2.8 \times 1.02 = 2.856 \ \text{kV} \cdot \text{A}$$

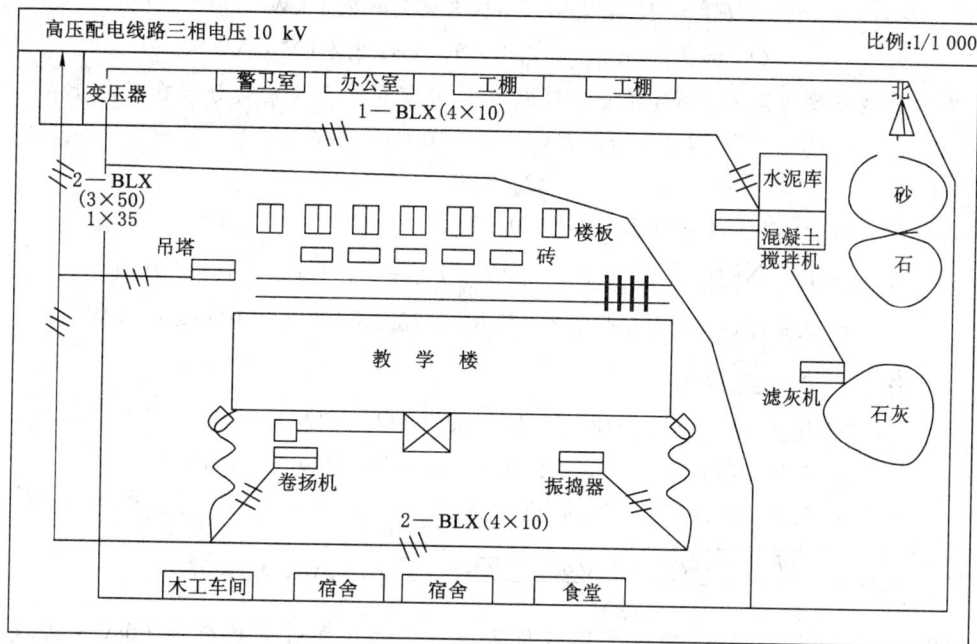

图 5-2　某教学楼施工现场供电平面图

表 5-9　　　　　　　　　　　　施工用电设备

序号	用电设备	功率	台数	备注
1	混凝土搅拌机	10 kW	1	
2	卷扬机	7.5 kW	1	
3	滤灰机	2.8 kW	1	
4	振捣器	2.8 kW	4	电动机额定电压380 V 平均效率80%
5	起重机 起重电动机 行走电动机 回转电动机	22 kW 7.5 kW 3.5 kW	1 2 1	
6	打夯机	1 kW	3	
7	照明	10 kW		单机用电,三相均匀分布

振捣器组:需要系数取 0.7。
$$P_{c4} = K_{d4} P_{a4} = 0.7 \times 4 \times 2.8 = 7.84 \ \text{kW}$$
$$Q_{c4} = P_{c4} \tan \varphi_4 = 7.84 \times 1.02 \approx 8 \ \text{kV} \cdot \text{A}$$
起重机组:需要系数可取为 0.7。
$$P_{c5} = K_{d5} P_{a5} = 0.7 \times (2 \times 7.5 + 22 + 3.5) = 28.35 \ \text{kW}$$
$$Q_{c5} = P_{c5} \tan \varphi_5 = 28.35 \times 1.02 \approx 28.92 \ \text{kV} \cdot \text{A}$$

电动打夯机组：需要系数取 0.8。

$$P_{c6} = K_{d6} P_{a6} = 0.8 \times 3 \times 1 = 2.4 \text{ kW}$$

$$Q_{c6} = P_{c6} \tan \varphi_6 = 2.4 \times 1.02 \approx 2.4 \text{ kV} \cdot \text{A}$$

施工工地主要为室外照明，需要系数取为 1，并使照明负荷均匀分布在三相上：

$$P_{c7} = K_{d7} P_{a7} = 1 \times 10 = 10 \text{ kW}$$

$$Q_{c7} = 0$$

求总计算负荷：取同时系数 $K_\Sigma = 0.9$，则：

$$K_{\Sigma c} = K_\Sigma \sum P_c = K_\Sigma (P_{c1} + P_{c2} + P_{c3} + P_{c4} + P_{c5} + P_{c6} + P_{c7})$$

$$= 0.9 \times (10 + 7.5 + 2.8 + 7.84 + 28.35 + 2.4 + 10) \approx 62 \text{ kW}$$

$$K_{\Sigma c} = K_\Sigma \sum Q_c$$

$$= K_\Sigma (Q_{c1} + Q_{c2} + Q_{c3} + Q_{c4} + Q_{c5} + Q_{c6} + Q_{c7})$$

$$= 0.9 \times (11.7 + 7.65 + 2.856 + 8 + 28.92 + 2.4 + 0)$$

$$= 0.9 \times 61.626 = 55.4 \text{ kV} \cdot \text{A}$$

$$S_c = \frac{\sqrt{P_{\Sigma c}^2 + Q_{\Sigma c}^2}}{\eta} = \frac{\sqrt{62^2 + 55.4^2}}{0.8} \approx 104 \text{ kV} \cdot \text{A}$$

（2）选择变压器容量，确定变压器位置。按总的视在计算负荷 104 kV·A，根据表 5-3，可选用 SL₇—125/10 型三相电力变压器，其额定容量为 125 kV·A，额定电压为 10/0.4 kV，用 1 台变压器就可满足需要。

根据现场高压电源线路情况，以及变压器安装地点应注意的一些原则，将变压器的位置设在西北角，如图 5-2 所示。

（3）施工现场低压布线。综合考虑施工现场的环境以及用电的安全与方便，根据现场暂设建筑物和路灯照明等的需要，配电线路可设置两路进行供电。

第一路干线（北路干线）：线路上的负荷有混凝土搅拌机、滤灰机以及路灯、建筑物室内照明等。

第二路干线（西路干线）：线路上的负荷有起重机、卷扬机、振捣器、打夯机以及投光灯、路灯、建筑物室内照明等。

这两路在总配电盘上（位置在变压器旁）分别由自动空气开关进行控制，一旦一条支路发生故障或维修，另一支路不会受到影响。

（4）低压配电线路导线的选择。施工临时用电，为了安全以采用橡皮绝缘导线为宜，为了节省钢材而采用铝线，因此，选择 BLX 型铝芯橡皮绝缘导线。对于两路干线，应分别进行计算，选择其导线截面。

第一路（北路）导线截面的选择：

有功计算负荷为：

$$P_{\Sigma c1} = P_\Sigma \sum P_c = K_\Sigma (P_{c1} + P_{c3} + P_{c7}/2)$$

$$= 0.9(10 + 2.8 + 10/2) \approx 16 \text{ kW}$$

无功计算负荷为：

$$Q_{\Sigma c1} = P_\Sigma \sum Q_c = K_\Sigma (Q_{c1} + Q_{c3} + Q_{c7}/2)$$

$$= 0.9(11.7 + 2.856 + 0) \approx 13 \text{ kV} \cdot \text{A}$$

视在计算负荷为：

$$S_{\sum c1} = \frac{\sqrt{P^2_{\sum c1} + Q^2_{\sum c1}}}{\eta} = \frac{\sqrt{16^2 + 13^2}}{0.8} \approx 25.8 \text{ kV} \cdot \text{A}$$

① 按发热条件选择导线截面

$$I_{\sum c1} = \frac{S_{\sum c1} \times 10^3}{\sqrt{3} U_N} = \frac{25.8 \times 10^3}{\sqrt{3} \times 380} \approx 39 \text{ A}$$

由表 5-7 查得，应选用 6 mm^2 的铝芯橡皮绝缘导线。

② 按允许电压损失选择导线截面。为了简化计算，可把全部负荷集中在线路的末端来考虑。从变压器总配电盘到滤灰池的线路长度约为 160 m，允许电压损失 $\Delta U \%$ 为 7%，当采用 380/220 V 三相四线制供电时，C 为 46.3，因此，按允许电压损失选择的导线截面为：

$$S_1 = \frac{P_{\sum c1} l}{C \Delta U \%} \% = \frac{16 \times 160}{46.3 \times 7 \%} \% \approx 8 \text{ mm}^2$$

所以应当选用 10 mm^2 的铝芯橡皮绝缘导线。

③ 按机械强度校验。对施工临时架空线，电杆的档距取 20～30 m 为宜。由表 5-5 可知，铝芯橡皮绝缘导线架空敷设时，其截面不得小于 10 mm^2。

为了满足上述三个条件，该路导线应选择 10 mm^2 的铝芯橡皮绝缘导线，而中线为了满足机械强度的要求，也只能选用同样截面大小的铝芯橡皮绝缘导线。

第二路(西路)导线截面的选择：

此路中的塔式起重机负荷较大，而且距变压器较近，因此，在选择导线截面时可分两段来考虑，即自变压器总配电盘至起重机分支的电杆为西段，该段长 30 m，应考虑第二路上的全部负荷；自起重机分支电杆到最后一根电杆为另一段南段，该段全长 140 m，此段只考虑卷扬机、振捣器、电焊机以及部分照明用电。

① 西段导线截面的选择

由于该段线路较短，负荷较大，因此可通过发热条件选择导线截面，再用允许电压损失条件进行校验即可。

$$P_{\sum c2} = K_{\sum} \sum P_c = K_{\sum}(P_{c2} + P_{c4} + P_{c5} + P_{c6} + P_{c7}/2)$$
$$= 0.9 \times (7.5 + 7.84 + 28.35 + 2.4 + 10/2) \approx 46 \text{ kW}$$

$$Q_{\sum c2} = K_{\sum} \sum Q_c = K_{\sum}(Q_{c2} + Q_{c4} + Q_{c5} + Q_{c6} + Q_{c7}/2)$$
$$= 0.9 \times (7.65 + 8 + 28.92 + 2.4 + 0) = 42.3 \text{ kV} \cdot \text{A}$$

$$S_{\sum c2} = \frac{\sqrt{P^2_{\sum c2} + Q^2_{\sum c2}}}{\eta} = \frac{\sqrt{46^2 + 42.3^2}}{0.8} \approx 78.1 \text{ kV} \cdot \text{A}$$

$$I_{\sum c2} = \frac{S_{\sum c2} \times 10^3}{\sqrt{3} U_N} = \frac{78.1 \times 10^3}{\sqrt{3} \times 380} \approx 120 \text{ A}$$

查表 5-7，可选择 50 mm^2 的铝芯橡皮绝缘导线。

校验电压损失：

$$\Delta U \% = \frac{P_{\sum c2} l}{C S} \% = \frac{46 \times 30}{46.3 \times 50} \% \approx 0.6 \%$$

可见电压损失相当小,因此,50 mm² 的铝芯橡皮绝缘导线完全能满足要求,而中线截面则可选择为 35 mm²。

② 南段导线截面的选择

该段也可将全部负荷集中在最末端进行计算:

$$P_{\sum c3} = K_{\sum} \sum P_c = K_{\sum}(P_{c2} + P_{c4} + P_{c6} + P_{c7}/2)$$
$$= 0.9 \times (7.5 + 7.84 + 2.4 + 10/2) \approx 20.5 \text{ kW}$$

$$Q_{\sum c3} = K_{\sum} \sum Q_c = K_{\sum}(Q_{c2} + Q_{c4} + Q_{c6} + Q_{c7}/2)$$
$$= 0.9 \times (7.65 + 8 + 2.4 + 0) = 16.2 \text{ kV} \cdot \text{A}$$

$$S_{\sum c3} = \frac{\sqrt{P^2_{\sum c3} + Q^2_{\sum c3}}}{\eta} = \frac{\sqrt{20.5^2 + 16.2^2}}{0.8} \approx 32.7 \text{ kV} \cdot \text{A}$$

因此,该段线路上的容量不大,参照第一路导线截面的选择可看出,可以按照机械强度的要求,相线和中线都可选择 10 mm² 的铝芯橡皮绝缘导线。

(5) 绘制施工现场电力供应平面布置图。在施工现场的电力供应平面布置图上,应按实际位置画出供电系统的平面布置图,包括:

① 变压器的位置,高压电源线的进线方向;

② 低压配电线路的走向和电杆的位置;

③ 在低压配电线路上标出线路编号、导线型号和规格;

④ 标明主要负荷点的位置。

图 5-2 即为该施工现场电力供应的平面布置图。

技能训练二　低压配电保护装置选择及安装

一、用电设备及配电线路的保护

为了安全地对各类用电设备供电,要对用电设备及其相应的配电线路进行保护。在民用建筑用电设备中,有些用电设备(如电梯等)是各种电器的组合,由于结构复杂,它自身已设有保护装置,因此,在工程设计时不再考虑设单独的保护,而将配电线路的保护作为它们的后备保护。而有些电气设备(如照明电器、小风扇等)由于结构简单,一般无需设单独的电气保护装置,而把配电线路的保护作为它的保护。

(一) 照明用电设备的保护

在民用建筑中,照明电器、风扇、小型排风机、小容量的空调器和电热器等,一般均从照明支路取用电流,通常划归照明负荷用电设备范围,所以都可由照明支路的保护装置作为它们的保护。

照明支路的保护主要考虑对照明用电设备的短路保护。对于要求不高的场合,可采用熔断器保护;对于要求较高的场合,则采用带短路脱扣器的自动保护开关进行保护,这种保护装置同时可作为照明线路的短路保护和过负荷保护,一般只使用其中的一种就可以了。

(二) 电力用电设备的保护

在民用建筑中,常把负载电流为 6 A 以上或容量在 1.2 kW 以上的较大容量用电设备划归电力用电设备。对于电力负荷，一般不允许从照明插座取用电源，需要单独从电力配电箱或照明配电箱中分路供电。除了本身单独设有保护装置的设备外，其余的设备都在分路供电线路上装设单独的保护装置。

对于电热器类用电设备，一般只考虑短路保护。容量较大的电热器，在单独回路装设短路保护装置时，可采用熔断器或自动开关作为其短路保护。

对于电动机类用电负荷，在需要单独分路装设保护装置时，除装设短路保护外，还应装设过载保护，可由熔断器和带过载保护的磁力启动器（由交流接触器和热继电器组成）进行保护，或由带短路和过载保护的自动开关进行保护。

（三）低压配电线路的保护

对于低压配电线路，一般主要考虑短路和过载两项保护，但从发展情况来看，过电压保护也不能忽视。

1. 低压配电线路的短路保护

所有的低压配电线路都应装设短路保护，一般可采用熔断器或自动开关保护。由于线路的导线截面是根据实际负荷选取的，因此，在正常运行的情况下，负荷电流是不会超过导线的长期允许载流量的。但是为了避开线路中短时间过负荷的影响（如大容量异步电动机的启动等），同时又能可靠地保护线路，当采用熔断器作短路保护时，熔体的额定电流应小于或等于电缆或穿管绝缘导线允许载流量的 2.5 倍；对于明敷绝缘导线，由于绝缘等级偏低，绝缘容易老化等原因，熔体的额定电流应小于或等于导线允许载流量的 1.5 倍。当采用自动开关作短路保护时，由于其过电流脱扣器具有延时性并且可调，可以避开线路中的短时过负荷电流，所以，过电流脱扣器的整定电流一般应小于或等于绝缘导线或电缆的允许载流量的 1.1 倍。

短路保护还应考虑线路末端发生短路时保护装置动作的可靠性。当上述保护装置作为配电线路的短路保护时，要求在被保护线路的末端发生单相接地短路以及两相短路时，其短路电流值应大于或等于熔断器熔体额定电流的 4 倍；如用自动开关保护，则应大于或等于自动开关过电流脱扣器整定电流的 1.5 倍。

2. 低压配电线路的过负荷保护

低压配电线路在下列场合应装设过负荷保护：

（1）不论在何种房间内，由易燃外层无保护型电线（如 BX、BLX、BXS 型电线等）构成的明配线路。

（2）所有照明配电线路。对于无火灾危险及无爆炸危险的仓库中的照明线路，可不装设过负荷保护。

过负荷保护一般可由熔断器或自动开关构成，熔断器熔体的额定电流或自动开关过电流脱扣器的整定电流应小于或等于导线允许载流量的 0.8 倍。

3. 低压配电线路的过压保护

对于民用建筑低压配电线路，一般只要求有短路和过载两种保护，但从发展情况来看，还应考虑过电压保护。这是因为某些低压供电线路有时会意外地出现过电压，如高压架空线断落在低压线路上，三相四线制供电系统的零线断落引起中性点偏移，以及雷击低压线路等，都可能使低压供电线路上出现超过正常值的电压，使接在该低压线路上的用电设备因电压过高而损坏。为了避免这种意外情况，应在低压配电线路上采取适当分级装设过压保护的措施,如在用户配电盘上装设带过压保护功能的漏电保护开关等。

4. 上下级保护电器之间的配合

在低压配电线路上,应注意上下级保护电器之间的正确配合,这是因为当配电系统的某处发生故障时,为了防止事故扩大到非故障部分,要求电源侧、负载侧的保护电器之间具有选择性配合。

(1)当上下级均采用熔断器保护时,一般要求上一级熔断器熔体的额定电流比下一级熔体的额定电流大 2～3 级(此处的"级"系指同一系列熔断器本身的电流等级)。

(2)当上下级保护均采用自动开关时,应使上一级自动开关脱扣器的额定电流大于下一级脱扣器的额定电流,一般大于或等于 1.2 倍。

(3)当电源侧采用自动空气开关,负载侧采用熔断器时,应满足熔断器在考虑了正误差后的熔断特性曲线在自动空气开关的保护特性曲线之下。

(4)当电源侧采用熔断器,负载侧采用自动空气开关时,应满足熔断器在考虑了负误差后的熔断特性曲线在自动空气开关考虑了正误差后的保护特性曲线之上。

二、刀开关、熔断器及其选择

(一)常用刀开关

刀开关是一种简单的手动操作电器,用于非频繁接通和切断容量不大的低压供电线路,并兼作电源隔离开关。按工作原理和结构形式,刀开关可分为胶盖闸刀开关、刀形转换开关、铁壳开关、熔断式刀开关、组合开关等五类。

1. 胶盖闸刀开关

胶盖闸刀开关是普遍使用的一种刀开关。胶盖闸刀开关价格便宜、使用方便,在工民建筑中广泛应用。单相双极刀开关用在照明电路或其他单相电路上,三相胶盖闸刀开关在小电流配电系统中用来接通和切断电路,也可用于小容量三相异步电动机的全压启动操作。

胶盖闸刀开关的型号有 HK1、HK2 两种,即开启式负荷开关,H 表示负荷,K 表示开启式(因此又称开启式负荷开关),数字表示设计序号。

胶盖闸刀开关的适用电流 10～50 A,极数有 2 极、3 极。主要用于小电流控制。

2. 铁壳开关

铁壳开关主要由刀开关、熔断器和铁制外壳组成。在闸刀断开处有灭弧罩,其断开速度比胶盖闸刀快,灭弧能力强,并具有短路保护功能。它适用于各种配电设备及不需频繁接通和分断负荷的电路,包括用作感应电动机的(非频繁)启动和分断。铁壳开关的型号主要有 HH3、HH4 等系列,其适用电流 10～200 A。

3. 熔断式刀开关

熔断式刀开关也称刀熔开关,其熔断器装于刀开关的动触片中间,结构紧凑,可代替分裂的刀开关和熔断器,通常装于开关板及电力配电箱内,主要型号有 HR_3 系列,其适用电流 100～400 A。

4. 组合开关

组合开关是一种多功能开关,可用来接通或分断电路,切换电源或负载,测量三相电压,控制小容量电动机正反转等,但不能用作频繁操作的手动开关。其主要型号有 HZ_{10} 系列等。额定电流为 60～100 A。

（二）低压刀开关的选择

低压刀开关，应当根据用途选用适当的系列，根据额定电压、计算电流选择规格，再按短路时的动、热稳定校验。

安装刀开关的线路，其额定的交流电压不应超过 500 V，直流电压不应超过 440 V。为保证刀开关在正常负荷时安全可靠运行，通过刀开关的计算电流应小于或等于刀开关的额定电流，即：

$$I_N \geqslant I_j$$

式中　I_N——刀开关的额定电流，A；

　　　I_j——通过刀开关的计算电流，A。

在正常情况下，闸刀开关可以接通和断开自身标定的额定电流，因此，对于普通负荷来说，可以根据负荷的额定电流来选择相应的刀开关。当用刀开关控制电动机时，由于电动机的启动电流大，选择刀开关的额定电流要比电动机的额定电流大一些，一般是电动机额定电流的 3 倍。如果电动机不需要经常启动，刀开关的额定电流可为电动机额定电流的 2 倍左右。在选择刀开关时，还应根据工作地点的环境，选择合适的操作机构，对于组合式的刀开关，应配有满足正常工作和保护需要的熔断器。

安装刀开关的线路，其三相短路电流不应超过制造厂家规定的动、热稳定值。

（三）常用低压熔断器

熔断器是一种保护电器，它主要由熔体和安装熔体用的绝缘器组成。它在低压电路中主要用于短路保护，有时也用于过载保护。熔断器的保护作用是靠熔体来完成的，一定截面的熔体只能承受一定值的电流，当通过的电流超过规定值时，熔体将熔断，从而起到保护的作用。熔体熔断所需的时间与电流的大小有关，通过熔体的电流越大，熔断的时间越短。通过熔体的电流与熔断时间的关系见表 5-10。在应用中一般规定熔体的额定电流，记作 I_N。当通过的电流为熔体的额定电流时，熔体是不会熔断的，即使通过的电流等于额定电流的 1.25 倍，熔体还可以长期运行，超过其额定电流的倍数愈大，愈容易熔断。

表 5-10　　　　　　　　　通过熔断器熔体的电流与熔断时间

通过额定电流倍数 X	1.25	1.6	2	2.5	3	4
熔断时间	∞	60 s	40 s	8 s	4.5 s	2.5 s

低压熔断器的型号含义如下：

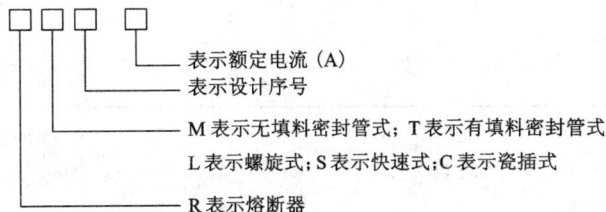

表示额定电流（A）
表示设计序号
M 表示无填料密封管式；T 表示有填料密封管式
L 表示螺旋式；S 表示快速式；C 表示瓷插式
R 表示熔断器

熔断器的系列产品较多，最常用的有：① RC 系列瓷插式熔断器，适用于负载较小的照明电路;② RL 系列螺旋式熔断器,适用于配电线路中作过载和短路保护,也常用作电动机的短路保护电器;③ RM 无填料密封管式熔断器;④ RT 系列有填料密封管式熔断器,它除具有灭弧能力强、分断能力高的优点外,还具有限流作用。在电路短路时,因为短路电流增长到最大值时需要一定的时间,在短路电流的最大值到来之前能切断短路电流,这种作用称为限流作用。它常用于具有较大短路电流的电力系统和成套配电装置中。此外,还有保护可控硅及硅整流电路的 RS 系列快速熔断器。

（四）熔断器的选择

熔断器的额定电流与熔体的额定电流不同,某一额定电流等级的熔断器可以装设几个不同额定电流等级的熔体。选择熔断器作线路和设备的保护时,首先要明确选用熔体的规格,然后再根据熔体去选定熔断器。

1. 熔断器熔体额定电流的确定

（1）照明负荷。当照明负荷采用熔断器保护时,一般取熔体的额定电流大于或等于负荷回路的计算电流,即:

$$I_N \geqslant I_j$$

当用高压汞灯或高压钠灯照明时,应考虑启动的影响,因此,取:

$$I_N \geqslant (1.1 \sim 1.7)I_j$$

式中　I_N——熔体的额定电流,A。

（2）电热负荷。对于大容量的电热负荷需要单独装设短路保护时,其熔体的额定电流应大于或等于回路的计算电流,即:

$$I_N \geqslant I_j$$

2. 熔断器电缆截面的配合

为了使自动开关及熔断器等保护装置在配电线路过负荷或短路时能可靠地保护电线及电缆,因此,还必须校核所选熔断器与导线截面的配合问题。自动开关脱扣器的整定电流、熔断器熔体的额定电流与导线的载流量之间的关系,见表5-11。

表 5-11　　　　　　保护装置的整定值与配电线路允许持续电流配合

保护装置	无爆炸危险场所			有爆炸危险场所	
	过负荷保护		短路保护	橡皮绝缘电线及电缆	纸绝缘电缆
	橡皮绝缘电缆与电线	纸绝缘电缆	电缆及电线		
	电缆及电线允许持续电流 I				
熔体的额定电流 I_N	$I_N \leqslant 0.8I$	$I_N \leqslant I$	$I_N \leqslant 2.5I$	$I_N \leqslant 0.8I$	$I_N \leqslant I$
自动开关长延时脱扣器整定电流 I_{zdl}	$I_{zdl} \leqslant 0.8I$	$I_{zdl} \leqslant I$	$I_{zdl} \leqslant I$	$I_{zdl} \leqslant 0.8I$	$I_{zdl} \leqslant I$

3. 熔断器额定电压、电流的确定

选择熔断器一般要求:

$$U_N \geqslant U_x$$
$$I_N \geqslant I_j$$

式中　U_N——熔断器的额定电压,V;

　　　U_x——线路的额定电压,V;

　　　I_N——熔断器的额定电流,A;

　　　I_j——线路计算电流,A。

确定了熔体的额定电流后,再按熔体的额定电流确定熔断器的额定电流。

三、自动空气开关及其选择

(一)自动开关

自动开关又称自动空气断路器或自动空气开关。它属于一种能自动切断电路故障的控制兼保护的电器。在电路出现短路或过载时,它能自动切断电路,有效地保护串接在它后面的电气设备;也可用于不频繁操作的电路中作控制电器。它的动作值可调整,而且动作后一般不需要更换零部件,加上它的分断能力较强,所以应用极为广泛,是低压配电网络中非常重要的一种保护电器。

1.分类

自动空气开关按其用途可分为配电用空气开关、电动机保护用自动空气开关、照明用自动空气开关;按其结构可分为塑料外壳式、框架式、快速式、限流式等。但基本形式主要有万能式和装置式两种系列,分别用 W 和 Z 表示。

(1)塑料外壳式自动空气开关属于装置式,它具有保护性能好、安全可靠等优点。

(2)框架式自动空气开关是敞开装在框架上的,因其保护方案和操作方式较多,故有"万能式"之称。

(3)快速自动空气开关,主要用于对半导体整流器的过载、短路的快速保护。

(4)限流式空气开关,用于交流电网快速动作的自动保护,以限制短路电流。

2.保护方式

为了满足保护动作的选择性,过电流脱扣器的保护方式有过载和短路均瞬时动作、过载具有延时而短路瞬时动作、过载和短路均为长延时动作、过载和短路均为短延时动作等方式。在具体应用中可根据不同要求来选用。

3.型号及常用开关规格

自动开关用 D 表示,其型号含义为:

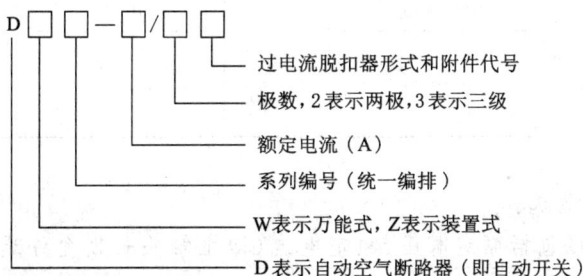

```
D □□ □ - □ / □□
             └─── 过电流脱扣器形式和附件代号
            └──── 极数,2表示两极,3表示三级
          └────── 额定电流(A)
       └───────── 系列编号(统一编排)
     └─────────── W表示万能式,Z表示装置式
  └────────────── D表示自动空气断路器(即自动开关)
```

目前常用空气开关的型号主要有 DW10、DW5、DZ5、DZ10、DZ12、DZ6 等系列。除此之外,近年来一些厂家生产出了一些具有国际先进水平的更新换代产品,如 TO、TC、TS、TL、TH 系列塑壳式新型自动开关,其外形与 DZ 型自动开关基本相同,但体积小、重量轻、工作可靠,其机械寿命和电气寿命以及带负荷的通断能力,都比相应的老产品高1~2

倍或 1~2 个数量级。常用空气开关的主要技术数据见表 5-12。

表 5-12　　　　　　常用自动开关的型号及主要技术数据

类别	型号	额定电流/A	过电流脱扣器额定电流范围/A	极限开断能力			备注
				电压/V	交流电流周期分量有效值 I/kA	$\cos\varphi$	
塑料外壳式	DZ_5	20	0.15~20,复式电磁式		1.2	≥0.7	
			0.15~20,热脱扣式		1.3 倍脱扣额定电流		
			无脱扣式		0.2		
		50	10~50		2.5		
	DZ_{10}	100	15~20		(7)	≥0.5	
			25~40		(9)		
			50~100		(12)		
		250	100~250		(30)		
		600	200~600		(50)		
	DZ_{12}	60	6~60	120	5	0.5~0.6	
				120/240			
				240/415	3	0.75	
	DZ_{15}	40	10~40	380	2.5	0.7	
	$DZ_{15}L$	40	10~40		2.5	≥0.4	
框架式	DW_{10}	200	60~200	380	10	≥0.4	
		400	100~400		15		
		600	500~600		15		
		1 000	400~1 000		20		
		1 500	1 500		20		
		2 500	1 000~2 500		30		
		4 000	2 000~4 000		40		
	DW_5	400	100~400	380	10/20	0.35	延时 0.4 s（北京开关厂数据）
		600	100~600		12.5/25		

（二）自动开关的选择

自动开关的选择包括额定电压、额定电流（即主触头长期允许通过的电流）的确定；脱扣器的整定电流（脱扣器不动作时，长期允许通过的最大电流）的确定；脱扣器的瞬时动作整定电流（脱扣器不动作时，瞬时允许通过的最大电流）和整定倍数的确定。

1. 额定电压、电流的确定

按线路的额定电压选择：自动开关的额定电压应大于或等于线路的额定电压，即：

$$U_N \geqslant U_j$$

式中　U_N——自动开关的额定电压，V；

　　　U_j——线路额定电压，V。

按线路计算电流选择：自动开关的额定电流应大于或等于线路的计算电流，即：

$$I_e \geqslant I_j$$

自动开关作为大容量电热负荷的控制和保护时，其过电流脱扣器的整定电流应满足：

$$I_{zd} \geqslant I_j$$

式中　I_{zd}——自动开关过电流脱扣器的动作整定电流，A；

　　　I_j——电热负荷回路计算电流，A。

2. 长延时动作的过电流脱扣器的整定电流

长延时动作的过电流脱扣器的整定电流应大于线路的计算电流，即：

$$I_{zdl} \geqslant K_{kl} I_j$$

式中　I_{zdl}——自动开关长延时过电流脱扣器的动作整定电流，A；

　　　I_j——线路计算电流，A；

　　　K_{kl}——可靠系数，取 1.1。

3. 短延时动作的过电流脱扣器整定电流

短延时动作的过电流脱扣器的整定电流应大于尖峰电流，即：

$$I_{zd2} \geqslant K_{k2} I_j$$

式中　I_{zd2}——自动开关短延时过电流脱扣器的动作整定电流，A。

　　　I_j——配电线路中的尖峰电流，A。

　　　K_{k2}——考虑整定误差的可靠系数，对动作时间大于 0.02 s 的自动开关（如 DW 型），一般取 1.35；动作时间小于 0.02 s 的自动开关（如 DZ 型），取为 1.7~2。

对于单台电动机回路，其尖峰电流等于电动机的启动电流，于是：

$$I_{zd2} \geqslant K_{k2} I_q$$

式中　I_q——电动机的启动电流，A。

对配电线路，不考虑电动机自启动时，其尖峰电流为：

$$I_j = I_{qm} + I_j(n-1)$$

式中　I_{qm}——配电线路中功率最大的一台电动机的启动电流，A；

　　　$I_j(n-1)$——配电线路中除启动电流最大的一台电动机外的回路计算电流，A。

4. 瞬时动作的过电流脱扣器的整定

电流自动开关瞬时动作的过电流脱扣器的整定电流，应躲过配电线路的尖峰电流，即：

$$I_{zd3} \geqslant K_{k3} [I_{qm} + I_j(n-1)]$$

式中　I_{zd3}——自动开关瞬时过电流脱扣器的动作整定电流，A；

　　　$I_j(n-1)$——配电线路中除启动电流最大的一台电动机外的回路计算电流，A；

　　　K_{k3}——自动开关瞬时脱扣可靠系数，取 1.2。

5. 照明用自动开关的过电流脱扣器的整定

当照明支路负荷采用自动开关作为控制和保护时，其延时和瞬时过电流脱扣器的整定电流分别取：

$$I_{zd1} \geqslant K_1 I_j$$
$$I_{zd2} \geqslant K_2 I_j$$

式中　K_1——用于长延时过电流脱扣器的计算系数，见表 5-13；

　　　K_2——用于瞬时过电流脱扣器的计算系数，见表 5-13；

　　　I_j——照明支路的计算电流。

表 5-13　　　　　　　　　　计算系数 K_1、K_2 值

计算系数	白炽灯、荧光灯、卤钨灯	高压汞灯	高压钠灯
K_1	1	1.1	1
K_2	6	6	6

四、漏电保护装置

漏电保护器是一种自动电器，主要用来对有致命危险的人身触电进行保护，以及防止因电气设备或线路漏电而引起火灾。当在低压线路或电器设备上发生人身触电、漏电和单相接地故障时，漏电保护开关便快速地自动切断电源，保护人身和电气设备的安全，避免事故的扩大。

（一）分类

漏电保护器的分类方法较多，这里介绍几种主要的分类。

（1）漏电保护开关按其动作原理可分为电压型、电流型和脉冲型。其中脉冲型漏电保护开关，可以把人体触电时产生的电流突变量与缓慢变化的设备（线路）漏电电流区别开来，分别进行保护。

（2）漏电保护器按脱扣的形式可分为电磁式和电子式两种。电磁式漏电保护开关主要由检测元件、灵敏继电器元件、主电路开断执行元件以及试验电路等几部分构成；电子式漏电保护开关主要由检测元件、电子放大电路、执行元件以及试验电路等部分构成。电子式与电磁式比较，灵敏度高，制造技术简单，可制成大容量产品，但需要辅助电源，抗干扰能力不强。

（3）漏电保护器按其保护功能及结构特征可分为漏电继电器、漏电断路器、漏电开关及漏电保护插座。

漏电继电器由零序电流互感器和继电器组成。它仅具备判断和检测功能，由继电器触头发出信号，控制断路器分闭或控制信号元件发出声、光信号。

漏电开关由零序电流互感器、漏电脱扣器和主开关组成，装在绝缘外壳里。它具有漏电保护和手动通断电路的功能。

漏电断路器具有过载保护和漏电保护的功能，它是在断路器上加装漏电保护器件而构成的。

漏电保护插座是由漏电断路器或漏电开关与插座组合而成的。

（二）型号含义

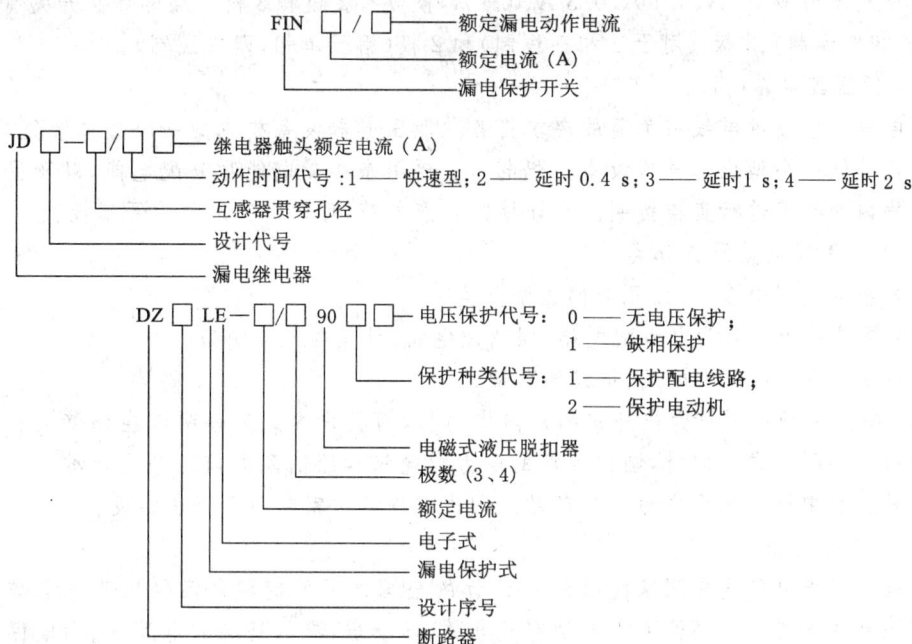

```
FIN □ / □ ── 额定漏电动作电流
         └──── 额定电流（A）
         └────── 漏电保护开关

JD □ ─ □ / □□ ── 继电器触头额定电流（A）
       └──── 动作时间代号：1 ── 快速型；2 ── 延时 0.4 s；3 ── 延时 1 s；4 ── 延时 2 s
       └────── 互感器贯穿孔径
       └──────── 设计代号
       └────────── 漏电继电器

DZ □ LE ─ □ / 90 □□ ── 电压保护代号：0 ── 无电压保护；
                                      1 ── 缺相保护
                  └──── 保护种类代号：1 ── 保护配电线路；
                                      2 ── 保护电动机
                  └────── 电磁式液压脱扣器
                  └──────── 极数（3、4）
                  └────────── 额定电流
                  └──────────── 电子式
                  └────────────── 漏电保护式
                  └──────────────── 设计序号
                  └────────────────── 断路器
```

（三）应用

漏电保护开关的保护方式一般分为低压电网的总保护和低压电网的分级保护两种。低压电网的总保护是指只对低压电网进行总的保护。一般地，选用电压型漏电保护开关作为配电变压器二次侧中性点不直接接地的低压电网的漏电总保护；选用电流型漏电保护开关作为配电变压器二次侧中性点直接接地的低压电网的漏电总保护。

低压电网的分级保护一般采用三级保护方式，其目的是为了缩小停电范围。第一级保护是全网的总保护，安装在靠近配电变压器的室内配电屏上，其作用是排除低压线路上单相接地短路事故，如架空线断落或电气设备的导体碰壳引起的触电事故等。此第一级一般设低压电网总保护开关和主干线保护开关。设主干线保护开关的目的是为了缩小事故时的停电范围。第二级为支线保护，保护开关设在一个部门的进户线配电盘上，其目的是防止用户发生触电事故。第三级保护是线路末端及单相的保护，如电热设备、风机、手持电动工具以及各居民用户的单独保护等。实践证明，电磁式漏电保护开关比电子式漏电保护开关的可靠性要高。这是因为前者的动作特性不受电压波动、环境温度变化以及缺相等影响，而且抗磁干扰性能良好，因而得到广泛的应用，特别是对于使用在配电线终端的、以防止触电为主的漏电保护。一些国家严格规定了要采用电磁式的，不允许采用电子式的。我国在《民用建筑电气设计规范》中也强调"宜采用电磁式漏电保护器"，明确指出漏电保护器的可靠性是第一位的，设计人员切不可为省钱而采用可靠性差的产品。

近年来国内一些厂家生产出了具有 20 世纪 80 年代国际先进水平的新型漏电保护开关，如 FIN、FNP、FI/LS 型漏电保护开关，它们具有结构紧凑，体积小，质量轻，性能稳定，可靠性高，使用安装方便等特点，且都为电磁式电流动作型。这种新型漏电保护开关主要用于交流 220/380 V 的线路中，其额定电流有 16 A、25 A、40 A、63 A 等四级，额定漏电动作电流为 0.03 A、0.1 A、0.3 A、0.5 A,极数有 2 极和 3 极。漏电保护开关有 4 极(用于三相四线制)、3 极(用于三相三线制)和 2 极(用于单相,即二线制)。

五、低压配电箱(盘)

配电箱是按照供电线路负荷的要求将各种低压电器设备构成的一个整体装置,并且具有一定功能的小型成套电器设备。配电箱主要用来接受电能和分配电能,以及用它来对建筑物内的负荷进行直接控制。合理地配置配电箱,可以提高用电的灵活性。

(一)常用配电箱及其分类

配电箱的类型很多,可按不同的方法归类:

(1)按其功能可分为电力配电箱、照明配电箱、计量箱和控制箱。

(2)按照结构可分为板式、箱式和落地式。

(3)按使用场所则分为户外式和户内式两种,而且户内式又分明装在墙壁上和暗装嵌入墙内的不同形式。同时,国内生产的电力配电箱和照明配电箱还分为标准式和非标准式两种。其中标准式已成为定型产品。国内有许多厂家专门生产这些设备。

1. 照明配电箱

标准照明配电箱是按国家标准统一设计的全国通用的定型产品。照明配电箱内主要装有控制各支路的刀闸开关或自动空气开关、熔断器,有的还装有电度表、漏电保护开关等。建筑物的配套需要以及小型和微型自动开关、断路器的出现,促使了低压成套电气设备的不断改进,新型产品陆续问世。近年来推出了许多新型照明配电箱,其技术性能见表 5-14。此外,老产品 XM.4 和 XM(R)等仍是常用的照明配电箱。

表 5-14   新型照明配电箱产品概况

型号	安装方式	箱内主要元件	备 注
XM—34—2	嵌入,半嵌,悬挂	DZ12 型断路器	可用于工厂企业及民用建筑
XXM—	嵌入,悬挂	DZ12 型断路器,小型蜂鸣器	用于民用建筑等
XZK—	嵌入,悬挂	DZ12 型断路器	
XM—	嵌入,悬挂	DZ12 型断路器	
XRM—12	悬挂	DZ5 型断路器、DD17 型电度表	用于一般民用建筑
PX	嵌入,悬挂	DZ10、DZ15 型断路器	
PXT—	嵌入,悬挂	DZ6 型断路器	用于工厂企业、民用建筑
XXRM—1N	嵌入,悬挂	DZ10、DZ12、DZ15 型断路器,小型熔断器	用于工厂企业及民用建筑
XXRM—2	嵌入,悬挂	DZ12 型断路器	用于民用建筑
XM(R)—04	嵌入,悬挂	DZ12 型断路器	
PDX—	嵌入,悬挂	DZ12 型断路器	
TWX—50	悬挂	电度表(1~5 A)带锁	电度计量用,不能作照明配电用
XMR—3	嵌入,悬挂	电度表(1~5 A)及瓷刀开关	电度计量用,不能作照明配电用
XML—2	板式,嵌入式	HK1 型负荷开关、RC1A—15 型熔断器和 DD5—3A 型电度表	

续表 5-14

型号	安装方式	箱内主要元件	备 注
XM—14	嵌入式	DZ15—40—1903、DZ15—40—3903 型断路器	
XRM—	嵌入,悬挂	DZ12 型断路器	用于工厂企业及民用建筑
XXR—3	嵌入,悬挂	DZ12 型断路器	用于民用建筑

（1）XM.4 型照明配电箱具有过载和短路保护功能,适用于交流 380 V 及以下的三相四线制系统,用作非频繁操作的照明配电。按一次线路方案分类,XM.4 系列的一次线路方案共 5 类 87 种(一次线路方案请参阅有关手册)。

（2）XM.7 型系列照明配电箱适用于一般工厂、机关、学校和医院,用来对 380/220 V 及以下电压等级且具有接地中性线的交流照明回路进行控制。XM.7 型为挂墙式安装,XM(R).7 型为嵌入式安装。

（3）$X_R^X M23$ 系列配电箱分为明挂式和嵌入式两种,箱内主要装有自动开关、交流接触器、瓷插式熔断器、母线、接线端子等,因此具有短路和过载保护的功能。该系列配电箱适用于大厦、公寓、广场、车站等现代化建筑物,可对 380/220 V、50 Hz 电压等级的照明及小型电力电路进行控制和保护。

2. 电力配电箱

标准电力配电箱是按实际使用需要,根据国家有关标准和规范,进行统一设计的全国通用的定型产品。普遍采用的电力配电箱主要有 XL(F).14、XL(F).15、XL(R).15、XL.21 等型号。XL(F).14、XL(F).15 型电力配电箱内部主要有刀开关(为箱外操作)、熔断器等。刀开关额定电流一般为 400 A,适用于交流 500 V 以下的三相系统电力配电。XL(R).20、XL.21 型是新产品,采用了 DZ10 型自动开关等新型元器件。XI(R).20 型采取挂墙安装,可取代 XI.9 型老产品。X121 型除装有自动开关外,还装有接触器、磁力启动器、热继电器等,箱门上还可装操作按钮和指示灯,其一次线路方案灵活多样,采取落地式靠墙安装,适合于各种类型的低压用电设备的配电。

3. 其他配电箱

近年来,城乡建筑业的迅速发展,对低压成套电气设备,不仅需求量日益加大,而且对产品性能的要求也越来越高,从而推动了电气设备的不断改进,新型产品陆续问世,在很大程度上克服了老产品的缺点。

（1）$X_R^X Z24$ 系列插座箱。这类配电箱具有多个电源插座,适用于 50 Hz、500 V 以下的单相和三相交流电路中,广泛应用在学校、科研单位等各类实验室,以及一般民用建筑等场所。

插座箱分为明挂式和嵌入式两种。箱内备有工作零线和保护零线端子排,箱内主要装有自动开关和插座。此外,还可以根据需要加装 LA 型控制按钮、XD 型信号灯等元件。

（2）$X_R^X C_{31}$ 系列计量箱。这类计量箱适用于各种住宅、旅馆、车站、医院等场所计量 50 Hz 的单相和三相有功功率。箱内主要装有电度表、电流互感器、自动开关或熔断器等。计量箱分为封闭挂式和嵌入暗装式两种。箱体由薄钢板焊制而成,上下箱壁均有穿线孔,箱的下部设有接地端子板。

(二)配电箱的布置与选择

1. 布置原则

配电箱位置的选择十分重要,若选择不当,对于设备费用、电能损耗、供电质量以及使用、维修等方面,都会造成不良的后果。在作电气照明设计的过程中,选择配电箱位置时,应考虑以下原则:

(1)尽可能靠近负荷中心,即电器多、用电量大的地方。

(2)高层建筑中,各层配电箱应尽量布置在同一方向、同一部位上,以便于施工安装与维修管理。

(3)配电箱应设在方便操作、便于检修的地方,一般多设在门厅、楼梯间或走廊的墙壁内。最好设在专用的房间里。

(4)配电箱应设在干燥、通风、采光良好,且不妨碍建筑物美观的地方。

(5)配电箱应设在进出线方便的地方。

2. 配电箱(盘)位置的确定

在确定配电箱的位置时,除考虑上述的因素外,建筑物的几何形状、建筑设计的要求等,都是决定配电箱位置的约束条件。在满足约束条件下,确定的配电箱的位置,常称为最优位置。

配电箱位置选择是否最佳,常用所有各支线的负荷量与相应支线长度乘积的总和(俗称目标函数)来衡量,当目标函数值趋向最小时,则选择最佳。用数学式表示则为:

$$M = \sum P_i L_i \, (i = 1, 2, \cdots)$$

式中　L_i——第 i 条回路(支线)从配电箱引出线至最后一个用电器的长度,m;

P_i——第 i 条回路(支线)上的(灯具和用电器的总功率)负荷总量,kW。

在满足约束条件下,按上述数学式求得配电箱的最优位置,有时还需根据土建设计要求的条件作些调整。

3. 配电箱的选择

选择配电箱应从以下几个方面考虑:

(1)根据负荷性质和用途,确定配电箱的种类。

(2)根据控制对象的负荷电流的大小、电压等级以及保护要求,确定配电箱内主回路和各支路的开关电器、保护电器的容量和电压等级。

(3)应从使用环境和场合要求出发,选择配电箱的结构形式。如确定选用明装式还是暗装式,以及外观颜色、防潮、防火等要求。

在选择各种配电箱时,一般应尽量选用通用的标准配电箱,以利于设计和施工。若因建筑设计的需要,也可以根据设计要求向生产厂家订货加工所要求的配电箱。

学习情境六　楼宇常用设备电气控制

一、职业能力和知识

　　(1) 熟悉继电器接触器控制方式的特点；

　　(2) 熟悉变频器参数与作用；

　　(3) 掌握锅炉房设备、空调设备的电控系统；

　　(4) 掌握生活给水设备、消费给水设备的电控系统。

二、相关实践知识

　　(1) 给水系统电控系统的安装与调试；

　　(2) 空调电控系统的安装与调试。

　　在楼宇设备的电气控制中，随着智能建筑的迅速发展，电气控制从设备的单一化控制向系统的集成过渡，涉及的领域越来越广，要求从业者有着丰富的知识面，以适应工作需要。本学习情境列举楼宇中的常用机械设备的电气控制，通过这些典型线路的研究，学会分析阅读各种电气设备控制图，培养识图能力，并通过对电气线路原理的理解，了解电气与机械的配合，为从事楼宇设备工程设计、安装、调试和维护运行打下基础。

　　对于较复杂的电气控制线路的分析，必须掌握方法，才能较好的完成。一般原则是化整为零看路，积零为整看整体。在了解设备构造、运动形式的基础上具体分析步骤如下：

　　(1) 读主电路。通过主电路电动机类型、台数、工作方式、启动、转向、调速、制动及保护等情况，查找出有关的控制器件应有的作用。

　　(2) 阅读辅助电路。采用化整为零的原则，将图分为若干个环节，先从电源和主令电器开始，按动作的先后顺序自上而下地一个环节一个环节分析，再找出保护和连锁，最后积零为整看整体，全面分析后再查找有无遗漏。

项目一　生活给水系统的电气控制

　　在建筑工程中，每一座建筑都离不开用水，而水是从高处往低处流的，但对于楼宇建筑来说，则需要水能送到中高层去，这就需要对水进行加压控制，以满足要求。

　　另外，在给排水过程中，自动控制及远动控制是提高科学管理水平，减轻劳动强度，保证给排水系统正常运行，节约能源的重要措施。自动控制的内容主要是水位控制和压力控制，而远动控制则主要是调度中心对远处设置的一级泵房(如井群)、加压泵房的控制。这里仅对建筑工程中常用的给水及排水系统中的电气自动控制进行阐述。

一、水位自动控制的生活给水泵

自动控制分半自动和自动控制两种。所谓半自动控制就是由人工发出启动或停止的最初指令,此后机组及闸门的启动、停止和控制操作则按着预先规定的程序自动进行。自动控制是指水泵房内的水泵机组,通过控制仪表设备,根据给定的参量,自动启动或停止运行,无需人工进行操作。水泵的自控内容无非是压力和水位的控制。

位式控制是实现给水排水限位、固体料位限位和风量限量自动控制的电气手段。成型的位式控制设备叫位式控制装置,它由位式开关和电气控制箱组成。位式开关是液位限位、固料限位及风量限量的传感器,而电气控制箱是接受位式开关送出的信号,按生产工艺流程的要求对传动电机进行投入或切除的自动控制设备。

一般情况下,生活给水泵采用离心式清水泵。在实际工程中,由于不同建筑对供水可靠性的要求、供水压力、供水量及电源情况等的不同要求,使得生活给水泵形成不同的组合,如有单台的,两台一用一备的,两台自动轮换的,三台两用一备交替使用的,多台恒压供水的。因其电动机容量变化范围很大,所以又分为全压及减压启动方式等等。这里介绍几种典型电路。

(一)水位开关

水位开关也叫液位开关,又可称液位信号器,它是控制液体的位式开关,即是随液位变动而改变通断状态的有触点开关。按结构区别,液位开关有磁性开关、水银开关和电极开关等几大类。

水位开关常与各种有触点或无触点电气元件组成各种位式电气控制箱。按采用的元件区别,国产的位式电气控制箱有继电接触型、晶体管型和集成电路型等。

继电接触型控制箱主要采用机电型继电器为主的有触点开关电路,其特点是速度慢、体积大,一般采用380 V及以下的低压电源。晶体管型除了出口的采用小型的机电型继电器外,信号的处理都采用半导体二极管、晶体管或晶闸管,它具有速度快、体积小的特点。集成电路型速度更快,且体积更小。

1. 浮球磁性开关

浮球磁性开关有FQS和UQX等系列。这里仅以FQS系列浮球磁性开关为例,说明其构造及原理。

FQS系列浮球磁性开关主要由工程塑料浮球、外接导线组成,密封在浮球内的装置由干式舌簧管、磁环和动锤等组成。图6-1为其外形及结构图。由于磁环轴向已充磁,其安置位置偏离舌簧管中心,又因磁环厚度小于舌簧管一根簧片的长度,所以磁环产生的磁场几乎全部从单根簧片上通过,磁力线短路,两簧片之间无引力,干簧管接点处于断开状态。当动锤靠紧磁环时,可视为磁环厚度增加,此时两簧片被磁化,产生相反的磁性而相互吸合,干簧管接点处于闭合状态。当液位在下限时,浮球正置,动力锤依靠自重位于浮球下部,干簧管接点处于断开状态。在

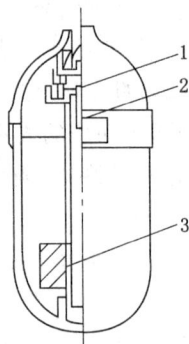

图6-1　FQS外形结构图
1——磁环;2——干式舌簧管;
3——动锤

液位上升过程中,浮球由于动锤在下部,重心在下,基本保持正置状态不变。当液位接近上限时,由于浮球被支持点和导线拉住,便逐渐倾斜。当浮球刚超过水平测量位置时,位于浮球内的动锤靠自重向下滑动使浮球的重心在上部,迅速翻转而倒置,同时干簧管接点吸合,浮球状态保持不变。当液位渐渐下降到接近下限时,由于浮球本身由支点拖住,浮球开始向正方向倾斜。当越过水平测量位置时,浮球的动锤又迅速下滑使浮球翻转成正置,同时干簧管接点断开。调节支点的位置和导线的长度就可以调节液位的控制范围。同时采用多个浮球开关分别设置在不同的液位上,各自给出液位信号,可以对液位进行控制和监视。其安装示意图如图6-2所示。其主要技术数据见表6-1。

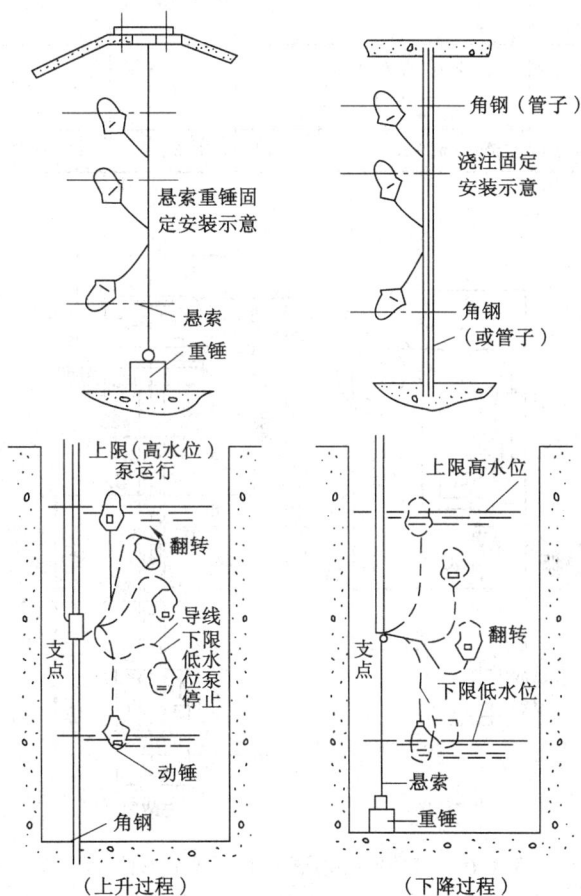

图 6-2　FQS 系列浮球磁性开关安装示意图

FQS 系列浮球磁性开关具有动作范围大、调整方便、使用安全、寿命长等优点。

2. 浮子式磁性开关

浮子式磁性开关由磁环、浮标、干簧管及干簧管接点、上下限位等构成,如图6-3所示。干簧管装于塑料导管中,用两个半圆截面的木棒开孔固定,连接导线沿木棒中间所开槽引上,由导管顶部引出。塑料导管必须密封,管顶箱面应加安全罩,导管可用支架固定在水箱扶梯上,磁环装于管外周可随液体升降而浮动的浮标中,干簧管有两个、三个及四个不等。其干簧管常开常闭数目也不相同。图6-4为简易干簧管水位开关的安装示意图。

表 6-1 　　　　　FQS 系列浮球磁性开关规格型号、技术数据、外形尺寸及质量

型号	输出信号	按点电压及容量	寿命/万次	调节范围/in	使用环境温度/℃	外形尺寸/mm×mm	质量/kg
FQS—1	一点式（一常开接点）	交流、直流 24 V/0.3 A	10	0.3～5	0～+60	$\phi83\times165$	0.645
FQS—2	二点式（一常开、一常闭接点）	交流、直流 24 V/0.3 A	10	0.3～5	0～+60	$\phi83\times165$	0.493
FQS—3	一点式（一常开接点）	交流、直流 220 V/1 A	10	0.3～5	0～+60	$\phi83\times165$	0.47
FQS—4	二点式（一常开，一常闭接点）	交流、直流 220 V/1 A	10	0.3～5	0～+60	$\phi83\times165$	0.497
FQS—5	一点式（一常闭接点）	交流、直流 220 V/1 A	10	0.3～5	0～+60	$\phi83\times165$	0.47

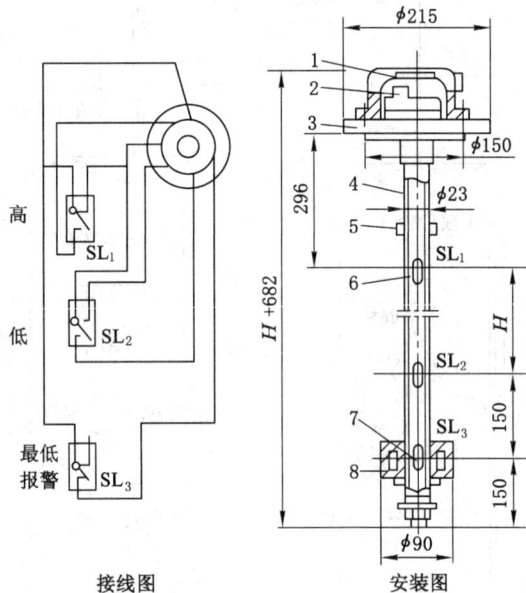

图 6-3 　VS—5 型液压信号器（浮子式磁性开关的一种）外形及端子接线
1——盖;2——接线柱;3——接线法兰;4——导向管;5——限位环;6,7——干簧管接点;8——浮子

当水位处于不同高度时,浮标和磁环也随水位变化,于是磁环磁场作用于干簧管接点而使之动作,从而实现对水位的控制。适当调整限位环即可改变上下限干簧管接点的距离,从而实现了对不同的水位自动控制,其应用在后面叙述。

3. 电极式水位开关

电极式水位开关是由两根金属棒组成的,如图 6-5 所示。

电极开关用于低水位时,电极必须伸长到给定的水位下限,故电极较长,需要在下部给予固定,以防变位;用于高水位时,电极只需伸到给定的水位上限即可;用于满水时,奠基的长度只需低于水箱(池)箱面即可。

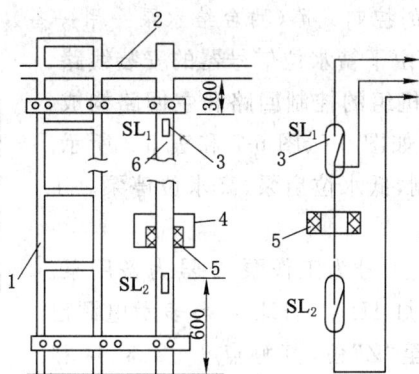

图 6-4　简易干簧管水位开关

1——金属扶梯；2——水箱面板；3——舌簧管；4——浮标；5——磁环；6——硬塑导管

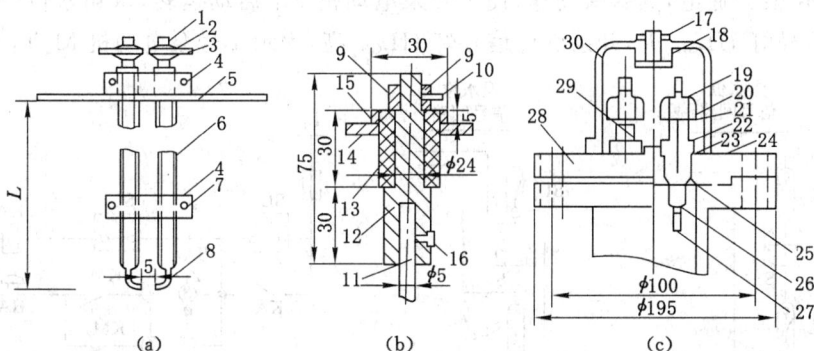

图 6-5　电极式水位开关

（a）简易液位电极；（b）BUDK 电极结构；（c）BUDK 电极安装

1——铜接线柱声 12 mm；2——铜螺帽 M12；3——铜接线板 8 mm；4——玻璃夹板 10 mm；

5——玻璃铜隔板 10～12 mm；6——3/4 in 钢管或镀锌钢管；7——螺钉；8——电极；

9——螺母；10——接线片；11——电极棒；12——芯座；13——绝缘垫；14——垫圈；15——安装板；16——螺母；

17——密封螺栓；18——密封垫；19——压垫；20——压帽；21——填料；22——外套；23——垫圈；24——电极盖垫；

25——绝缘套管；26——螺母；27——电极；28——法兰；29——接地柱；30——电极盖

　　电极的工作电压可以采用 36 V 安全电压，也可直接接入 380 V 三相四线制电网的 220 V 控制电路中，即一根电极通过继电器 220 V 线圈接于相线，而另一根电极接零线。由于一对接点的两根电极处于同一水平高度，水总是同时浸触两根电极的，因此，在正常情况下金属容器及其内部的水皆处于零电位。为保证安全，接零线的电极和水的金属容器必须可靠地接地（接地电阻不大于 10 Ω）。

　　电极开关的特点是制作简单、安装容易、成本低廉、工作可靠。

　　（二）磁性控制开关控制实例

　　采用干簧式开关（磁性开关）作为水位信号控制器对水泵电动机进行控制，以供生活给水之用。水泵电动机一台为工作泵，另一台为备用泵，控制方式有备用泵不自动投入、备用泵自动投入及降压启动等，以下分别叙述。

1. 备用泵不自动投入的控制线路（两台给水泵一用一备）

（1）线路构成。该线路由干簧水位信号器的安装线路、接线图水位信号回路、水泵机组的控制回路和主回路构成，并附有转换开关的接线表，如图 6-6、图 6-7 和表 6-2 所示。受屋顶水箱水位开关的控制，低水位启泵，高水位停泵。工作泵故障，备用泵自动投入。

（2）工作情况分析。令 1 号为工作泵，2 号为备用泵。合上电源开关后，绿色信号灯 HL_{GN_1}、HL_{GN_2} 亮表示电源已接通，将转换开关 SA_1 转至"Z"位，其触点 1—2、3—4 接通，同时 SA_2 转至"S"位，其触点 5—6、7—8 接通。当水箱水位降到低水位 A_1 时，浮标和磁钢也随之降到 h_1，此时磁钢磁场作用于下限干簧管接点 SL_1 使其闭合，于是水位继电器 KA 线圈得电并自锁，使接触器 KM_1 线圈通电，其触头动作，使 1 号泵电动机 M_1 启动运转，水箱水位开始上升，同时停泵信号灯 HL_{GN_1} 灭，开泵红色信号灯 HL_{GN_2} 亮，表示 1 号泵电动机 M_1 启动运转。

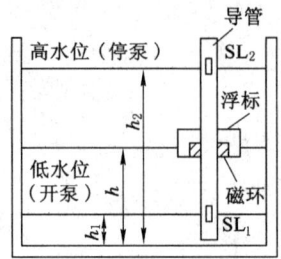

图 6-6 干簧水位开关装置示意图

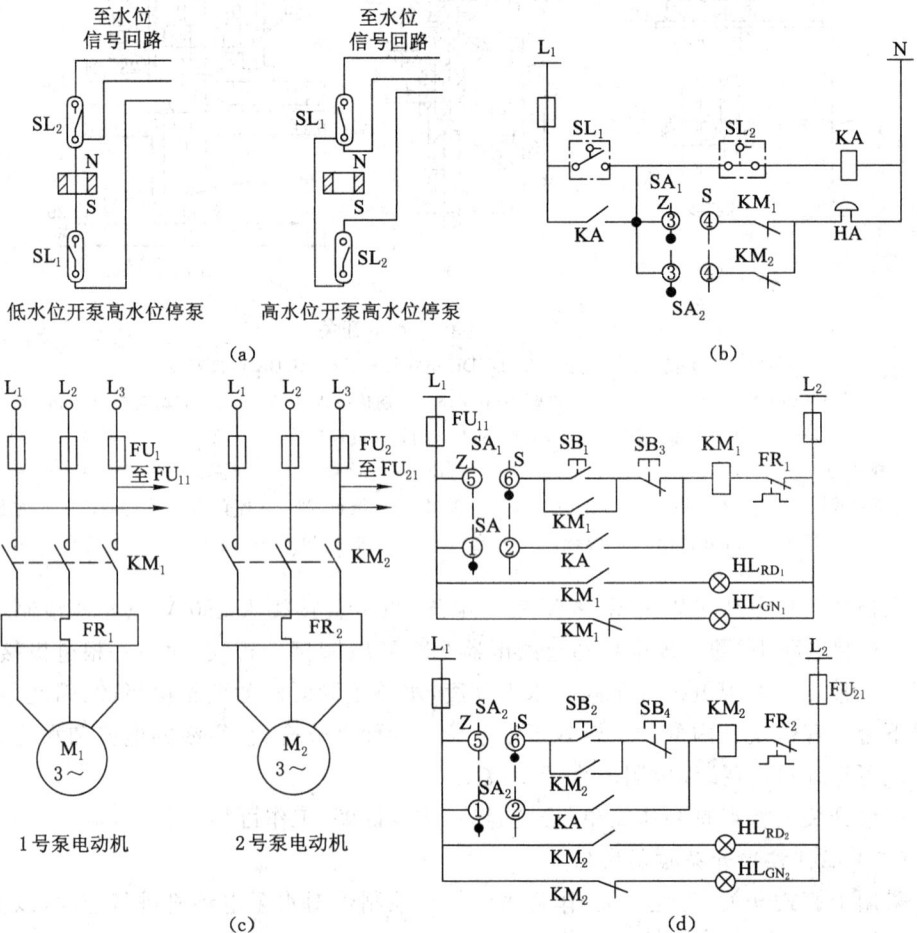

图 6-7 备用泵不自动投入的控制方案电路图

(a) 接线图；(b) 水位信号回路；(c) 主路图；(d) 控制回路

表 6-2	SA₁、SA₂ 接线	
触点编号	定位特征	自动 Z45　　手动 50
1○—‖—○2	1—2	
3○—‖—○4	3—4	✕
5○—‖—○6	5—6	✕
7○—‖—○8	7—8	

随着水箱水位的上升,浮标和磁钢也随之上升,不再作用下限接点,于是 SL_1 复位,但因 KA 已自锁,故不影响水泵电动机运转,直到水位上升到高水位 h_2 时,磁钢磁场作用于上限接点 SL_2 使之断开,于是 KA 失电,其触头复位,使 KM_1 失电释放,M_1 脱离电源停止工作,同时 HL_{RD_1} 灭,HL_{GN_1} 亮,发出停泵信号。如此在干簧水位信号器的控制下,水泵电动机随水位的变化自动间歇地启动或停止。

当 1 号泵故障时,电铃 HA 发出事故音响,操作者按下启动按钮 SB_3,接触器 KM_2 线圈通电并自锁,2 号泵电动机 M_2 投入工作,同时绿色 HL_{GN_2} 灭,红色 HL_{RD_2} 亮。按下 SB_4,KM_2 失电释放,2 号泵电动机 M_2 停止,HL_{RD_2} 灭,HL_{GN_2} 亮。这就是故障下备用泵的手动投入过程。

2. 备用泵自动投入的线路

(1)线路构成。备用泵的自动投入主要由时间继电器和备用继电器 KA_2 及转换开关 SA 完成,其电路如图 6-8 所示,转换开关接线见表 6-3。

表 6-3		SA 接线		
触点编号	定位特征	1号泵用、2号泵备,Z_1 置 45°位	手动 50°	2号泵用、1号泵备,Z_2 置 45°位
1○—‖—○2	1—2			✕
3○—‖—○4	3—4			✕
5○—‖—○6	5—6			✕
7○—‖—○8	7—8	✕		
9○—‖—○10	9—10	✕		
11○—‖—○12	11—12		✕	
13○—‖—○14	13—14	✕		✕
15○—‖—○16	15—16	✕		
17○—‖—○18	17—18	✕		✕
19○—‖—○20	19—20		✕	

(2)工作原理。令 1 号为常用机组,2 号备用。正常时,合上总开关,HL_{GN_1}、HL_{GN_2} 亮,表示电源已接通,将转换开关 SA 置"Z_1"位置,其触点 7—8、9—10、13—14、15—16、17—18 闭合。当水池水位低于 h_1 时,磁钢对磁场下限接点 SL_1 作用,使其闭合,这时,水位继电器 KA_1 线圈通电并自锁,接触器 KM_1 线圈通电,信号灯 HL_{GN_1} 灭 HL_{GN_2} 亮,表示 1 号水泵电动机已经启动运行,水池水位开始上升,当水位生至高水位 h_2 时,磁钢磁场作

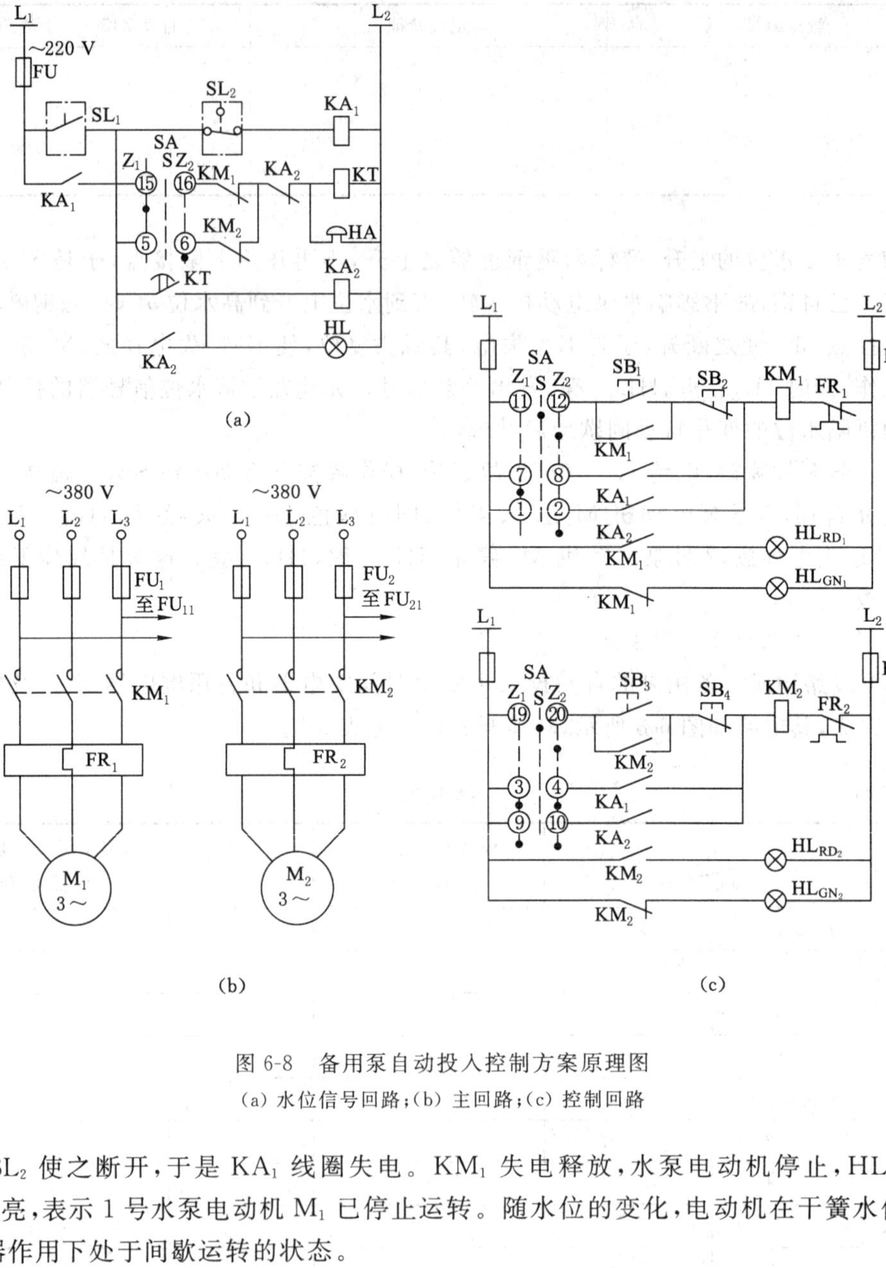

图 6-8　备用泵自动投入控制方案原理图

(a) 水位信号回路；(b) 主回路；(c) 控制回路

用于 SL_2 使之断开，于是 KA_1 线圈失电。KM_1 失电释放，水泵电动机停止，HL_{RD_1} 灭、HL_{GN_1} 亮，表示 1 号水泵电动机 M_1 已停止运转。随水位的变化，电动机在干簧水位信号控制器作用下处于间歇运转的状态。

在故障状态下，即使水位处于低水位 h_1，SL_1 已接通，但如 KM_1 机械卡住触头不动作，HA 发出事故音响，同时时间继电器 KT 线圈通电，经 5～10 s 延时后，备用继电器 KA_2 线圈通电，使 KM_2 通电，备用机组 M_2 自动投入运行。

如水位信号控制器出现故障时，可将转换开关 SA 转至"S"，按下启动按钮即可启动水泵电动机。

3. 两台泵减压启动

当电动机容量较大时需要减压启动，鼠笼式异步电动机的 4 种降压方式常用于水泵控制中,这里仅以星—三角减压启动为例说明之。

(1)线路组成。由主电路和控制电路组成,如图6-9、图6-10所示。

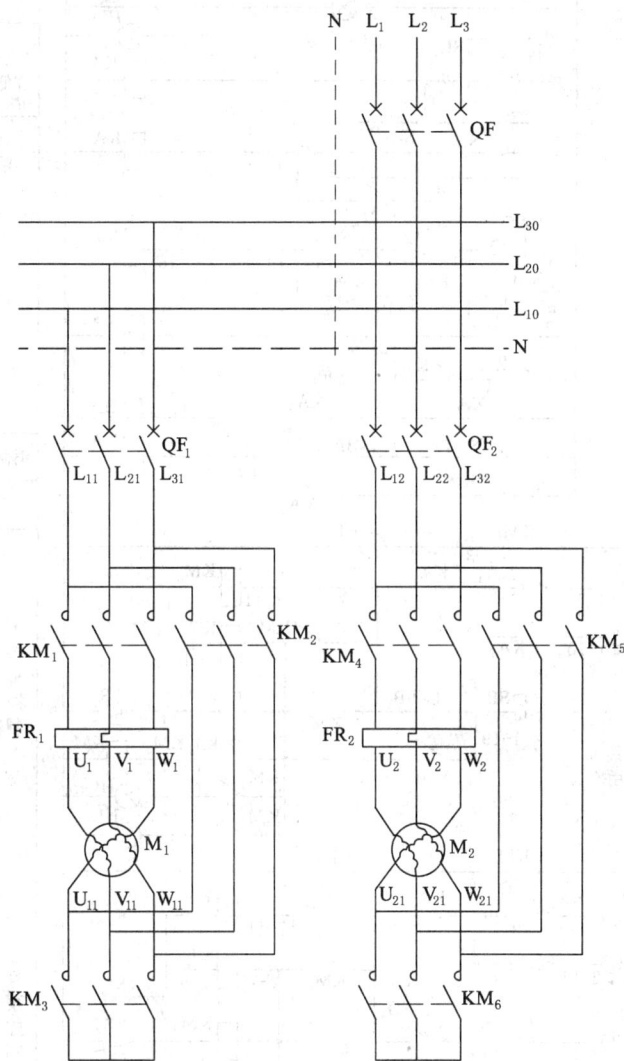

图6-9 生活水泵星—三角形减压启动主电路

(2)线路工作情况分析。令2号泵工作,1号泵备用。正常时,将 SA₂ 置"自动"位,其触头9—10、11—12闭合,将 SA₁ 置"备用"位其触头1—2闭合。当屋顶水箱水位降至低水位时,SL₂ 闭合,KA₁ 线圈通电,使接触器 KM₆ 线圈通电吸合,随之时间继电器 KT₂ 和接触器 KM₄ 同时通电,2号泵电动机 M₂ 以星形接法减压启动,延时后 KT₂ 常闭触头断开,KM₆ 失电释放,KT₂ 常开触头闭合,使接触器 KM₅ 线圈通电,于是 M₂ 换成三角形接法全电压稳定运行。

2号泵故障时,接触器 KM₄、KM₅、KM₆ 不动作,时间继电器 KT₃ 线圈通电,延时后接通 KA₂ 的线圈,于是接触器 KM₃ 通电吸合,使时间继电器 KT₁ 和接触器 KM₁ 同时通

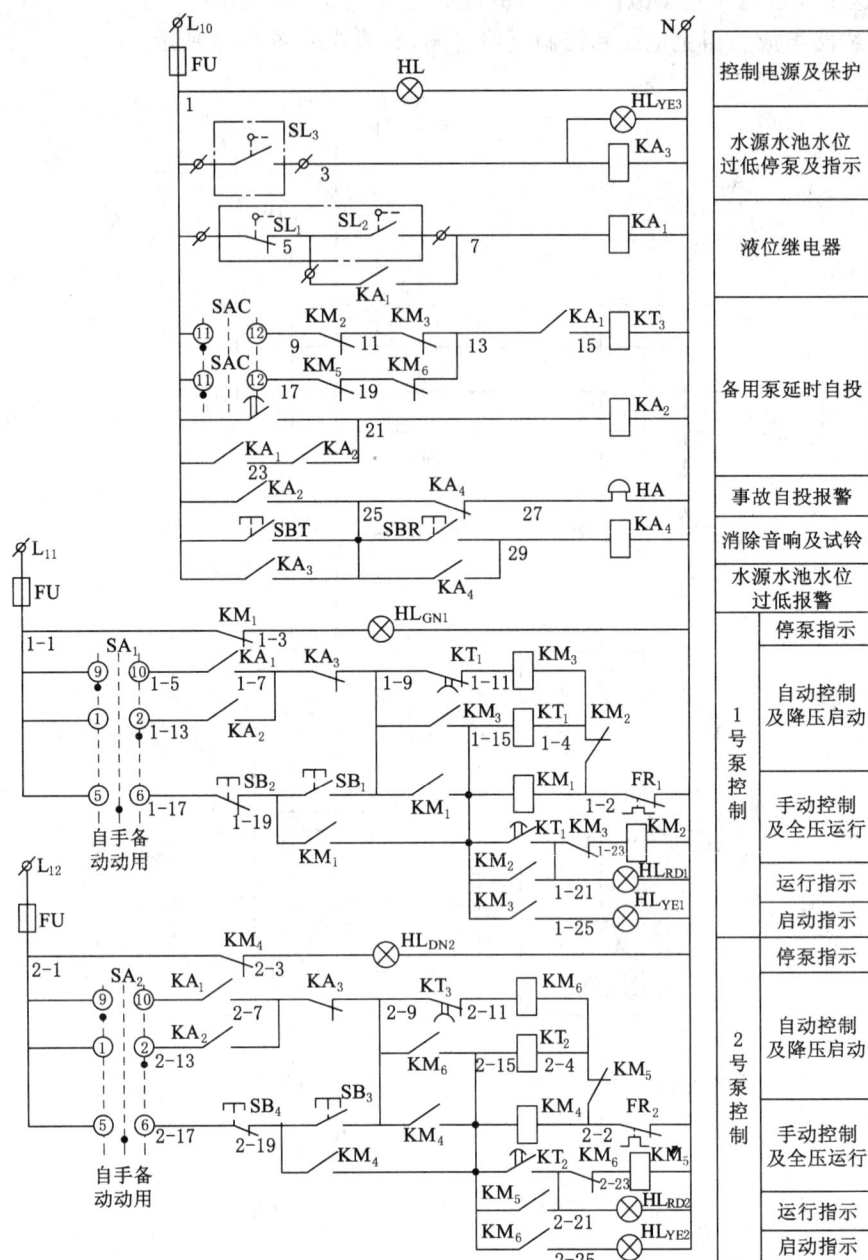

图 6-10　生活水泵星—三角形减压启动控制电路

电,1 号泵电动机 M_1 星形接法,降压启动过程同上。

报警状态:工作泵因故停泵后,继电器 KA_2 吸合后电铃 HA 响,发出故障报警且同时启动备用泵。当水源水池断水时,水位信号器 SL_3 闭合,使继电器 KA_3 吸合,于是电铃 HA 也报警。当接到报警后,可按下音响解除按钮 SBR,中间继电器 KA_4 线圈通电并自锁,另外,切断 HA 电路,使之不响。此时可进行检修,修好后,待水位达高水位,SL_2 断开,KA_1 失电释放,KT_3 和 KA_2 相继断电,KA_3 继电,KA_4 失电释放,音响被彻底解除。

（三）电极式开关—晶体管液位继电器控制

1.晶体管液位继电器

晶体管液位继电器是利用水的导电性能制成的电子式水位信号器。它由组件式八角板和不锈钢电极构成，八角板中有继电器和电子器件，不锈钢电极长短可调。

如图 6-11 所示，当水位低于低水位时，3 个长短电极均不在水中，故晶体管 V_2 基极呈高电位，V_2 截止，V_2 的集电极呈低电位，V_1 的基极呈低电位，V_1 导通，V_1 的集电极电流流过继电器 KA_1 的线圈，使 KA_1 的触头动作。当水位处于高低水位之间时，虽然长电极已浸在水中，但是短电极仍不在水中，其 V_2 基极仍呈高电位，KA_1 继续通电。当水位高于高水位时，3 个电极均浸在水中，由于水的导电性将水箱壁低电位引至电极上，使 KA_{15-7} 短接，于是 V_2 基极呈低电位，V_2 导通，V_1 截止，KA_1 线圈失电，其触头复位。

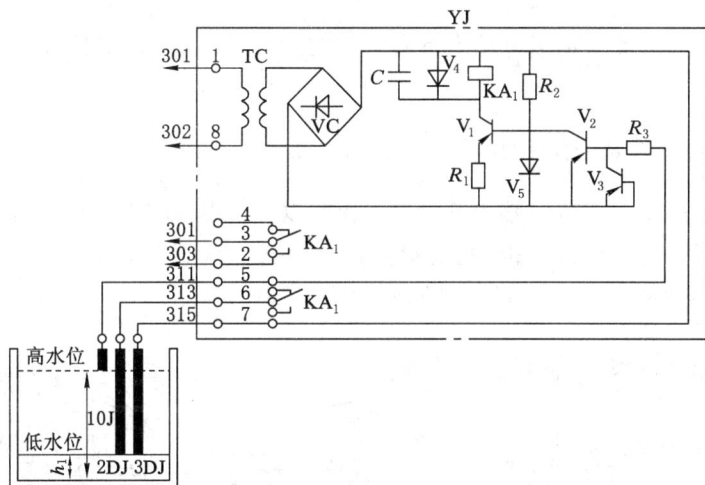

图 6-11　JYB 晶体管液位继电器电路图

2.晶体管液位继电器控制线路

采用晶体管液位继电器可以对水泵电动机进行各种控制，即可构成备用泵不自动投入、备用泵自动投入及降压启动的方式。这里仅以备用泵不自动投入方式说明晶体管液位继电器的应用。其水位信号回路如图 6-12 所示，主电路及控制电路如图 6-8（b）、（c）所示。

令 1 号为工作泵，2 号为备用泵。将 SA_1 置"Z"位，SA_2 置"S"位，合总闸，HL_{GN_1}、HL_{GN_2} 均亮，表示电源已接通，且两台电机均处于停止状态。

当水箱水位低于低水位 h_1 时，V_2 截止，V_1 导通，KA_1 线圈通电，KA_{12-3} 闭合，使水位继电器 KA 通电，接触器 KG_1 线圈通电，M_1 启动运转，水位开始上升，同时 HL_{GN_1} 灭、HE_{RD_1} 亮，表示 1 号泵电动机已投入运行。

当水箱水位达到高水位 h_2 时，V_2 截止，V_1 导通，KA_1 失电释放，使 KA 失电，其触头复位，使 KM_1 失电，1 号泵电动机 M_1 停止运转，HL_{Rm} 灭，HL_{GN} 亮。如此随水位变化，水泵电动机处于循环间歇运转状态，启停时间由上下限水位距离而定。如距离太短，则启

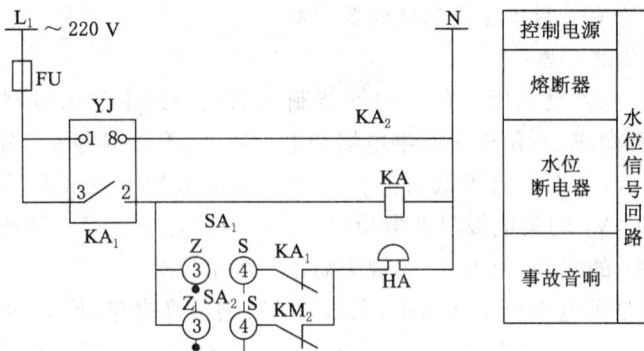

图 6-12 水位信号回路

动停止变换频繁,为此应适当调整上下限水位的距离,即适当确定长短电极的长度,以确保可靠供水。

二、压力自动控制的生活水泵

常用的是 YX—150 型电接点压力表,既可以作为压力控制,也可作为就地检测之用。它由弹簧管、传动放大机构、刻度盘指针和电接点装置等构成。其安装示意图如图 6-13(a)所示,接线图如图 6-13(b),结构图如图 6-13(c)所示。

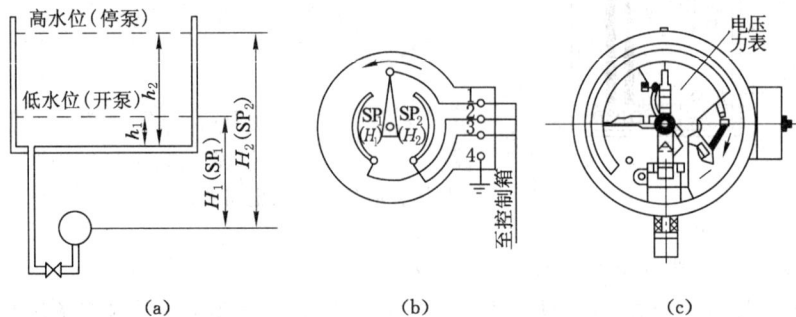

图 6-13 电接点压力表
(a)安装示意图;(b)接线图;(c)结构图

当被测介质的压力进入弹簧管时,弹簧产生位移,经传动机构放大后,使指针绕固定轴发生转动,转动的角度与弹簧中气体的压力成正比,并在刻度盘上指示出来,同时带动电接点动作。如图所示,当水位为低水位 h_1 时,表的压力为设定的最低压力值,指针指向 SP_1,下限电接点 SP_1 闭合;当水位升高到 h_2 时,压力达最高压力值,指针指向 SP_2,上限电接点 SP_2 闭合。

采用电接点压力表构成的备用泵不自动投置的线路如图 6-14 所示。

令 1 号为工作泵,2 号为备用泵,将 SA_1 置"Z"位,SA_2 置"S"位,合总闸,HL_{GN_1}、HL_{GN_2} 均亮,表示两台电动机均处于停止状态,且电源已接通。当水箱水位处于低水位

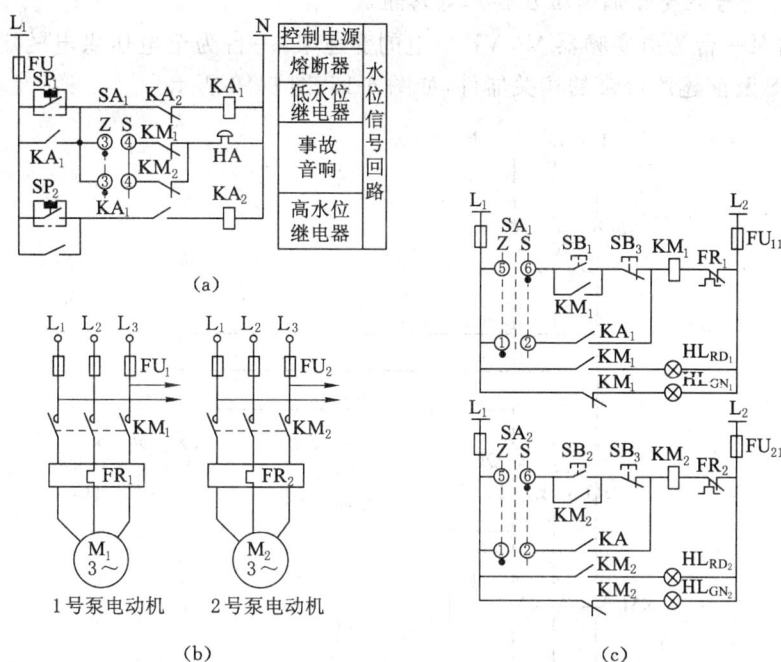

图 6-14 电接点压力表控制方法电路图
（a）水位信号回路图；（b）主回路；（c）控制回路

h_1 时，表的压力为设定的最低压力值，下限接点 SP_1 闭合，低水位继电器 KA_1 线圈通电自锁。接触器 KM_1 线圈通电，M_1 启动运转，使水位增加，压力增大。当水箱水位升至高水位 h_2 时，压力达到设定的最高压力值，上限接点 SP_2 闭合，高水位继电器 KA_2 通电动作，使 KA_1 失电释放，于是 KM_1，KM_2 通电并自锁，备用泵电机 M_2 启动运转。当水位上升到高水位时，压力表指向 SP_2，按下停止按钮 SB_4，KM_2 失电释放，M_2 停止。必要时，也可构成备用泵自动投入线路。

三、变频调速恒压供水的生活水泵

一般情况下，生活给水设备分成两种形式，即非匹配式与匹配式。非匹配式的特征是水泵的供水量总保持大于系统的用水量，应设蓄水设备，如水塔、高位水箱等，当水至低水位时启泵上水，而达到高水位时则停泵。如前面的干簧式、晶体管液位继电器式及电接点压力表控制方案等均属此类。而匹配式供水设备的特征是水泵的供水量随着用水量的变化而变化，无多余水量，不设蓄水设备。变频调速恒压供水就属此类型。通过计算机控制，改变水泵电动机的供电频率，调节水泵的转速，自动控制水泵的供水量，以确保在用水量变化时，供水量随之变化，从而维持水系统的压力不变，实现了供水量和用水量的相互匹配。它具有节省建筑面积、节能等优点。但因停电即停水，要求电源必须可靠且设备造价较高。

变频调速恒压供水电路有单台泵、两台泵、三台泵和四台泵的不同组合形式，这里以两台泵为例说明之。

（一）两台泵变频调速恒压供水电路组成

两台泵一台为由变频器 VVVF 供电的变速泵，一台为全电压供电的定速泵，另有控制器 KGS 及前述两台泵的相关器件，如图 6-15、图 6-16 所示。

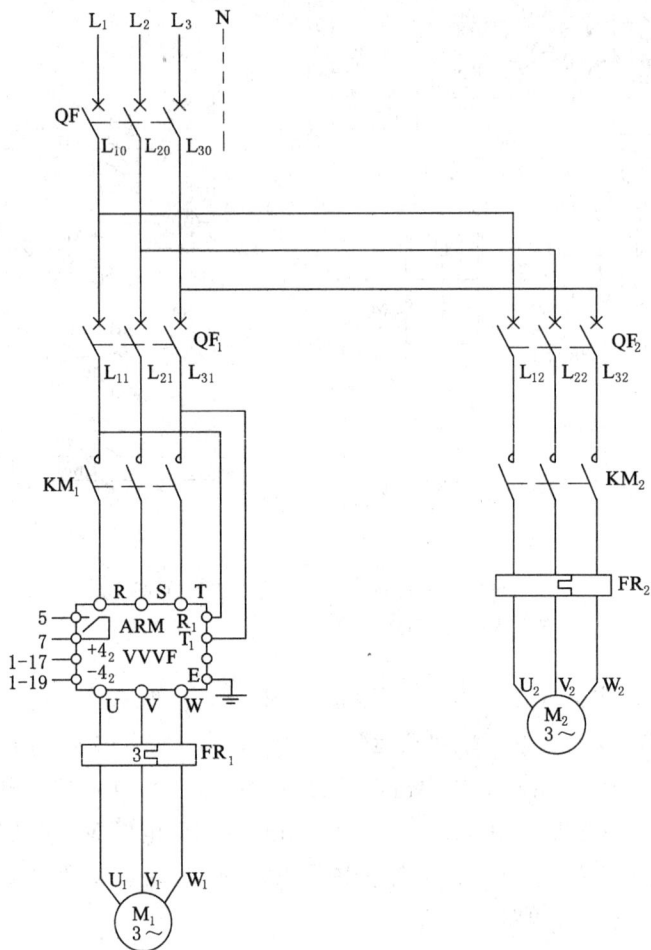

图 6-15　生活泵变频调速恒压供水电路主电路

（二）线路的工作原理

（1）将转换开关至"自动"位，其触头 3—4、5—6 闭合，合上自动开关 QF₁、QF₂，恒压供水控制器 KGS 和时间继电器 KT₁ 同时通电，经延时后 KT₁ 触点闭合，接触器 KM₁ 线圈通电，其触头动作，使变速泵 M₁ 启动运行，恒压供水。水压信号经水压变送器送到控制器 KGS，由 KGS 控制变频器 VVVF 的输出频率，从而控制水泵的转速。当系统用水量增大时，水压欲下降，控制器 KGS 使变频器 VVVF 的输出频率提高，水泵加速运转，以实现需水量与供水量的匹配。当系统用水量少时 VVVF 的输出频率降低，水泵减速运转。如此根据用水量的大小，水压的变化，通过改变 VVVF 的频率实现对水泵电动机的调整，维持了系统水压基本不变。

（2）变速泵故障状态。一旦在工作过程中变速泵 M₃ 出现故障，变频器中的电接点

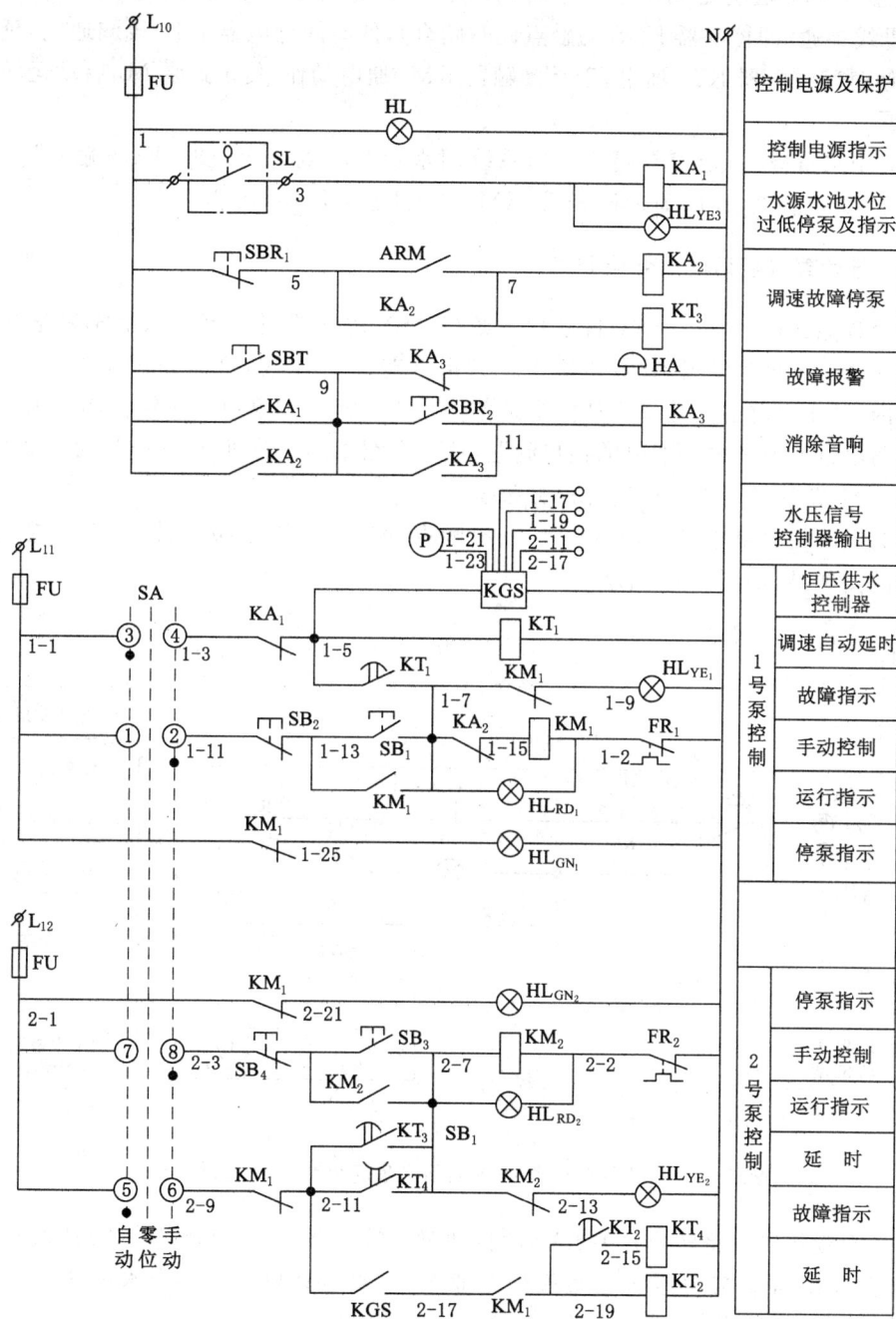

图 6-16　生活泵变频调速恒压供水电路控制电路

ARM 闭合,使中间继电器 KA_2 线圈通电吸合并自锁,警铃 HA 响,同时时间继电器 KT_3 通电,经延时 KT_3 闭合,使接触器 KM_2 线圈通电吸合,定速泵电动机 M_2 启动运转。

(3)用水量大时,两台泵同时运行。当变速泵启动后,随着用水量增加,变速泵不断加速,但如果仍无法满足用水量要求时,控制器 KGS 使 2 号泵控制回路中的 2—11 与 2—17 号线接通(即控制器 KGS 的触点此时闭合),使时间继电器 KT$_2$ 线圈通电,延时后其触头使时间继电器 KT$_4$ 通电,于是接触器 KM$_2$ 通电动作,使定速泵 M$_2$ 启动运转以提高供水量。

(4)用水量减小,定速泵停止。当系统用水量减小到一定值时,KGS 触点断开,使 KT$_2$、KT$_4$ 失电释放,KT$_4$ 延时断开后,KM$_2$ 失电,定速泵 M$_2$ 停止。

四、与计算机接口的水泵电路

随着智能建筑的发展,楼宇自动化系统(BAS)、办公自动化系统(OAS)和通信自动化系统(CAS)正迅速发展,计算机应用也越来越普及。但是对于大量的动力设备,包括水泵在内,其主电路的大功率启动控制设备仍采用有触头的继电—接触控制。为了解决强电向弱电过渡及强电与弱电的接口问题,这里介绍采用计算机 BAS 控制的水泵电路。

(一)小容量(15 kW 以下)的控制电路

因为电动机容量小,用弱电线路的输出触点(图 6-17 中的 BAS 控制)直接控制水泵电动机的接触器,如图 6-17 所示。

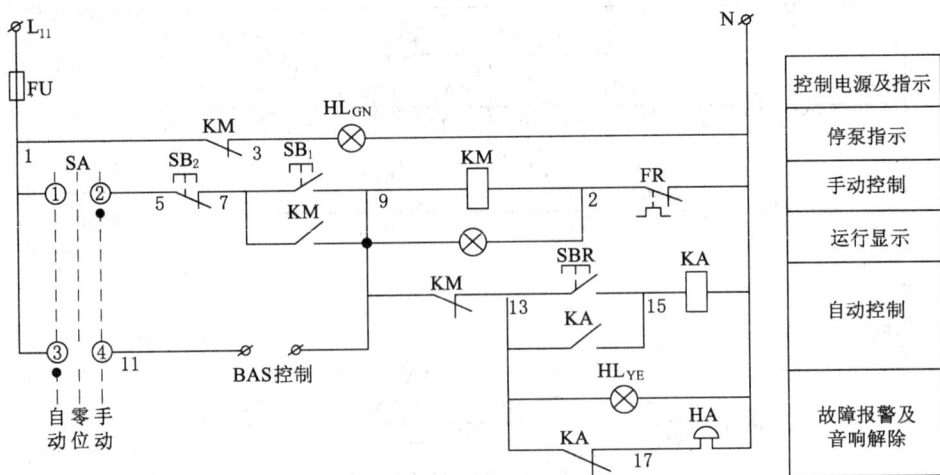

图 6-17　采用计算机 BAS 控制的水泵控制电路(小容量电机)

(1)自动控制。将转换开关 SA 置"自动"位,其触点 3—4 闭合,当水位达低水位时,由计算机 BAS 控制接触器 KM 线圈使之通电,水泵电动机启动。当水位达高水位时,BAS 控制 KM 线圈失电,水泵电动机停止。

(2)故障状态。如因机械卡住 KM 触头不动作,故障信号灯 HL$_{YE}$ 亮,警铃 HA 响。按下解除按钮 SBR,中间继电器 KA 线圈通电,HA 不响。

(3)手动控制。将 SA 置"手动"位,其触点 1—2 闭合,按 SB$_1$ 和可控制水泵电动机启停。

综上分析知,图 6-17 仅是电动机启停的执行器,所有的自动控制功能,均由计算机控制系统完成。

（二）大容量电动机的控制电路

当电动机的容量较大时，所使用的接触器线圈的功率也很大，其吸合功率达 $500 V \cdot A$ 以上，这样就不能直接用弱电设备的输出接点 BAS 控制，应采用中间继电器与弱电设备的出口相接，使弱电设备的出口触点增容，再控制电动机，如图 6-18 所示。

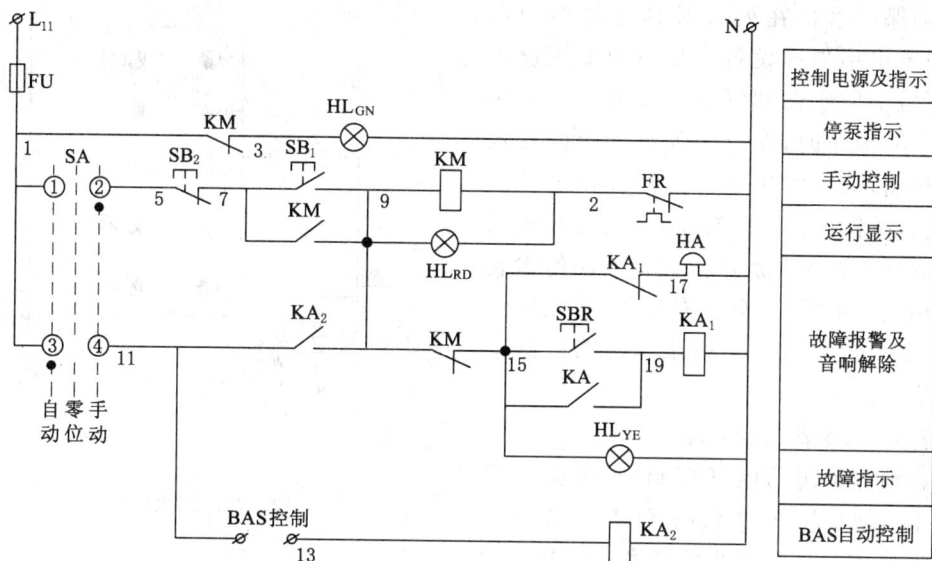

图 6-18　采用计算机（BAS）控制的水泵控制电路（大容量电机）

该线路的工作原理除利用中间继电器 KA_2 实现其将 BAS 控制传递给 KM 外，其他同上，不重复。

项目二　消防给水控制系统

在现代建筑的消防设施中，灭火设施是不可缺少的一部分。室内灭火设施主要包括消火栓灭火系统，自动喷水灭火系统和水幕系统，以及气体灭火系统等，其中消防泵和喷淋泵分别为消火栓系统和水喷淋系统的主要供水设备，因此消防给水控制是本项目的主要内容。

另外，消防系统需要双电源，因此要研究带备用电源的消防泵和喷淋泵的控制。

一、室内消火栓灭火系统

工业或民用、单栋或群体、高层或低层建筑，大多需设消火栓，消火栓用消防泵多数是两台一组，一用一备，备用自投。在高层建筑中，为使水压不至于过高，常将一栋高层建筑分为高区和低区，分区供水。每区设两台泵（一用一备）或三台泵（两用一备）。

（一）消火栓灭火系统简介

采用消火栓灭火是最常用的移动式灭火方式，它由蓄水池、加压送水装置（水泵）及室内消火栓等主要设备构成，如图 6-19 所示。这些设备的电气控制包括水池的水位控制、消防用水和加压水泵的启动。水位控制应能显示出水位的变化情况和高、低水位报警及控制水泵的开停。室内消火栓系统由水枪、水龙带、消火栓、消防管道等组成。为保证水枪在灭火时具有足够的水压,需要采用加压设备。常用的加压设备有两种:消防水泵和气压给水装置。采用消防水泵加压时,在每个消火栓箱内设置消防按钮,灭火时用小锤击碎按钮上的玻璃小窗,按钮不受压而复位,从而通过控制电路启动消防水泵加压灭火。气压给水装置采用气压水罐,水泵功率较小,可采用电接点压力表,通过测量供水压力来控制水泵的启动。

(二)双电源互投电路

在消防系统的电气控制中,电源的切换是不可缺少的,这里仅以 XHF_{03}、XHF_{3A} 型互投自复电路为例进行叙述。双电源互投自复电路如图 6-20 所示。

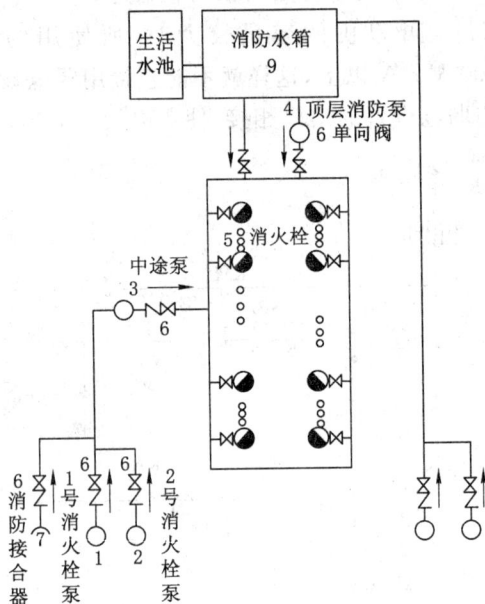

图 6-19　室内消火栓系统

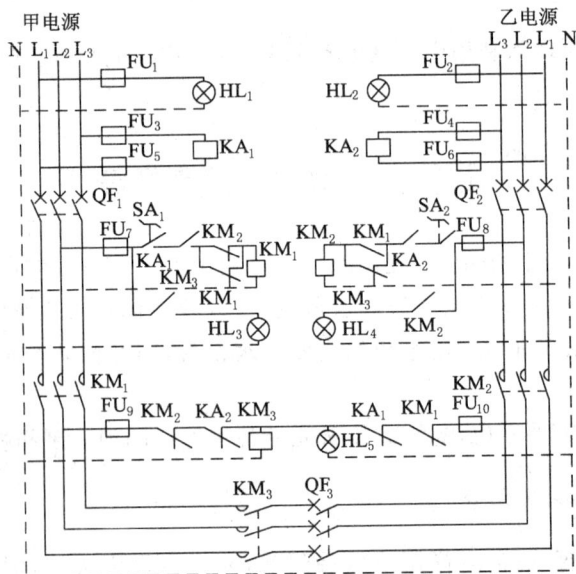

图 6-20　两路电源互投自复电路

甲、乙电源正常供电时,指示灯 HL_1、HL_2 亮,中间继电器 KA_1、KA_2 线圈通电,合上自动开关 QF_1、QF_2、QF_3,合上旋钮开关 SA_1,接触器 KM_1 线圈通电,甲电源向 KM_1 所带母线供电,指示灯 HL_3 亮。

合上旋钮开关 SA_2,接触器 KM_2 线圈通电,乙电源向 KM_2 所带负荷供电,指示灯 HL_4 亮。

当甲电源停电时,KA_1、KM_1 失电释放,其触头复位,使接触器 KM_3 线圈通电,使乙电源通过 KM_3 向两段母线供电,指示灯 HL_5 亮。

当甲电源恢复供电时,KA_1 重新通电,其常闭触点断开,使 KM_3 失电释放,KM_3 触头复位,KM_1 重新通电,甲电源恢复供电。

当负荷侧发生故障使 QF_1 掉闸时,由于 KA_1 仍处于吸合状态,其常闭触点断开,使 KM_3 不通电。

乙电源停电时,动作过程相同。

(三) 消火栓泵的电气控制

1. 全电压启动的消火栓泵

采用双电源供电全电压启动的两台消防泵(一用一备)电路如图 6-21、图 6-22 所示。

(1) 双电源切换。合上自动开关 QF_1、QF_2、QF_3、QF_4,合上旋钮开关 SA_1、SA_2,中间继电器 KA 线圈通电,KM_1 通电吸合,主电源投入使用。当主电源无电或跳闸时,KA 失电释放,KM_1 失电,接触器 KM_2 线圈通电动作,备用电源送电。当主电源恢复常态时 KA 线圈重新通电,使 KM_2 失电释放,KM_1 重新通电吸合,恢复使用主电源。

(2) 正常情况下的自动控制。令 1 号为工作泵,2 号为备用泵。将转换开关 SA 置 1 号用、2 号备位置,其触点 9—10、11—12 闭合,做好火警下 1 号泵启动,2 号泵备用准备。

当发生火灾时,打碎消防按钮玻璃,该按钮的常开触点 $SE_1 \sim SE_n$ 中相关触点因不受压而断开,继电器 KA_4 线圈失电释放,时间继电器 KT_3 线圈通电,延时后中间继电器 KA_5 通电吸合,接触器 KA_3 线圈通电,1 号消火栓泵电动机 M_1 启动加压灭火。另外中间继电器 KA_1 通电,运行信号灯 HL_{RD_3} 亮,故障信号灯 HL_{YE_1} 和停泵信号灯 HL_{GN_1} 灭。

另外,图中线号 1—1 与 1—13 及 2—1 与 2—13 之间分别接入消防控制系统控制模块的两个常开触点。当火灾时,消防中心控制模块常开触点闭合后,也有上述的启泵过程,不重述。

(3) 故障下的工作状态。当火灾时,如果 1 号泵控制回路中某电器故障时,KM_3 触点不动作,时间继电器 KT_2 线圈通电,延时后接触器 KM_4 线圈通电吸合,2 号备用泵电动机启动运转。继电器 KA_2 通电动作,运行信号灯 HL_{RD_4} 亮,故障信号灯 HL_{YD_2} 和停泵信号灯 HL_{GN_2} 灭。

(4) 手动控制。将 SA 置"手动"位置,其触头 5—6、7—8 闭合,按下启动按钮 SB_1 或 SB_3 可使 KM_3 或 KM_4 线圈通电,1 号或 2 号泵电动机启动。按下停止按钮 SB_2 或 SB_4 停止。

(5) 水源无水自动停泵。当水源水位过低或无水时,水位信号 SL 闭合,中间继电器 KA_3 通电吸合,同时断水故障信号灯 HL_{YE_3} 亮。KA_3 常闭触头断开,切断水泵电动机。

2. 减压启动(自耦变压器降压)的消火栓泵

(1) 线路组成

当消防泵的电动机功率较大时,采用降压启动,可用 Y—△、△—△ 及自耦变压器降压,这里仅以自耦变压器降压一用一备为例说明,如图 6-23、图 6-24、图 6-25 所示。

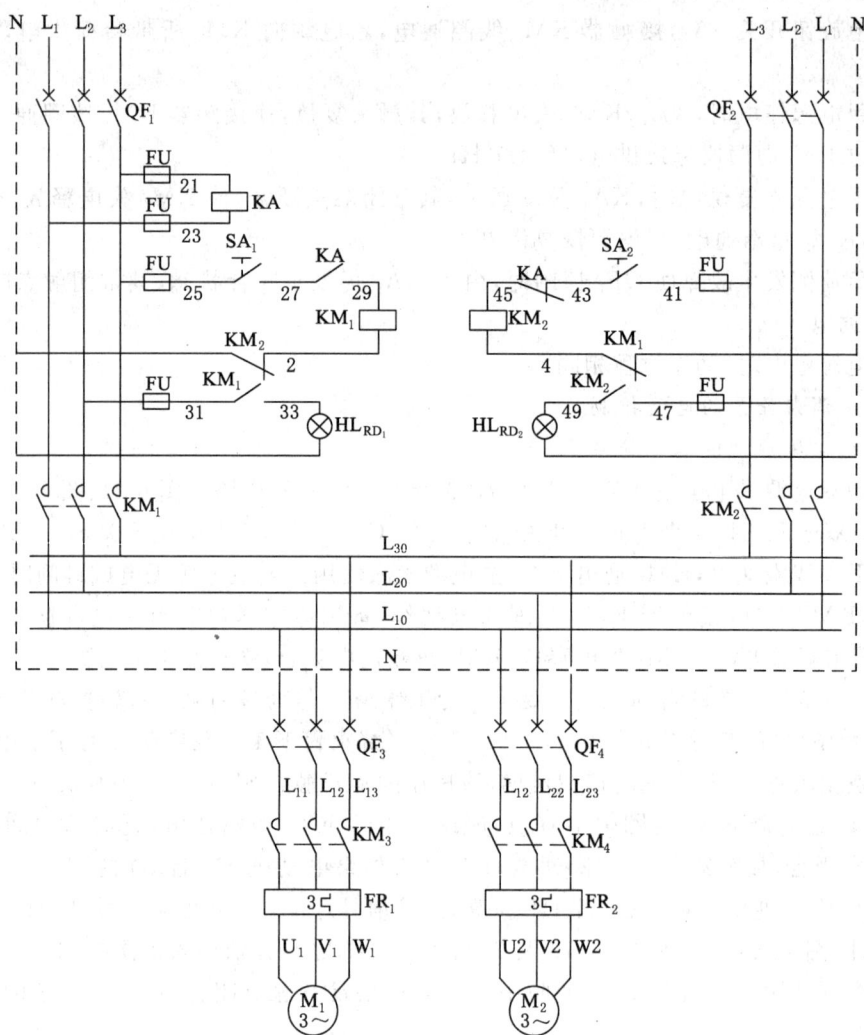

图 6-21　全电压启动的消火栓用消防泵主电路

（2）线路的工作原理

① 正常下的工作状态。令 1 号泵工作，2 号泵备用。合上自动开关 QF_1、QF_2，将转换开关 SA 置"1 号用，2 号备"位置，其触点 9—10、11—12 闭合。当发生火灾时，击碎消防专用按钮的玻璃，其按钮断开，使中间继电器 KA_8 线圈通电，又使接触器 KT_3 延时后，继电器 KA_9 通电吸合，使继电器 KA_1 通电，接触器 KM_3 线圈通电，又使接触器 KM_2 通电并自锁，1 号泵电动机串自耦变压器降压启动，启动信号灯 HL_{T_1} 亮，同时电流时间转化器 KCT_1 线圈通电，当主电路电流表读数达到额定值时，KCT_1 触点闭合，中间继电器 KA_2 通电，KM_3 失电释放，接触器 KM_1 通电，使 KM_2 失电释放，自耦变压器被切除，电动机全电压运行，HL_{T_1} 灭，继电器 KA_3 通电，同时运行信号灯 HL_{RD_1} 亮。KCT_1、KA_2 均释放。

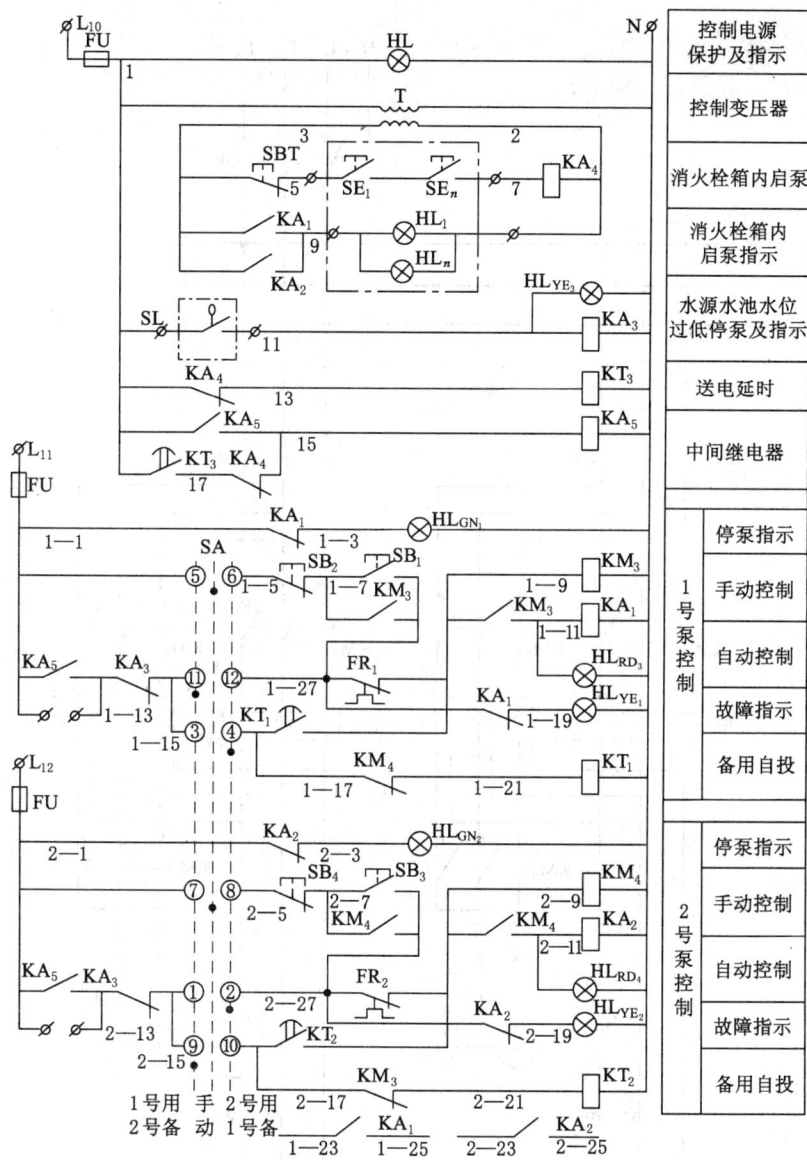

图 6-22　全电压启动的消火栓用消防泵控制电路

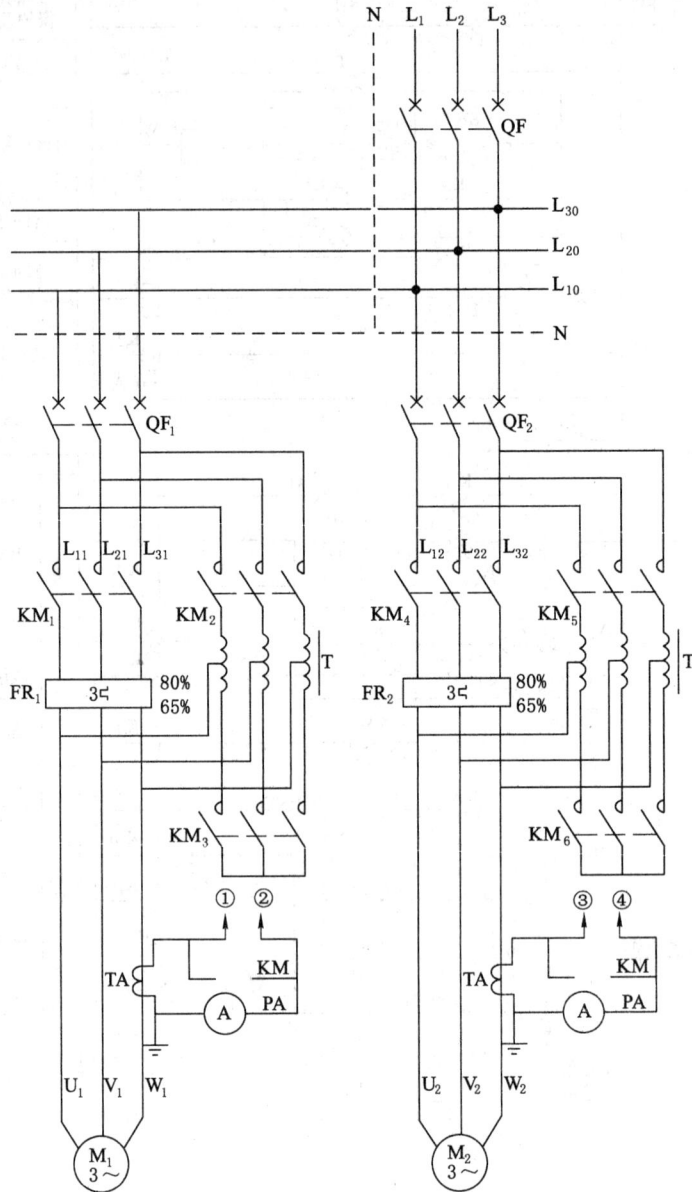

图 6-23   降压启动的消火栓泵主电路

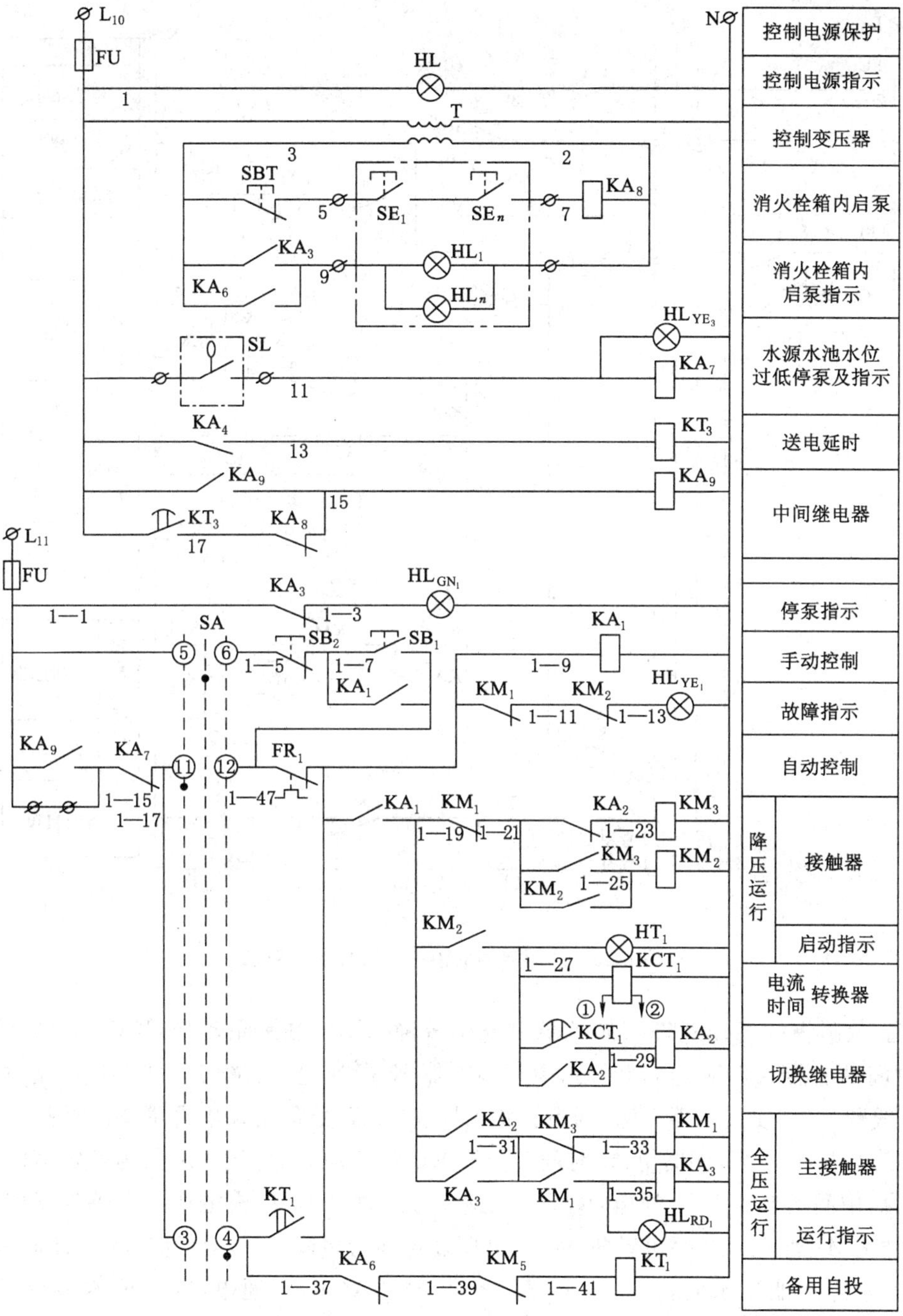

图 6-24　降压启动的消火栓泵控制电路(1)

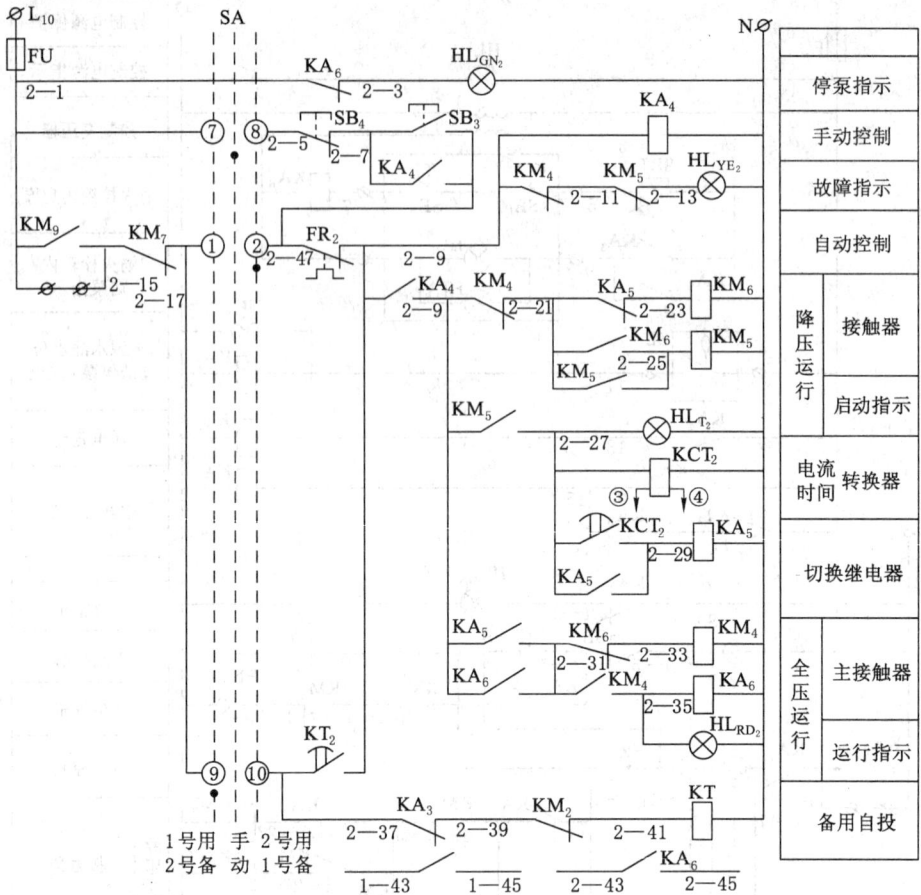

图 6-25　降压启动的消火栓泵控制电路(2)

② 故障下的工作状态。如 1 号泵发生故障，KM_1 触头不动作，KM_2、KM_3 均不吸合，时间继电器 KT_2 通电，延时后，中间继电器 KA_4 通电，故障信号灯 HL_{YE_2} 亮，接触器 KM_6 线圈通电，使接触器 KM_5 通电自锁，HL_{YE_2} 灭，2 号备用泵串自耦变压器降压启动，启动信号灯 HL_{T_2} 亮，同时电流、时间转换器 KCT_2 通电，当电流表读数为额定值时，其触点闭合，中间继电器 KA_5 通电，KM_6 失电释放，接触器 KM_5 失电切除自耦变压器，同时接触器 KM_4 通电，2 号泵电动机 M_2 全电压稳定运行，HL_{T_2} 灭，运行信号灯 HL_{RD_2} 亮。

当水源水池无水时，水信号器 SL 闭合，继电器 KA_7 通电，同时断水故障信号灯 HL_{YE_3} 亮，KA_7 常闭触点断开，切断水泵电机。

手动控制时，将 SA 置"手动"位置，按 SB_1(SB_3)启泵，按 SB_2 和 SB_4 停泵。

二、自动喷洒水灭火系统

（一）系统简介

自动喷水灭火系统是采用最广泛的一种固定式灭火设施。它的基本功能是在火灾发生后,自动地进行喷水灭火;在喷水灭火的同时发出警报。它分秒不离开值勤岗位,不怕浓烟烈火,随时监视火灾,是最安全可靠的灭火装置,适用于温度不低于 4 ℃(低于4℃受冻)和不高于 70 ℃(高于 70 ℃失控,误动作造成水灾)的场所。自动喷洒用消防泵受水路系统的压力开关或水流指示器直接控制,火灾时延时启泵或由消防中心控制启停泵。

1. 系统的组成

湿式喷水灭火系统由喷头、湿式报警阀、水力警铃、压力开关(安在干管上)、水流指示器、管道系统、供水设施、报警装置及控制盘等组成,如图 6-26 所示,主要部件如表 6-4 所列。其动作程序如图 6-27 所示。

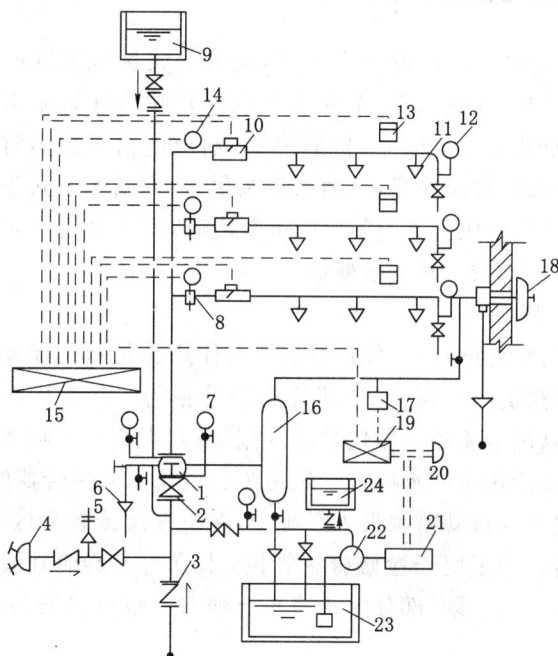

图 6-26　湿式自动喷水灭火系统示意图

1——湿式报警阀;2——闸阀;3——止回阀;4——水泵接合器;5——安全阀;6——排水漏斗;
7——压力表;8——节流孔板;9——高位水箱;10——水流指示器;11——闭式喷头;12——压力表;
13——感烟探测器;14——火灾报警装置;15——火灾收信机;16——延迟器;17——压力继电器;
18——水力警铃;19——电气自控箱;20——按钮;21——电动机;22——水泵;23——蓄水池;24——水泵灌水箱

表 6-4　　　　　　　　　　　　　　　主要部件表

编号	名称	用途	编号	名称	用途
1	高位水箱	储存初期灭火用水	7	水池	储存 1 h 灭火用水
2	水力警铃	发出音响报警信号	8	压力开关	自动报警或自动控制
3	湿式报警阀	系统控制阀,输出水流	9	感烟探测器	感知火灾,自动报警
4	消防水泵接合器	消防车供水口	10	延迟器	克服水压波动引起的误报警
5	控制箱	接收电信号并发出指令	11	消防安全指示阀	显示阀门启闭状态
6	压力罐	自动启闭消防泵	12	放水阀	试警铃阀

续表 6-4

编号	名称	用途	编号	名称	用途
13	消防水泵	专用消防增压泵	19	放水阀	检修系统时,放空用
14	进水管	水源管	20	排水漏斗	排走系统的水
15	排水管	末端试水装置排水	21	压力表	指示系统压力
16	末端试水装置	试验系统功能	22	节流孔板	减压
17	闭式喷头	感知火灾,出水灭火	23	水表	计量末端试水装置出水量
18	水流指示器	输出电信号指示火灾区域	24	过滤器	过滤水中杂质

　　自动喷洒泵的启动过程是当发生火灾时,随着火灾区域温度的升高,喷头上的玻璃球爆裂(或易熔合金喷头上的易熔合金片熔化脱落),喷头开始喷水,水管内的水流推动水流指示器的桨片,使其电接点闭合,接通电路,输出电信号至消防中心。此时,设在主干水管上的湿式报警阀被水流冲开,向洒水喷头供水,同时水经过报警阀流入延时器,经延时后,又流入压力开关使压力蓄电器 SP 动作接通,使喷洒用消防泵启动,在压力蓄电器动作的同时,启动水力警铃,发出报警信号。

　　2. 湿式喷水系统附件

　　(1) 水流指示器(水流开关)。水流指示器的作用是把水的流动转换成报警电信号,其电接点既可直接启动消防水泵,也可接通电警铃报警。在保护面小的场所(如小型商店、高层公寓等),可以用水流指示器代替湿式报警阀,但仍置止回阀于主管道底部,一是可防止水污染(如和生活用水同水源),二是可配合设置水泵接合器的需要。

　　在多层或大型建筑的自动喷水灭火系统中,在每一层或每分区的干管或支管的始端安装一个水流指示器。为了便于检修分区管网,水流指示器前宜装设安全信号阀,可以直接报知建筑物的哪一层、哪一部分闭式喷头已喷水。也可以安装在主干水管上直接控

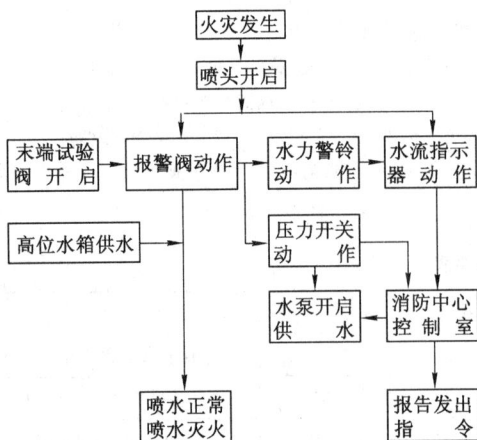

图 6-27　湿式自动喷水灭火系统动作程序图

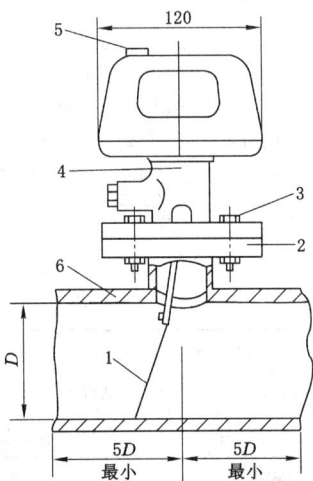

图 6-28　水流指示器构造图

1——桨片;2——法兰底座;3——螺栓；
4——本体;5——接线孔;6——喷水管道

制启动水泵,适用于管径 $d=50\sim150\ \text{mm}$ 的系统中。

水流指示器按叶片形状分为板式和桨式两种,按安装基座分为管式、法兰连接式和鞍座式三种。

桨式水流指示器的构造如图 6-28 所示。桨式水流指示器的工作原理为:当发生火灾时,报警阀自动开启后,流动的消防水使桨片摆动,带动其电接点动作,通过消防控制室启动水泵供水灭火。水流指示器接线如图 6-29 所示。

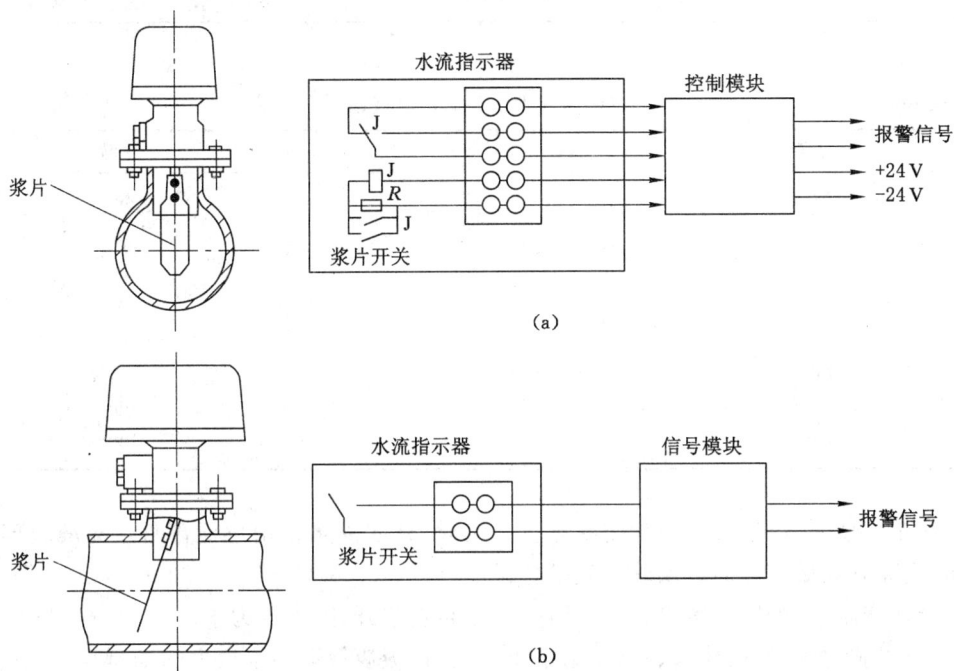

(a)

(b)

图 6-29　水流指示器接线图
(a) 电子接点方式;(b) 机械接点方式

(2)洒水喷头。喷头可分为开启式和封闭式两种,它是喷水系统的重要组成部分。

①封闭式喷头。可以分为易熔合金式、双金属片式和玻璃球式三种。应用最多的是玻璃球式喷头,如图 6-30 所示。喷头布置在房间顶棚下边,与支管相连,喷头主要技术参数如表 6-5 所列,动作温度级别如表 6-6 所列。

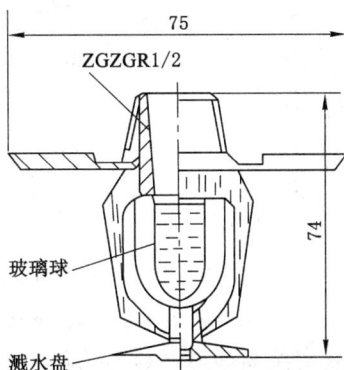

图 6-30　玻璃球式喷淋头

表 6-5　　　　　　　　　　　　玻璃球式喷淋头主要技术参数

型号	直径/mm	通水口径/mm	接管螺纹/in	温度级别/℃	炸裂温度范围/%	玻璃球色标	最高环境温度/℃	流量系数 K/%
ZST—15 系列	15	11	1/2	57 68 79 93	+15	橙 红 黄 绿	27 38 49 63	80

表 6-6　　　　　　　　　　　　玻璃球式喷水头动作温度级别

动作温度/℃	安装环境最高允许温度/℃	颜色
57	38	橙
68	49	红
79	60	黄
93	74	绿
141	121	蓝
182	160	紫
227	204	黑
260	238	黑

在正常情况下,喷头处于封闭状态。火灾时,开起喷水是由感温部件(充液玻璃球)控制,当装有热敏液体的玻璃球达到动作温度(57 ℃、、68 ℃、79 ℃、93 ℃、141 ℃等)时,球内液体膨胀,使内压力增大,玻璃球炸裂,密封垫脱开,喷出压力水。

它适用于高(多)层建筑、仓库、地下工程、宾馆饭店等适用水灭火的场所。

② 开起式喷头。按其结构可分为双臂下垂型、单臂下垂型、双臂下垂型和双臂边墙型四种,如图 6-31 所示,其主要参数如表 6-7 所示。

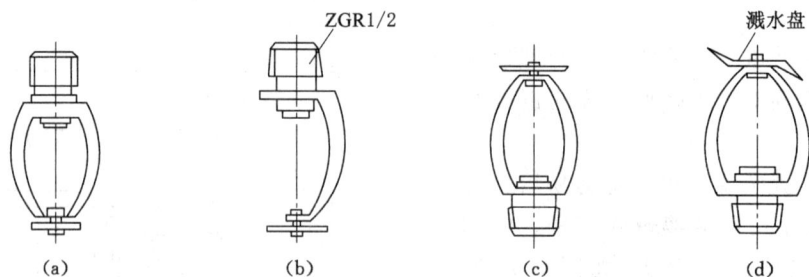

图 6-31　开起式喷淋头
(a) 双臂下垂型;(b) 单臂下垂型;(c) 双臂直立型;(d) 双臂边墙型

开起式喷头与雨淋阀(或手动喷水阀)、供水管网以及探测器、控制装置等组成雨淋灭火系统。

(3) 压力开关。ZSJY、ZSJY25 和 ZSJY50(上海消防器材厂生产)三种压力开关的外形如图 6-32 所示。它安装在延迟器与水力警铃之间的信号管道上。

表 6-7　　　　　　　　　　开起式喷淋头的主要技术参数

型号名称	直径/mm	接管螺纹/mm	外形尺寸/in		流量系数 K/%
			高	宽	
ZSTK—15	15	ZG1—2	74	46	80

压力开关的工作原理是:当喷头喷水时,报警阀阀瓣开启,水流通过阀座上的环形槽流入信号道,延时器延时充满水后,水流经信号管进入压力继电器,压力继电器接到水信号,即接通电路报警,并启动喷淋泵。ZSJY 型压力开关特点为:膜片驱动,工作压力为 0.07~1 MPa 之间可调;适用介质为气体与水;可用交流电工作电压为 AC 220 V、380 V,DC12 V、24 V、36 V、48 V,触点额定电流为 AC 220 V、5 A,DC 24 V、3 A。

压力开关用在系统中需经模块与报警总线连接,如图 6-33 所示。

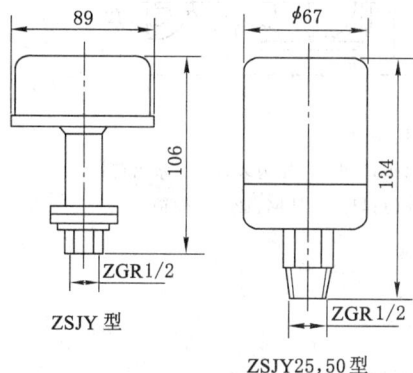

图 6-32　压力开关外形图

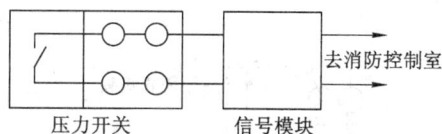

图 6-33　压力开关接线图

(4)湿式报警阀。湿式报警阀在湿式喷水灭火器系统中是非常关键的,安装在总供水干管上,连接供水设备和配水管网。它一般采用止回阀的形式,其作用一是防止随着供水水源压力波动而启闭,虚放警报;二是管网内水质因长期不流动而腐化变质,不让它流回水源;三是当系统开启喷水时,报警阀打开,接通水源和配水管,同时部分水流过阀座上的环型槽,经信号管道送至水力警铃,发出音响报警信号。湿式报警阀的构造如图 6-34 所示。

湿式报警阀有导阀型(如图 6-35 所示)和隔板座圈型(如图 6-36 所示)两种。

(5)末端试水装置。喷水管网的末端应设置末端试水装置,如图 6-37 所示。

末端试水装置的作用是对系统进行定期检查,以确定系统是否正常工作。

末端试验阀可采用电磁阀或手动阀。设有消防控制室时,若采用电磁阀可直接从控制室启动试验板,给检查带来方便。

(二)全电压自动喷淋泵的电器控制

1. 电气线路的组成

在高层建筑及建筑群体中,每座楼宇的喷水系统所用的泵一般为 2~3 台。采用两台泵时,平时管网中压力水来自高位水池,管道里有消防水流动时,水流指示器启动消防泵,向管网补充压力水。两台泵可互为备用,如图 6-38 所示。

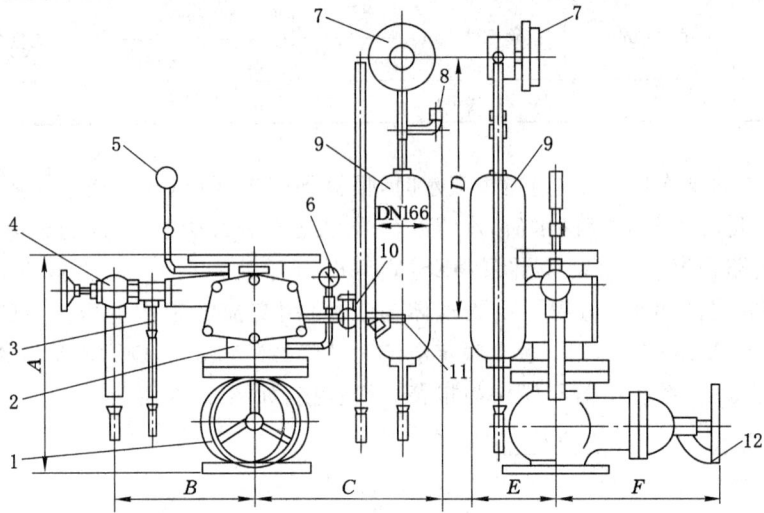

图 6-34　湿式报警阀构造图

1——控制阀;2——报警阀;3——试警铃阀;4——放水阀;5,6——压力表;7——水力警铃;

8——压力开关;9——延时器;10——警铃管阀门;11——滤网;12——软锁

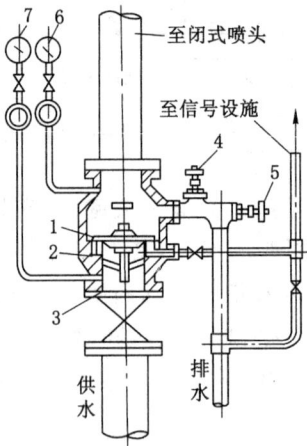

图 6-35　导阀型湿式报警阀

1——报警阀及阀芯;2——阀座凹槽;

3——总闸阀;4——试铃阀;5——排水阀;

6——阀后压力表;7——阀前压力表

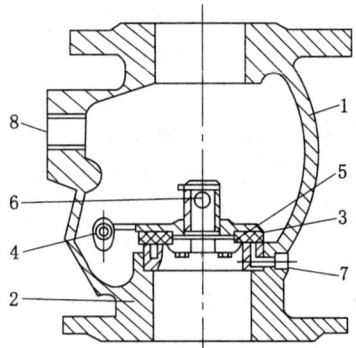

图 6-36　隔板座圈报警阀构造示意图

1——阀体;2——铜座圈;3——胶垫;

4——锁轴;5——阀瓣;6——球形止回阀;

7——延时器接口;8——放水阀接口

图中 B_1、B_2、B_n 为区域指示器。

采用三台消防泵的自动喷水系统也比较常见,三台泵中两台为压力泵,一台为恒压泵。

2. 电路的工作情况

(1) 正常时,将 QS_1、QS_2、QS_3 合上,将转换开关 SA 置"1自,2备"位置,其 SA 的 2、

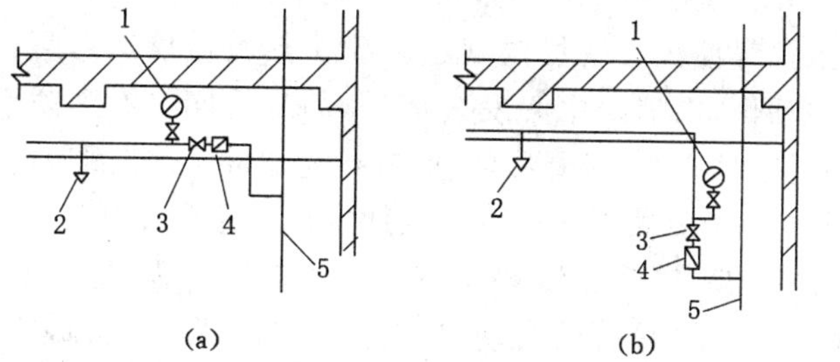

图 6-37　末端试水装置

（a）吊顶内安装；（b）吊顶外安装

1——压力表；2——闭式喷头；3——末端试验阀；4——流量计；5——排水管

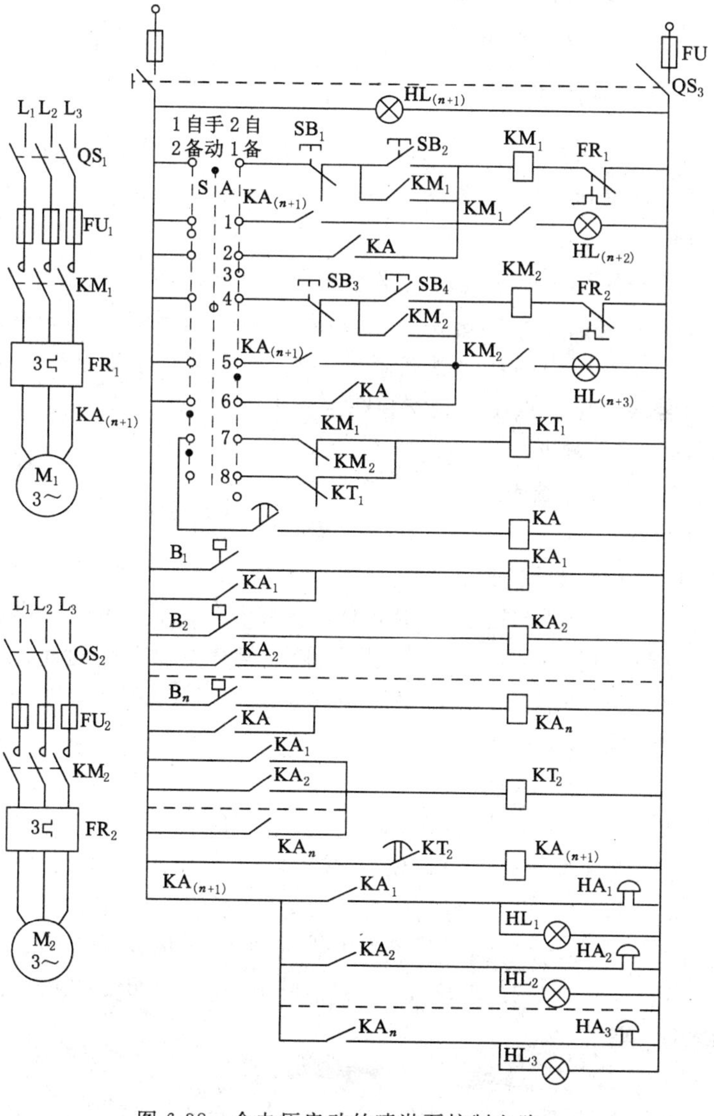

图 6-38　全电压启动的喷淋泵控制电路

6、7 号触头闭合,电源信号灯 $HL_{(n+1)}$ 亮,做好火灾下的运行准备。

如二层着火,且火势使火灾现场温度达到喷头热敏玻璃球爆裂并喷水,由于喷水后压力降低,压力开关动作,向消防中心发去信号,同时管网里有消防水流动时,水流指示器 B_2 闭合,使中间继电器 KA_2 线圈通电,时间继电器 KT_2 线圈通电,经延时后,中间继电器 $KA_{(n+1)}$ 线圈通电,使接触器 KM_1 线圈通电,1 号喷淋消防泵启动运行,向管网补充压力水,信号灯 $HL_{(n+1)}$ 亮,同时警铃 HA_2 响,信号灯 HL_2 亮,即发出声光报警信号。

(2)当 1 号泵故障时,2 号泵的自动投入过程:当 1 号泵故障,即 KM_1 触头不动作,于是时间继电器 KT_1 线圈通电,使备用中间继电器 KA 线圈通电,接触器 KM_2 线圈通电,2 号备用泵自动投入运行,向管网补充压力水,同时信号灯 $HL_{(n+3)}$ 亮。

(3)手动强投。如果 KM_1 故障不动作,而且 KT_1 也损坏时,应将 SA 置"手动"位置,其 SA 的 1、4 号触头闭合,按下按钮 SB_4,使 KM_2 通电,2 号泵启动。停止时按下按钮 SB_3,KM_2 线圈失电,2 号电机停止。

三、稳压泵(补水泵)的控制

稳压泵的用途是维持管网压力。它在电接点压力表的控制下启动和停止,以确保水的压力在设计规定的范围内。

(一)线路的组成

两台互备自投稳压泵全电压启动电路如图 6-39 所示。图中来自电接点压力表的上限电接点 SP_2 和下限电接点 SP_1,分别控制高压力延时停泵和低压力延时启泵。另外,来自消火栓给水泵控制电路中的常闭触点 KA_2 31—32,当消防水池水位过低时是断开的,以其控制低水位停泵。电接点压力表安装在水管上。

(二)线路的工作原理

1. 正常情况下的自动控制

令 1 号为工作泵,2 号为备用泵。当消防管网压力降到电接点下限值时,SP_1 闭合,使时间继电器 KT_1 充电,经延时后,其常开触头闭合,使中间继电器 KA_1 线圈通电,运行信号灯 HL_1 亮,停泵信号灯 HL_2 灭。随着稳压泵的运行,压力不断提高,当压力升为电接点压力表高压值时,其上限电接点 SP_2 闭合,使时间继电器 KT_2 通电,其触头经延时断开,KT_1 失电释放,使线圈 KM_1 失电,稳压泵停止运行,HL_1 灭 H_{12} 亮,如此在电接点压力表控制下稳压泵间歇自动运行。

2. 故障时备用泵的投入

由于某种原因 M_1 不启动,接触器 KM_1 不动作,使时间继电器 KT_1 通电,经过延时其触头闭合,使中间继电器 KA_3 通电,其触点使接触器 KM_2 通电,2 号备用稳压泵 M_2 自动投入运行,同时 KA_2 通电,运行信号灯 H_{13} 亮,停泵信号灯 HL_4 灭。

随着 M_2 运行压力升高,当压力达到高压值时,SP_2 闭合 KT_2 通电,经延时后其触头断开,使 KA_1 失电,KA_2 31—32 断开,KT_1 失电断开,KA_3 失电,KM_2、KA_1 均失电,M_2 停止,HL_3 灭,HL_4 亮。

3. 手动控制

将开关 1SA、2SA 置于手动 M 挡位,其触头 1—2 闭合,如需启动 M_1,按下启动按钮 SB_1,KM_1 线圈通电,稳压泵 M_1 启动,同时 1KA 通电,HL_1 亮,HL_2 灭。停止时按 SB_2

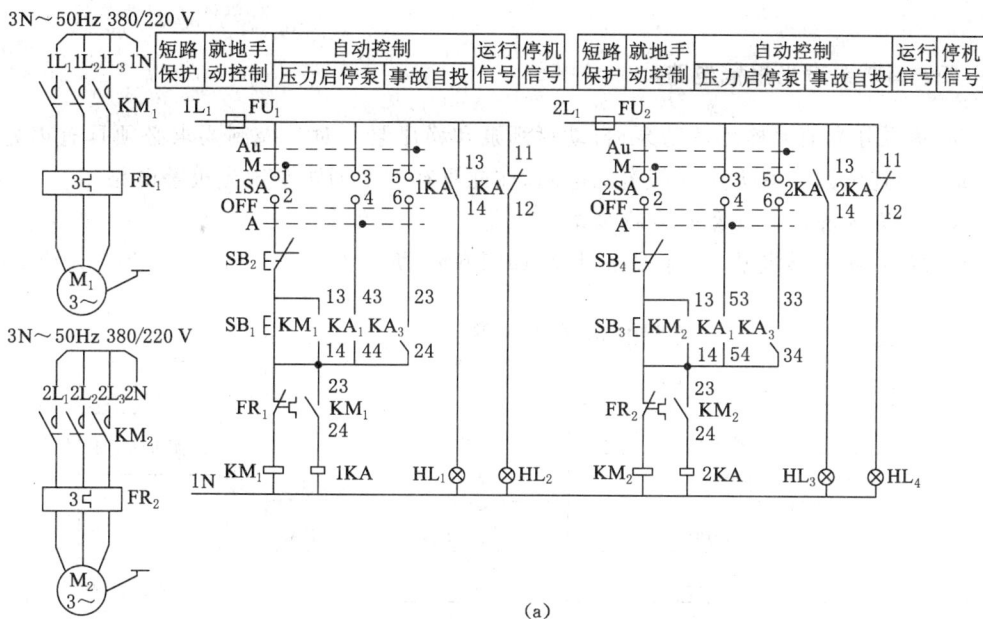

(a)

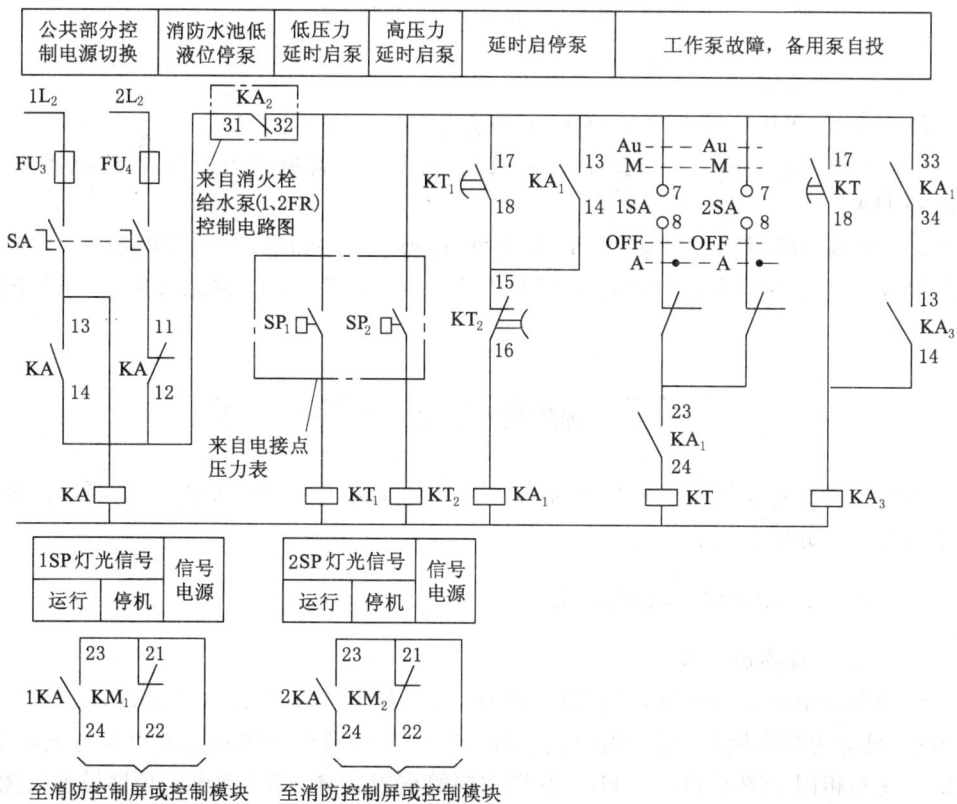

(b)

图 6-39　稳压泵全电压启动线路

(a) 正常运行电路；(b) 事故控制电路

即可。

四、消防泵声光报警电路

消防泵分为消火栓用消防泵、自动喷洒泵和稳压泵。对其控制要求必须具有声光报警,而在前述电路中有无声光报警的电路,在此可补充上消防泵声光报警电路。

（一）消防泵声光报警电路的组成

由警铃、中间继电器、解除按钮组成,如图 6-40 所示。

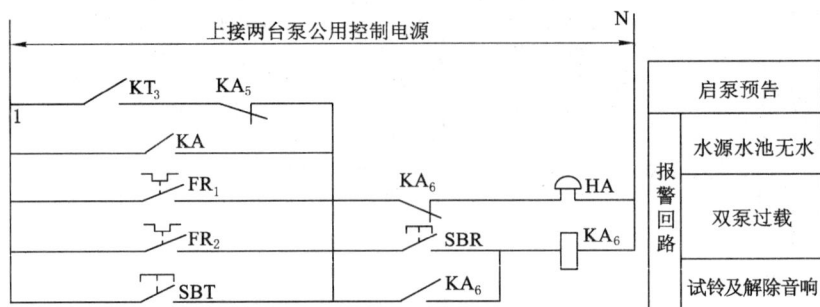

图 6-40　消防泵声光报警电路

（二）工作原理

将图 6-40 合并在图 6-22 电路中,其声光报警动作如下:

（1）水源无水的声光报警按下 SBR 按钮,解除中间音响继电器 KA₆ 线圈通电,其触点断开 HA。

（2）其他故障报警。当某防火区火灾时,撞击消防按钮后,时间继电器 KT₃ 通电,延时后接通中间继电器 KA₅ 的线圈,但因故其触点不动作,消防泵无法启动,于是图中的 HA 报警。

项目三　锅炉房动力设备的电气控制

本项目主要对应用于工业生产和各类建筑的采暖及热水供应的工业锅炉设备自动控制实例予以分析介绍。

一、锅炉设备的组成和运行工况

（一）锅炉设备的组成

锅炉设备由两部分组成:一是锅炉本体,二是锅炉房辅助设备。根据锅炉使用的燃料不同,可分为燃煤锅炉、燃油锅炉、燃气锅炉等,其区别只是燃料及其供给方式不同,其他结构基本相同。图 6-41 为 SHL 型（即双锅筒横置式链条炉）燃煤锅炉房设备简图。

1. 锅炉本体

锅炉本体一般由五部分组成,即汽锅、炉子、蒸汽过热器、省煤器和空气预热器。

2. 锅炉房的辅助设备

锅炉房辅助设备是保证锅炉本体正常运行必备的附属设备,由以下四个系统组成。

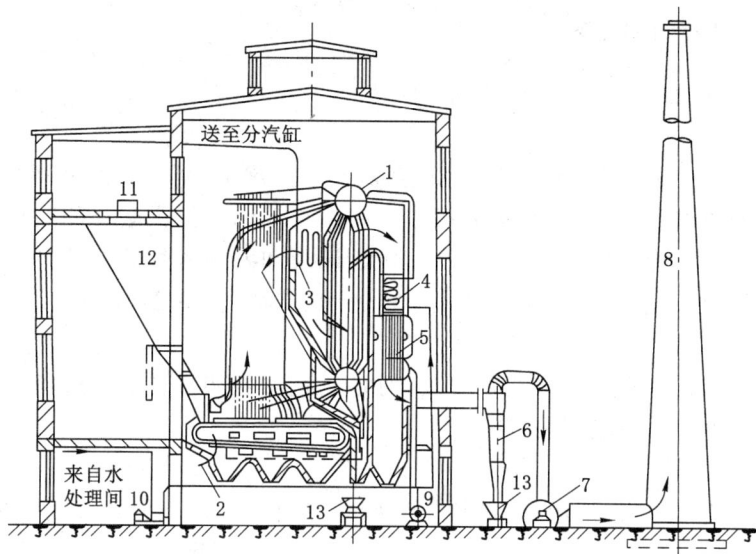

图 6-41　锅炉房设备简图

1——锅筒;2——链条炉排;3——蒸汽过热器;4——省煤器;5——空气预热器;6——除尘器;
7——引风机;8——烟囱;9——送风机;10——给水泵;11——运煤胶带运输机;12——煤仓;13——灰车

(1) 运煤、除灰系统。其作用是保证为锅炉运入燃料和送出灰渣。

(2) 送引风系统。由引风机,一、二次送风机和除尘器等组成。引风机的作用是将炉膛中燃料燃烧后的烟气吸出,通过烟囱排到大气中去。送风机的作用是供给锅炉燃料燃烧所需要的空气量。除尘器的作用是清除烟气中的灰渣,以改善环境卫生和减少烟尘污染。为了防倒烟,其控制要求是:启动时先启动引风机,经 10 s 后再开送风机和炉排电机;停止时,先停鼓风机和链条炉排机,经过 20 s 后再停止引风机。

(3) 水、汽系统(包括排污系统)。

(4) 仪表及控制系统。

(二) 锅炉的运行工况

锅炉的运行工况有燃料的燃烧过程、烟气向水的传热过程和水的受热汽化过程(蒸汽的生产过程)。

1. 燃料的燃烧过程

燃煤锅炉的燃烧过程为:燃烧煤加到煤斗中,借助自重下落在炉排上,炉排借助电动机通过变速齿轮箱变速后由链轮来带动,将燃料煤带入炉内。燃料一面燃烧,一面向炉后移动。燃烧所需要的空气由风机送入炉排腹中风仓。

2. 烟气向水(汽等工质)的传热过程

在炉膛的四周墙面上,布置一排水管,俗称水冷壁。高温烟气与水冷壁进行强烈的辐射换热,将热量传递给管内工质。

3. 水的受热和汽化过程

水的汽化过程就是蒸汽的产生过程,主要包括水循环和汽水分离过程。经过处理的水由泵加压,先经省煤器而得到预热,然后进入汽锅。

二、锅炉自动控制的任务

(一)锅炉自动控制的内容和意义

1. 自动检测

锅炉的生产任务是根据负荷的要求,生产具有一定参数(压力和温度)的蒸汽。为了满足负荷设备的要求,保证锅炉正常运行和给锅炉自动调节提供必要的数据,锅炉房内必须安装相关的热工检测仪表。它们可以显示、记录和发送锅炉运行的各种参数,如温度、压力、流量、水位、气体成分、汽水品质、转速、热膨胀等,并随时提供给人和自动化装置。

大型锅炉机组常采用巡回检测的方式,对各运行参数和设备状态进行巡测,以便进行显示、报警、工况计算以及制表打印。

2. 自动调节

为确保锅炉安全、经济地运行,必须使一些能够决定锅炉工况的参数维持在规定的数值范围内或按一定的规律变化,依靠自动化装置实现对工况参数进行自动调节。锅炉自动调节是锅炉自动化的主要组成部件。锅炉自动调节主要包括给水自动调节、燃烧自动调节和过热蒸汽温度自动调节等。目前应用较广的链条炉排工业锅炉,其仪表及自控装备见表 6-8 所列。

表 6-8 链条炉排工业锅仪表自控装备表

蒸发量 /t·h⁻¹	检测	调节	报警和维护	其他
1~4	A:1. 锅筒水位;2. 蒸汽压力;3. 给水压力;4. 排烟温度;5. 炉膛负压;6. 省煤器进出口水温 B:7. 煤量积算;8. 排烟含氧量测定;9. 蒸汽流量指示积算;10. 给水流量积算	A:位式或连续给水自控,其他辅机配开关控制 B:鼓风、引风风门挡板遥控,炉排位式或无级调速	A:水位过低、过高指示报警和极限水位过低保护,蒸汽超压指示报警和保护	A:鼓风、引风机和炉排起停顺序控制和联锁 B:如调节用推荐栏,应设鼓风、引风风门开度指示
6~10	A:1、2、3、4、5、6 同上,并增加 B 中的 9、10,及 11(除尘器进出口负压),对过热锅炉增加 12(过热蒸汽温度指示) B:7、8 同上,增加工厂 13,炉膛出口烟温	A:连续给水自控,鼓风、引风风门挡板遥控,炉排无级调速,过热锅炉增加减温水调节 B:燃烧自控	A:同上,增加炉排事故停转指示和报警,过热锅炉增加过热蒸汽温度过高、过低指示	A:同上 A B:过热锅炉增加减温、水阀位开度指示

从表中可了解到锅炉的自动控制概况。由于热工检测和控制仪表是一门专门的学科,内容极为丰富,篇幅所限,我们仅对控制部分进行介绍。

3. 程序控制

程序控制是根据设备的具体情况和运行要求，按一定的条件和步骤，对一台或一组设备进行自动操作，以实现预定目的的手段。程序控制是靠程序控制装置来实现的，它必须具备必要的逻辑判断能力和联锁保护功能，即当设备完成每一步操作后，它必须能够判断此操作已经实现，并具备下一步操作条件时，才允许设备自动进入下一步操作，否则中断程序并进行报警。程序控制的优点是提高锅炉的自动化水平，减轻劳动强度，并避免误操作。

4. 自动保护

自动保护的任务是当锅炉运行发生异常现象或某些参数超过允许值时，进行报警或进行必要的动作，以避免设备发生事故，保证人身和设备安全。锅炉运行中的主要保护项目有灭火自动保护，高低水位自动保护，超温、超压自动保护等。

5. 计算机控制

计算机控制功能齐全，不仅具备自动检测、自动调节、程序控制及自动保护功能，而且还具有下列优点：突出计算机组在正常运行和启停过程中的有用数据；分析故障原因，并提出处理意见；追忆并打印事故发生前的参数，供分析事故用；分析主要参数的变化趋势；监视操作程序；等等。

（二）锅炉的自动调节

1. 锅炉给水系统的自动调节

锅炉汽包水位的高度，关系着汽水分离的速度和生产蒸汽的质量，也是确保安全生产的重要参数。因此，汽包水位是一个十分重要的被调参数，锅炉的自动控制都是从给水自动调节开始的。

锅炉给水系统自动调节类型有位式调节和连续调节两种方式。位式调节是指调节系统对锅筒水位的高水位和低水位两个位置进行控制，即低水位时，调节系统接通水泵电源，向锅炉上水，达到高水位时，调节系统切断水泵电源，停止上水。常用的位式调节有电极式和浮子式两种。连续调节是指调节系统连续调节锅炉的上水量，以保持锅筒水位始终在正常水位的位置。调节装置动作的冲量可以是锅筒水位、蒸汽流量和给水流量，根据取用的冲量不同，可分为单冲量、双冲量和三冲量调节三种类型。

2. 锅炉汽过热系统的自动调节

（1）蒸汽过热系统自动调节的任务是维持过热器出口蒸汽温度在允许范围之内，并保护过热器，使过热器壁温度不超过允许的工作温度。

过热蒸汽的温度是按生产工艺确定的重要参数，蒸汽温度过高会烧坏过热器水管，对负荷设备的安全运行也是不利因素。超温严重会使汽轮机或其他负荷设备膨胀过大，使汽轮机的轴向位移增大而发生事故。蒸汽温度过低会直接影响负荷设备的使用，影响汽轮机的效率。因此要稳定蒸汽的温度。

（2）热蒸汽温度调节类型主要有两种：改变烟气量（或烟气温度）的调节和改变减温水量的调节，其中改变减温水量的调节应用较多。

3. 锅炉燃烧系统自动调节

（1）锅炉燃烧系统自动调节的基本任务是使燃料燃烧所产生的热量适应蒸汽负荷的需要，同时还要保证经济燃烧和锅炉的安全运行。

（2）燃煤锅炉燃烧过程自动调节。以上调节任务是相互关联的，它们可以通过调节燃料量、送风量和引风量来实现。对于燃烧过程自动调节系统的要求是：在负荷稳定时，应使燃烧量、送风量和引风量各自保持不变，及时地补偿系统的内部扰动。这些内部扰动包括燃烧质量的变化以及由于电网频率变化、电压变化引起燃料量、送风量和引风量的变化等。在负荷变化引起外扰作用时，则应使燃料量、送风量和引风量成比例地改变，既要适应负荷的要求，又要使三个被调量（蒸汽压力、炉膛负压和燃烧经济性指标）保持在允许范围内。

燃煤锅炉自动调节的关键问题是燃料量的测量，在目前条件下，要实现准确测量进入炉膛的燃料量（质量、水分、数量等）还很困难，为此，目前常采用"燃料--空气"比值信号的自动调节、氧量信号的自动调节、热量信号的自动调节等类型。

燃烧过程的自动调节一般在大中型锅炉中应用。在小型锅炉中，常根据检测仪表的指示值，由司炉工通过操作器件分别调节燃料炉排的进给速度和送风风门挡板、引风风门挡板的开度等，通常称为遥控。

三、锅炉动力设备电气控制实例

为了了解锅炉电气控制内容，下面我们以某锅炉厂制造的型号为 KZL4—B 型 4 t 快装锅炉为例分析其电气控制的工作原理。

（一）电气线路组成

KZL4—B 型 4t 快装锅炉的电气控制由主电路的 7 台电机，即上煤机 M_1、除灰机 M_2、水泵电机 M_3、循环水泵 M_4、引风机 M_5、鼓风机 M_6、炉排电机 M_7 和控制电路及水位控制电路组成，如图 6-42、图 6-43 所示。

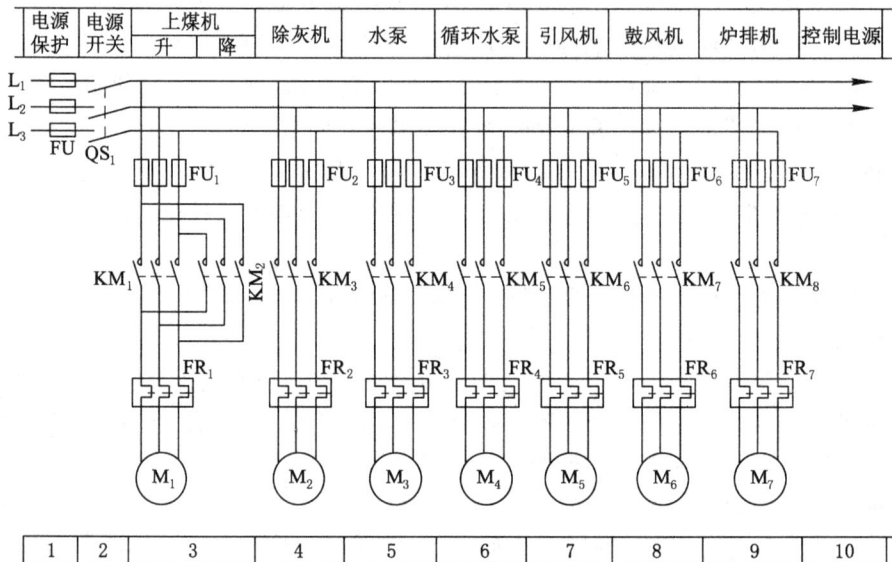

图 6-42　KZL4—B 型 4 t 快装锅炉电气控制主电路

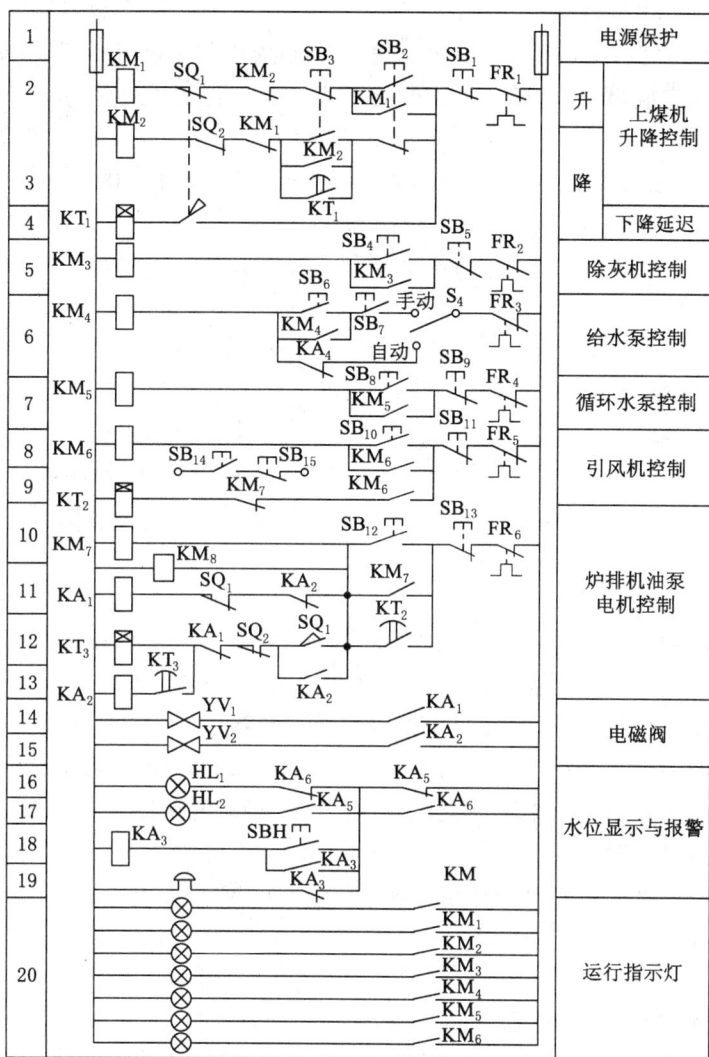

图 6-43　KZL4—B型 4 t 快装锅炉上煤除灰系统、给水循环系统及引风、鼓风、炉排机的控制线路

（二）锅炉电气控制过程分析

1. 对锅炉点火前的检查和准备

对锅炉内、外部，各附件，阀门进行检查，向锅炉内进水，进水速度不应太快，水温不宜太高。进水时间夏季不少于 1 h，冬季不少于 2 h，进水温度夏季不高于 90 ℃，冬天不高于 60 ℃。当锅炉进水达到锅炉最低水位时，停止进水。停水后，应检查水位是否有变动。当水位逐渐上升时，说明给水阀关不严，应进行修理和更换；当水位逐渐降低时，说明锅炉排污阀关不严，应查明原因，予以消除。对新安装、长期停用和大修后的锅炉应按规定做好水压试验、烘炉和煮炉工作。在确认送、引风等都合格的情况下，打开烟道挡板和风门进行通风，并启动引风机 5 min，以排出烟道中可能残存的可燃体或沉积物。合上电源开关 QS_1，将转换开关 SA_4 置"自动"位，做好点火前的准备。

2. 水位自动调节与报警

(1) 汽包水位的自动调节。由电极式水位控制器中的晶体管 VT_1，灵敏继电器 KA_4 和水位电极 2、3 完成，水位电极 2、3 间的间距为水位允许的波动范围。当锅炉水位低于"低水位"时，晶体管 VT_1 的基极电流 $I_B=0$，$I_C=0$，VT_1 截止，KA_4 的线圈无电，控制支路中的 KA_4 常闭触点闭合，使接触器 KM_4 线圈通电，水泵电动机 M_3 启动，水位逐渐上升。当水达高水位时，VT_1 导通，KA_4 线圈通电，其触头动作，KM_4 线圈失电释放，水泵电动机 M_3 停止。当水位下降到低水位时，重新启动水泵。如此按双位调节规律保持汽包水位在一定的波动范围内。

(2) 水位报警。当水位降至"低限水位"时，KA_5 线圈失电，其触头复位，KA_6 线圈也失电，其触头复位，于是图 6-43 中 16、19 支路的报警信号灯 H_1 亮，同时警铃 HA 响，当值班人员接到通知后，可按下解除按钮 SBH，使继电器 KA_3 线圈通电，HA 不响。当水位升到"高限水位"时，KA_5 线圈通电，KA_3 线圈失电，KA_6 线圈通电，于是 H_2 亮同时 HA 响，发出高水位声光报警信号。另外循环水泵控制采用按钮 SB_8、SB_9、KM_5 便可进行控制。

3. 运煤除灰系统

(1) 上煤机控制。需要上煤时，按下启动按钮 SB_2，接触器 KM_1 线圈通电，电动机 M_3 正转，小车在电动机 M_1 的拖动下到达炉顶时，小车碰撞上升限位开关 SQ_3，其触点动作，KM_1 线圈失电释放，同时时间继电器 KT_1 线圈通电，M_1 停止，机械装置使小车倾斜一个角度，使煤斗的煤进入炉膛。当煤全卸完时，KT_1 延时闭合，使接触器 KM_2 线圈通电，M_1 反转，使小车下降返回，当到达地面时，小车又碰下降限位开关 SQ_2，其触头动作，KM_2 失电释放，M_1 停止。

(2) 除灰(渣)机控制。启动与停止用 SB_4 和 SB_5 便可实现，何时启停由灰渣的具体情况决定。

4. 鼓风、引风机的控制

采用按钮手动控制，应保证其连锁关系的实现。启动时，按下 SB_{10}，接触器 KM_6 线圈通电，引风机 M_5 启动运转，快速排烟。过一段时间再按下 SB_{12}，接触器 KM_7 线圈通电，鼓风机 M_6 启动运转，以助煤的燃烧。因为 M_5 功率大，需用降压启动，图中 SB_{14}，SB_{15} 是装在它的成套设备中的。

5. 炉排液压传动机构的控制

当按下 SB_{12} 后，由于 KM_7 通电，KM_8 线圈通电，油泵电动机 M_7 启动，中间继电器 KA_1 线

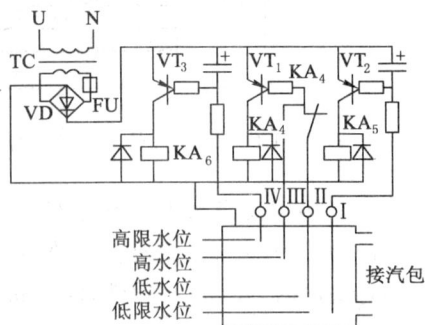

图 6-44　电极水位控制线路

圈通电，使电磁阀 W_1 通电，活塞开始动作，做推动炉排的准备工作。当活塞到达一定位置时，碰撞行程开关 SQ_1，其触头动作，使 KA_3 失电释放，同时使时间继电器 KT_3 线圈通电，延时后，中间继电器 KA_2 线圈通电，电磁阀 YV_2 通电，通过液压传动系统使炉排推进。当移动到一定位置时碰撞 SQ_2，使 KA_2 线圈失电释放，YV_2 失电，炉排停止推进。同时 SQ_1 不受碰撞复位，于是 KA_1 线圈又重新通电，炉排又重复推进前的准备。

项目四　空调与制冷系统的电气控制

空气调节是对空气温度、相对湿度、洁净度、流动速度(简称为"四度")的调节,根据使用对象的具体要求,使"四度"部分或全部达到规定的指标,以维持室内良好环境。

空气调节要达到预定参数就离不开冷、热源,制冷是空调的重要组成部分。在现代化的今天,空调技术也在迅速发展,新产品、新技术不断问世,空调已成为一门专门学科,其内容涉及面广,专业性强。因篇幅所限,这里仅以部分实例对空调与制冷系统电气控制的基本内容进行阐述。

一、概述

(一)空调系统的分类

1. 按功能分类

(1)单冷型(冷风型)空调器。只能在环境温度 18 ℃以上时使用,具有结构简单的特点。主要由压缩机、冷凝器、干燥过滤器、毛细管以及蒸发器组成,如图 6-45 所示。蒸发器在室内侧吸收热量,冷凝器在室外将室内的热量散发出。

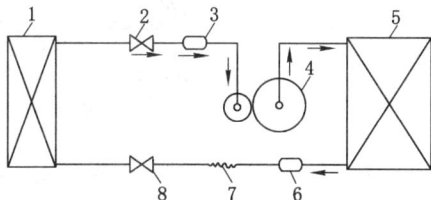

图 6-45　单冷型空调器制冷系统
1——室内热交换器(蒸发器);2——截止阀;
3——调节器;4——压缩机;5——室外热交换器;
6——过滤器;7——毛细管;8——截止阀

(2)冷热两用型空调器。这种空调器又分为三种:电热型空调器,电热器安装在蒸发器与离心风扇之间,夏季将冷热转换开关拔向冷风位置,冬季开关置于热风位置;热泵型空调器,通过压缩机驱动,将低温区(蒸发器)的热量输送到高温区(冷凝器),把冷凝气排放出的热量用于室内供暖的空调器,其室内制冷或供热是通过四通换向阀改变制冷剂的流向实现的,如图 6-46 所示,其特点是当环境温度低于 5 ℃时不能使用,但供热效率高;热泵辅助电热型空调器,它在热泵型空调器的基础上增设了电加热器,是电热型与热泵型相结合的产物。

2. 按结构分类

(1)整体式空调器。可分为窗式空调器、移动式空调器和台式空调器。窗式空调器又分为卧式和竖式两种,其特点是结构简单、价格低廉、安装及维修方便、故障率低,但不美观、影响采光、噪声较大。移动式空调器结构如图 6-47 所示,它是落地式的,其底部由四个脚轮支撑,具有移动方便、使用灵活、节省电能的优点。台式空调器的冷凝器排放的热量也是通过排气软管排出室外的。

(2)分体式空调器。可分为壁挂式、落地式、吊顶式嵌入式和组合式。

3. 按压缩机的工作状态分类

(1)定频(定速)式空调器。这种空调器的压缩机只能输入固定频率和大小的电压,压缩机的转速和输出功率是不可改变的。

(2)变频式空调器。这种空调器采用电子变频技术和微电脑控制技术,使压缩机实

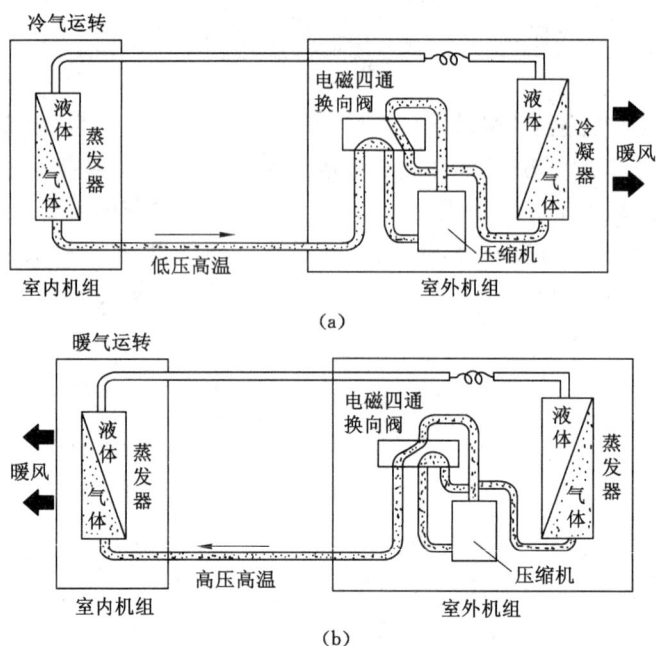

图 6-46　制冷与供热运行状态

（a）制冷过程；（b）制热过程

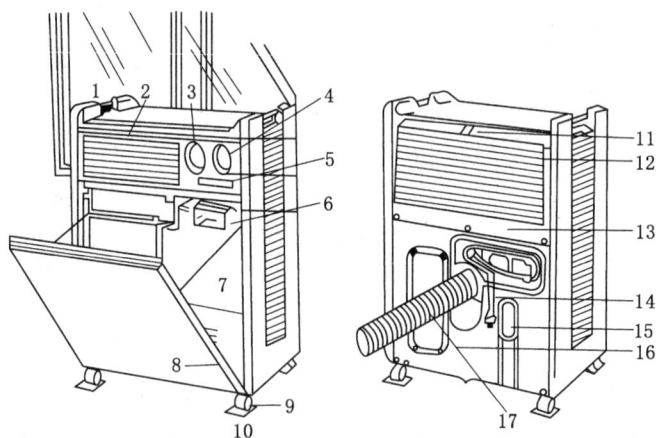

图 6-47　移动式空调器

1——空气出口盖；2——空气出口；3——定时器；4——选择开关；5——温控器；6——高压开关；7——水箱；

8——前门；9——脚轮；10——脚轮座；11——空气过滤器；12——空气入口；13——接线盒；

14——电源线；15——排水管；16——排气管盖；17——排气管

现了自动无级变速。

　　4. 按空气处理设备的设置情况分类

　　（1）集中式空调系统：将空气处理设备（过滤、冷却、加热、加湿设备和风机等）集中设置在空调机房内,空气处理后,由风管送入各房间的系统。这种空调系统应设置集中控制室,如图 6-48 所示。

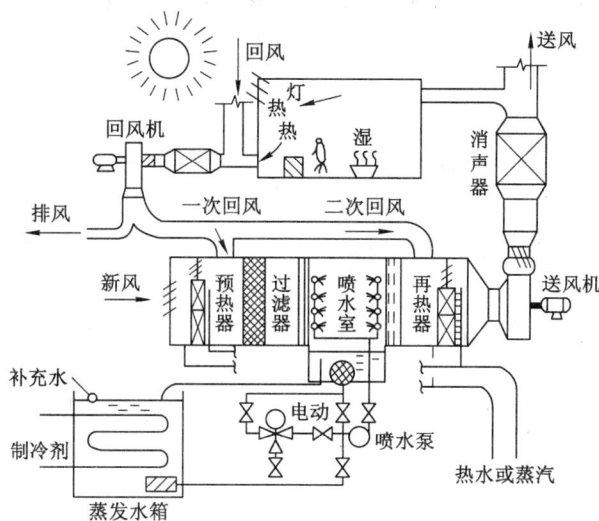

图 6-48　集中空调系统示意图

（2）分散式空调(也称局部空调)：将整体组装的空调器（带冷冻机的空调机组、热泵机组等)直接在空调房间内或放在空调房间附近,每个机组只供一个或几个小房间,或者一个房间内放几个机组的系统。

（3）半集中式空调系统：集中处理部分或全部风量,然后送往各房间（或各区),在各房间（或各区)再进行处理的系统。

（二）空调系统的设备组成

空调器一般由制冷系统、电气控制系统和通风系统等几个部分组成。

典型的空调方法是将经过空调设备处理而得到一定参数的空气送入室内（送风),同时从室内排除相应量的空气（排风)。在送排风的同时作用下,就能使室内空气保持在要求的状态。以图 6-48 为例,空调系统一般由以下几个组成部分。

（1）空气处理设备：其作用是将送风空气处理到一定的状态,主要由空气过滤器、表面式冷却器（或喷水冷却室)、加热器、加湿器等设备组成。

（2）冷源和热源：这是空气处理过程中所必需的。热源是用来提供"热能"加热送风空气的,常用的热源有提供蒸汽（或热水)的锅炉或直接加热空气的电热设备。冷源则是用来提供"冷能"冷却送风空气的,目前用得较多的是蒸汽压缩式制冷装置。

（3）空调风系统：其作用是将送风从空气处理设备通过风管送到空调房间内,同时将相应量的排风从室内通过另外管道送至空气处理设备作重复使用,或者排至室外,输送空气的动力设备为通风机。

（4）空调水系统：它包括将冷冻水从制冷系统输送到空气处理设备的水管系统和制冷系统的冷却水系统（包括冷却塔和冷却水水管系统),输送水的动力设备是水泵。

（5）控制、调节装置：由于空调、制冷系统的工况应随室外空气状态和室内情况的变化而变化,所以要经常对它们的有关装置进行调节。这一调节过程可以是人工进行的,也可以是自动控制的。不论是哪一种方式,都要配备一定的设备和调节装置。

只有通过正确的设计、安装和调试上述五个部分的装置,而且科学地进行运行管理,空调系统才能取得满意的工作效果。

二、空调电气系统常用器件

空调系统运行的自动控制和调节一般由自动调节装置实现,自动调节装置由检测元件、调节器、执行调节机构等组成。各种器件种类很多,这里仅介绍与电气控制实例有联系的几种。电气控制系统的作用是控制和调节空调器的运行状态,并且具有多种保护功能。一般而言,电气控制系统的组成部件有温度控制器、压力继电器、启动继电器,过载保护器、电加热(加湿)器、开关元件和遥控器等,下面分别进行说明。

(一) 检测元件

1. 电接点水银温度计(干球温度计)

电接点水银温度计有两种类型:

(1) 固定接点式:其接点温度值是固定的,结构简单;

(2) 可调接点式:其接点位置可通过给定机构在表的量程内调整。

2. 湿球温度计

将电接点水银温度计的温包包上细纱布,纱布的末端浸在水里,由于毛细管的作用,纱布将水吸上来使温包周围经常处于湿润状态,此种温度计称为湿球温度计。

3. 热敏电阻

半导体热敏电阻是由某些金属(如镁、镍、铜、钴等)的氧化物的混合物烧结而成的。它具有很高的负电阻温度系数,即当温度升高时,其阻值急剧减小。其优点是温度系数比铂、铜等电阻大 $10\sim15$ 倍。一个热敏电阻元件的阻值也较大,达数千欧,故可产生较大的信号。热敏电阻具有体积小、热惯性小、坚固等优点。目前 RC_4 型热敏电阻较稳定,广泛应用于室温的测定。

4. 湿敏电阻

湿敏电阻从机理上可分为两类:第一类随着吸湿、放湿的过程,其本身的离子发生变化而使其阻值发生变化,属于这类的有吸湿性盐(如氯化锂)、半导体等;第二类是预先吸附在物质表面的水分子改变其表面的能量状态,从而使内部电子的传导状态发生变化,最终也反映在电阻阻值变化上,属于这一类的有镍铁以及高分子化合物等。

下面着重介绍氯化锂湿敏电阻。它是目前应用较多的一种高灵敏的感湿元件,具有很强的吸湿性能,而且吸湿后的导电性与空气温度之间存在着一定的函数关系。湿敏电阻可制成柱状和梳状(板状),如图 6-49 所示。

柱装的是利用两根直径 0.1 mm 的铂丝,平行绕在玻璃骨架上形成的。梳状的是用印制电路板

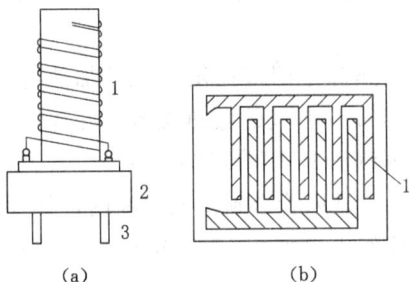

图 6-49　湿敏电阻外形

(a) 柱状；(b) 梳状

1——电极;2——插座;3——引线

制成两个梳状电极,将吸湿剂氯化锂均匀地混合在水溶性黏合剂中,组成感湿物质,并把它均匀地涂在柱状(或梳状)电极体的骨架(或基板)上,做成一个氯化锂湿敏电阻测头。

将测头置于被测空气中,当空气的相对湿度发生变化时,柱状电极体温表的平行铂丝(或梳状电板)间氯化锂电阻随之发生改变。用测量电阻的调节器测出其变化值就可以反应其湿度值。

（二）温度控制器（又称温度开关）

它是一种可以根据温度的变化进行调整控制的自动开关元件。根据用途不同,温度控制器可分为普通温控器和专用温控器两种。普通型温控器的作用是控制压缩机的运转和停机,专用温控器的作用是去除室外热交换器盘管的霜层(又叫化霜控制器)。

普通温度控制器又分为机械压力式和电子式两大类。机械压力式温控器有波纹管式和膜盒式温控器两种,这里仅介绍膜盒式温制器。

1. 膜盒式温控器构造

由感温系统、调节机构和执行机构组成,如图 6-50 所示。感温系统由测温管、毛细管和密封的膜盒组成;调节机构由凸轮和转轴组成;执行机构则由弹簧、压板和微动开关组成。膜盒的一端通过毛细管接在测温管上,内充感温剂,另一端与压板接触。

2. 膜盒式温控器原理

当空调房间室内温度变化时,膜盒内部的压力也随之变化,于是压板一端的顶杆推动串联在电路中的开关触点接通或断开,从而控制压缩机的启动和停止,达到温度控制的目的。

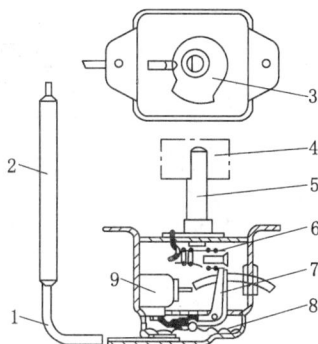

图 6-50　膜盒式温控器构造

1——毛细管;2——测温管;

3——凸轮;4——刻度盘;

5——转轴;6——弹簧;

7——压板;8——隔膜

9——微动开关

（三）化霜控制器

1. 作用及类型

化霜控制器是利用温度变化控制触头动作的一种开关元件,用来暂时延缓加热并转换到除霜动作。其常用的类型有电子式、波纹管式、微差压计、微电除霜控制器等,这里仅介绍电子式化霜控制器。

2. 电子式化霜控制器

它由化霜控制器和定时器组成,如图 6-51 所示。其原理是:当压缩机制热达到一定时间或室外热交换器上的热敏电阻检测温度降为一定值(如 $-5\ ℃$)时,电子开关切断电磁换向阀电源,使空调器运行状态变为制冷循环或利用电加热器使室外风扇均处于停止状态。而热泵辅助电热型空调器则不同,除霜时,只有压缩机和室外风扇停止,而电加热器和室内风扇仍处于工作状态,不停地为室内送热风。

图 6-51　电子式化霜控制器

（四）压力控制器（压力继电器）

空调器常用的压力控制器有波纹管式和薄壳式两种。波纹管式压力控制器的外形和结构如图 6-52 所示,薄壳式压力控制器外形及结构如图 6-53 所示。压力控制器分为高压和低压控制。高压控制部分通过螺接口和压缩机高压排气管连接,低压控制部分通过螺纹接口和压缩机低压进气管连接。

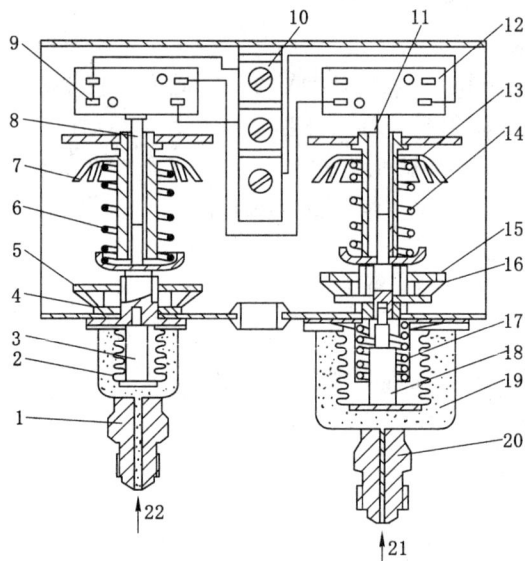

图 6-52　波纹管式压力控制器结构

1——高压接头;2——高压波纹管;3——高压顶力棒;4——碟形簧片;5——压差调节盘;6——调节弹簧;

7——压力调节盘;8——传动杆;9——微动开关;10——接线柱;11——传动杆;12——微动开关;

13——压力调节盘;14——调节弹簧;15——压差调节盘;16——碟形簧片;17——复位弹簧;

18——低压顶力棒;19——低压波纹管;20——低压接头;21——低压蒸汽;22——高压蒸汽

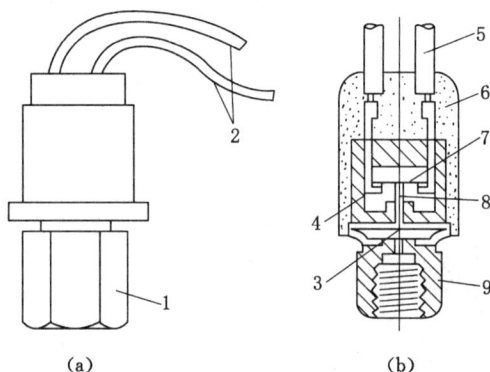

图 6-53　薄壳式压力控制器

(a) 外形;(b) 结构

1——螺帽;2——导线;3——膜片;4——静触点;5——导线;6——外壳;7——动触点;8——顶杆;9——螺纹接口

压力控制器是一种把压力信号转换为电信号,从面起控制作用的开关元件。

当外界环境温度过高、冷凝器积尘过多、制冷剂混入空气或充入量过多、冷凝器发生故障等原因使制冷系统高压压力超过设定值时,高压控制部分能自动切断空调器的压缩机电源,起到保护压缩机的作用。

当因制冷剂泄露、蒸发器堵塞、蒸发器灰尘过多、蒸发器风扇发生故障等原因引起压缩机吸气压力过低时,低压控制部分自动切断压缩机电源。

(五) 启动继电器

启动器分为电流式启动器和电压式启动器两种。PTC 启动继电器是电流式启动继电器的一种。PTC 元件为正温度系数热敏电阻,它是掺入微量稀土元素,用特殊工艺制成的钛酸钡型的半导体。PTC 热敏元件在冷态时的阻值只有十几欧姆,在压缩机启动电路中开始呈通路状态。压缩机启动电流很大,使 PTC 热敏元件的温度很快升到居里点(一般为 $100 \sim 140$ ℃)以后,其阻值急剧上升呈断路状态。

PTC 启动继电器与启动电容并联后再与压缩机启动绕组串联,其接线如图 6-54 所示。当压缩机接通之初,PTC 阻值很小,在电路中呈通路状态,启动绕组通过很大电流,使压缩机产生很大的启动转矩。由于 PTC 阻值急剧上升,切断启动绕组,使得压缩机进入正常工作状态。

(六) 电加热器

电加热器按其构造不同可分为裸线式电加热器和管式电加热器。裸线式电加热器如图 6-55 所示,它具有热惰性小、加热迅速、结构简单等优点,但其安全性差。管式电加热器如图 6-56 所示,具有加热均匀、热量稳定、耐用和安全等优点,但其加热热惰性大,结构复杂。

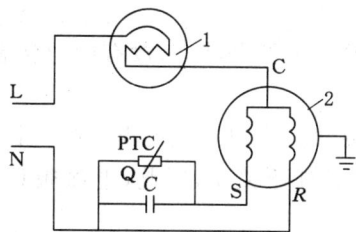

图 6-54　PTC 启动继电器接线图
1——热保护器;2——压缩机电动机

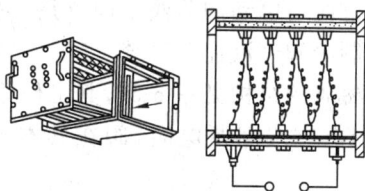

图 6-55　裸线式电加热器

电加热器是利用电流通过电阻丝产生热量而制成的加热空气的设备。电加热器具有加热均匀、热量稳定、效率高、结构紧凑且易于实现自动控制等优点,因此在小型空调系统中应用广泛。对于温度控制精度要求较高的的大型系统,有时也将电加热器装在各送风支管中以实现温度的分区控制。

(七) 电加湿器

电加湿器用电能直接加热水以产生蒸汽,如图 6-57 所示,用短管将蒸汽喷入空气,或将电加湿装置直接装在风道内,使蒸汽直接混入流过的空气。

(八) 执行调节机构

凡是接受调节器输出信号而动作,再控制风门或阀门的部件称为执行机构,如接触

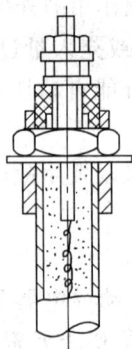

图 6-56　管式电加热器

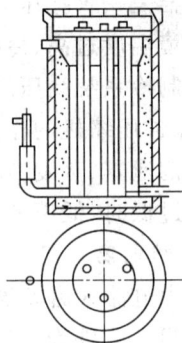

图 6-57　电加湿器

器、电动阀门的电动机等部件。而对于管道上的阀门、风道上的风门等称为调节机构。执行机构与调节机构组装在一起,称为执行调节机构,如电磁阀、电动阀等。

1. 电动调节阀

电动调节阀有电动三通阀和电动两通阀两种,三通阀结构如图 6-58 所示。与电动执行机构不同点是本身具有阀门部分,相同点是都有电容式两相异步电动机、减速器、终断开关等。

当接通电源后,电动机通过减速机构、传动机构将电动机的转动变成阀芯的直线运动,随着电动机转向的改变,使阀门向开启或关闭方向运动。当阀芯处于全开或全闭位置时,通过终断开关自动切断执行电动机的电源,同时接通指示灯以显示阀门的极端位置。

2. 电磁阀

电磁阀与电动调节阀不同点是,它的阀门只有开和关两种状态,没有中间状态,一般应用在制冷和蒸汽加湿系统。

电磁阀的结构见图 6-59,其工作原理是利用电磁线圈通电产生的电磁吸力将阀芯提起,而当电磁线圈断电时,阀在其本身的自重作用下自行关闭,因此,电磁阀只能垂直安装。

(九) 调节器

接受敏感元件的输出信号并与给定的值比较,然后将测出的偏差变为输出信号,指挥执行调节机构,对调节对象起调节作用,并保持调节参数不变或在给定范围内变化的装置称为调节器,又称二次仪表或调节仪表。

1. SY—105 型晶体管式调节器

SY—105 型晶体管位式调节器由两组电子继电器组成,由同一电源变压器供电,其电路见图 6-60。上部为第一组,电接点水银温度计接在 1、2 两点上。当被测温度等于或超过给定温度时,敏感元件的电接点水银温度计接通 1、2 两点,V_1 处于饱和导通状态,使集电极电位提高,故 V_2 管处于截止状态,继电器 KE_2(灵敏继电器)释放;而当温度低于给定值时,1、2 两点断开,V_1 管处于截止状态,V_2 管基极电位较低,V_2 管工作在导通状态,继电器 KE_1 吸合,利用继电器 KE_2 的触点去控制执行调节机构(如电加热管或电磁阀),就可实现温度的自动调节。

学习情境六　楼宇常用设备电气控制

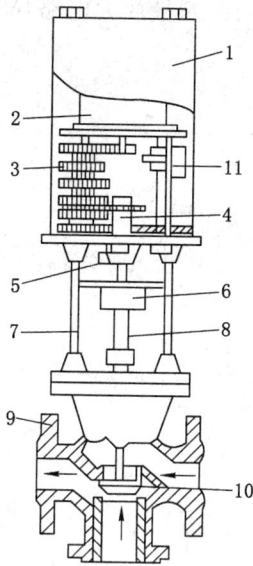

图 6-58　电动三通阀

1——机壳；2——电动机；

3——传动机构；4——主轴螺母；

5——主轴；6——弹簧联轴器；

7——支柱；8——阀主体；

9——阀体；10——阀芯；11——终断开关

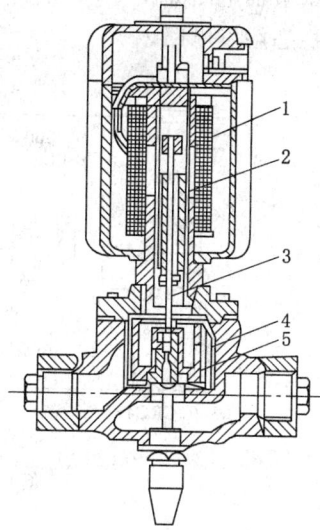

图 6-59　电磁阀

1——线圈；2——铁芯；

3——阀杆；4——过滤阀；

5——密封片

图 6-60 中下面部分为第二组，8、9 两点间接湿球电接点温度计，其工作原理与上部相同。两组配合，可在恒温恒湿机组中实现恒温恒湿控制。

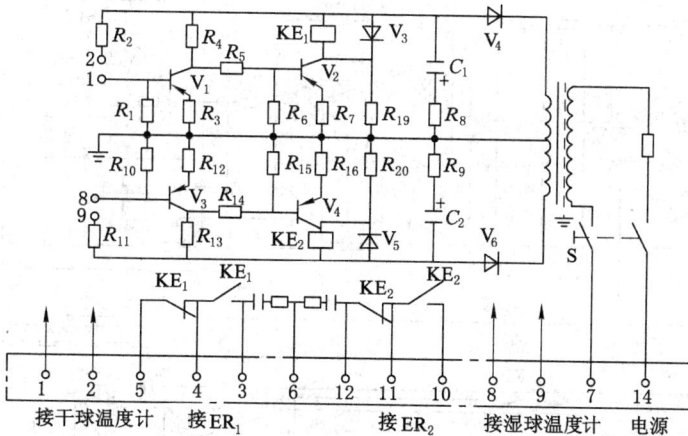

图 6-60　SY—105 调节器电路图

2. RS 型室温调节器

RS 型室温调节器可用于控制风机盘管、诱导器等空调末端装置，按双位调节规律控制恒温。调节器电路如图 6-61 所示,由晶体三极管 V_1 构成测量放大电路,V_2、V_3 组成典型的双稳态触发电路。

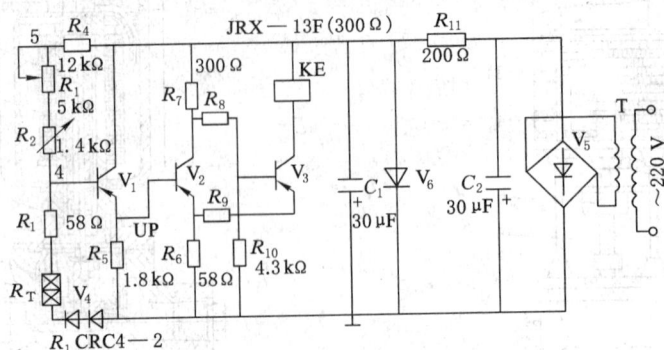

图 6-61　RS 调节器电路图

3. P 系列简易电子调节器

P 系列简易电子调节器是专为空调系统生产的自动调节器。它与电动调节阀配套使用,在取得位置反馈时,可构成连续比例调节,也可不采用位置反馈而直接控制接触器或电磁阀等。

该系列调节器有若干种型号,适合用于不同要求的场合。如 P—4A1 是温度调节器;P—4B 是温差调节器,可作为相对湿度调节;P—5A 是带温度补偿的调节器。P 系列各型调节器除测量电桥稍有不同外,其他大体相同。图 6-62 所示为 P—4A1 型调节器电路,请读者自行进行分析。

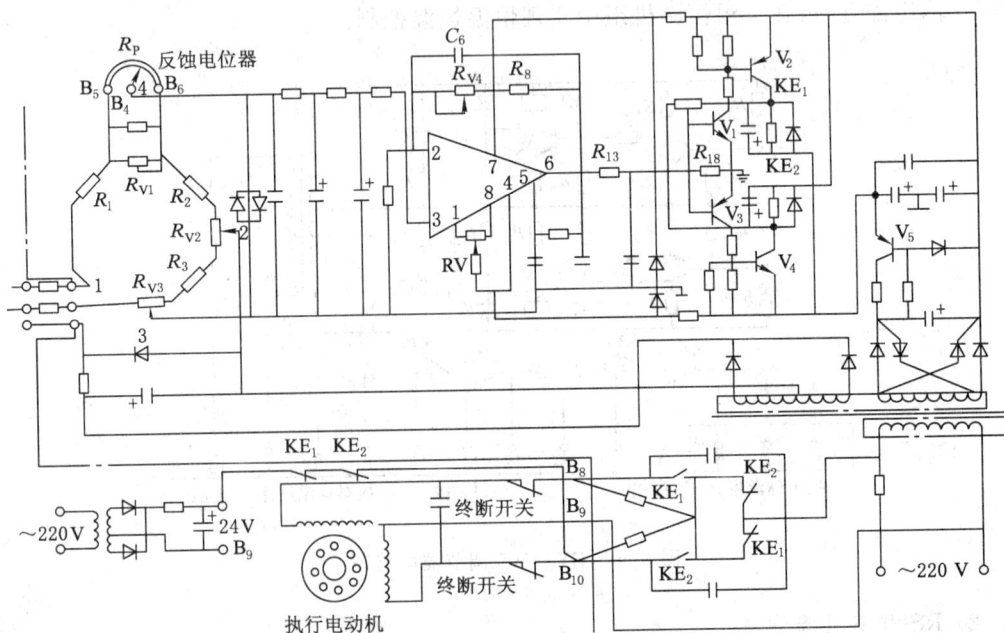

图 6-62　P—4A1 型调节器电路

三、分散式空调系统电气控制实例

在建筑物的空调设计和选择中,究竟用哪种空调合适应根据情况考虑确定。当一个大的建筑物中,只有少数房间需要空调,或者要求空调的房间虽多,但却很分散,彼此相距较远时,采用分散式空调较为合适,确保了运行管理的方便,造价便宜。

分散式空调有许多种类型,这里仅以较为典型的恒温机组为例进行分析。

(一)系统的组成

KD10/I—L型空调机组主要由制冷、空气处理设备和电气控制三部分组成,如图 6-63 所示。

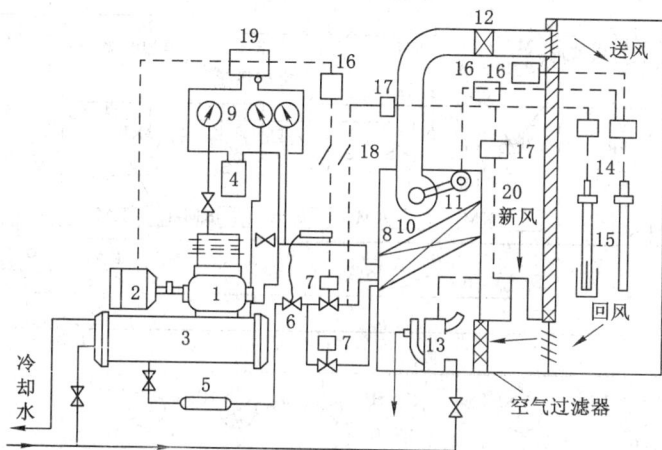

图 6-63　KD10/I—L 型空调机组控制系统

1——压缩机;2——电动机;3——冷凝器;4——分油器;5——滤污器;6——膨胀阀;7——电磁阀;
8——蒸发器;9——压力表;10——风机;11——风机电动机;12——电加热器;13——电加湿器;
14——调节器;15——电接点干湿球温度计;16——接触器触点;17——继电器;18——选择开关;
19——压力继电器触点;20——开关

1. 制冷部分

制冷部分是机组的冷源,主要由压缩机、冷凝器、膨胀阀和蒸发器等组成。该系统应用的蒸发器是风冷式表面冷却器。为了调节系统所需的冷负荷,将冷却器制冷剂管路分成两条,利用两个电磁阀分别控制两条管路的通和断,使冷却器的蒸发面积全部或部分使用上,来调节系统所需的冷负荷量。分油器、滤污器为辅助设备。

2. 空气处理部分

空气处理部分主要由新风采集口、回风口、空气过滤器、电加热器、电加湿器和通风机等设备组成。空气处理设备的主要任务是将新风和回风经过空气过滤器过滤后,处理成所需要的温度和相对湿度,以满足房间空调要求。

3. 电气控制部分

这部分的作用是实现恒温恒湿的自动调节,主要设备有电接点干、湿球温度计及SY—105 晶体管调节器、变压器、信号灯、继电器、接触器、开关等以实现对风机和压缩机的启、停控制。

（二）电气控制电路分析

KD10/I—L 型恒温恒湿机组的电气控制如图 6-64 所示。

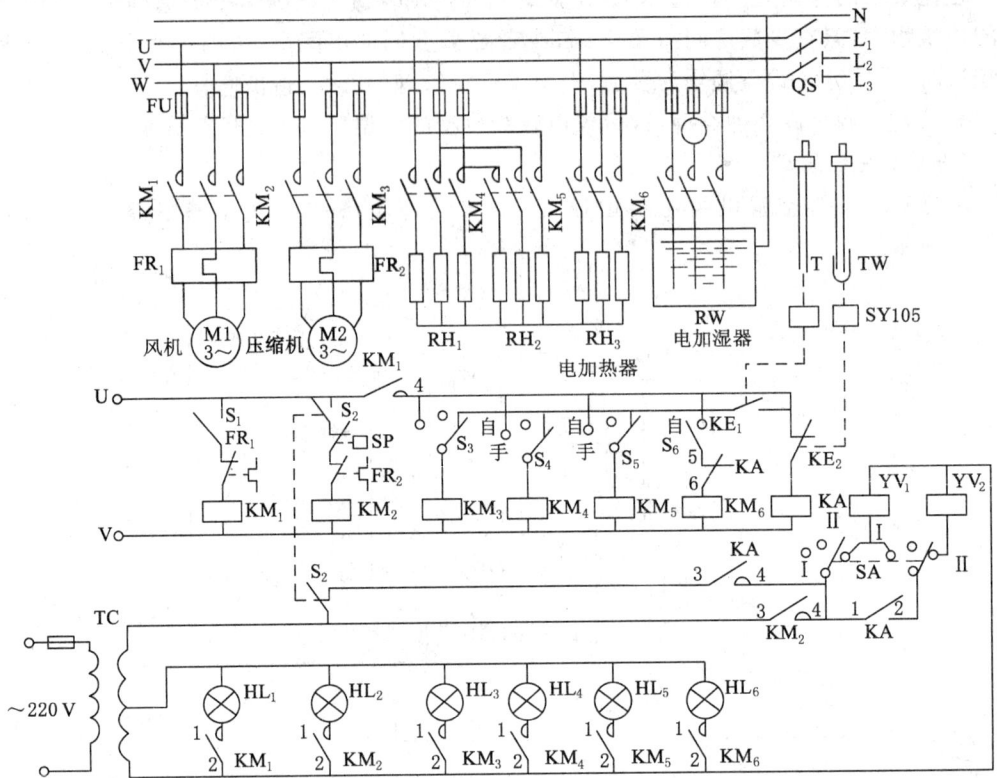

图 6-64 KD10/I—L 型空调机组电路

1. 运行前的准备

合上电源开关 QS，主电路及辅助电路通电。合上开关 S_1，接触器 KM_1 线圈通电，其触头动作，使通风机电动机 M_1 启动运转，同时辅助触点 KM_1 的 1、2 闭合，指示灯 HL_1 亮。

KM_1 的 3、4 闭合，为温湿度自动调节做好准备，此触点的作用是在通风机未启动前，电加热器、电加湿器等都不能投入运行，起到安全保护作用，故将此触点称为连锁保护触点。

冷源由制冷压缩机供给。开关 S_2 是控制压缩机电动机 M_2 的，制冷量的大小由能量调节电磁阀 YV_1、YV_2 来调节蒸发器的蒸发面积实现，其是否全部投入由选择开关 SA 控制。

热源由电加热器供给，将电加热器分为三组，由开关 S_3、S_4、S_5 分别控制。

2. 夏季运行的温湿度调节

夏季主要是降温减湿，压缩机需投入运行，将开关 SA 置"Ⅱ"挡。为了精确控制加热温度，将电加热器投入一组，将开关 S_5 置"自动"位，S_3、S_4 置"停止"位，合上开关 S_2，接触器 KM_2 线圈通电，其触头动作，此时压缩机 M_2 处于无保护的抽真空、充灌制冷剂运转状态,同时压缩机运行指示灯 HL_2 亮,制冷系统供液电磁阀 YV_1 通电打开,蒸有 2/3 面积投入运行。

在刚开机时,室内的温度较高,敏感元件干球温度计和湿球温度计 TW 接点都是接通的(T 的整定值比 TW 的整定值稍高),与其相连的调节器 SY—105 中的继电器 KE_1 和 KE_2 均不得电,KE_2 的常闭触点使中间继电器 KA 得电吸合,供液电磁阀 YV_2 通电打开,蒸发器由两只膨胀阀供液,蒸发器全部面积投入运行,空调机组向室内送入冷风,实现对新空气进行降温和冷却减湿。

当室内温度或相对湿度下降到 T 和 TW 的整定值以下,其电接点断开,使 KE_1 和 KE_2 的线圈通电,KE_1 常开触点闭合使接触器 KM_5 线圈通电,其主触头闭合后,使电加热器 FH_3 通电,对风道中被降温和减湿后的冷风进行精加热,使其温度相对提高。

当室内的相对湿度低于 T 和 TW 整定值的温度差时,TW 上的水分蒸发过快而带走热量,使 TW 电接点断开,KE_2 线圈通电,其常闭触头断开,使中间继电器 KA 线圈失电,其触头 KA_1、KM_2 复位,电磁阀 YV_2 线圈失电关闭,蒸发器只有 2/3 面积投入运行,制冷量减少而使相对湿度上升。

在春夏交界或夏秋交界,需制冷量小时,将开关 SA 置"I"位置,只有电磁阀 YV_1 受控,而电磁阀 YV_2 不投入运行,动作原理同上。

综上分析可知,当房间内干、湿球温度一定时,其相对湿度就被确定了。每一个干、湿球温度差就对应一个湿度差,若干球温度保持不变,则湿球温度的变化就表示了房间内相对湿度的变化,只要能控制住湿球温度不变就能维持房间相对湿度恒定。

图中高低压力继电器 SP 的作用是:当发生高压(超高压)或压力过低时,SP 断开,KM_2 线圈失电释放,M_2 停止运行,此时 KA_3、KA_4 号触头仍使电磁阀受控;当蒸发器吸气压力恢复正常时,SP 复位,M_2 又自行启动,从而防止了制冷系统压缩机气压力过高运行不安全和压力过低运行不经济。

3. 冬季运行的温湿度调节

在冬季,空调的任务是升温和加湿,制冷系统不需工作,因此将 S_2 断开,KM_2 失电释放,压缩机停止。根据加热量的不同要求,可将三组电加热器进行合理投入。一般情况下将 S_3、S_4 至"手动"位置,接触器 KM_3、KM_4 线圈均通电,其触头动作,电加热器 RH_1、RH_2 同时运行且不受温度变化控制。将 S_5 置"自动"位,RH 受温度变化控制。

当室内温度低于整定值时,干球温度计 T 的电接点断开,KE_1 线圈通电吸合,其常开触头闭合,使接触器 KM_5 线圈通电,其触头闭合,RH_3 投入运行,使送风温度升高。

当室内相对温度高于整定值时,T 的电接点闭合,KE_1 失电释放,使 KM_5 失电释放,断开 RH_3。

室内相对湿度的调节:当室内相对湿度低时,TW 的温包上水分蒸发快而带走热量(室温在整定值时),合上 S_6,TW 电接点断开,KE_2 线圈通电,其常闭触点断开,KA 线圈失电释放,其触点 KA_5、KA_6 复位,接触器 KM_6 线圈通电使电加湿器 RW 投入运行,产生蒸汽,对所送风量进行加湿。当室内相对湿度升高时,TW 电接点闭合,KE_2 线圈失电释放,KA 线圈通电,其触点 KA_5、KA_6 断开,使 KM_6 失电,RW 被切除,停止加湿。

总之,本系统的恒温恒湿调节属于位式调节,只有在电加热器和制冷压缩机的额定负荷以下才能保证温度的调节。

四、集中式空调系统的电气控制实例

（一）集中式空调系统的电气控制特点和要求

1. 电气控制特点

该系统能自动地调节温度、湿度和自动地进行季节工况的自动转换，做到全年自动化。开机时，只需按一下风机启动按钮，整个空调系统就自动投入正常运行（包括各设备间的程序控制、调节和季节的转换）；停机时，只要按一下风机停止按钮，就可以按一定程序停机。空调系统自控原理图如图 6-65 所示。系统在室内放有两个敏感元件，其一是温度敏感元件 RT（室内型镍电阻），其二是相对湿度敏感元件 RH 和 RT 组成的温差发送器。

2. 控制要求

（1）保证温度自动控制。PT 接在 P—4A1 型调节器上，调节器则根据室内实际温度与给定值的偏差对执行机构按比例规律进行控制。当处于夏季时，控制一、二次回风风门来维持恒温（当一次风门关小时，二次风门开大，既防止风门振动，又加快调节速度）；当处于冬季时，控制二次加热器（表面式蒸汽回热器）的电动两通阀实现恒温。

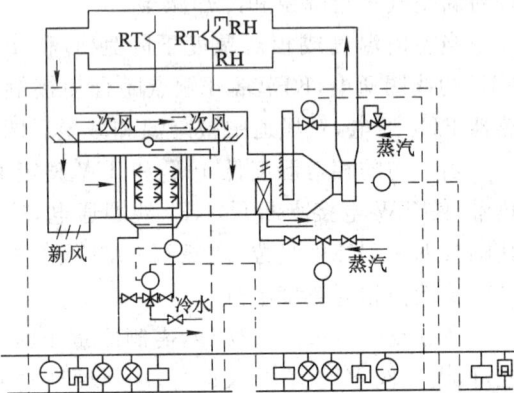

图 6-65　空调自控系统原理图

（2）能实现温度控制的季节转换。夏转冬：随着天气变冷，室温信号使二次风门开大升温，如果还达不到给定值，则将二次风门开到极限，碰撞风门执行机构的中断开关发出信号，使中间继电器动作，从而过渡到冬季运行工况，为了防止因干扰信号而使转换频繁，转换时应通过延时，如果在延时整定时间内恢复了原状态，即终断开关复位，转换继电器还没动作，则不进行转换。冬转夏：利用加热器的电动两通阀关闭时碰撞终断开关后送出信号，经延时后自动转换到夏季运行工况。

（3）控制相对湿度。采用 RH 和 RT 组成的温差发送器，来反映房间内相对湿度的变化，将引信号送至冬、夏共用的 P—4B1 型温差调节器，调节器按比例规律控制执行机构，实现对相对湿度的自动控制。

当处于夏季时，控制喷淋水的温度实现降温，如相对湿度较高，通过调节电动三通阀而改变冷冻水与循环水的比例，实现冷却减湿；当处于冬季时，采用表面式蒸汽加热器升温，相对湿度较低时，采用喷蒸汽加湿。

（4）湿度控制的季节转换。夏转冬：当相对湿度较低时，采用电动三通阀的冷水端全关闭时，送出一电信号，经延时使转换继电器动作，转入冬季运行工况；冬转夏：当相对湿度较高时，采用 P—4B1 型调节器上限电接点送出一电信号，延时后转入夏季运行工况。

（二）电气控制线路分析

集中式空调系统由风机、喷水泵控制线路，温度自动调节与季节转换电路，湿度自动调节与季节转换电路三部分组成，如图 6-66 至图 6-68 所示。

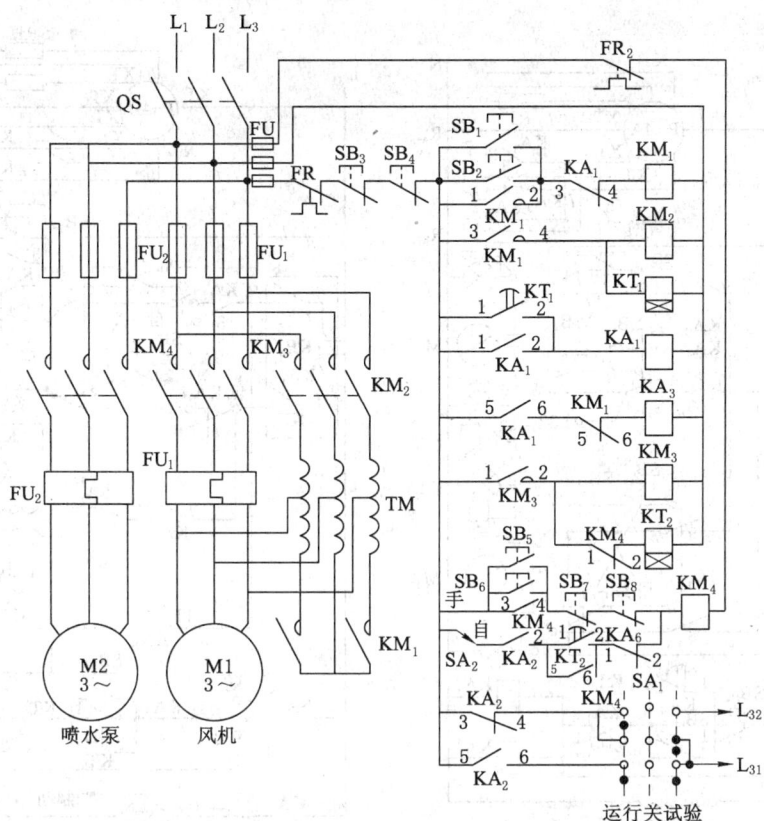

图 6-66　风机、水泵电动机的控制电路

1. 风机、水泵控制电路分析

合上电源开关 QS,将选择开关 $SA_2 \sim SA_7$ 置"自"位,做好启动前的准备。

(1) 风机的启动。按下启动按钮 SB_1(SB_2),接触器 KM_1 线圈通电,其主触头闭合,将自耦变压器 TM 三相绕组的零点接到一起,KM_1、KM_2 闭合自锁,KM_1 的 1、2 闭合,接触器 KM_2 线圈通电,其主触头闭合,风机电动机 M_1 串接,TM 降压启动。同时,时间继电器 KT_1 也得电使其触头 KM_3 的 1、2 延时闭合,使中间继电器 KA_1 线圈通电,其触头 KM_1 的 1、2 闭合自锁,KA_1 的 3、4 断开,使接触器 KM_1 线圈失电释放,KM_2、KT_1 也相继失电,KA_1 的 5、6 闭合,使接触器 KM_3 线圈通电,切除 TM,M_1 进入到全电压稳定运行状态。KM_3 的 1、2 闭合,使中间继电器 KA_2 线圈通电,其触头 KA_2 的 1、2 闭合,为水泵电动机 M_2 自动启动做好准备。KA_2 的 3、4 断开,使 L_{32} 无电,KA_2 的 5、6 闭合,SA_1 在运行位置时,L_{31} 有电,为自动调节电路送电。

(2) 水泵的启动。在 M_1 正常运行时,在夏季需淋水的情况下,湿度调节电路中的中间继电器 KA_6 的 1、2 闭合,当 KA_2 线圈得电时,KT_2 线圈也得电吸合,其触点 KT_2 的 1、2 延时闭合,使接触器 KM_4 线圈通电,使水泵电动机 M_2 直接启动。

在正常运行时,开关 SA_1 应转到"运行"位置。当转换开关 SA_1 置"试验"位置时,不启动风机与水泵。也可以通过 KA_2 的 3、4 为自动调节电路送电,对温度、湿度自动电路

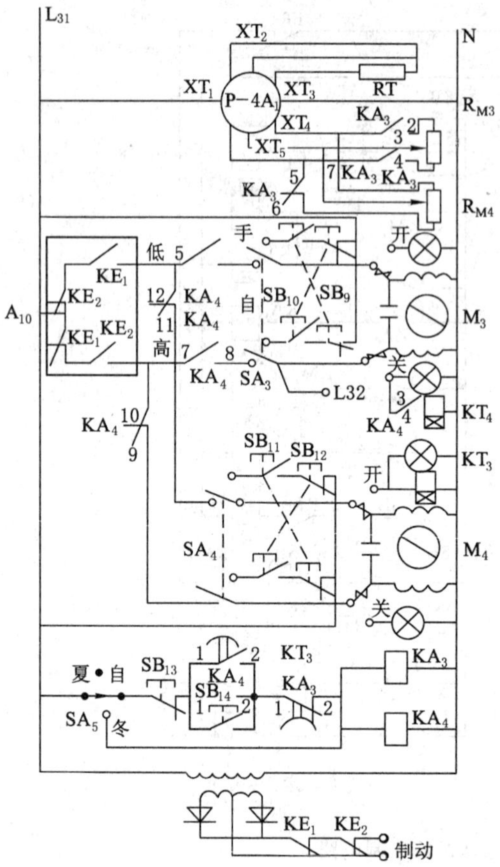

图 6-67　温度自动调节及工况转换电路 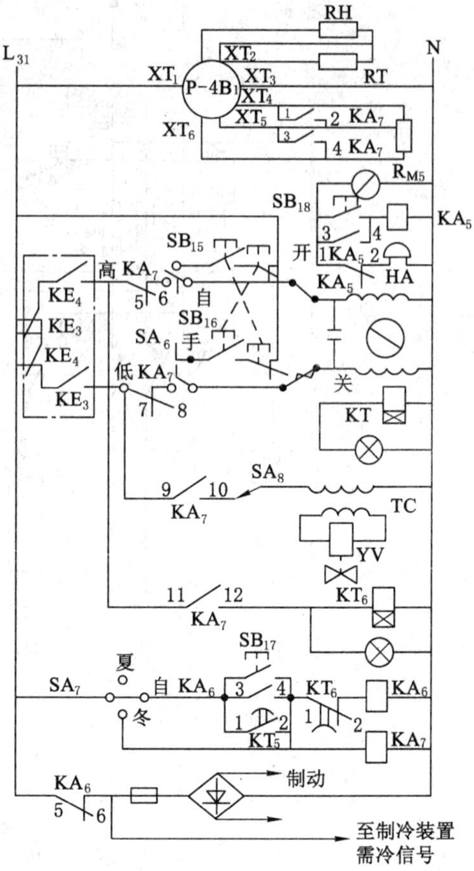　　　　图 6-68　湿度自动调节及工况转换电路

进行调节,这样既节省能量又减少噪声。

停止过程操作为按下停止按钮 SB(SB₄)时,风机及系统停止运行,并通过 KA₂ 的 3、4 触头为 L₃₂送电,使整个空调系统处于自动回零状态。

2.温度调节及季节转换

在图 6-67 中,XT₁、XT₂、XT₃、XT₄、XT₅、XT6 为 P—4A1 调节器端子排,KE₁、KE₂为 P—4A1 调节器中继电器的对应触点。

(1)夏季温度自动调节。开关 SA₅ 扳到"自"位,如果是夏季,二次风门一般处于不开足状态,时间继电器 KT₃、中间继电器 KA₃ 及 KA₄ 线圈不通电,此时,一二次风门的执行机构电机 M₄ 通过 KA₄ 的 9、10 和 11、12 常闭触头处于受控状态,通过 RT 检测室温,再经调节器自动调节一、二次风门的开度。

当实际温度低于给定值时,经 RT 检测并与给定电阻值比较,使调节器中的继电器 KE₁ 线圈通电吸合,其触点动作,M₄ 经 KE₁ 常开触点和 KA₄ 的 11、12 触点通电转动,将二次风门开大,一次风门关小。利用二次回风量的增加来提高被冷却后的新风温度,使室温上升到接近于给定值。同时,采用电动执行机构的反馈电阻 RM4 成比例地调节一、二次风门开度。当 RM₄、RT 与给定电阻值平衡时,KE₁ 失电,一、二次风门调节停止。

如室温高于给定值,P—4A1 中的继电器 KE$_2$ 线圈通电,其触点动作,发出关小二次风门的信号,于是 M$_4$ 反转,关小二次风门。

(2)夏转冬工况。随着室外气温降低,需热量逐渐增加,将二次风门不断开大,直到二次风门开足时,中断开关动作并发信号,使时间继电器 KT$_3$ 线圈通电,KT$_3$ 的 1、2 延时 4 min 闭合,使中间继电器 KA$_4$ 线圈通电,KA$_4$ 的 1、2 闭合自锁,KA$_4$ 的 9、10 和 11、12 断开,使一、二次风门不受控,KA$_3$ 的 5、6 和 7、8 断开,切除 RM$_4$,KA$_4$ 的 1、2 和 3、4 闭合,将 RM$_3$ 接入 P—4A1 回路,KA$_4$ 的 5、6 和 7、8 闭合,使加热器电动两通阀电机 M$_3$ 受控,空调系统由夏季转入冬季运行工况。

(3)秋季运行工况。将开关 SA$_3$ 置"手"位,按下按钮 SB$_9$,使蒸汽两通阀电动执行机构 M$_3$ 得电,将蒸汽两通阀稍打开一定角度(开度小于 60°为好)后,再将 SA$_3$ 返回"自"位,系统重新回到自动调节转换工况。这种手动与自动相结合的运行工况最适合于蒸汽用量少的秋季,避开了二次风门在接近全开下调节,从而增加了调节阀的线性度,改善了调节性能。

(4)冬季温度控制。通过 RT 检测,P—4A1 中的 KE$_1$ 或 KE$_2$ 触点的通断,使 M$_3$ 正(或反)转,使两通阀开大或关小,用 M$_3$ 按比例规律调整蒸汽量的大小。

例如,冬季天冷,室温低于给定值时,RT 检测后与给定电阻值比较,使 P—4A1 中 KE$_1$ 线圈通电,M$_3$ 正转,两通阀打开,蒸汽量增加,室温升高。当室温高于给定值时,PT 检测后,使 P—4A1 中 KE$_2$ 通电吸合(KE$_1$ 失电释放),M$_3$ 反转,将两通阀关小,蒸汽量减小,室温逐渐下降,如此进行自动调节。

(5)冬转夏工况。当室外气温渐升时,两通阀逐渐关小。当关足时,碰中断开关使之动作,送出一信号,使时间继电器 KT$_4$ 线圈通电,KT$_4$ 的 1、2 延时(约 1~1.5 h)断开,使 KA$_3$、KA$_4$ 线圈失电释放,此时一、二次风门受控,而两通阀不受控,系统由冬季转入夏季运行工况,由分析知 KA$_3$、KA$_4$ 是工况转换用的继电器。

另外,无论什么季节,开机时系统总处于夏季运行工况。如果是在冬季开机,可按下按钮 SB$_{14}$,使 KA$_3$、KA$_4$ 通电,强行转入冬季运行工况。

3. 湿度调节及季节转换

图 6-68 中,由 RT、RH 组成温差发送器,接在 P—4B1 调节器 XT$_1$、XT$_2$、XT$_3$ 端子上,通过 P—4B1 调节器中的继电器 KE$_3$、KE$_4$ 触点的通断,夏季时控制喷淋水的电动三通阀电动机 M$_5$,并用位置反馈 RMs 电位器构成比例调节。冬季控制喷蒸汽用的电磁阀或电动两通阀实行双位调节。

(1)夏季相对湿度控制。当室内温度较高时,由 RH、RT 发出一温差信号,通过 P—4B1 调节器放大,使继电器 KE$_4$ 线圈通电,控制三通阀的电动机 M$_5$ 得电,将三通阀冷水端开大,循环水关小。喷淋水温度降低,进行冷却减湿,利用 RM$_5$ 按比例调节。当室内相对湿度低于整定值时,RY、RH 检测后,由 P—4B1 放大,调节器中的继电器 KE 线圈通电,M$_5$ 反转,将电动三通阀冷水端关小,循环水开大,使喷淋水温度提高,室内湿度增加。

(2)夏转冬工况。当天气变冷时,相对湿度下降,使喷淋水的电动三通阀冷水端逐渐关小。当关足时,碰撞中断开关,使时间继电器 KT$_5$ 线圈通电,KT$_5$ 的 1、2 延时 4 min 闭合,中间继电器 KA$_6$、KA$_7$ 线圈通电,KA$_6$ 的 1、2 断开,使 KM$_4$ 线圈失电释放,水泵电动机 M$_2$ 停止。KA$_6$ 的 3、4 闭合自锁,KA$_6$ 的 5、6 断开,向制冷装置发出不需冷信号,KA$_7$

的 1、2 和 3、4 闭合,切除 RM₅,KA₇ 的 5、6 断开,使 M₅ 不受控,KA₇ 的 9、10 闭合,喷蒸汽加湿用的电磁阀 YV 受控,KA₇ 的 11、12 闭合,使时间继电器 KT₆ 受控,转入冬季运行工况。

(3) 冬季相对湿度控制。当室内湿度低于整定值时,RT、RH 检测后经 P—4B1 放大,KE₃ 线圈通电,降压变压器 TC(220/36 V)通电,高温电磁阀 YV 线圈通电,将阀门打开,喷蒸汽加湿。当室内湿度高于整定值时,RT、RH 检测经 P—4B1 放大后,KK₃ 线圈断电释放,YV 失电关阀,停止加湿。

(4) 冬转夏工况。进入夏季,温度逐渐升高,新风与一次回风的混合空气相对湿度也较高,不加湿湿度就超过整定值,被敏感元件检测经调节器放大后,KE₄ 线圈通电,使时间继电器 KT₆ 线圈通电,KA₆ 的 1、2 经延时(1~1.5 h)后,使 KA₆、KA₇ 线圈失电释放,表示长期存在高湿信号,自动转入夏季运行工况,如在延时时间内 KA₆ 的 1、2 不断开,KE₄ 失电释放,则不能转入夏季运行工况。由此可见,湿度控制的工况转换是通过 KA₆、KA₇ 实现的。另外,无论何时,开机时系统均处于夏季运行工况,只有经延时后才能转入冬季工况,如按强转冬按钮 SB₁₇,则可立即进入冬季运行工况。

五、制冷系统的电气控制

在空调工程中,常用两种冷源,一种为天然冷源,一种为人工冷源。人工制冷的方法很多,目前广泛使用的是利用液体在低压下汽化时需吸收热量这一特性来制冷的,属于这种类型的制冷装置有蒸汽喷射式、溴化锂吸收式、压缩式制冷等。这里主要介绍压缩式制冷的基本原理和元部件及与集中式空调配套的制冷系统的电气控制。

(一) 制冷系统的元部件

1. 压缩机

压缩机是制冷系统的动力核心,它可将吸入的低温、低压制冷剂蒸汽通过压缩提高温度和压力,并通过热功转换达到的制冷目的。

压缩机有活塞式、离心式、旋转式、涡旋式等几种形式。常用的活塞式压缩机如图 6-69 所示,其主要由以下几部分组成:

(1) 机体是压缩机的机身,用来安装和支承其他零部件以及容纳润滑油。

(2) 传动机构由曲轴、连杆、活塞组成,其作用是传递动力,对气体做功。

(3) 配气系统由气缸、吸气阀、排气阀等组成,气缸的数目有双缸、三缸、四缸、六缸、八缸等,它是保证压缩机实现吸气、压缩、排气过程的配气部件。

(4) 润滑系统由油泵、油过滤器和油压调节部件组成,其作用是对压缩机各传动摩擦、耦合件进行润滑。

(5) 卸载装置由卸载油缸、油活塞等组成,其

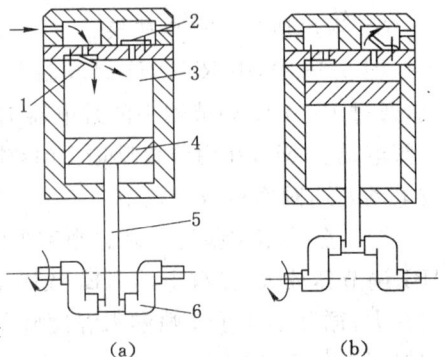

图 6-69　活塞式压缩机结构与原理
(a) 膨胀、吸气;(b) 压缩、排气
1——吸气阀;2——排气阀;3——汽缸;
4——活塞;5——连杆;6——曲轴

作用是对压缩机进行卸载,调节制冷量。

压缩机的工作原理是:曲轴由电动机带动旋转,并通过连杆使活塞在气缸中作上下往复运动。压缩机完成一次吸、排气循环,相当于曲轴旋转一周,依次进行一次压缩、排气、膨胀和吸气过程。压缩机在电动机驱动下运转,活塞不断地在汽缸中作往复运动。

2. 热交换器

蒸发器和冷凝器统称为热交换器,也称换热器。

(1)蒸发器(冷却器)。它是制冷循环中直接制冷的器件,一般装在室内机组中。蒸发器结构如图 6-70 所示。制冷剂液体经毛细管节流后进入蒸发器蛇形紫铜管,管外是强迫流动的空气。压缩机制冷工作时,吸收室内空气中的热量,使制冷剂液体蒸发为气体,带走室内空气中的热量,使房间冷却。它同时还能将蒸发器周围流动的空气冷却到低于露点温度,消除空气中的水分进行减湿。

(2)冷凝器。空调中冷凝器的结构与蒸发器基本相同,其作用是使压缩机送出的高温、高压制冷剂气体冷却液化。当压缩机制冷工作时,压缩机排出的过热、高压制冷剂气体由进气口进入多排并行的冷凝管后,通过管外的翅片向外散热,管内的制冷剂由气态变为液态流出。

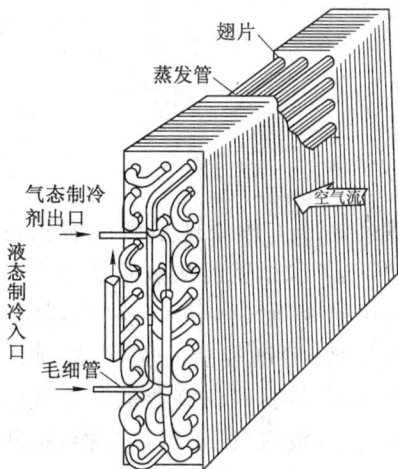

图 6-70　蒸发器的结构示意图

3. 节流元件

节流元件包括毛细管和膨胀阀两种。

(1)毛细管。毛细管是一根孔径很小的细长的紫铜管,其内径为 1~1.6 mm,长度为 500~1 000 mm。作为一种节流元件,焊接在冷凝器输液管与蒸发器进口之间起降压节流作用,可阻止在冷凝器中被液化的常温高压液态制冷剂直接进入蒸发器,降低蒸发器的内压力,有利于制冷剂的蒸发。当压缩机停止时,毛细管能使低压部分与高压部分的压力保持平衡,从而使压缩机易于启动。

(2)膨胀阀。有热力膨胀阀和电子膨胀阀两种。

① 热力膨胀阀(又称感温式膨胀阀)。膨胀阀接在蒸发器的进口管上,其感温包紧贴在蒸发器的出口管上。它是根据蒸发器出口处制冷剂气体的压力变化和过热变化来自动调节供给蒸发器的制冷剂流量的节流元件。根据蒸发压力引出点不同,热力膨胀阀分为内平衡式与外平衡式两种。其结构如图 6-71 所示。

② 电子膨胀阀。主要由步进电动机和针形阀组成。针型阀由阀杆、阀针和节流孔组成。阀体中与阀杆接触处布有内螺纹。电动机直接驱动转轴,改变针形阀开度以实现流量调节,如图 6-72 所示。

总之制冷系统元部件很多,这里不一一叙之。

(二)压缩式制冷的工作原理

压缩式制冷系统由压缩机、冷凝器、膨胀阀和蒸发器四大主件以及管路等构成,如图 6-73 所示。

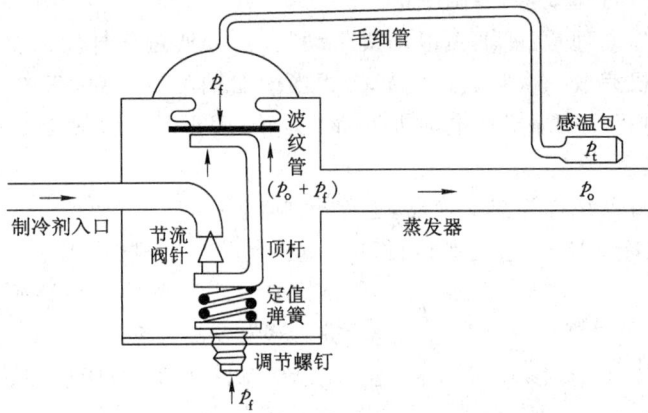

图 6-71　热力膨胀阀结构示意图

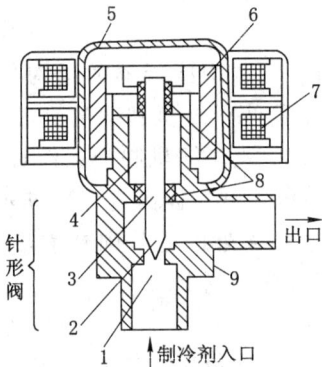

图 6-72　电子膨胀阀结构示意图
1——节流孔；2——阀针；3——阀杆；
4——轴；5——步进电动机；6——转子；
7——定子绕组；8——螺纹；9——阀体

压缩式制冷工作原理是当压缩机在电动机驱动下运行时，就能从蒸发器中将温度较低的低压制冷剂气体吸入气缸内，经过压缩后成为压力、温度较高的气体，被排入冷凝器。在冷凝器内，高压高温的制冷气体与常温条件的水（或空气）进行热交换，把热量传给冷却水（或空气），而使本身由气体凝结为液体。当冷凝后的液态制冷剂流经膨胀阀时，由于该阀的孔径极小，使得液态制冷剂在阀中由高压节流至低压进入蒸发器。在蒸发器内，低压低温的制冷剂液体的状态是很不稳定的，立即进行汽化（蒸发）并吸收蒸发器水箱中水的热量，从而使喷水室回水重新得到冷却，蒸发器所产生的制冷剂气体又被压缩吸走。这样制冷剂在系统工中要经过压缩、冷凝、节流和蒸发等过程才完成一个制冷循环。

（三）制冷系统的电气控制

这里以与前面集中式空调系统配套的制冷系统为例进行介绍。

1. 制冷系统的组成

（1）组成概况。在制冷装置中用来实现制冷的工作物质称为制冷剂或工质，常用的制冷剂有氨和氟利昂。图 6-73 所示为压缩式制冷循环图。这里介绍的制冷系统由两台氨制冷压缩机（一台工作，一台备用）组成。控制部分有电动机（95 kW）及频敏变阻器启动设备、氨压缩机附带的 ZK—2 型自控台（具有自动调缸电气控制装置）及新设计的自控柜，它的组成一个整体，实现对空调自动系统发来的需冷信号的控制要求，如图 6-74 所示。

（2）能量调节。由压力继电器、电磁阀和卸载机构组成能量调节部分。该压缩机有

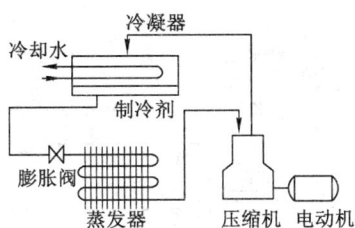

图 6-73　压缩式制冷循环图

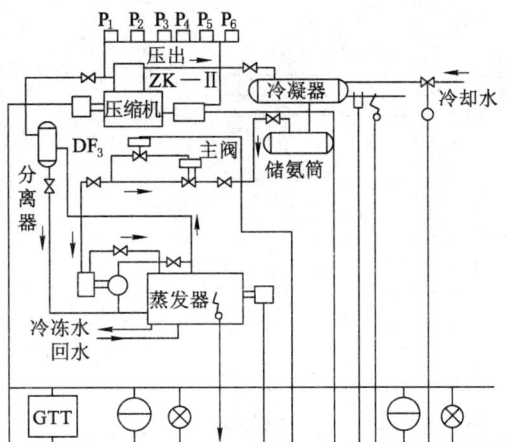

图 6-74　制冷系统组成示意图

六个缸,每一对气缸配一个压力继电器和一个电磁阀。压力继电器有高端和低端两对电接点,其动作压力都是预先整定的。当冷负荷降低,吸气压力降到某一压力继电器的低端整定值时,其低端接点闭合,接通相配套的电磁阀线圈,阀门打开,使它所控制的卸载机构中的油经过电磁阀回流入曲轴箱,卸载机构的油压下降,气缸组即行卸载;当冷负荷增加,吸气压力逐渐升高到某一压力继电器高端整定值时,其高端电接点闭合,低端电接点断开,电磁阀线圈失电,阀门关闭,卸载机构油压上升,气缸组进入工作状态。

（3）系统应用仪表。该系统采用三块 XCT 系列仪表,分别作为本系统的冷冻水水温、压缩机油温和排气温度的指示与保护。

2. 制冷系统的电气控制

与前述集中式空调系统相配套的制冷系统的电气控制如图 6-75 所示,图中仅需的冷信号来自空调指令,其余均自成体系,因此图中符号均自行编排。下面分环节叙述其工作原理。

（1）制冷系统投入前的准备。合上电源开关 QS、SA_1、SA_2,按下启动按钮 SB_1,使失（欠）压保护继电器 KA 线圈通电,KA_1 闭合,自锁并给控制电路提供通电路径,同时 KA_1 的 1、2 闭合,为事故保护用继电器 KA_{10} 通电做准备。另外图中三块 XCT 系列仪表的状态是:蒸发器水箱水温指示仪表是图中的 XCT—112,有两对电接点,一对高温触点作为当冷水温度高于 8 ℃时接通的开机信号,另一对低温触点作为当冷水温度低于 1℃时的低温停机信号;压缩机润滑油的油温指示仪表是图中的 XCT122,其输出触点作为油温过高停机信号;压缩机排气温度指示仪表是图中的 XCT101,其输出触点作为排气温度过高停机信号,检查系统仪表工作是否正常、手动阀门的位置是否符合运行需要等,然后将开关 SA_3—SA_7 均置图示"自"位。按下自动运行按钮 SB_3,继电器 KA_2 线圈通电,为继电器 KA_3 通电做准备。按下事故连锁按钮 SB_9,无事故时,KA_{10} 线圈通电,其触头动作,为接触器 KM_1 通电做准备。

（2）开机阶段。当空调系统送来交流 220 V 需冷信号后,时间继电器 KT_1 线圈通电,KT_1 的 1、2 经延时闭合。如果此时蒸发器水箱中水温高于 8 ℃,XCT—112 的高总触点闭合,于是继电器 KA_3 线圈通电,使 KM_0 线圈通电,制冷压缩机转子串频敏变阻器

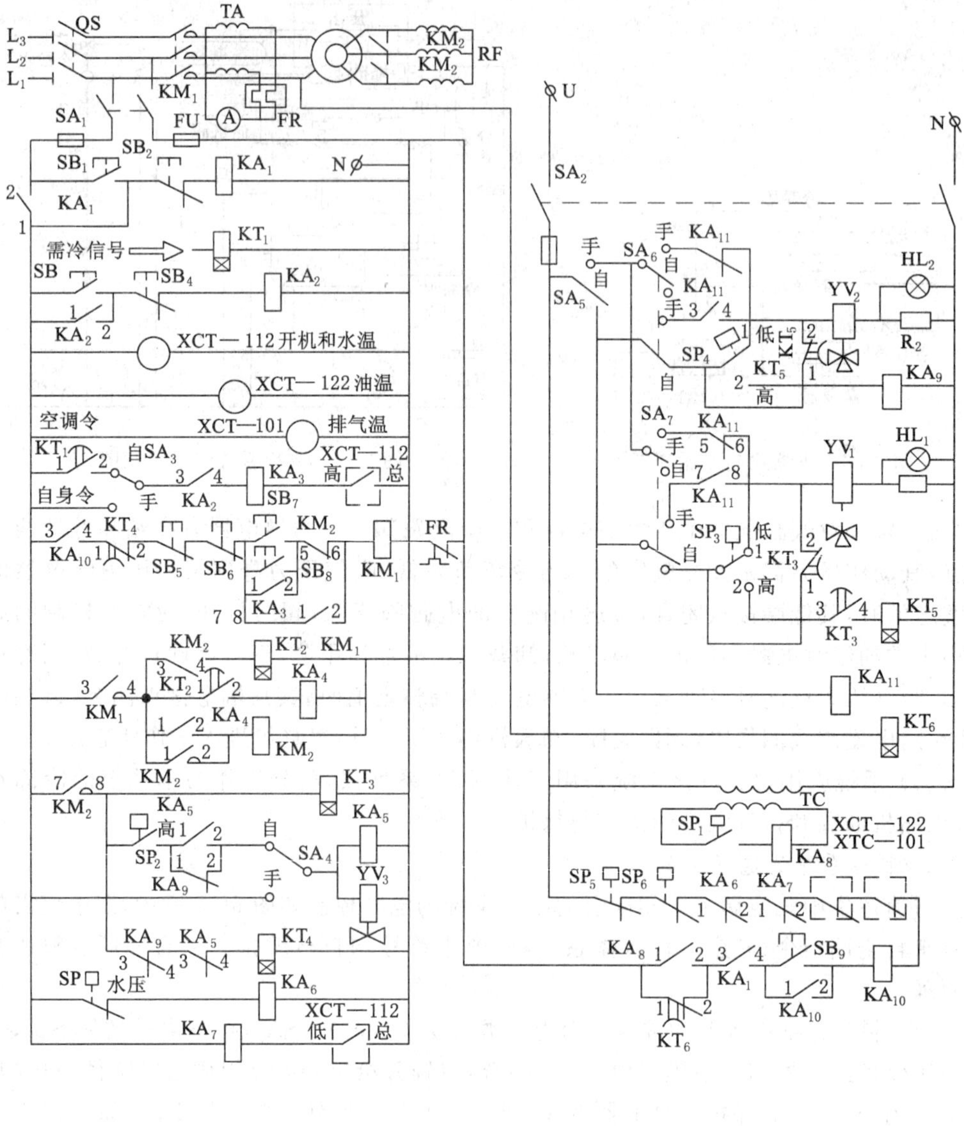

图 6-75　制冷系统的电气控制

启动,同时时间继电器 KT_2 线圈通电,KT_2 的 1、2 经延时闭合,使中间继电器 KA_4 线圈通电,KA_4 的 1、2 闭合,接触器 KM_2 线圈通电。

　　当 KM_1 通电时(亦即氨压机启动开始时),时间继电器 KT_6 线圈通电开始计时,在整定的 18 s 后,KT_6 的 1、2 断开,如果此时润滑系统油压差未能升到油压差继电器整定值 P_1 时(润滑油由与压缩机同轴的机械泵供电),则油压差继电器触点 SP_0 不闭合,中间继电器 KA_8 线圈不通电,于是 KA_{10} 线圈失电释放,氨压机启动失败。如果润滑系统正常,则在 18 s 内,SP_1 闭合,KA_8 线圈通电,KA_8 的 1、2 闭合,KA_{10} 线圈通电,使氨压机能正常启动。润滑油油压上升,气缸 2 打开,1、2 缸自动投入运行,有利于氨压机启动之初为空载。

（3）运行阶段。当氨压机正常启动后，KM_2 的 7、8 闭合，使时间继电器 KT_4 线圈通电，延时 4 s 后 KT_4 的 1、2 断开，使 KM_1 线圈失电释放，氨压机停止，证明冷负荷较轻，不需氨压机工作。如果在 4 s 之内氨压机吸气压力超过压力继电器 SP_2 的整定值 P_2 时，SP_2 高端触点接通，使电磁导阀 YV_3 通电，打开电磁阀 YV_3 及主阀，由储氨筒向膨胀阀供氨液，同时继电器 KAS 线圈通电，KA_5 的 1、2 闭合自锁，KA_5 的 3、4 断开，KT_4 失电释放，氨压机需正常运行。随着空调系统冷负荷的增加，吸气压力上升，当吸气压力超过 SP_3 的整定值 P_3 时，SP_3 低端触点断开，如果此时 KT_3 的 1、2 已断开，YV_1 线圈失电关阀，其卸载机构的 3、4 缸油压上升，使 3、4 缸投入工作状态，氨压机的负载增加。同时 SP_3 高端触点闭合，使 KT_5 线圈通电，KA_5 的 1、2 延时 4 s 后断开，为电磁阀 YV_2 线圈失电做准备。当冷负荷又增加时，氨压机吸气压力继续上升，当压力达到压力继电器 SP_4 整定值 P_4 时，SP_4 低端触点断开，高端触点闭合，因此时 KA_5 的 1、2 已断开，使 YV_2 线圈失电关阀，5、6 缸投入运行，氨压机的负荷又增加，同时继电器 KA_9 线圈通电，KA_9 的 1、2 和 3、4 触点断开。当冷负荷减小时，吸气压力降低，当吸气压力降到 SP_4 整定值 P_4 时，SP_4 高端触点断开，低端触点接通，YV_2 线圈通电阀门打开，卸载机构的油经过电磁阀回流入曲轴箱，卸载机构油压下降，5、6 缸即行卸载。当冷负荷继续下降，使吸气压力降到 SP_3 整定值 P_3 时，SP_3 高端触点断开，低端触点接通，YV_1 线圈通电阀门打开，卸载机构的油经过电磁阀回流入曲轴箱，油压下降，3、4 缸卸载，为了防止调缸过于频繁，卸载与加载有一定的压差。

（4）停机过程。停机过程根据人为停机和非人为停机可分为长期停机、周期停机和事故停机三种情况。长期停机是指因空调停止供冷后引起的停机。当空调停止喷淋水后，蒸发器水箱水温下降，吸气压力降低，当压力下到小于或等于压力继电器 SP_2 整定值 P_2 时，SP_2 高端触点断开，导阀 YV_3 线圈失电使产阀关闭，停止向膨胀阀供氨液。同时 KA_5 线圈失电释放，其触点 KA_5 的 3、4 复位，使 KT_4 线圈通电，KT_4 的 1、2 延时 4 s 后断开，KM_1 失电释放，氨压机停止运转。延时停机的好处是在主阀关闭后使蒸发器的氨液面继续下降到一定高度，以防止下次开机启动产生冲缸现象。周期停机与长期停机相似，是在存在需冷信号的情况下为适应负载要求而停机。例如，当空调系统仍有需冷信号，水箱水温上升较慢，在水温没升到 8 ℃ 以上时，XCT—112 仪表中的高温触点未闭合，KA_3 线圈没通电，氨压机无法启动。但由于吸气压力上升较快，当吸气压力上升到 SP_4 的整定值 P_4，SP_4 高端触点接通，KA_9 线圈通电，KA_9 的 1、2 和 3、4 断开，使导阀 YV_3 不会在氨压机启动结束后就打开，KT_4 也不会在氨压机启动结束后就得电，防止冷负荷较轻而频繁启动氨压机。当水温上升到 8 ℃ 时候，XCT—112 仪表中的高总触点闭合，KA_3 线圈通电，KM_1 线圈通电，氨压机串频敏变阻器重新启动。只要吸气压力高于 SP_4 整定值 P_4，导阀 YV_3 无法通电打开而供氨液，只有当吸气压力降到 P_4 时，SP_4 高端触点断开，使 MA_9 线圈失电释放，YV_3 和 KA_5 线圈才通电，氨压机自由式的投入仍根据冷负荷需要按时间和压力原则分期进行，以避免氨压机重载启动。事故停机是由于突发事故而造成的停机，均是通过切断 KA_{10} 线圈通路使 KM_1 线圈失电所停机。如当压缩机排气温度过高使 XCT—101 触点断开或当润滑油油温过高使 XCT—122 触点断开，出现失（欠）压时，KA_1 失电使 KA_1 的 3、4 断开；当冷冻水水温过低时，XCT—112 低—总闭合，KA_7 线圈通电，KA_7 的 1、2 断开；当冷冻水压力过低时，SP 闭合，KA_6 线圈通电，KA_6 的 1、2 断开；当吸气压力超过 5 时，使 SP$_5$ 断开；当吸气压力超过 P$_6$ 时，使 SP$_6$ 断开均可使 KA$_{10}$ 线圈失电，KA$_{10}$ 的 3、4 断开，KM$_1$ 线圈失电释放，氨压机停止。事故停机后想重新开机，须经检查排出故障后，按下事故联锁按钮 SB$_9$ 方可实现。

综上可知，制冷系统的工作状态分为 4 个阶段，即投入前的准备阶段、开机阶段、运行阶段和停机阶段，掌握了各阶段的主要器件的动作规律便能较好地分析其原理。

思考题与习题

1. 交流接触器为什么不能频繁启动？

2. 已知交流接触器吸引线圈的额定电压为 220 V，如果给线圈以 380 V 的交流电行吗？为什么？如果使线圈通以 127 V 的交流电又如何？

3. 电动机的启动电流很大，当电动机启动时，热继电器会不会动作？为什么？

4. 两台电动机能否用一只热继电器作过载保护？为什么？

5. 水位控制与压力控制的区别是什么？

6. 消火栓灭火系统由哪些设备组成？

7. 锅炉水的自动调节任务是什么？

8. 什么是位式调节？什么是连续调节？

9. 电加热器和电加湿器的作用是什么？

10. 集中式空调系统的电气控制特点和要求是什么？

11. 制冷系统中采用了哪几种保护？

学习情境七　电工仪器仪表的使用

一、职业能力和知识

（1）熟悉测量数据的处理与分析；

（2）熟悉常用电工仪表的测量原理；

（3）掌握常用电工仪表的作用与使用方法。

二、相关实践知识

（1）万用表的使用；

（2）绝缘摇表、接地摇表的使用；

（3）电度表的接线。

电工测量的过程，是将被测的电量或磁量与同类标准量相比较的过程，根据比较的方法不同，测量的方法也不一样。所以在测量中除了应正确选择仪表和正确使用仪表之外，还要掌握正确的测量方法。

项目一　电工仪表基本知识

一、电工仪表的种类

（1）按照工作原理，电工仪表分为磁电式、电磁式、电动式、感应式等仪表。

磁电式仪表由固定的永久磁铁、可转动的线圈及转轴、游丝、指针、机械调零机构等组成。线圈位于永久磁铁的极靴之间。当线圈中流过直流电流时，线圈在永久磁铁的磁场中受力，并带动指针、转轴克服游丝的反作用力而偏转。当电磁作用力与反作用力平衡时，指针停留在某一确定位置，刻度盘上给出一相应的读数。机械调零机构用于校正零位误差，在没有测量讯号时借以将仪表指针调到指向零位。磁电式仪表的灵敏度和精确度较高、刻度盘分度均匀。磁电式仪表必须加上整流器才能用于交流测量，而且过载能力较小。磁电式仪表多用来制作携带式电压表、电流表等表计。

电磁式仪表由固定的线圈、可转动的铁芯及转轴、游丝、指针、机械调零机构等组成。铁芯位于线圈的空腔内。当线圈中流过电流时，线圈产生的磁场使铁芯磁化。铁芯磁化后受到磁场力的作用并带动指针偏转。电磁式仪表过载能力强，可直接用于直流和交流测量。电磁式仪表的精度较低；刻度盘分度不均匀；容易受外磁场干扰，结构上应有抗干扰设计。电磁式仪表常用来制作配电柜用电压表、电流表等表计。

电动式仪表由固定的线圈、可转动线圈及转轴、游丝、指针、机械调零机构等组成。

当两个线圈中都流过电流时,可转动线圈受力并带动指针偏转。电动式仪表可直接用于交、直流测量;精度较高。用电动式仪表制作电压表或电流表时,刻度盘分度不均匀(制作功率表时,刻度盘分度均匀);结构上也应有抗干扰设计。电动式仪表常用来制作功率表、功率因数表等表计。

感应式仪表由固定的开口电磁铁、永久磁铁、可转动铝盘及转轴、计数器等组成。当电磁铁线圈中流过电流时,铝盘里产生涡流,涡流与磁场相互作用使铝盘受力转动,计数器计数。铝盘转动时切割永久磁铁的磁场产生反作用力矩。感应式仪表用于计量交流电能。

(2)按精确度等级,电工仪表分为 0.1、0.2、0.5、1.0、1.5、2.5、4.0 等七级。仪表精确度 $K\%$ 用相对误差表示,如下式所示,式中 Δm 和 A_m 分别为最大绝对误差和仪表量限。例如,0.5 级仪表的引用相对误差为 0.5%。

$$K\% = \frac{|\Delta m|}{A_m} \times 100\%$$

(3)按照测量方法,电工仪表主要分为直读式仪表和比较式仪表。前者根据仪表指针所指位置从刻度盘上直接读数,如电流表、万用电表、兆欧表等。后者是将被测量量与已知的标准量进行比较来测量,如电桥、接地电阻测量仪等。

此外,按读数方式可分为指针式、光标式、数字式等仪表;按安装方式可分为携带式和固定安装式仪表;按防护型式还可分为若干等级。

二、电工仪表常用符号

为了便于使用了解仪表的性能和使用范围,在仪表的刻度盘上标有一些符号。电工仪表的常用符号见表 7-1。

表 7-1　　　　　　　　　　　　　电工仪表的常用符号

符号	符号内容	符号	符号内容
	磁电式仪表	(1.5)	精度等级 1.5 度
	电磁式仪表	▯▯▯	外磁场防护等级 Ⅲ 级
	电动式仪表	☆2	耐压试验 2 kV
	整流磁电式仪表		水平放置使用
	磁电比率式仪表		垂直安装使用
	感应式仪表	∠60°	倾斜 60°安装使用

项目二　电流和电压的测量

一、电流的测量

（一）仪表型式和量程的选择

（1）测量直流时，可使用磁电式、电磁式或电动式仪表，由于磁电式的灵敏度和准确度最高，所以使用最为普遍。

（2）测量交流时，可使用电磁式、电动式或感应式等仪表，其中电磁式应用较多。

（3）要根据待测电流的大小来选择适当的仪表，例如安培表、毫安表或微安表。应使被测的电流处于该电表的量程之内，如被测的电流大于所选电流表的最大量程，电流表就有因过载而被烧坏的危险。因此，在测量之前，要对被测电流的大小有个估计，或先使用较大量程的电流表来试测，然后，再换用一个适当量程的仪表。

（二）测量电流的接线

（1）直流电流的测量：测量直流电流时，要注意仪表的极性和量程（图 7-1）。在用带有分流器的仪表测量时，应将分流器的电流端钮（外侧二个端钮）接入电路中（图 7-2）。图 7-1 所示为电流表直接接入法，由表头引出的外附定值导线应接在分流器的电位端钮上。

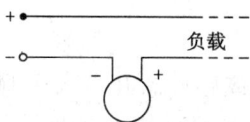

图 7-1　测直流电直接接入法　　　　图 7-2　带有分流器的接入法

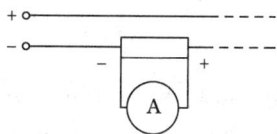

（2）交流电流的测量：测量单相交流电的接线如图 7-3 所示。在测量大容量的交流电时，常借助于电流互感器来扩大电表的量程，其接线方式如图 7-4 所示。电流表的内阻越小，测出的结果越准确。例如 C30—A 型 0.1 级船用仪表，量程为 0～3 A 挡的内阻只有 0.025 Ω。

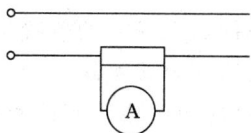

图 7-3　测交流电直接接入法　　　　图 7-4　通过电流互感器测量交流电流的接线图

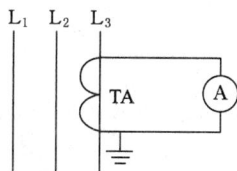

二、电压的测量

（一）电压表的型式和量程的选择

电压表和电流表在结构上基本上是一样的，只是仪表的附加装置和在电路中的接法有所不同。电压表的选择方式与电流表的选择方式相同，例如，根据被测电压的大小，选用伏特表或毫伏表。工厂内低压配电装置的电压一般为 380/220 V,所以,在进行测量时,应使用量程大于 450 V 的仪表,如不当心,选用量程低于被测电压的仪表,就可能使仪表损坏。

(二)接线方式

测量电路的电压时,应将电压表并联在被测电压的两端,如图 7-5 所示。使用磁电式仪表测量直流电压时,还要注意仪表接线钮上的"＋"、"－"极性标记,不可接错。

600 V 以上的交流电压,一般不直接接入电压表。工厂中变压系统的电压,均要通过电压互感器,将二次侧的电压变换到 100 V,再进行测量。其接线法如图 7-6 所示。电压表的内阻越大,所产生的误差越小,准确度越高。例如 C50—V 型 0.1 级直流电压表的内阻约为 1 kΩ/V。

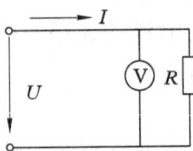

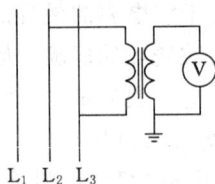

图 7-5 电压表的接线   图 7-6 通过电压互感器测量电压电压表的接线

项目三 功率的测量

由于交流电功率 $P = UI\cos\varphi$,所以一定要用电动式或感应式瓦特表来测量,而不能用一个电压表和一个电流表来测量。由于电动式或感应式瓦特表的指针偏转角是与 $UI\cos\varphi$ 成正比的,所以,可以用来测量交流电功率。

注意,在测量中,可能出现一种情况,即瓦特表的接法是正确的,而指针却反转,这是由于功率的实际输送方向与预期的方向相反的缘故,这时应把电流线圈的两端换接一下,以便取得正的读数。但是,不应该去换接电压线圈的两个端线。因为,电压线圈中还串联着一个很大的附加电阻 R,线间电压的绝大部分都分配在这个电阻上,如果把电压线圈的两个端线一换接,则两个线圈的端电位差将等于电路的电压,由于这两个线圈的位置是很靠近的,在这种电压下,可能引起线圈绝缘损坏。同时,由于两个不同电位的线圈之间将出现静电作用而使测量结果的误差增大。这种错误接法如图 7-7 所示。

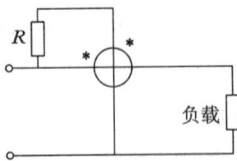

图 7-7 瓦特表的错误接头

一、用单相功率表测量三相功率

(一)测量三相四线负荷对称的三相电路功率

用一只单相功率表 PW 就能测出,此时功率表的电流线圈通过一相电流,电压线圈接入相电压,读数是一相的有功功率,将这个读数乘以 3,即为三相负荷的总功率。接线如图 7-8 所示。

（二）测量三相负荷不对替的三相四线制电路中的功率

需要用三只单相功率表来测量三相的总功率，接线如图 7-9 所示。每一只功率表分别测出每一相的有功功率，将三只功率表的读数相加，就是三相负荷的总功率。

$$P = P_1 + P_2 + P_3$$

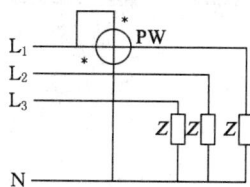

图 7-8　一只功率表测量接线图　　　　图 7-9　三只功率表测量接线图

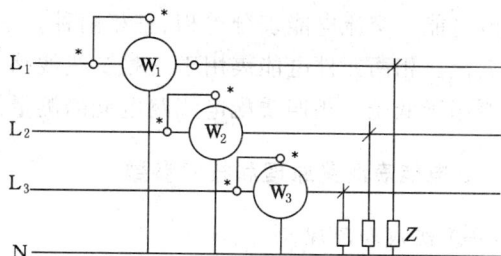

（三）测量三相三线制电路中的功率

不论负荷是否对称，均可用两只单相功率表测量三相总功率。

两只表的电流线圈分别串联接入任意两相电流，两只表的电压线圈的一端分别接在两只功率表电流线圈所在的一相，另一端接在没有接功率表的第三相，则两只功率表的读数之和就是三相负荷的总功率（接线如图 7-10 所示）。

$$P = P_1 + P_2$$

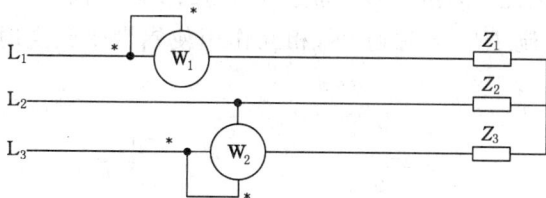

图 7-10　两只功率表测量接线图

二、用三相有功功率表测量三相有功功率

（1）三相三线制电路中，可采用三相二元件有功功率表。它实质上是将两只单相功率表组装在一起的仪表，测量机构装在一个壳内，两个可动线圈共同作用于一个转轴，内部接线就是两只单相功率表测量有功功率的接线。

（2）三相四线制电路中，可采用三相三元件有功功率表。它将三只单相功率表的测量机构放在一个壳内，三个可动线圈作用于一个转轴，其指针读数为三相总功率。

（3）三相二元件和三元件有功功率表有七个接线柱，三个为电压接线柱，四个为电流接线柱，接线时应注意同名端及相序。

功率表接线按"发电机端规则"进行。

项目四　电能的测量

测量电能使用电能表,用电动式直流电能表测量直流电能,用感应式交流电能表测量交流电能。交流电能表分单相、三相两种。三相电能表分为三相两元件和三相三元件电能表。三相两元件电能表用于三相三线线路或三相设备电能的测量;三相三元件电能表主要用于低压三相四线配电线路电能的测量。

一、电能表测量原理和技术参数

(一)组成和原理

电能表由驱动机构、制动元件和积算机构组成。驱动机构主要包括固定的电压电磁铁、电流电磁铁和可转动的铝盘。制动元件主要指卡着铝盘装设的永久磁铁。积算机构包括铝盘转轴上的蜗杆及涡轮、计数器等元件。

图 7-11 是电能表原理示意图。电压电磁铁的线圈与电路并联,获取电路的电压讯号;电流电磁铁的线圈与电路串联,获取电路的电流讯号。图中,I_U 是电压线圈中的电流,Φ_U 是电压电磁铁产生的磁通,Φ_I 是电流电磁铁产生的磁通,Φ_P 是永久磁铁产生的磁通。下面设电流 I 与电压 U 同相,分析其驱动过程。图 7-11 (a)中,E_{RU} 和 I_{RU} 是由电压磁通 Φ_U 感应发生的感应电动势和涡流。I_{RU} 与 E_{RU} 同相,E_{RU} 落后 Φ_U 90°,Φ_U 与电压 I_U 同相,I_U 又落后 U 90°。因此,I_{RU} 落后 U 180°。即 I_{RU} 的实际方向与图示方向正好相反。根据左手定则,可求得电流 IR_U 与磁通 Φ_I 相互作用使铝盘受到逆时针方向的驱动力矩 M_{DI} 和 M'_{DI}。

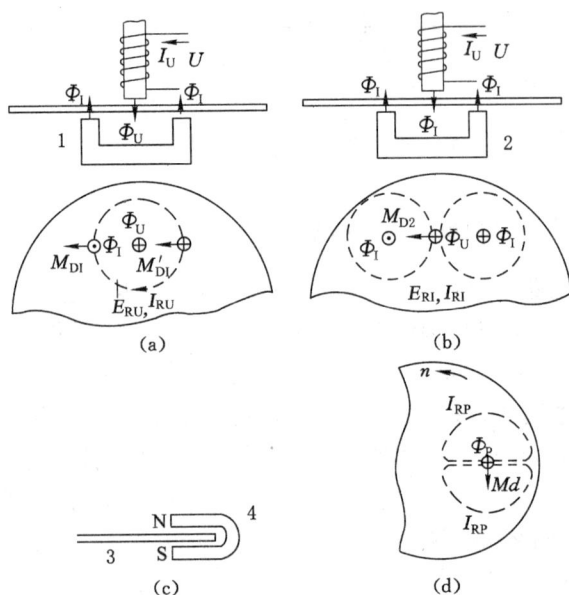

图 7-11　电能表原理示意图

1——电压电磁铁;2——电流电磁铁;3——铝盘;4——永久磁铁

图 7-11(b)中，E_{RI} 和 I_{RI} 是由电流磁通 Φ_I 感应产生的感应电动势和涡流。I_{RI} 与 E_{RI} 同相，E_{RI} 落后 Φ_I 90°；另一方面，ΦU 与电压 I_U 同相，I_U 又落后 U 90°。因此，I_{RI} 与 Φ_U 同相。显然，电流 I_{RI} 与磁通 Φ_U 相互作用也使铝盘受到逆时针方向的驱动力矩 M_{D2}。

可以证明，铝盘所受到的总驱动力矩与电压、电流及功率因数的乘积，是与有功功率成正比的。

图 7-11(c)、(d)中，当铝盘切割永久磁铁的磁力线时，铝盘内产生感应电流 I_{RP}，I_{RP} 与 Φ_P 相互作用产生阻力力矩 M_d。由于阻力力矩的存在，铝盘的转速与电路的有功功率成正比。

（二）主要技术参数

单相电能表的额定电压多为 220 V。三相电能表的额定电压为 380 V（三相两元件）、380/220 V（三相三元件）及 110 V（高压计量用）。

电能表的额定电流有 1 A、2 A、3 A、5 A、10 A 等很多等级。凡类似 5(10)A 标志者，括号外数字表示该电能表额定电流为 5 A；括号内数字表示该电表改变内部接线后其额定电流可扩大为 10 A。电能表上都标志有电能表常数。电能表常数是每用电 1 kW·h 对应的铝盘转数。电能表电流线圈的直流电阻很小，而电压线圈的直流电阻约为 1 000～2 000 Ω。

二、电能表接线

单相电能表的接线见图 7-12(a)、(b)，三相三元件电能表的接线见图 7-13(a)、(b)，带电流互感器和电压互感器的三相两元件有功电能表的接线见图 7-13(c)。接线时应注意分清接线端子及其首尾端；三相电能表按正相序接线；经互感器接线者极性必须正确；电压线圈连接线应采用 1.5 mm² 绝缘铜线，电流线圈连接线应采用与线路导电能力相当的绝缘铜线（6 mm² 以下者用单股线），经电流互感器接入者应采用 2.5 mm² 绝缘铜线；互感器的二次线圈和外壳应当接地（或接零）；线路开关必须接在电能表的后方。

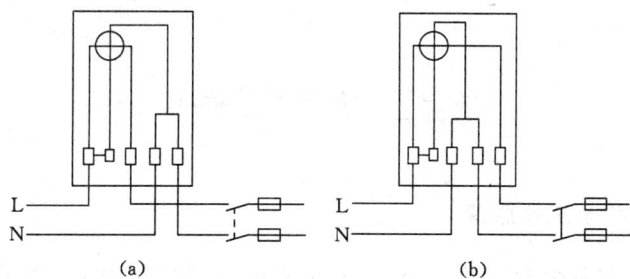

图 7-12 单相电能表接线

(a) 单相跳入式；(b) 单相顺入式

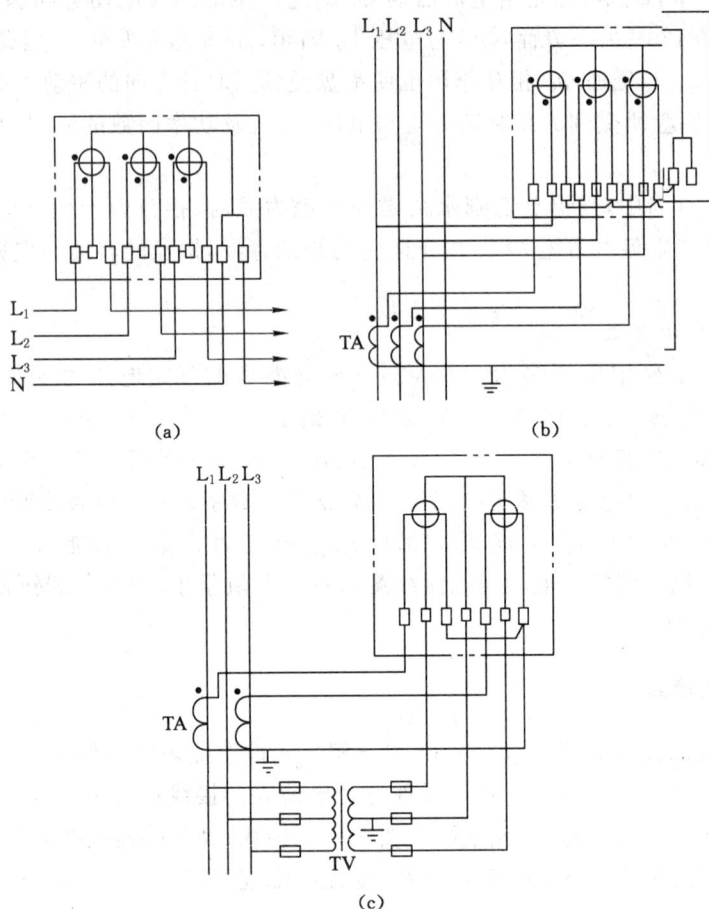

图 7-13 三相电能表接线

(a) 三相直入式；(b) 三相经电流互感器接入式；(c) 三相经电流互感器和电压互感器接入式

项目五 万用表的使用

一、万用表结构及工作原理

万用表是电工测量中常用的多用途、多量程的可携式仪表。它可以测量直流电流、直流电压、交流电压、电阻等电量，比较好的万用表还可以测量交流电流、电功率、电感量、电容量等。万用表是电工必备的仪表之一。

万用表主要由表头（测量机构）、测量线路、转换开关、电池、面板以及表壳等组成。万用表的表头是一个磁电式测量机构，图 7-14 为一个最简单的万用表原理电路图。图中 S_1 是一个具有 12 个分接头的转换开头，用来选择测量种类和量程。S_2 是一个单刀双投开关，测量电阻时，S_2 拨至"2"位，进行其他测量时，S_2 拨至"1"位。

下面说明万用表的工作原理。

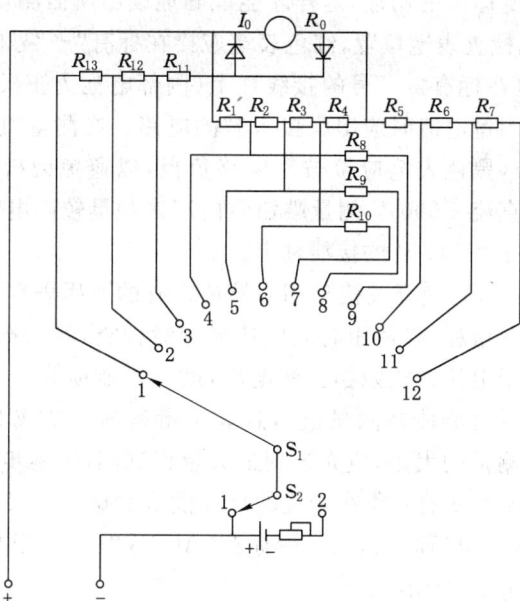

图 7-14　万用电表原理电路图

（1）直流电流的测量。测量直流电流时，S_1 可拨在 4、5、6 三个位置，S_2 拨在 1 位置。被测电流从"＋"端流入，"－"端流出。R_1、R_2、R_3、R_4 为并联分流电阻，拨动 S_1 可改变测量电流的量程，这和电流表并联分流电阻扩大量程原理是一样的。

（2）直流电压的测量。测量直流电压时，S_1 可拨在 10、11、12 三个位置，S_2 拨在 1 位置。被测电压加在"＋"、"－"两端，R_5、R_6、R_7 为串联附加电阻，拨动 S_1 就可以得到不同电压测量量程，这和电压表串联附加电阻变换电压量程原理是一样的。

（3）电阻测量。测量电阻时，S_1 可拨在 7、8、9 三个位置，S_2 应拨在 2 位置，将表内电池接入电路。被测电阻接在万用表的"＋"、"－"端，表头内就有电流通过，拨动 S_1 时，就可以得到不同的量程。如果被测电阻未接入，则输入端开路，表内无电流通过，指针不偏转，所以欧姆挡标度尺的左侧是"∞"符号；如果输入端短路，则被测电阻为"0"，此时指针偏转角最大，所以标度尺的右侧是"0"。

万用表中的干电池使用久了或存放时间长了端电压就会下降。这时，如将输入端短接，指针并不指"0"，此时，可调节万用表头上的调零电位器，使指针回零。

（4）交流电压测量。测量交流电压时，S_1 可拨在 1、2、3 三个位置，S_2 在 1 位置。由于磁电式机构只能测量直流，故在测量交流电压时，需把交流变成直流后进行测量。图 7-14 中的两个二极管即为整流器，它使交流电压正半波通过表头，而负半波不通过表头，通过表头的电流为单相脉动电流。R_{11}、R_{12}、R_{13} 为串联附加电阻，拨动 S_1 可以得到不同的电压量程。

二、万用表使用方法及注意事项

由于万用表是多量程的，它的结构型式又是多样的，不同型号的万用表，其面板上的布置也有所不同，因此要做到熟练和正确使用，不但要了解各个调节旋钮的用途和使用方法,而且要熟悉各刻度标尺的用途,这样才能准确地读出所需测量的数据。

(1)测量前应认真检查表笔位置,红色表笔应接在标有"＋"号的接线柱上(内部电池为负极),黑色表笔应接在标有"－"号的接线柱上(内部电池为正极)。在测量电压时,应并联接入被测电路;在测量电流时应串联接入被测电路。在测量直流电流、电压时,红色表笔应接被测电路正极,黑色表笔应接被测电路负极,以避免因极性接反而造成仪表损坏。有的万用表有交、直流 2 500 V 测量端钮专门用来测量较高电压,使用时黑笔仍接在"－"接线柱上,红笔接在 2 500 V 的接线柱上。

(2)根据测量对象,将转换开关拨到相应挡位。有的万用表有两个转换开关,一个选择测量种类,另一个改变量程,在使用时应先选择测量种类,然后选择量程。测量种类一定要选择准确,如果误用电流或电阻挡去测电压,就有可能损坏表头,甚至造成测量线路短路。选择量程时,应尽可能使被测量值达到表头量程的 1/2 或 2/3 以上,以减小测量误差,若事先不知道被测量的大小,应先选用最大量程试测,再逐步换用适当的量程。

(3)读数时,要根据测量的对象在相应的标尺读取数据。标尺端标有"DC"或"－"标记为测量直流电流和直流电压时用;标尺端标有"AC"或"～"标记是测量交流电压时用;标有"Ω"的标尺是测量电阻专用的。

(4)测量电阻时应注意以下事项:

① 选择适当的倍率挡,使指针尽量接近标度尺的中心部分,以确保读数比较准确。在测量时,指针在标度尺上的指示值乘以倍率,即为被测电阻的阻值。

② 测量电阻之前,或调换不同倍率挡后,都应将两表笔短接,用调零旋钮调零,调不到零位时应更换电池。测量完毕,应将转换开关拨到交流电压最高挡上或空挡上,以防止表笔短接,造成电池短路放电。同时也防止下次测量时忘记拨挡,去测量电压,烧坏表头。

③ 不能带电测量电阻,否则不仅得不到正确的读数,还有可能损坏表头。

④ 用万用表测量半导体元件的正、反向电阻时,应用 $R \times 100$ 挡,不能用高阻挡,以免损坏半导体元件。

⑤ 严禁用万用表的电阻挡直接测量微安表、检流计、标准电池等类似器仪表的内阻。

(5)测量电压、电流时注意事项:

① 要有人监护,如测量人不懂测量技术,监护人有权制止测量工作。

② 测量时人身不得触及表笔的金属部分,以保证测量的准确性和安全。

③ 测量高电压或大电流时,在测量中不得拨动转换开关。若不知被测量有多大时,应将量限置于最高挡,然后逐步向低量限挡转换。

④ 注意被测量的极性,以免损坏。

项目六   绝缘电阻表的使用

测量高值电阻和绝缘电阻的仪表叫绝缘电阻表,曾称为摇表,也称兆欧表。现已有一种数字式液晶显示表,与其他仪表不同的地方是本身带有高压电源,这对测量高压设备的绝缘电阻是十分必要的。

兆欧表主要有 500 V、1 000 V、2 500 V、5 000 V 几种,其单位为 MΩ。高压电源多采用手摇直流发电机提供,也有的采用晶体管直流变换器代替手摇发电机,在使用上更加方便。

一、兆欧表结构原理

兆欧表的结构主要由两部分组成:一部分是手摇直流发电机,另一部分是磁电式流比计测量机构。手摇发电机有离心式调速装置,使转子能以恒定的速度转动,保持输出稳定。

图 7-15 为具有丁字形线圈的磁电式流比计测量机构图,图中可动线圈 1 和 2 成丁字形交叉放置,并共同固定在转轴上。圆柱形铁芯 5 上开有缺口,且极掌 4 的形状做成不均匀空气隙,使得永久性磁铁 3 产生的磁场不均匀分布。

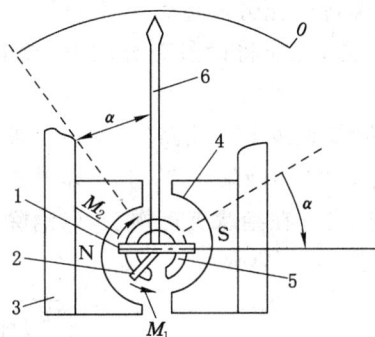

图 7-15　磁电式流比计测量机构图
1,2——可动线圈;3——永久磁铁;4——极掌;
5——带缺口的圆柱形铁芯;6——指针

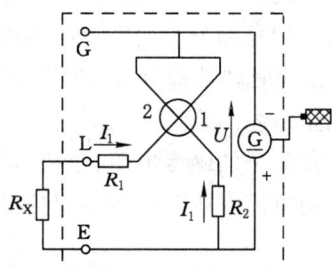

图 7-16　兆欧表原理电路图

当兆欧表测量绝缘电阻时,用手摇动发电机使其达到额定转速。此时,发电机发出的电压 U 加在仪表的可动线圈和被测电阻 R_X 上,如图 7-16 所示,可动线圈 1、电阻 R_1 和被测电阻 R_X 串联,可动线圈 2 和 R_2 串联,形成两个并联支路。两个可动线圈的电流分别是

$$I_1 = \frac{U}{r_1 + R_1 + R_X}; I_2 = \frac{U}{r_2 + R_2}$$

式中,r_1 和 r_2 分别是可动线圈 1 和可动线圈 2 的电阻。

可见,电流 I_1 与被测电阻 R_X 有关,而电流 I_2 与被测电阻 R_X 无关。由于两个绕组绕向相反,当电流 I_1 和 I_2 分别流过两个线圈时,在永久磁场的作用下分别产生两个相反的力矩 M_1(转动力矩)和 M_2(反作用力矩)。当 $M_1 = M_2$ 时,仪表可动部分达到平衡,使指针停留在一定的位置上,指示出被测电阻的数值。平衡时指针的偏转角

$$\alpha = F\left(\frac{I_1}{I_2}\right) = F\left(\frac{r_2 + R_2}{r_1 + R_1 + R_2}\right) = f(R_x)$$

由于 r_1、r_2、R_1 和 R_2 都是常数,指针偏转角 α 只随被测电阻 R_X 的大小而改变,而与发电机端电压无关。

二、兆欧表使用方法和注意事项

(1)兆欧表应按被测电气设备的电压等级选用,一般额定电压在 500 V 以下的设备,

选用 500 V 或 1 000 V 的兆欧表(兆欧表的电压过高,可能在测试中损坏设备的绝缘);额定电压在 500 V 以上的设备,可选用 1 000 V 和 2 500 V 兆欧表;特殊要求的选用 5 000 V 兆欧表。

(2)兆欧表的引线必须使用绝缘较好的单根多股软线,两根引线不能缠在一起使用,引线也不能与电气设备或地面接触。兆欧表的"线路"L 引线端和"接地"E 引线端可采用不同颜色以便于识别和使用。

(3)测量前,兆欧表应做一次检查。检查时将仪表放平,在接线前,摇动手柄,表针应指到"∞"处。再把接线端瞬时短接,缓慢摇动手柄,指针应指在"0"处。否则为兆欧表有故障,必须检修。

(4)严禁带电测量设备的绝缘。测量前应将被测设备电源断开,将设备引出线对地短路放电(对于变压器、电机、电缆、电容器等容性设备应充分放电),并将被测设备表面擦拭干净,以保证安全和测量结果准确。测量完毕后,也应将设备充分放电,放电前,切勿用手触及测量部分和兆欧表的接线柱,以免触电。

(5)接线时,"接地"E 端钮应接在电气设备外壳或地线上,"线路"L 端钮与被测导体连接。测量电缆的绝缘电阻时,应将电缆的绝缘层接到"屏蔽端子"G 上。如果在潮湿的天气里测量设备的绝缘电阻,也应接到 G 端子上,把它连在绝缘支持物上,以消除绝缘物表面的泄漏电流对所测绝缘电阻值的影响,其接线如图 7-17 所示。

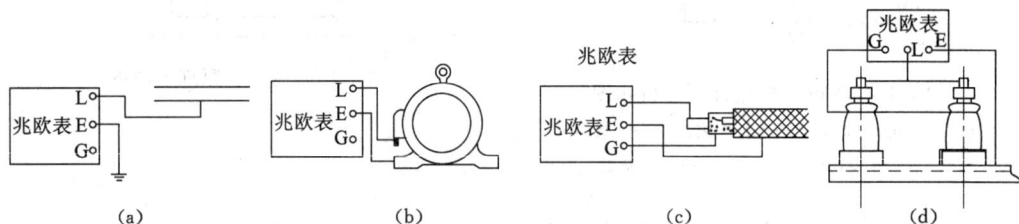

图 7-17 用兆欧表测量接线图

(a)测量线路对地的绝缘电阻;(b)测量电动机的绝缘电阻;(c)测量电缆的绝缘电阻;(d)测量变压器的绝缘电阻

(6)测量时,将兆欧表放置平稳,避免表身晃动,摇动手柄,使发电机转速慢慢逐渐加快,一般应保持在 120 r/min,匀速不变。如果所测设备短路,应立即停止摇动手柄。测量时,绝缘电阻随着时间长短而不同,一般采用 1 min 读数为准。在测量容性设备,如电容器、电缆、大容量变压器和电机时,要有一定的充电时间,应等到指针位置不变时再读数。测量结束后,先取下兆欧表测量用引线,再停止摇动摇把。

项目七 钳形电流表

一、钳形电流表用途和结构原理

通常在测量电流时,需将被测电路断开,才能使电流表或互感器的一次侧串联到电路中去。而使用钳形电流表测量电流时,可以在不断开电路的情况下进行。钳形电流表是一种可携式仪表,使用时非常方便。

用来测量交流电流的钳形表,是利用电流互感器原理制定的,如图 7-18 所示。它有一个用硅钢片叠成的可以张开和闭合的钳形铁芯 2,在铁芯上绕有二次线圈 4,线圈两端连着电流表 5。在使用时,握紧手柄 7,打开钳口,把待测电流的导线 1 从铁芯的钳形开口处引进来,松开手柄,使钳口闭合。这时被测导线就相当于电流互感器的一次绕组,一次电流则可从电流表上读出。这种钳形表通常有几种不同的量程,改变量程选择旋钮 6 的位置可以实现量程的变换。

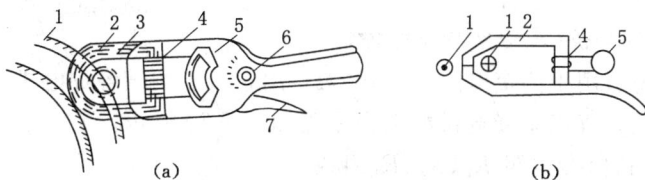

图 7-18　交流钳形电流表外形图和结构原理图

(a) 外形图;(b) 结构原理图

1——导线;2——铁芯;3——磁通;4——二次线圈;5——电流表;6——量程选择旋钮;7——手柄

还有一种交直流两用的钳形表,它是用电磁式测量机构制成的,其结构如图 7-19 所示。卡在铁芯钳口中的被测导线相当于电磁式机构中的线圈,在铁芯中产生磁场。位于铁芯缺口中间的可动铁片受此磁场的作用而偏转,从而带动指针指示出被测电流的数值。

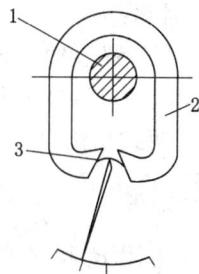

图 7-19　交直流钳形
电流表结构图

1——被测电流导线;

2——磁路系统;

3——动铁片

二、钳形电流表使用方法及注意事项

(1) 在使用前应仔细阅读说明书,弄清是交流还是交直流两用钳形表。

(2) 被测电路电压不能超过钳形表上所标明的数值,否则容易造成接地事故,或者引起触电危险。这种仪表通常用来测量 400 V 以下电路中的电流。

(3) 每次只能测量一相导线的电流,被测导线应置于钳形窗口中央,不可以将多相导线都夹入钳口测量。

(4) 钳形表都有量程转换开关,测量前应先估计被测电流的大小,再决定用哪一量程。若无法估计,可先用最大量程挡,然后适当换小些,以准确读数。不能使用小电流挡去测量大电流,以防损坏仪表。

(5) 钳口在测量时闭合要紧密,闭合后如有杂音,可打开钳口重合一次,若杂音仍不能消除时,应检查磁路上各接合面是否光洁,有尘污时要擦拭干净。

(6) 由于钳形电流表本身精度较低,通常为 2.5 级或 5.0 级。在测量小电流时,可采用下述方法:先将被测电路的导线绕几圈,再放进钳形表的钳口内进行测量。此时钳形表所指示的电流值并非被测量的实际值,实际电流值应为钳形表的读数除以导线缠绕的圈数。

(7) 维修时不要带电操作。因钳形电流表原理同电流互感器一样,一次线圈匝数少,二次线圈匝数多，一次侧只要有一定大小的电流，二次侧开路时，就会有高电压出现，所以维修钳形电流表时均莫带电操作，以防触电。

项目八　直流电桥

一、直流电桥分类及工作原理

（一）直流单臂电桥（又称惠斯登电桥）

直流单臂电桥适用于测量电阻（$1\sim10^8$ Ω），用它可以测量各种电机、变压器及各种其他电器的直流电阻。直流单臂电桥的工作原理如图 7-20 所示。

被测电阻 R_X 和标准电阻 R_2、R_3、R_4 组成电桥的四个臂，接成四边形，在四边形顶点 cd 间接入检流计 P，在另一对顶点 ab 间接入电池 E。在测量时按下按钮 SB 接通电源，调节标准电阻 R_2、R_3 和 R_4，使检流计指示为 0，则有 $I_1=I_2$，$I_3=I_4$，而且 c 点电位和 d 点电位相等，因此：

$U_{ac}=U_{ad}$ 即 $I_1R_X=I_4R_4$；

$U_{ad}=U_{db}$ 即 $I_2R_2=I_3R_3$。

两式相比得

$$R_X = \frac{R_2}{R_3}R_4$$

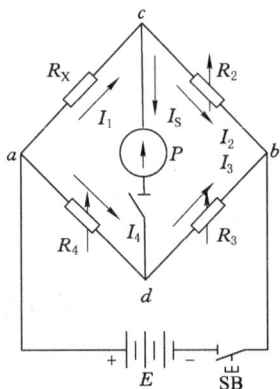

图 7-20　直流单臂电桥工作原理图

电阻 R_2 和 R_3 的比值通常配成固定的比例，称为电桥的比率臂，电阻 R_4 称为比较臂。在测量时，首先选取一定的比率臂，然后调节比较臂使电桥平衡，则比率臂倍率和比较臂读数值的乘积就是被测电阻的数值。

（二）直流双臂电桥（又称凯文电桥）

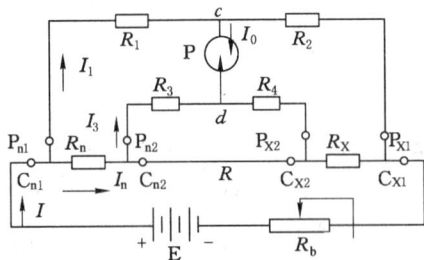

图 7-21　直流双臂电桥原理接线图

可以消除接线电阻和接触电阻的影响，是一种测量小阻值（$1\sim10^{-5}$ Ω）电阻的电桥，其原理接线见图 7-21。测量时，调节有关电阻，使检流计 P 指示为 0，此时电桥处于平衡状态，c 点和 d 点电位相等。设连接 R_n 和 R_X 的电阻为 R，利用电桥平衡原理，同样可求得被测电阻

$$R_X = (R_2/R_1)\cdot R_n$$

为了消除接线电阻和接触电阻的影响，连接 R_X 和 R_n 都有两对端钮，即电流端钮 C_{x1}、C_{x2} 和 C_{n1}、C_{n2} 以及电位端钮 P_{x1}、P_{x2} 和 P_{n1}、P_{n2}，并且都用电位端钮接入桥臂。桥臂 R_1、R_2、R_3 和 R_4 都是大于 10 Ω 的标准电阻，而且采用机械联调装置，使电桥在调节平衡的过程中，被测电阻 R_X 只取决于桥臂电阻 R_1 和 R_2 以及标准电阻 R_n，而和接线电阻 R 无关，R_2/R_1 的比值称为双臂电桥的比率或倍率。

由上式可以看出，R_x 和 R_n 本身的接线电阻和接触电阻对测量精度有一点影响，但这些影响是微不足道的，因为连接 R_x 和 R_n 的电位端钮 P_{X1}、P_{X2} 和 P_{n1}、P_{n2} 分别和 R_2、R_4、R_1、R_3 连接，其连接线的电阻和接触电阻分别和这些电阻串联，而这些电阻的阻值都比较大，所以接线电阻和接触电阻可以忽略不计。R_x 和 R_n 的一组电流端钮 C_{X1}、C_{n1} 和电源相连，其接线电阻和接触电阻只影响电源的输出电流，而不影响电桥的平衡，所以也就不影响测量结果。R_x 和 R_n 的另一组电流端钮 C_{X2}、C_{n2} 和 R 相连，其接线电阻和接触电阻相当于串入电阻 R 中，而被测电阻 R_x 的测量结果与 R 无关，故也不影响测量结果。所以，双臂电桥可以较好地消除接线电阻和接触电阻的影响，用它测量小电阻时，可获得比较准确的测量结果。

二、电桥使用及注意事项

电桥是比较精密的测量仪器，如果使用不当，不但不会得到准确的测量结果，而且还很容易损坏仪器。因此，在使用前，首先应仔细阅读使用说明书，熟悉一下电桥的结构，各端钮和开关的功能，然后才能测量。

（一）直流电桥的使用方法

（1）使用前，应首先将仪器置于水平位置，把检流计锁扣打开，观察指针是否准确地指在零刻度上，如有偏差，应用零位调节器把指针调至零位。

（2）用较粗较短的连接导线，将被测电阻接入，并将接头拧紧。接头接触不良时，将使电桥难以平衡，甚至可能损坏检流计。

（3）估计被测电阻大致的数值，以便选择合适的倍率，此时应充分利用各旋钮，使每只旋钮都有数可读（单臂电桥），使电桥易于平衡，保证被测电阻的准确度。

（4）进行测量时，应先按下电源按钮，经过一定时间后再按下检流计 P 按钮，此时，检流计开始向"＋"或"－"偏转。如果向"＋"的方向偏转，表示要增加比较臂电阻；反之，如果指针向"－"方向偏转，则应减小比较臂电阻。反复调节，使指针平稳准确地指在零位上，便可读取被测电阻数值，被测电阻数值为倍率数乘以测量臂电阻数。

（5）测量完毕后，应断开检流计 P 按钮，再断开电源按钮，并将检流计锁扣锁上。有的检流计不装锁扣，在按钮断开后，自动将检流计短路，使可动部分在摆动时受到强烈的阻尼作用而得到保护。

（二）操作过程中注意事项

（1）用电桥测量电阻时，均不许带电测试，测量时必须将被测电阻与其他所有接线断开，单独测量。

（2）在进行测量时，应先接通电源按钮，然后接通检流计按钮。测量结束后，应先断开检流计按钮，再断开电源按钮。这是为了防止被测元件具有电感时，由于电路的通断产生很大的自感电势而给检流计造成损坏。

（3）因为导体的电阻值是随温度变化的，所以在测量时，必须记录被测导体当时所处环境的温度，所测得的结果都必须进行温度换算后才能和以前测得的数据进行比较。

（4）为了减小测量误差，使用双臂电桥时，必须注意四根引出线 C_1、P_1、C_2、P_2 的连接方法，在测量时应将电位接头 P_1、P_2 靠近被测电阻的两端。如遇单独测量电阻元件时，可按图 7-22（a）接线；如被测电阻属于绕组，由于绕组只有两个接线端子，此时应将电桥引

出的两根电位接头 P_1、P_2 接到被测绕组的接线端子上,然后再将电流接头 C_1、C_2 压在电位接头上面,按图 7-22(b)接线。

(5) 由于双臂电桥的工作电流较大,所以测量时要迅速,以避免电池的过多消耗。

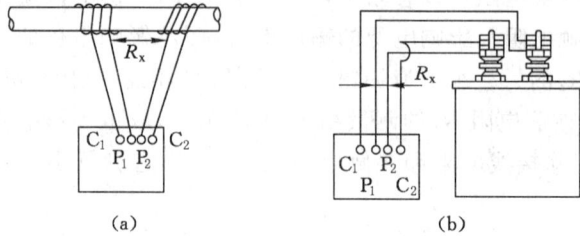

(a)　　　　　　　　　　　　(b)

图 7-22　直流双臂电桥测量接线图

(a) 测量电阻元件直流电阻接线;(b) 测量绕组直流电阻接线

思考题与习题

1. 电工仪表的精度是什么意思? 是如何标度的?

2. 如何测量大量程的交直流电流?

3. 如何用一块电压表方便的测量不同相间的电压?

4. 画出功率表接入线路的接线图。

5. 画出单项电度表三相电度表的接线图。

6. 10 kV 线路经电流互感器、电压互感器接入电度表,计取电能数据时尤其要注意什么?

7. 简述万用表的作用与使用注意事项。

8. 绝缘摇表的三个接线端子如何接入被测设备?

9. 转速的误差对绝缘电阻值有影响吗?

10. 如果把单项线路的零线与相线同时放入钳形电流表的钳口中有何现象? 三相线路放入两相呢?

11. 简述电桥的原理、使用注意事项。根据电桥的原理如何进行暖通空调参数的测量?

参 考 文 献

[1] 戴瑜兴,黄铁兵.民用建筑电气设计数据手册[M].北京:中国建筑工业出版社,2003.

[2] 侯志伟.建筑电气工程识图与施工[M].北京:机械工业出版社,2004.

[3] 李海,黎文安.实用建筑电气技术[M].北京:中国水利水电出版社,1997.

[4] 牛云陞.楼宇智能化技术[M].天津:天津大学出版社,2008.

[5] 秦曾皇.电工学(上、下册)[M].北京:高等教育出版社,2000.

[6] 魏金成.建筑电气[M].重庆:重庆大学出版社,2002.

[7] 谢社初,刘玲.建筑电气工程[M].北京:机械工业出版社,2005.

[8] 朱林根.现代住宅建筑电气设计[M].北京:中国建筑工业出版社,2004.